有机化学专论

主　编　尹汉东　龚树文
副主编　刘志鹏　崔继春　薛绳才

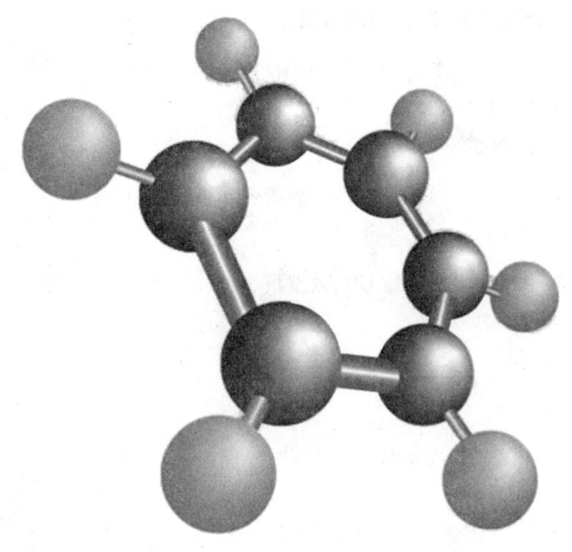

中国海洋大学出版社
·青岛·

内容简介

本书是为化学专业本科生编写的有机化学专业课教材，全书共八章，涉及有机化学知识体系相对独立的八个专题：有机化学中的取代基效应、立体化学、有机反应机理和研究方法、有机反应活性中间体、周环反应、重排反应、波谱分析在有机物结构分析中的应用和有机合成中的切断。本书编写的目的旨在加强学生对基础有机化学所学知识的总结，并提高学生理解和分析问题的能力。本书可作为综合性大学和师范院校化学专业学生学习有机化学的教材，也可以作为准备参加研究生入学考试的参考资料。

图书在版编目(CIP)数据

有机化学专论/尹汉东主编. —青岛：中国海洋大学出版社，2012.5

ISBN 978-7-5670-0007-0

Ⅰ.①有… Ⅱ.①尹…②龚… Ⅲ.①有机化学 Ⅳ.①O62

中国版本图书馆 CIP 数据核字(2012)第 093325 号

出版发行 中国海洋大学出版社
社　　址 青岛市香港东路 23 号　　**邮政编码** 266071
出 版 人 杨立敏
网　　址 http://www.ouc-press.com
电子信箱 xianlimeng@gmail.com
订购电话 0532－82032573(传真)
责任编辑 孟显丽　　**电　　话** 0532－85901092
印　　制 日照报业印刷有限公司
版　　次 2012 年 5 月第 1 版
印　　次 2012 年 5 月第 1 次印刷
成品尺寸 185 mm×260 mm
印　　张 14.25
字　　数 330 千字
定　　价 25.00 元

前　言

随着教学改革的不断深入，目前，国内大多高校的化学专业按专业基础课、提高课和选修课设置专业课程体系。编者所在化学专业的有机化学课程体系包括基础有机化学、有机化学专论、金属有机化学、有机合成路线设计、立体化学、波谱分析等，其中基础有机化学是专业基础课，围绕“结构决定性质”的主线，按照官能团分类介绍有机化合物的命名、结构、性质等相关知识；有机化学专论是专业提高课，金属有机化学、有机合成路线设计等课程是选修课，学生可根据需求选择相应的课程进行学习。

本书是为有机化学专论的教学而编写的教材。在基础有机化学授课内容的基础上，选取学生学习过程中反映最难掌握的内容，同时参考借鉴高等有机化学部分内容，起初确定了有机化学中的取代基效应、立体化学、有机反应机理和研究方法、有机反应活性中间体、重排反应、波谱分析在有机物结构分析中的应用和有机合成中的切断等七个相对独立的专题，作为有机化学专论的教学内容，后来由于授课学时限制，将基础有机化学中讲授的周环反应部分也加入进来，最终组成现在的有机化学专论教学内容。

本书第1,3,4章由尹汉东和龚树文共同完成，第2章由薛绳才和龚树文共同完成，第5,6,8章由刘志鹏完成，第7章由崔继春完成。牛梅菊和王大奇同志在本书的修订中提供了有益的建议，尹汉东教授审阅了全稿。

本书的出版得到山东省高等学校教学改革研究项目(2009210)和聊城大学校级规划教材建设基金项目的大力支持，在此表示衷心感谢。

由于编者的水平有限，书中的缺点与不妥之处在所难免，诚请读者不吝赐教，提出宝贵意见，以利改进。

编者

2012年3月

目　次

第一章

有机化学中的取代基效应

共价键的极性是有机化合物的结构和化学性质之间关联的基础，而共价键的极性取决于共价键的性质与成键原子的电负性，另外与共价键相邻键的性质，甚至与不直接相连原子之间的相互影响也有关。有机化合物分子中的某个原子或原子团对整个分子或分子中其他部分产生的影响，尤其是对分子性质产生的影响称为取代基效应。一般来说，取代基效应可以分为两个方面。① 电子效应，包括诱导效应、共轭效应和场效应。电子效应是通过影响分子中电子云的分布来影响分子的性质。② 空间效应，是由于取代基的大小或形状引起分子中特殊的张力或阻力的一种效应。空间效应是通过几何结构来影响化合物分子的性质。

第一节　电子效应

一、诱导效应

在多原子有机分子中，由成键原子电负性不同而引起的共价键的极性，不仅存在于相连的两个原子之间，而且影响到分子中不直接相连的部分，这种极性影响可以沿着分子链进行传递。

$$\overset{\delta^-}{X}\longleftarrow\overset{\delta^+}{C}\longleftarrow\overset{\delta\delta^+}{C}\longleftarrow\overset{\delta\delta\delta^+}{C}$$

假设 X—C 共价键极性方向为由 C 到 X，即 X 的电负性大于 C，从而使原子 A 产生部分正电荷。随后此电荷又使与原子 A 相连的下一个键 C—C 发生极化，并依次传递，使这些键上的电子云或多或少地向 X 原子或基团转移，与之相连的原子 C—C 共价键中 C 要呈现较多的正电荷。δ^+ 和 δ^- 分别表示部分正电荷和负电荷。

如果 Y 的电负性比 C 小，那么 Y 的存在使 C 上的电子云密度增高，C 呈现较多负电荷。

$$\overset{\delta^+}{Y}\longrightarrow\overset{\delta^-}{C}\longrightarrow\overset{\delta\delta^-}{C}\longrightarrow\overset{\delta\delta\delta^-}{C}$$

这种由于原子或基团电负性的影响沿着分子中的键传导，引起分子中电子云按一定方向转移，即共价键的极性通过键链依次传递的效应称为诱导效应(inductive effects)，简称 I 效应。这种效应如果存在于未发生反应的分子中就称为静态诱导效应，用 I_s 表示。而在反应过程中，当某个外来的极性核心接近分子时，能够改变共价键电子云的分布状况。由于外来因素的影响引起分子中电子云分布状态的暂时改变称为动态诱导效应，用 I_d 表示。

1. 静态诱导效应

(1) 诱导效应是短程效应。

静态诱导效应的产生与电负性大小密切相关。这种效应以静电诱导的方式沿着共价键(单键或重键)向电负性大的原子传递，通过影响电子云密度分布的改变引起键的极性改变，而且这种影响沿分子链迅速减弱。实际上，经过三个原子之后，诱导效应已很微弱，超过五个原子基本上就没有了。

以 α,β,γ-氯代丁酸和丁酸的酸性比较为例，由于氯原子的电负性较大，诱导效应使羧基更易电离，相应的氯代丁酸的电离常数增大，但随着氯原子距羧基越远，诱导效应作用越弱。

	α-氯代丁酸	β-氯代丁酸	γ-氯代丁酸	丁酸
$K\times10^4$	14.0	0.89	0.26	0.155

(2) 诱导效应具有加和性。

诱导效应具有加和性的一个典型例子是 α-氯代乙酸的酸性。从以下数据可以看出，氯原子取代越多，酸性越强。

pKa	CH_3COOH	$ClCH_2COOH$	$Cl_2CHCOOH$	Cl_3CCOOH
	4.75	2.86	1.26	0.64

(3) 诱导效应的方向。

对于诱导效应的方向，一般以氢原子作为标准，当原子或基团的电负性小于氢原子，即供电子的能力大于氢原子(或吸电子的能力小于氢原子)，其诱导效应表现为该原子本身带有微量正电荷(δ^+)，这种诱导效应称为供电诱导效应或斥电诱导效应，也称正诱导效应，用 $+I$表示。相反，当原子或基团吸引电子的能力大于氢原子，其诱导效应表现为本身带有微量负电荷(δ^-)，由其所引起的诱导效应称为吸电诱导效应或亲电诱导效应，也称为负诱导效应，用 $-I$ 表示。

$$\underset{-I\text{ 效应}}{C\longrightarrow X}\qquad \underset{\text{比较标准}}{C—H}\qquad \underset{+I\text{ 效应}}{C\longleftarrow Y}$$

(4) 诱导效应的强度。

诱导效应的强度主要取决于有关原子或基团的电负性。与氢原子相比，电负性越大，$-I$效应越强；电负性越小，则 $+I$ 越强。一般来说，诱导效应的强度次序可以从中心原子在元素周期表中的位置判断。

对于同周期元素，因为元素的电负性随族数的增大而递增，所以元素周期表中从左到右，元素的 $-I$ 效应增强、$+I$ 效应减弱。例如：

同周期元素 $-I$ 效应：$—F>—OH>—NH_2>CH_3$

$—O^+R_2>—N^+R_3$

对于同主族元素，因为元素的电负性随周期数增大而递减，所以元素周期表中从上到下，元素的$-I$效应减弱、$+I$效应增强。例如：

同主族元素$-I$效应：$—F>—Cl>—Br>—I$

$—OR>—SR>—SeR$

$+I$效应：$—O^->—S^->—Se^->—Te^-$

一般来说，中心原子带有正电荷的比不带正电荷的同类基团的吸电诱导效应强，而中心原子带有负电荷的比同类不带负电荷的基团供电诱导效应要强。例如：

$-I$效应：$—N^+R_3>—NO_2>—NR_2$

$+I$效应：$—O^->—OR$

对于中心原子相同且相连接原子也相同但不饱和程度不同的基团，通常随着不饱和程度的增大，吸电诱导效应增强，如：

$$=O>—OR;\quad \equiv N>=NR>—NR_2$$

(5) 诱导效应强度的比较。

诱导效应强度的比较通常通过测定取代酸或碱的强度、偶极矩及反应速度等来比较诱导效应的强度。

① 根据酸碱的强度比较。

选取适当的酸或碱，以不同的原子或基团取代其中某一个氢原子，测定取代酸或碱的电离常数，可以得出下列基团诱导效应的强度次序。

例如，由各种取代乙酸的电离常数，可以得出下列基团诱导效应的强度次序。

$-I$效应：$—NO_2>—N^+(CH_3)_3>—CN>—F>—Cl>—Br>—I>—OH>—OCH_3>—C_6H_5>—CH=CH_2>—H>—CH_3>—CH_2CH_3>—C(CH_3)_3$（$+I$效应的方向与此相反）

必须指出的是，通过测定电离常数所得的结果只是相对次序的比较。由于影响酸或碱强弱的因素很多，诱导效应只是其中之一，而且在不同的酸或碱分子中，原子或基团之间的相互影响并不完全一样，所以选取不同的酸或碱作比较标准，用不同的溶剂或在不同的条件下测定，都有可能得到不同的结果。

② 根据偶极矩比较。

由于静态诱导效应是直接由分子中原子电负性的不同引起的，因此会直接影响分子偶极矩的大小；反之，根据同一个烃分子上用不同的原子或基团取代所得不同化合物的偶极矩，可计算出原子或基团在分子中的诱导效应，从而排出各原子或基团的诱导效应强度次序。

表 1-1 甲烷的一取代物的偶极矩

取代基	μ(D)(在气态)	取代基	μ(D)(在气态)
—CN	3.94	—Cl	1.86
$—NO_2$	3.54	—Br	1.78
—F	1.81	—I	1.64

从表 1-1 中的偶极矩数值可以看出这些基团的 $-I$ 效应的顺序为：

$$-CN > -NO_2 > -Cl > -F > -Br > -I > -H^{*}$$

表 1-2　卤代烷的偶极矩

化合物	μ(D)	化合物	μ(D)
CH_3-Cl	1.83	$CH_3CH_2CH_2CH_2-Br$	1.97
CH_3CH_2-Cl	2.00	$(CH_3)_2CHCH_2-Br$	1.97
$(CH_3)_2CH-Cl$	2.15	$CH_3CH_2CH(CH_3)-Br$	2.12
$(CH_3)_3C-Cl$	2.15	$(CH_3)_3C-Br$	2.21

从表 1-2 中的偶极矩数值可以看出不同烷基的 $+I$ 效应的顺序为：

$(CH_3)_3C- > CH_3CH_2CH(CH_3)- > (CH_3)_2CHCH_2- \approx CH_3CH_2CH_2CH_2-$ $(CH_3)_3C- \approx (CH_3)_2CH- > CH_3CH_2- > CH_3- > -H$

③ 由核磁共振化学位移比较。

不同质子的核磁共振峰化学位移 δ 值将反映质子周围电子云密度的变化，而电子云密度的变化与取代基的吸电或供电的诱导效应及其强度密切相关。质子周围电子云密度越低，即取代基的吸电子能力越强，屏蔽效应越小，化学位移移向低场，δ 值越大。由此，可通过化学位移的测定来对取代基的诱导效应强度进行排序。

从表 1-3 不难看出，X 不同时，δ 值不同。由表 1-3 的数据也可列出一个 $+I$ 效应的顺序。

值得注意的是，表 1-3 的数据与表 1-1 偶极矩测定的结果并不完全相同。如甲基取代氢后 δ 值由 0.23 增大到 0.90，δ 值移向低场，即 $-CH_3$ 与 $-H$ 相比表现出的是吸电性，而与偶极矩测定的 $-CH_3$ 具有供电性的结果恰恰相反。那么，烷基到底是供电基还是吸电基，不同方法得出的结论存在着矛盾，因此烷基的电子效应还有待进一步探讨。

表 1-3　$X-CH_3$ 中甲基的 δ 值

X	δ	X	δ
$-NO_2$	4.28	$-N(CH_3)_2$	2.20
$-F$	4.26	$-I$	2.16
$-OH$	3.47	$-COCH_3$	2.10
$-Cl$	3.05	$-COOH$	2.07
$-Br$	2.68	$-CN$	2.00
$-SH$	2.44	$-CH_3$	0.90
C_6H_5-	2.30	H	0.23

* 从偶极矩的测定得 Cl 的 $-I$ 大于 F 的 $-I$，与通常看法相反。对此，目前还缺乏合理的解释。

④ 根据诱导效应指数比较。

我国著名有机化学理论家蒋明谦提出的诱导效应指数，是利用元素电负性及原子共价半径，按照定义由分子结构推算出来的。在一定的基准原子或键的基础上，任何结构确定的基团的诱导效应是以统一的指数来表示的。一些取代基的诱导效应指数见表 1-4。

表 1-4 一些取代基的诱导效应指数

X	诱导效应指数（1×10^3）	X	诱导效应指数（1×10^3）
C—NO_2	450.4	C—CN	87.84
C—C=O	273.23	C—Cl	51.65
C—F	163.67	C—Br	29.63

2. 动态诱导效应

由于静态诱导效应是由成键原子电负性不同引起的，因此是分子本身所固有的性质，是与键的极性即其基态时的永久极性有关的。对于动态诱导效应，则是在反应过程中，当某个外来的极性核心接近分子时，能够改变共价键电子云的分布引起的。由于外来因素的影响只引起分子中电子云分布状态的暂时改变，因此动态诱导效应是一种暂时的极化现象。例如，在烯烃与溴的亲电加成反应过程中，当溴正离子靠近乙烯分子中的一个碳原子，导致双键电子向这个碳原子偏移。

$$H_2C{=}CH_2 + Br^+ \longrightarrow \overset{\delta^+}{C}H_2 \cdots CH_2(\cdots Br)$$

动态诱导效应又称可极化性，它依赖于外来因素的影响。外来因素的影响一旦消失，这种动态诱导效应也就不复存在，分子的电子云状态又恢复到原先状态。

(1) 动态诱导效应与静态诱导效应的区别。

在大多数情况下动态诱导效应和静态诱导效应是一致的，但在起源、传导方向、极化效果等方面，二者有明显的不同。

首先，二者引起的原因不同。静态诱导效应是由于键的永久极性引起的，是一种永久的不随时间变化的效应，而动态诱导效应是由于键的可极化性而引起的，是一种暂时的随时间变化的效应。

第二，动态诱导效应是由于外界极化电场引起的，电子转移的方向符合反应的要求，即电子向有利于反应进行的方向转移，所以动态诱导效应总是对反应起促进或致活作用，而不会起阻碍作用。而静态诱导效应是分子的内在性质，并不一定向有利于反应的方向转移，其结果对化学反应也不一定有促进作用。

例如，C—X 键按静态诱导效应，其大小顺序为 C—F＞C—Cl＞C—Br＞C—I，但卤代烷的亲核取代反应的活性却恰恰相反，其实际相对活性为 R—I＞R—Br＞R—Cl，原因就是卤代烃的亲核取代反应活性取决于动态诱导效应（可极化性）的强弱。

(2) 动态诱导效应的强度。

动态诱导效应是一种暂时的效应，不一定反映在物理性质上，一般不能由偶极矩等物理性质的测定来比较强弱次序。比较科学、可靠的方法是根据元素在元素周期表中所在的位置来进行比较。

在同族元素中，由上到下原子序数增加，电负性减小，核外电子受核的约束减小，原子可极化性增加，动态诱导效应增强，如：

$$I_d: —I > —Br > —Cl > —F; —TeR > —SeR > —SR > —OR$$

在同一周期中，随着原子序数的增加，元素的电负性增大，对电子的约束力增强，原子可极化性能力变小，故动态诱导效应随原子序数的增加而降低，如：

$$I_d: —CR_3 > —NR_2 > —OR > —F$$

如果同一元素原子或基团带有电荷，带正电荷的原子或基团比相应的中性原子或基团对电子的约束力大，而带负电荷的原子或基团则相反，所以 I_d 效应随着负电荷的递增而增强，如：

$$I_d: —O^- > —OR > {}^+OR_2; —NR_2 > —{}^+NR_3; —NH_2 > —{}^+NH_3$$

3. 诱导效应在有机化学中的应用

诱导效应对化合物的物理性质（如偶极矩）、NMR 谱等性质都有着直接的影响，对化合物化学性质的影响更是普遍，在酸性、反应方向、反应机理、化学反应平衡及反应速度等方面都有一定的影响。

(1) 对酸性的影响。

在酸碱分子中引入适当的取代基后，由于取代基诱导效应的影响，会使酸碱离解平衡常数增大或减小。一般来说，当与吸电子基团相连，酸性增强；与供电子基团相连，酸性减弱。例如，比较丙烷、丙烯和丙炔中甲基上氢的酸性，顺序是：

$$CH_3CH_2CH_3 < H_2C{=}\overset{H}{C}—CH_3 < HC{\equiv}CCH_3$$

判断正确的关键就是分析炔、烯和烷基对甲基吸电子诱导效应的大小。又如，乙酸中的一个 α-氢原子被氯原子取代后，由于氯的 $-I$ 效应，使羧基电离程度加大，而且使生成的氯乙酸负离子比乙酸负离子稳定，从而 $K_2 > K_1$。

$$CH_3COOH + H_2O \overset{K_1}{\rightleftharpoons} CH_3COO^- + H_3O^+$$

$$ClCH_2COOH + H_2O \overset{K_2}{\rightleftharpoons} ClCH_2COO^- + H_3O^+$$

(2) 对偶极距的影响。

偶极距可以量度共价键的极性，因此对一个共价键，当与其相连的基团之间存在诱导效应时，可以影响到此键的偶极距强度。例如，分析 Y—CH$_2$—X 中 Y 对 C—X 偶极距的影响，一般来说，Y 对 C 原子诱导效应的方向如果与 C—X 偶极距方向相同，会增强 C—X 的偶极距；反之，偶极距会减弱。

(3) 对反应选择性的影响。

在某些反应中，诱导效应影响到反应选择性和产物。例如，3，3，3-三氯丙烯加卤化氢按反马氏规则的方向加成，很明显是三氯甲基具有强烈吸电子的诱导效应的结果。

$$Cl_3C—CH{=}CH_2 + HCl \longrightarrow Cl_3C—CH_2—CH_2Cl$$

又如，在苯环的定位效应中，$^+N(CH_3)_3$ 具有强烈的 $-I$ 效应，所以是很强的间位定位基，在苯环亲电取代反应中主要得到间位产物，而且使亲电取代比苯难于进行。

(4) 对反应速率的影响。

诱导效应可以通过影响反应中心的反应活性来影响反应速率。

例如,下列化合物的亲核加成反应速率为:

$$Cl_3C—CHO>Cl_2CHCHO>ClCH_2CHO>CH_3CHO$$

随着 α 氢被取代的数目的增多,吸电子诱导效应增强,羰基碳原子的电子云密度越低,就越容易和亲核试剂发生加成反应,因而反应速率较大。

乙醛的水合反应是可逆的,形成的水化物很不稳定,只能存在于稀水溶液中。而三氯乙醛的水合反应则比较容易进行,能生成稳定的水合物并能离析和长期存在。这主要是由于三氯甲基强烈的 $-I$ 效应使羰基碳原子带部分正电荷,亲核反应容易进行,同时水合三氯乙醛因形成氢键也增加了其稳定性。

$$Cl_3C—CHO + H_2O \rightleftharpoons Cl_3C—CH(OH)_2$$

(水合三氯乙醛中,两个 Cl 分别与两个 O—H 的 H 形成氢键:Cl—C(Cl)(Cl)—C(OH)(OH)—H)

又如,烯烃的亲电加成反应,当双键碳上连接的烷基的数量越多,反应速率越快,其中一个原因就是与双键碳相连的烷基碳对其的供电子诱导效应的存在。因此,对于亲核反应,取代基的 $-I$ 效应愈强,愈有利于反应的进行;而对于亲电反应,取代基的 $+I$ 效应愈强,愈有利于反应的进行。

在卤代烷的亲核取代反应中,其活性顺序为:

$$R—I>R—Br>R—Cl$$

这是动态诱导效应带来的结果。

(5) 对中间体稳定性的影响。

烷基碳正离子的稳定性是叔碳正离子>仲碳正离子>伯碳正离子,原因之一就是供电子诱导效应的存在。而通过对中间体稳定性的影响,诱导效应因素可以影响甚至改变反应机理,如溴代烷的水解反应,伯溴代烷如 $CH_3—Br$ 主要按 S_N2 历程进行,而叔溴代烷如 $(CH_3)_3C—Br$ 则主要遵从 S_N1 历程进行。

二、共轭效应

1. 电子离域与共轭体系

(1) 电子离域。

在 1,3-丁二烯 $CH_2=CH—CH=CH_2$ 中 C—C 单键的键长为 0.147 nm,比一般的 C—C 单键键长 0.154 nm 要短;而 C=C 双键键长为 0.137 nm,比一般 C=C 双键键长 0.134 nm 要长,这说明 1,3-丁二烯的键长不是简单的单键和双键的键长,而是存在着平均化的趋势。另外,乙烯碳正离子不稳定,但烯丙基碳正离子比较稳定,且比一般伯碳正离子稳定,这说明双键对正离子碳存在稳定作用。

如上所述,在类似 1,3-丁二烯或烯丙基碳正离子的结构体系中,π 轨道与 π 轨道或 p 轨道与 π 轨道之间存在着相互作用和影响,π 电子云不再定域于成键原子之间,而是离域于整个体系形成了整体的分子轨道，这种现象称为电子的离域，这种键称为离域键，包含着这样一些离域键的体系通称为共轭体系。

(2) 共轭体系类型。

电子离域是电子运动范围扩大的现象。在共轭体系中电子离域的充要条件是三个或三个以上互相平行的 p 轨道形成了大 π 键。按参加共轭的化学键或电子类型，共轭效应包括 π-π 共轭体系、p-π 共轭体系、σ-π 共轭体系和 σ-p 共轭体系等，而最常见的共轭效应有以下两种。

① π-π 共轭：体系中单键和不饱和键（双键和叁键）交替出现，形成 π 轨道与 π 轨道电子离域的体系，如：

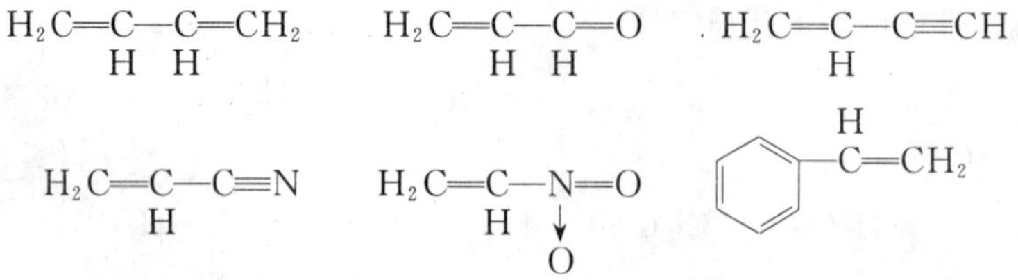

$H_2C{=}CH{-}CH{=}CH_2$　　$H_2C{=}CH{-}CH{=}O$　　$H_2C{=}CH{-}C{\equiv}CH$

$H_2C{=}CH{-}C{\equiv}N$　　$H_2C{=}CH{-}N(\rightarrow O){=}O$　　$C_6H_5{-}CH{=}CH_2$

② p -π 共轭：不饱和键碳原子相连的原子上有 p 轨道与不饱和键形成共轨体系，如：

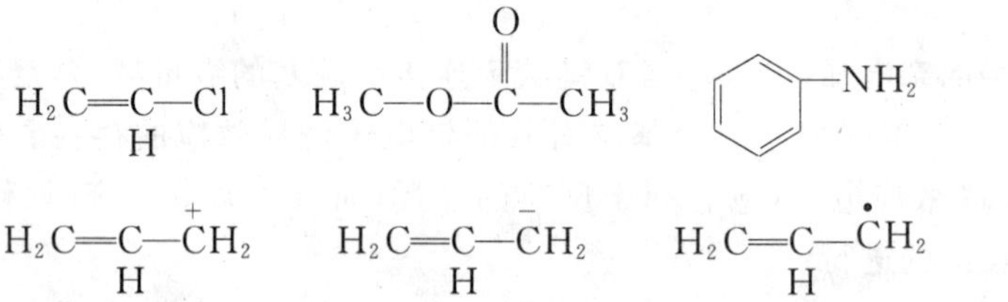

$H_2C{=}CH{-}Cl$　　$H_3C{-}O{-}C({=}O){-}CH_3$　　$C_6H_5{-}NH_2$

$H_2C{=}CH{-}\overset{+}{C}H_2$　　$H_2C{=}CH{-}\overset{-}{C}H_2$　　$H_2C{=}CH{-}\overset{\bullet}{C}H_2$

可以看出，p-π 共轭体系中，与不饱和键相连原子的 p 轨道可以具有未共用电子对，也可以是负离子、正离子或自由基。

2. 共轭效应

共轭体系中，分子中任何一个原子周围电子云密度变化会引起其他部分的电子云密度的改变。在共轭体系中原子之间的相互影响的电子效应称为共轭效应（conjugative effects），简称 *C* 效应。这种相互影响的一般表现是共轭体系内键长趋于平均化，整体能量降低，体系趋于稳定。

诱导效应与共轭效应虽然都是分子中原子之间相互影响的电子效应，但在存在方式、传导方式等方面共轨效应与诱导效应有所不同。

(1) 共轭效应的传递。

由于共轭效应起因于电子的离域，因此它只存在于共轭体系中，而且共轭效应的传导也是通过 π 电子的转移（电子离域）沿共轭链传递，可以一直沿着共轭键传递而不会明显削弱，而且共轭链愈长，通常电子离域愈充分，体系能量愈低愈稳定（由此而产生的额外的稳定能称为离域能），键长平均化的趋势也愈大。例如，苯可以看做无限延长的闭合共轭体系电子高度离域的结果，电子云已完全平均化，不存在单、双键的区别。苯环为正六角形，C—C—C键角均为 120°，C—C 键长均为 0.139 nm，离域能为 150 $kJ \cdot mol^{-1}$。

同诱导效应一样，共轭效应也是有传递方向的，可以分为供电子共轭效应（$+C$ 效应）和吸电子共轭效应（$-C$ 效应）。通常将共轭体系中给出 π 电子的原子或原子团显示出的共轭效应称为$+C$效应，吸引π电子的原子或原子团的共轭效应称为$-C$效应。例如下列结构中，如果Y电负性大于C，则使体系中π电子向Y转移，C═Y 对C═C表现为$-C$效应；而X中有未共用电子，则X对双键表现为$+C$效应。

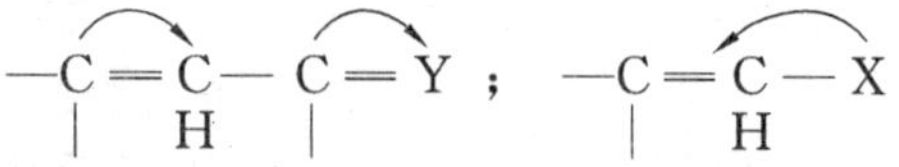

$$-\underset{|}{C}=\underset{H}{C}-\underset{|}{C}=Y \quad ; \quad -\underset{|}{C}=\underset{H}{C}-X$$

(2) 共轭效应的强度。

取代基共轭效应的强弱取决于组成该体系原子的性质、共价状态、键的性质、空间排布等因素，其强度可以通过偶极矩的测定计算出或由元素周期表推导出。

在同一体系中，相同位置上引入不同取代基时，取代基共轭效应的强弱主要取决于两个因素，即取代基中心原子的电负性的相对大小及其主量子数的相对大小。

对于同周期元素，随原子序数的增大，电负性越大，$+C$效应越小，$-C$效应增强，如：

$+C$效应：$-NR_2>-OR>-F$

对于同主族元素，随原子序数的增大，原子半径越大，能级升高，与碳原子差别大，轨道重叠困难，电子离域程度小。因此，一般来说，$+C$效应和$-C$效应在同族中随中心原子的原子序数的增大而降低。

$+C$效应：$-F>-Cl>-Br>-I$；$-OR>-SR>-SeR>-TeR$

$-C$效应：$H_2C=CH-C=O > H_2C=CH-C=S$

相同的元素，带负电荷的原子，$+C$效应较强；带正电荷的原子，$-C$效应较强。

$+C$效应：$-O^->-OR>-O^+R_2$；$-O^->-S^->-Se^->-Te^-$

$-C$效应：$>C=N^+< \; > \; >C=N\diagdown$

需要指出的是，影响共轭效应的因素是多方面的、比较复杂的，不仅取决于中心原子的电负性和p轨道的相对大小，而且其强弱还受其他原子及整个分子结构的制约；同时，共轭效应和诱导效应是并存的，是综合作用于分子的结果，通常是难以严格区分的。

3. 动态共轭效应

动态共轭效应是共轭体系在发生化学反应时，由于进攻试剂或其他外界条件的影响使p电子云重新分布，实际上往往是静态共轭效应的扩大，并使原来参加静态共轭的p电子云向有利于反应的方向流动。例如，1,3-丁二烯在基态时由于存在共轭效应，表现体系能量降低，电子云分布发生变化，键长趋于平均化，这是静态共轭效应的体现。而在反应时，如在卤化氢试剂进攻时，由于外电场的影响，电子云沿共轭链发生转移，出现正负交替分布的状况，这就是动态共轭效应。

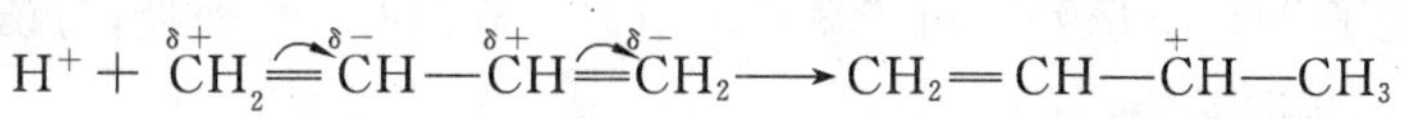

$$H^+ + \overset{\delta+}{C}H_2=\overset{\delta-}{C}H-\overset{\delta+}{C}H=\overset{\delta-}{C}H_2 \longrightarrow CH_2=CH-\overset{+}{C}H-CH_3$$

同时，在反应过程中产生的正碳离子活性中间体。由于发生相当于烯丙基的p-π共轭离域而稳定，并产生了1,2加成与1,4加成两种可能。

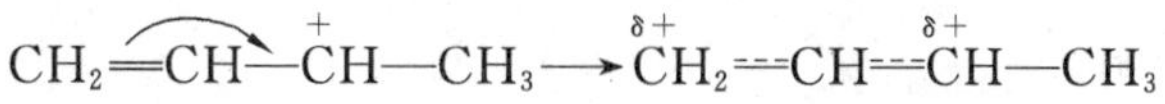

$$CH_2=CH-\overset{+}{C}H-CH_3 \longrightarrow \overset{\delta+}{C}H_2\text{---}CH\text{---}\overset{\delta+}{C}H-CH_3$$

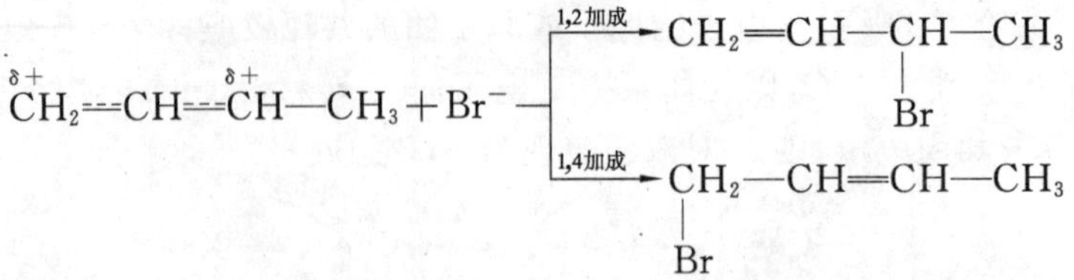

$$\overset{\delta+}{C}H_2\text{---}CH\text{---}\overset{\delta+}{C}H—CH_3 + Br^- \begin{cases} \xrightarrow{1,2\text{加成}} CH_2{=}CH—\underset{\displaystyle Br}{\underset{|}{C}H}—CH_3 \\ \xrightarrow{1,4\text{加成}} \underset{\displaystyle Br}{\underset{|}{C}H_2}—CH{=}CH—CH_3 \end{cases}$$

动态共轭效应虽然是一种暂时的效应，但一般会对化学反应有促进作用，也可以说，动态共轭效应是在帮助化学反应进行时才会产生，这一点与静态共轭效应完全不同。静态共轭效应是一种永久效应，对化学反应有时可能会起阻碍作用。与诱导效应类似，动态因素在反应过程中往往起主导作用。例如氯苯，在静态下从偶极矩的方向可以测得 $-I$ 效应大于 $+C$ 效应：

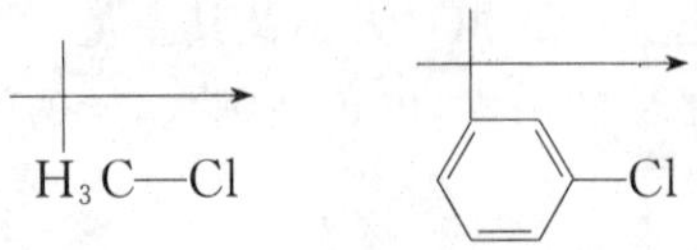

$H_3C—Cl$ $\quad\mu=1.86D$

（氯苯）$\quad\mu=1.70D$

但在反应过程中动态因素却起着主导作用。在亲电取代反应中，当亲电试剂进攻时引起了动态共轭效应，加强了 p-π 共轭。这里 $-I$ 效应不利于环上的亲电取代反应，而 $+C$ 效应促进这种取代，并使取代的位置进入邻、对位，因而氯苯的亲电取代产物主要为邻、对位产物。由于氯原子的 $-I$ 效应太强，虽然动态共轭效应促进了邻对位取代，但氯的作用还是使苯环在亲电取代反应中变得较难。

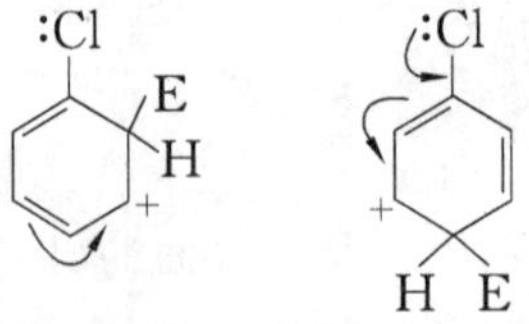

:Cl E H + :Cl + H E

4. 共轭效应在有机化学中的应用

共轭效应除了使共轭体系内键长趋于平均化、体系能量降低这些表现外，对有机化合物性质的影响也是多方面的，尤其是在化学性质方面，共轭效应往往起着重要的作用，如影响到化学平衡、反应方向、反应机理、反应产物、反应速度和酸碱性等。

(1) 对偶极距大小的影响。

比较 $CH_2{=}CHCH{=}O$ 和 $CH_3CH_2CH{=}O$ 偶极距的大小，可以看出羰基的偶极距决定了整个分子的极性。$CH_2{=}CHCH{=}O$ 中存在共轭效应，即双键对羰基表现出 $+C$ 效应，促使电子云向羰基氧转移，从而增大了羰基的偶极距。而氯乙烯与氯乙烷比较，碳氯键的偶极距决定了分子的偶极距，由于氯乙烯中氯对双键有 $+C$ 效应，与诱导效应方向相反，偶极距比氯乙烷的要小。

CH_3CH_2Cl $\quad\mu=2.05D$

$CH_2{=}CHCl$ $\quad\mu=1.44D$

(2) 对吸收波谱的影响。

共轭效应的一个主要表现是共轭体系的能量降低，各能级之间能量差减小，亦即能量最低空轨道与能量最高占据轨道之间的能量差减小，分子中电子激发能低，以致使共轭体系分子的吸收光谱向长波方向移动。随着共轭链的增长,吸收光谱的波长移向波长更长的区域,进入可见光区,这就是有颜色的有机化合物分子绝大多数具有复杂的共轭体系的原因。

表 1-5　某些化合物吸收峰波长与颜色

化合物	共轭双键数	最大吸收峰波长(nm)	颜色
丁二烯	2	217	无
己三烯	3	258	无
二甲辛四烯	4	298	淡黄
番茄红素	11	470	红色

(3) 对有机物酸碱性的影响。

苯酚的酸性比一般醇的酸性要强,这是因为酚氧与苯环有 p-π 共轭效应,增大了O—H键的极性,促使氢容易离解,且形成的羧基负离子共轭效应增强,更稳定;同时,也由于共轭效应,使苯氧键长要短于醇氧键长。

相似的,羧酸的酸性是因为羧基中羟基氧与羰基形成了共轭体系,羟基氧表现出+C效应,从而利于氢的电离。烯醇式的 1,3-二酮具有微弱的酸性,也是由于存在 p-π 共轭效应。

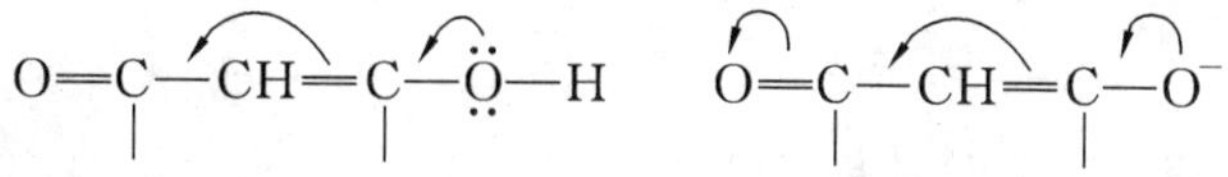

O═C—CH═C—Ö—H　　O═C—CH═C—O⁻

烯醇　　烯醇负离子

三硝基苯酚中,由于硝基的吸电子共轭和吸电子诱导作用的联合作用,使其显强酸性,已接近无机酸的强度。

由于 p-π 共轭效应,芳香胺如苯胺的碱性比脂肪族胺弱,酰胺则几乎呈中性,而酰亚胺的酸性则与醇相当,这都是共轭效应在起作用。

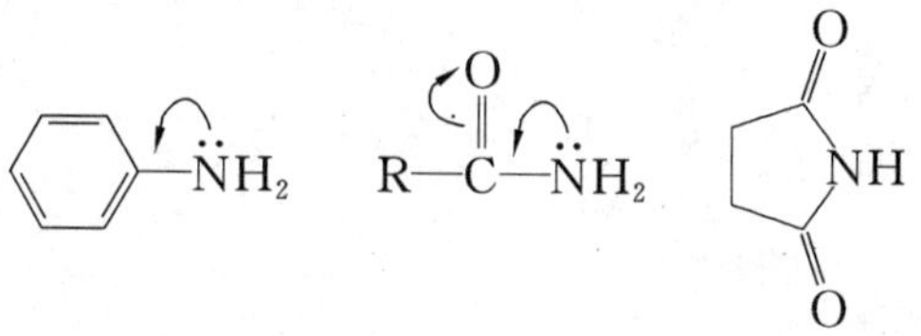

$R—C(═O)—\ddot{N}H_2$　　NH

(4) 对反应方向和反应产物的影响。

在 1,3 丁二烯的亲电加成反应中,我们所熟知的 1,4 加成就是由于共轭效应的影响。而在 α,β-不饱和羰基化合物分子中,C═O 与 C═C 形成共轭体系,因此共轭效应对反应方向和反应产物也带来很大影响,使这些醛、酮具有一些特殊的化学性质,如丙烯醛与 HCN 主要发生 1,4 加成。

插烯作用是共轭醛、酮中一种特殊作用,也是由于共轭效应的缘故。

$$C_6H_5CHO + H_3C-CH=CH-CH=CH-CHO \xrightarrow[2.\ H^+]{1.\ EtO^-} C_6H_5CH(OH)-CH_2CH=CHCH=CHCHO$$

(5) 对反应速度的影响。

共轭效应对化合物的反应速率影响很大。烯烃进行亲电加成反应的速率与双键上电子云密度大小相关，甲氧基乙烯的亲电加成反应速率要快于乙烯就是因为氧与双键形成 p-π 共轭体系，增大了双键上电子云密度。再如，在卤代苯的邻、对位上连有硝基，对碱性水解反应活性的影响很大。这是由于$-NO_2$ 具有很强的 $-C$ 效应，当它连在邻、对位时能得到很好的传递，而当它处在间位时，$-C$ 效应不能传递，仅有 $-I$ 效应，对反应活性的影响不如在邻、对位时大。

$$C_6H_5Cl + OH^- \xrightarrow[NaHCO_3\text{ 溶液}]{\text{煮沸数天}} \text{无反应}$$

$$o\text{-}NO_2C_6H_4Cl + OH^- \xrightarrow[NaHCO_3\text{ 溶液}]{130℃} o\text{-}NO_2C_6H_4OH$$

$$2,4\text{-}(NO_2)_2C_6H_3Cl + OH^- \xrightarrow[NaHCO_3\text{ 溶液}]{100℃} 2,4\text{-}(NO_2)_2C_6H_3OH$$

$$2,4,6\text{-}(NO_2)_3C_6H_2Cl + OH^- \xrightarrow[NaHCO_3\text{ 溶液}]{35℃} 2,4,6\text{-}(NO_2)_3C_6H_2OH$$

(6) 对反应机理的影响。

烯丙基型卤代烃在不同条件下既可发生 S_N1，亦可发生 S_N2，这都可以利用共轭效应来解释，如下图所示，烯丙基碳正离子由于电荷的离域，所以比较稳定，从而决定了 S_N1 反应机理较易发生；对于 S_N2，则是由于负电荷可以离域到双键上，从而使过渡态，决定了 S_N2 反应机理较易发生。

$$H_2C=CH-\overset{+}{C}H_2 \qquad H_2C=CH-\underset{\vdots}{\overset{Nu^{\delta-}}{CH}}\cdots Cl^{\delta-}$$

三、超共轭效应

共轭效应也发生在重键和单键之间，如有些 σ 键和 π 键、σ 键和 p 轨道甚至 σ 键和 σ 键之间也显示出一定程度的离域现象，这种效应称为超共轭效应。例如，当 C—H 键与不饱和键直接相连时，C—H 键的强度减弱，H 原子的活性增加，这就是超共轭效应的表现；另外当双键碳连的烷基数目越多，氢化热越低，也是超共轭效应的结果。以丙烯为例，如图 1-1所示：

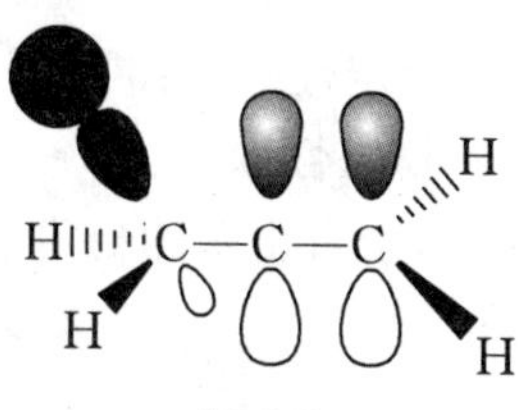

图 1-1

可以看出，C—H 键上的 σ 电子发生离域，形成 σ-π 共轭。σ 电子已经不再定域在原来的 C、H 两原子之间，而是离域在 C_3—C_2 之间，使 H 原子有相对较多的作为质子离去的趋向。因此，超共轭效应的强度由烷基中与不饱和键处于共轭状态的 C—H 键的数目决定，随键的数目的增多，超共轭效应增强。

$$H_3C—CH=CH_2 > (CH_3)CH_2—CH=CH_2 > (CH_3)_2CH—CH=CH_2$$

但与共轭效应相比，由于 σ 电子没有和双键 p 轨道平行，因此这种电子离域程度要远远弱于 π-π 或 p-π 共轭。

根据 C—H 键电子离域的体系不同，超共轭效应分为：σ-π 超共轭，如丙烯；σ-p 超共轭，如乙基碳正离子。

在某些体系中，σ 键与 σ 键之间也存在着一定程度的离域，尤其在反应过程中。例如，下列反应中，前者生成乙烯，后者生成乙炔，都属于 σ-σ 共轭体系。

$$ClHg—CH_2—CH_2—OH + HCl \longrightarrow HgCl_2 + H_2C=CH_2 + H_2O$$

$$ClHg—CH=CH—Cl + RMgBr \longrightarrow RHgCl + HC \equiv CH + MgClBr$$

超共轭效应在化合物分子的物理性能和化学反应性能上都有所反映。键长平均化是共轭效应的一种体现，超共轭效应也有这种表现。

表 1-6　超共轭效应对 C—C，C═C，C≡C 键长的影响

化学键	孤立的			$CH_3—CH_2=CH_2$ 中		$CH_3—C\equiv C—CH_3$ 中	
	C—C	C═C	C≡C	C—C	C═C	C—C	C≡C
键长/nm	0.154	0.134	0.120	0.148 8	0.135 3	0.145 7	0.121 1

由于羰基 α 碳的 C—Hσ 键电子离域到双键上，起到供电子的作用，因此羰基偶极距增大。

$$\underset{\mu \quad 2.27\text{D}}{\ce{H2C=O}} \qquad \underset{2.73\text{D}}{\ce{CH3-CH=O}}$$

同理，由于 C—Hσ 键与 p 轨道的超共轭效应，从而有如下的碳正离子和自由基的稳定性顺序。

烷基碳正离子稳定性顺序：$3^\circ > 2^\circ > 1^\circ > CH_3^+$

烷基自由基的稳定性顺序：$3^\circ > 2^\circ > 1^\circ > CH_3$

乙苯在光照条件发生溴代反应，由于自由基的稳定性，取代反应主要发生在 α 位，其中就有甲基超共轭的贡献。

$$C_6H_5-CH_2CH_3 \xrightarrow[\text{光照}]{Br_2} C_6H_5-CH(Br)CH_3$$

又如，烷基溴化苄与吡啶的亲核取代反应，R 不同，相对反应速率不同：当 R 为甲基时，反应速率最快，其次是乙基，最后是叔丁基。

$$p\text{-}R-C_6H_4-CH_2Br + C_5H_5N \longrightarrow p\text{-}R-C_6H_4-CH_2-\overset{+}{N}C_5H_5$$

R： H　　CH$_3$　　CH$_2$CH$_3$　　C(CH$_3$)$_3$

$v_{相对}$：　1　　1.66　　1.48　　1.34

另外，由苯环上的硝化反应和溴代反应时的相对反应速率也可得到类似的顺序。

表 1-7　某些取代苯化合物的溴化、硝化反应相对速率

取代基		CH_3	CH_3CH_2—	$(CH_3)_2CH$—	$(CH_3)_3C$—	H—
相对反应速率	溴化	340	290	180	110	1
	硝化	14.8	14.3	12.9	10.8	1

其中原因主要就是反应分子中存在 C—Hσ 键与 π 键的离域，亦即超共轭效应。甲基有三个 C—Hσ 键与苯环 π 体系共轭，乙基有两个，异丙基只有一个，而叔丁基则没有 C—Hσ 键与苯环共轭，因此得到上述相对速度的顺序。

四、场效应

无论是诱导效应还是共轭效应，它们的传递都是通过键链进行的。如果分子中原子之间相互影响的电子效应，不是通过键链而是通过溶剂或空间传递的，称为场效应(field effects)。

为了解释有机分子中基团对反应活性的影响，Robinson 提出了诱导效应和场效应。从概念来看，诱导效应和场效应都是电子效应，只是传递的方式不同。例如，对于顺、反丁烯二酸，如果单从诱导效应考虑，两者应没有区别，因此第一酸式电离常数和第二酸式电离常数的明显差异就是场效应的影响。当一个 COOH 电离后产生一个 COO^-，该基团通过碳链会抑制第二个 COOH 的电离。另外，COO^- 在空间会产生负电场，与第二个 COOH 中羰基的负电场相排斥，从而使电子向氢原子转移，抑制了第二个 COOH 的电离。

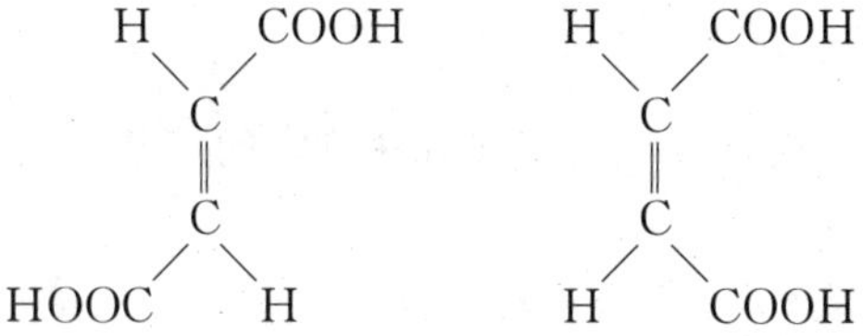

	(反式) HOOC—CH=CH—COOH	(顺式) HOOC—CH=CH—COOH
pK_{a_1}	3.03	1.92
pK_{a_2}	4.34	6.59

在一些多环取代的羧酸中，场效应起着非常重要的作用，如表 1-8 中列出一些取代基对下面酸中 COOH 电离的影响。

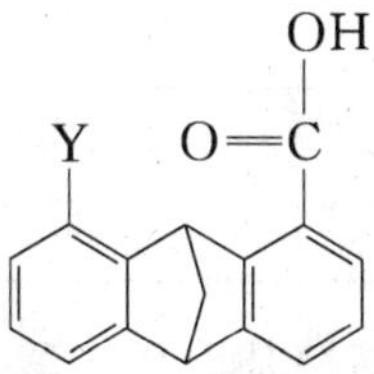

表 1-8　一些取代基场效应对酸性的影响

Y	H	Cl	$COOCH_3$	COOH	COO^-
pKa	6.04	6.25	6.20	5.67	7.19

场效应是依赖分子构型的。例如下列化合物中，Ⅰ比Ⅱ的酸性弱，由于诱导效应相同，也只能由场效应解释。Cl 提供负电场，抑制 COOH 的电离，Ⅰ中 Cl 离 COOH 近，因此 COOH 受 Cl 提供负电场影响大。一般场效应与距离的平方成反比，距离越远，作用越小。

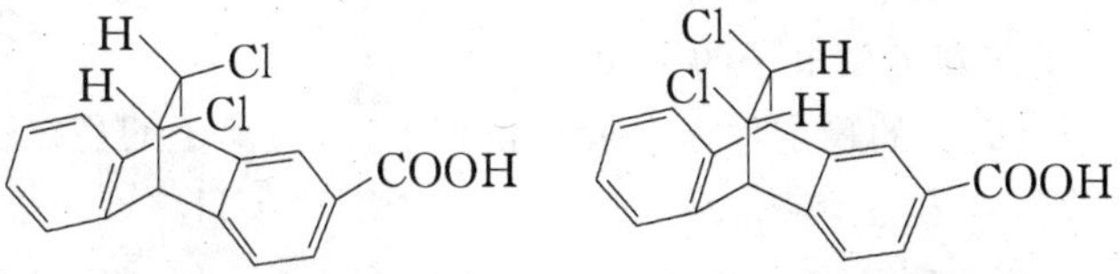

Ⅰ　　　　Ⅱ

场效应和诱导效应通常难以区分，它们往往同时存在而且作用方向一致。实际上，场效应是诱导效应的一种表现形式，所以也把场效应和诱导效应总称为极性效应。但在某些场合场效应与诱导效应的方向相反，从而显示出场效应的明显作用。例如，邻氯苯基丙炔酸的酸性比氯在间位或对位的小，如果从诱导效应考虑，邻位异构体应比间位、对位的酸性强，从共轭效应考虑也不应比对位异构体的酸性弱。这是由于氯处于邻位的 δ 一端，所产生的负电性的一端通过空间传递对羧基质子产生静电场吸引，使之不易电离，从而减小了酸性。

$$\text{4-Cl-C}_6\text{H}_4\text{-C}\equiv\text{C-COOH}$$

$$\text{2-Cl-C}_6\text{H}_4\text{-C}\equiv\text{C-COOH}$$

诱导效应 场效应 δ^+ Cl δ^-

五、烷基的电子效应

关于烷基的电子效应，从上节中用不同方法测定的烷基的诱导效应数据分析来看确实存在着矛盾。

1. 烷基表现供电子或吸电子作用的事实

(1) 烷基是供电子的证据。

① 甲苯与苯的亲电取代反应速率。由表 1-9，可以得出甲基对苯环起到供电子的作用。

表 1-9　一些取代基场效应对酸性的影响

	反应			
相对速率 k(甲苯/苯)	溴代	氯代	甲基化	硝化
	605	350	110	23

② 水溶液中的酸碱性。根据下面烷基取代乙酸的 pKa 数据，可以得出供电子能力为 $(CH_3)_3C>CH_3>H$。

	$H—CH_2COOH$	$CH_3—CH_2COOH$	$(CH_3)_3C—CH_2COOH$
pKa	4.76	4.88	5.05

另外，液相中醇的酸性顺序有 $H_2O>MeOH>EtOH>i\text{-}PrOH>t\text{-}BuOH$，氨的碱性顺序则是 $NH_3<MeNH_2<Me_2NH>Me_3N$，由上均可以得出烷基是供电子基的结论。

③ 卤代烷偶极矩(参见 1.1.1)。

④ 烯烃的亲电加成反应活性。已知烯烃与溴的亲电加成反应活性如下：

$$(CH_3)_2C{=}C(CH_3)_2 > (CH_3)_2C{=}CHCH_3 > (CH_3)_2C{=}CH_2 > CH_3CH{=}CH_2 > H_2C{=}CH_2$$

很明显，烷基对双键也起到了供电子的影响。

⑤ 碳正离子、碳负离子的稳定性。一般碳正离子、碳负离子的稳定性如下：

碳正离子：$3°C^+>2°C^+>1°C^+>CH_3^+$

碳负离子：$3°C^-<2°C^-<1°C^-<CH_3^-$

从上面顺序也很容易得出烷基是供电子基的结论。

(2) 烷基是吸电子的证据。

① 在气相中脂肪醇的酸性。Brauman 等人研究了简单脂肪醇在气相中的相对酸性顺序，发现和溶液中测得的结果相反，酸性随分支数目的增加而增加。

$$(CH_3)_3C—OH > (CH_3)_2CH—OH > CH_3CH_2OH > CH_3OH > H_2O$$

在气相中排除了溶剂等因素的影响，孤立出醇的酸性只与烷基有关，只有烷基吸引电子的能力愈强，才会使 O—H 键的极性增大，使氢更易以质子形式失去，且使生成的 RO^- 更加稳定，故使酸性增强。

用气相离子回旋共振谱测定胺的酸性顺序也发现与醇类似的情况，如有下列酸性顺序：

$$(CH_3)_3C—NH_2>(CH_3)_2CH—NH_2>CH_3CH_2NH_2>CH_3NH_2>NH_3$$

这些都表明，烷基有吸电子诱导效应，且吸电子能力随分支数目的增加而增加。

② 核磁共振数据(参见 1.1.1)。由核磁共振谱数据可推导出烷基表现出吸电性。

③ 微波法测定的偶极矩。通过微波法测定异丁烷及氘代异丁烷的偶极距数据可知，氘取代异丁烷次甲基上的氢偶极矩增大，因为氘比氢供电性略强，由此可推知甲基在这里具有吸电子作用；否则，偶极矩必将因氘也有供电性相互抵消而减小。

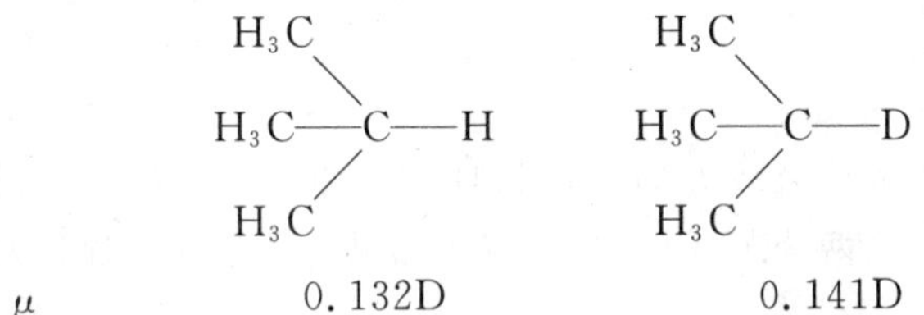

μ　　0.132D　　0.141D

再测定下列三种丙烷的偶极矩发现，氘取代亚甲基上的氢偶极矩增大，取代甲基上的氢偶极矩减小，同样表明甲基的吸电性。

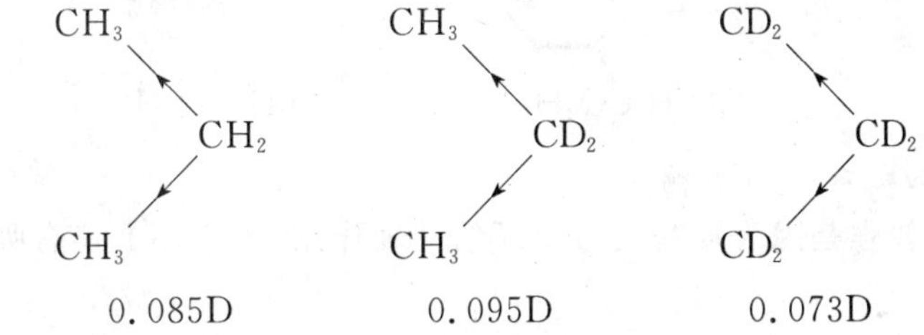

μ　　0.085D　　0.095D　　0.073D

2. 烷基的电子效应

烷基到底是吸电子或供电子？关于这一问题的讨论还在继续。现在一般认为烷基具有双重诱导效应，它可因电负性大于氢而吸电，也可受极化而供电。因此，烷基是吸电基还是供电基，取决于它与什么原子或基团相连。

如果烷基与电负性较大的原子或基团相连，则烷基表现出通常所认为的供电子$+I$效应；如果烷基与电负性较小的原子或基团相连，则烷基表现出吸电子的$-I$效应。大量实验结果表明，当有重键体系或电负性大于 3 或极化度大于 6 的官能团存在时都可能诱导烷基极化供电，所以烷基在烯、炔、醛酮、羧酸及卤代烃中以供电诱导效应影响反应的进行。当醇作为酸时，烷基表现为吸电效应；当醇、胺作为碱时，烷基表现为供电效应。其次，如前所述，烷基的诱导效应还取决于化合物是处于气相、液相还是溶液中。这些都说明基团的特性与其所处的环境紧密相关。

烷基与苯环或烯基相连表现出供电效应，有人认为是超共轭效应所致，从诱导效应讲，烷基还是吸电子的。因此，对于烷基的诱导效应应该辩证地看待。

第二节　空间效应

分子中原子之间的相互影响并不完全归结为电子效应，分子内或分子间不同取代基相互接近时，由于取代基的体积大小、形状不同，而引起的直接的物理的相互作用通常称为空间效应，或叫做立体效应。

一、基团空间大小引起的空间效应

1. 空间效应对化合物(构象)稳定性的影响

甲基环己烷中甲基处于 e 键时是稳定的构象，这就是因为甲基处于 a 键时与 3 位上的氢之间的距离较近，空间排斥力较大，而且一般基团越大，处于 e 键的构象越稳定。

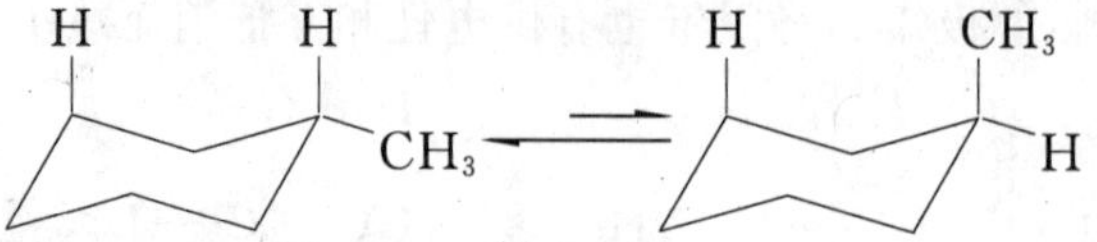

H H CH_3 ⇌ H CH_3 H

类似的现象，如联苯的邻位有较大的取代基时，因空间效应的干扰而使 σ 键的自由旋转受阻；化合物的稳定构象为两个苯环相互垂直时，如果同一苯环上邻位两个取代基不同，可呈现出对映异构现象。

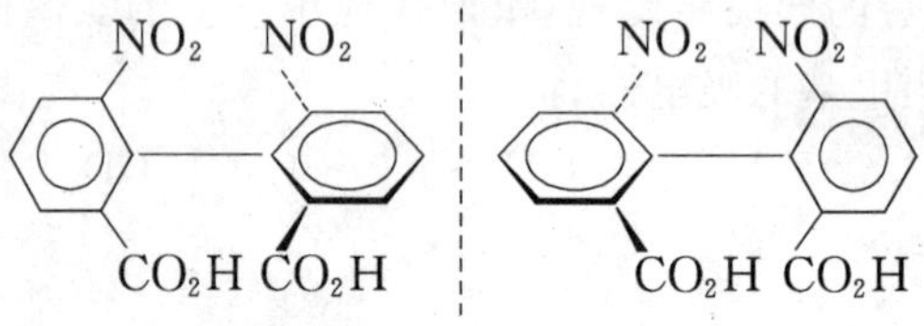

NO_2 NO_2 CO_2H CO_2H | NO_2 NO_2 CO_2H CO_2H

2. 对化合物的酸碱性的影响

酚酸性之所以较强是因为羟基氧与苯环的共轭作用；当苯环上连有吸电子基时，酸性明显增强。

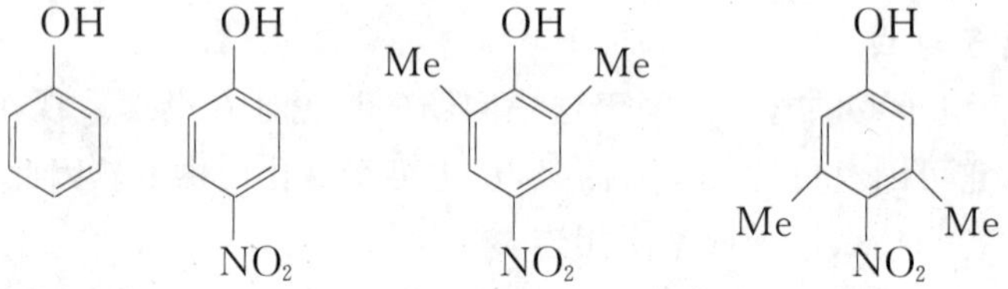

	Ⅰ	Ⅱ	Ⅲ	Ⅳ
取代基	OH	OH, NO_2	OH, Me, Me, NO_2	OH, Me, Me, NO_2
pKa	9.99	7.14	7.16	8.24

但是，以上取代酚的酸性Ⅲ大于Ⅳ，这从诱导效应和超共轭效应都无法解释。两个甲基从诱导效应或超共轭效应来看都是供电子的，也就是减弱酚羟基的酸性，而且在Ⅲ中对酚羟基的影响都比在Ⅳ中要大得多，因此应该是Ⅲ的酸性要比Ⅳ的酸性弱，但实际却恰好相反。这只能从空间效应来解释。原因在于Ⅳ中甲基对硝基的空间排斥，也就是硝基的体积较大，当硝基的邻位有两个甲基时，由于空间拥挤而使 N═O 双键的 p 轨道不能与苯环上的 p 轨道的对称轴完全平行，即硝基 N═O 双键与苯环的共平面受到破坏，减弱了硝基、苯环与羟基的共轭离域，致使酸性相对降低。这是甲基空间效应作用的结果，而在Ⅲ中两个甲基离硝基较远，没有明显影响。

当叔丁基在羧基邻位时，由于空间位阻，羧基与苯环不能很好地处于同一平面上，苯环对羧基的 $+C$ 效应减弱，酸性增强，因此邻叔丁基苯甲酸酸性强于对叔丁基苯甲酸的酸性。

$$\text{邻叔丁基苯甲酸（2-}C(CH_3)_3C_6H_4COOH\text{）} \qquad (H_3C)_3C-C_6H_4-COOH$$

3. 对反应活性的影响

卤代烷在乙醇解的 S_N2 反应中，随着 R 体积的大小不同，对乙氧基从背面进攻的难易，由于空间阻碍不同而反应速度各异。

$$CH_3CH_2OH + R-CH_2-Br \xrightarrow{OH^-} CH_3CH_2O-CH_2-R + HBr$$

表 1-10 RCH_2Br 乙醇解的相对速度

R—	H—	CH_3—	CH_3CH_2—	$(CH_3)_2CH$—	$(CH_3)_3C$—
相对速度	17.6	1	0.28	0.030	4.2×10^{-3}

反应物都是伯卤烷，电子效应的差异不大，主要是空间效应的影响，R 越大，则试剂从背面进攻的空间阻碍越大，反应速度越小。

同样，比较下列两个酸酯化反应的活性大小，也要从空间效应方面来考虑。

$$\text{I: 2,6-}(CH_3)_2C_6H_3CH_2COOH \qquad \text{II: 2,6-}(CH_3)_2C_6H_3COOH$$

二、基团张力引起的空间效应

以上空间效应主要是由基团的空间大小引起的，另一类空间效应是由张力引起的。根据不同的分子及不同的环境，取代基所引起的空间张力有 B 张力、F 张力和 I 张力等。空间效应也并非都阻碍反应的进行，有的也起促进作用。

1. F 张力 (Face Strain，前张力)

对于 S_N2 反应，反应物中心碳原子上的取代基，对亲核试剂进攻中心碳原子起着阻碍作用。这种由于基团在空间的直接排斥作用所产生的张力叫做 F 张力(Face Strain，前张力)。这种空间张力也是一种空间阻碍作用。在 S_N2 反应中，与反应物中心碳原子上所连的烷基体积愈大，F 张力愈大，则反应速度愈小。

胺的碱性顺序也体现了 F 张力的影响。如果只从电子效应考虑，预期胺的碱性次序应为：

$$R_3N>R_2NH>RNH_2>NH_3$$

在非水溶剂中，对质子酸确实如此。因为质子体积小，空间因素的影响不大。当胺与体积较大的 Lewis 酸作用时，碱性强度顺序为 $R_3N<R_2NH<RNH_2<NH_3$，与非水溶剂中胺的碱性次序完全相反。这是因为与体积较大的 Lewis 酸作用，F 张力的空间效应非常明显。例如，以三烷基硼 BR'_3 为 Lewis 酸与胺作用，R_1 与 R'都足够大时，R_3N 与 BR'_3 靠近

时会发生相互排斥。

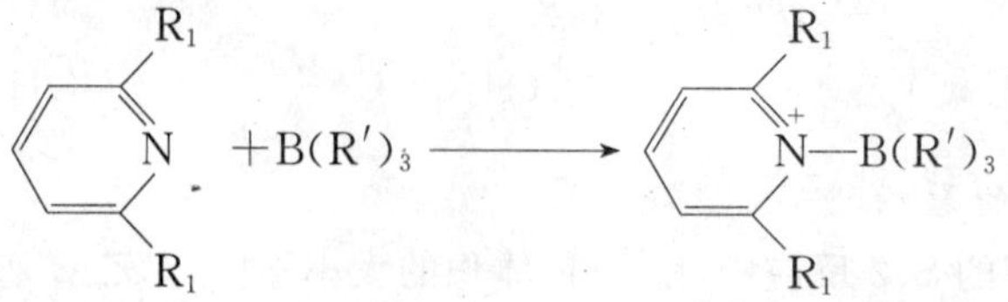

2. B 张力(Back Strain,后张力)

当反应物转变到过渡态或活性中间体时,如空间拥挤程度降低,则反应速度加快;若空间拥挤程度增加,反应速度降低。

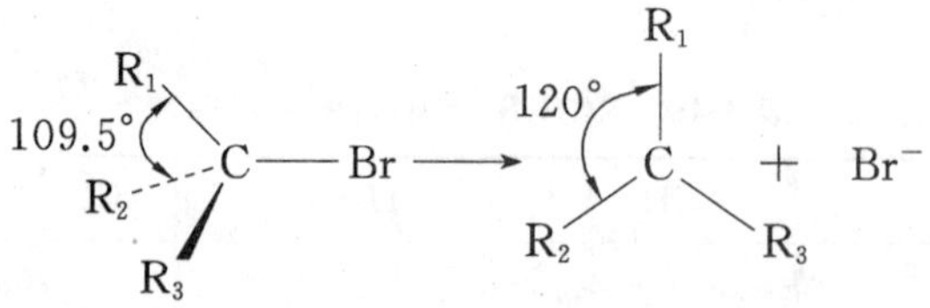

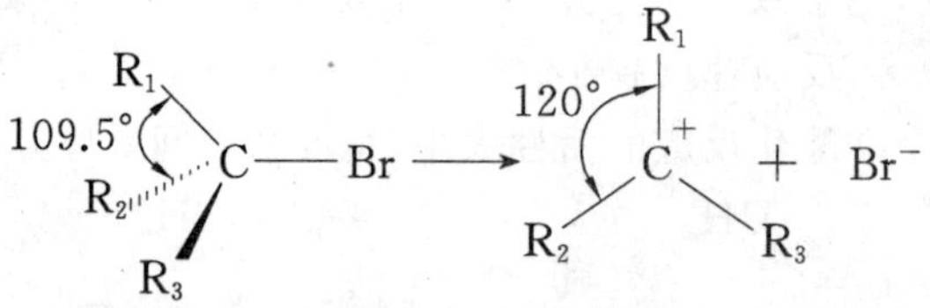

例如,卤代烷按 S_N1 历程进行的水解反应,首先离解为碳正离子,反应总的速率与碳正离子的稳定性有关,按伯、仲、叔的顺序反应速率递增。除电子效应外,空间效应在这里起了很大作用。由于卤代烷是四面体结构,中心碳原子为 sp^3 杂化状态,键角接近 109.5°,而活性中间体正碳离子是平面结构,中心碳原子为 sp^2 杂化状态,键角为 120°。由 sp^3 变为 sp^2,原子或基团之间的空间张力变小,容易形成,而且原子或基团的体积越大,sp^3 状态下张力也越大,变为 sp^2 杂化状态张力松弛也越明显,形成碳正离子越容易,碳正离子也越稳定。这种空间张力叫做 B 张力(Back Strain,后张力)。烷基愈大时对离解速度的影响愈大,表 1-11 列出了某些叔烷基氯代物的相对解离速率。

表 1-11 某些叔烷基氯代物的相对解离速率

R_1	R_2	R_3	相对解离速度
$CH_3—$	$CH_3—$	$CH_3—$	1.0
$CH_3—$	$CH_3—$	$CH_3CH_2—$	1.7
$CH_3—$	$CH_3CH_2—$	$CH_3CH_2—$	2.6
$CH_3CH_2—$	$CH_3CH_2—$	$CH_3CH_2—$	3.0

3. I 张力(Internal Strain,内张力)

某些环状化合物中,由于键的扭曲所产生的分子内部固有张力叫做 I 张力,主要表现为角张力(Angle Strain)。例如,小环烷烃不稳定,容易开环加成,CH_2 单元燃烧热较高,这是 I 张力作用的结果。但某些小环化合物与类似较大环或链状化合物比较,I 张力还有另外一种表现形式，如环丙烷衍生物 1-甲基-1-氯环丙烷离解为碳正离子的速率比相应的开链化合物叔丁基氯的要慢。虽然其中心原子从表面上看都是由 sp^3 杂化状态转变为 sp^2 杂化状态，但由于环丙烷较大的角张力的存在使卤代衍生物的解离变得极其不利。

$$\text{(1-甲基-1-氯环丙烷)} \longrightarrow \text{(1-甲基环丙基正离子)} + Cl^-$$

因为几何形状的限制，环丙烷键角(60°)与 sp^3 杂化的键角(109.5°)之差比与 sp^2 杂化的键角(120°)之差要小，在 sp^2 杂化的碳原子中的扭曲程度更大，张力更大，碳正离子难以形成，离解速度小。又如，对甲苯磺酸环丙酯在 60℃ 于醋酸中溶解，比对甲苯磺酸环丁酯的速度小 10^6 倍，也是角张力的影响。

桥环化合物的桥头碳(*)上难形成碳正离子也是由于相应的碳正离子角张力较大，难以离解所致。

$$\text{(桥头氯代双环化合物)} \xrightarrow{\text{困难}} \text{(桥头碳正离子)} + Cl^-$$

因此，空间效应与电子效应相似，对化合物的性质，尤其在反应过程中形成活性中间体的稳定性的影响较大，对有机反应的进程同样起着重要的作用。

习 题

1. 按酸性从强到弱的顺序排列下列各组化合物。

(1) $CH_3CH(NO_2)CH_2COOH$　　$CH_3CH_2CH(NO_2)COOH$

$CH_2(NO_2)CH_2CH_2COOH$

(2) $Cl-C_6H_4-COOH$ (对位)　　$F-C_6H_4-COOH$ (对位)

$O_2N-C_6H_4-COOH$ (对位)　　$NC-C_6H_4-COOH$ (对位)

(3) C_6H_5-COOH　　$CH_3O-C_6H_4-COOH$ (对位)

$H_3CO-C_6H_4-COOH$ (间位)

2. 按碱性从强到弱的顺序排列下列各组化合物。

(1) $C_6H_5-\overset{O}{\overset{\|}{C}}NH_2$　　$C_6H_5-\overset{O}{\overset{\|}{C}}N(CH_3)_2$

(2)

(3) $CH_3CH_2CH_2O^-$　$CH_3CH_2COO^-$　$CH_3CHClCOO^-$

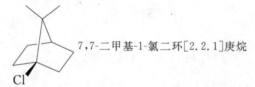

(4) $CH_3CH_2CH_2^-$　$CH_3CH{=}CH^-$　$CH_3C{\equiv}C^-$

3. 对比下列两组化合物的偶极矩(在气态测定),苯和乙烷的偶极矩都为零,为什么被相同的原子或基团取代后产生的化合物的偶极矩是不同的?

(1) 溴乙烷 μ=2.01D　溴苯 μ=1.72D

(2) 乙醇 μ=1.69D　苯酚 μ=1.4D

4. 7,7-二甲基-1-氯二环[2.2.1]庚烷与 $AgNO_3$ 醇溶液回流 48 小时或与 KOH 的醇溶液回流 21 小时都没有氯原子被取代的反应发生,解释这种稳定性。

7,7-二甲基-1-氯二环[2.2.1]庚烷

5. 氯苯是典型的不活泼芳香卤化物,2,6-二甲基-4-硝基氯苯由于硝基的影响,氯原子很容易发生亲核取代反应,但 3,5-二甲基-4-硝基氯苯与氯苯几乎一样不活泼,请说明原因。

2,6-二甲基-4-硝基氯苯　　3,5-二甲基-4-硝基氯苯

6. 比较化合物Ⅰ和Ⅱ的酸性大小,并简要解释原因。

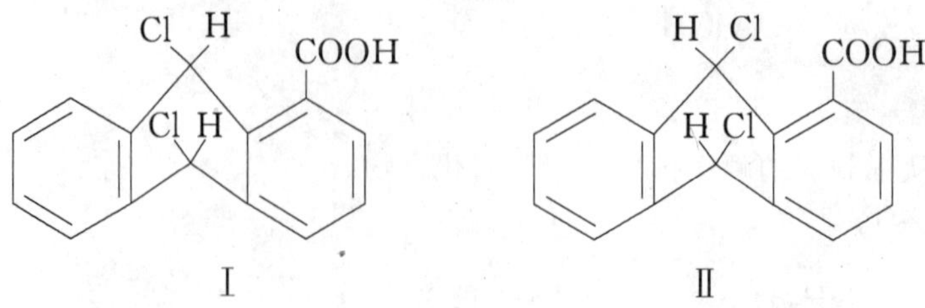

Ⅰ　　Ⅱ

第二章

立体化学

有机化合物普遍存在着同分异构现象，分子式相同而结构不同的化合物称为同分异构体。异构体主要分为两大类：构造异构体和立体异构体。由于碳原子的四面体结构，决定了有机分子是立体的，所以会因分子中各原子在空间排列位置的不同而造成异构现象，这就是立体异构，包括构象异构、几何异构和对映异构。构象异构是碳碳单键旋转引起的，因此不同构象通过分子中单键的旋转而互变，因此很难分离出构象异构体。而几何异构体和对映异构体之间只能通过键的断裂和生成完成互变，相对比较困难，因此区别于构象异构，几何异构和对映异构可统称为构型异构。

在基础有机化学阶段，我们已经知道很多反应都与有机分子的立体结构密切相关。例如，顺 2-丁烯与溴发生亲电加成反应得到一对对映异构体，而反 2-丁烯与溴反应得到一个内消旋体，这就是由反应物的结构和反应本身在空间上的特点所决定的。立体化学就是以一种从三维空间的角度来研究分子结构和性质的科学，其中研究分子中原子或基团在空间因排列不同而产生的立体异构（几何异构、对映异构和构象异构等）以及所形成的立体异构体的有关性质等内容，称为静态立体化学；而研究分子的空间结构对其化学性质、反应速率、反应方向和反应机理等产生的影响，称为动态立体化学。

第一节　几何异构

几何异构，亦称之为顺反异构，一般是由于双键（包括碳碳、碳氮、氮氮）或环状结构的存在，使得原子之间不能自由旋转而产生的立体异构现象。

一、几何异构的类型和标记

1. 由碳碳双键引起的顺反异构

碳碳双键 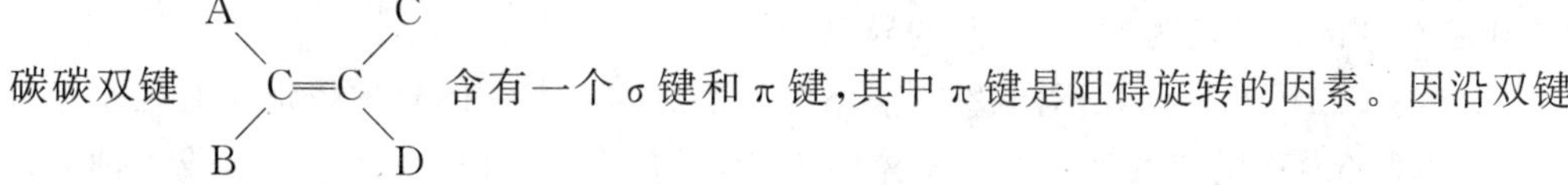

含有一个 σ 键和 π 键，其中 π 键是阻碍旋转的因素。因沿双键的旋转需要比较大的活化能，在室温下不能发生；当双键两端连有不同基团，即 A 不同于 B、C 不同于 D 时能产生顺反异构现象。

顺反异构的标记方法一般有两种。

(1) 顺/反命名法。

两个双键碳原子所连接的相同基团在双键同侧为顺式，异侧为反式。

(2) Z/E 命名法。

单烯烃化合物中，根据次序规则，较大基团在同侧为 Z 型，在不同侧为 E 型。

需要指出的是，顺/反命名和 Z/E 命名是两套不同的命名法，顺不等同于 Z，反也不等同于 E，如：

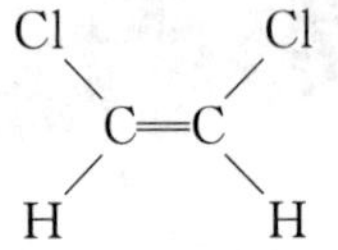

顺-1,2-二氯乙烯　　顺-1,2-二氯-1-溴乙烯

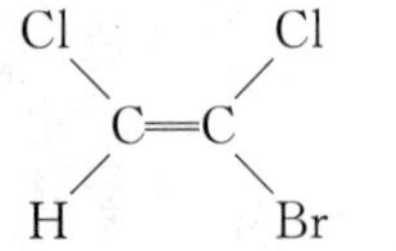

Z-1,2-二氯乙烯　　E-1,2-二氯-1-溴乙烯

2. 含碳氮双键和氮氮双键的化合物的顺反异构

在含有碳氮双键或氮氮双键(如肟和偶氮化合物)的化合物的分子中，氮原子的三个价键中有两个用于形成双键，另一个价键所连接的基团与碳氮双键或氮氮双键不在一条直线上。因此由于 π 键阻碍了双键两个原子的自由旋转，而产生了顺反异构现象，如以下式子所示。

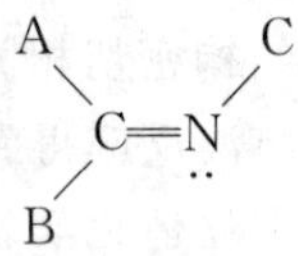

Ⅰ 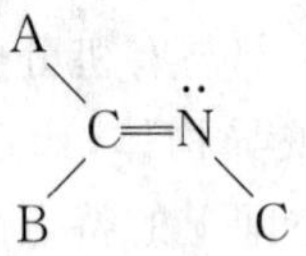　Ⅱ 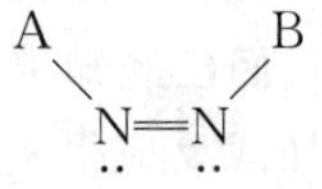　Ⅲ 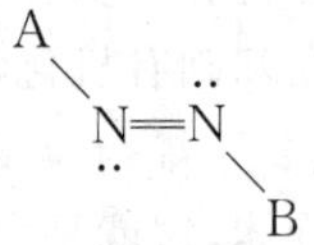　Ⅳ

对于肟、腙和其他含碳氮双键的化合物来说，若 A═C，Ⅰ式称为顺式，Ⅱ式称为反式。同样，也可以用 Z/E 标记法，氮上的未共用电子对在顺序规则中位于氢之后。偶氮化合物Ⅲ总是顺式或者 Z 型，不管 A 和 B 是否相同，Ⅳ式则是反式或者 E 型。

3. 单环化合物的顺反异构

脂环化合物由于环的存在限制了 σ 键的自由旋转而产生顺反异构。一元取代的脂环化合物没有顺反异构。对二元取代脂环化合物，当两个碳原子自身所连的两个原子或原子团不相同时，具有立体异构现象，如 1,4-二甲基环己烷。

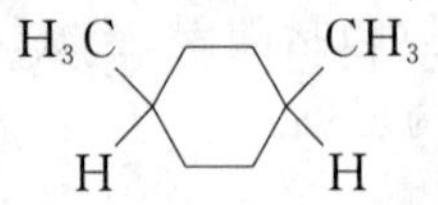

顺式异构体 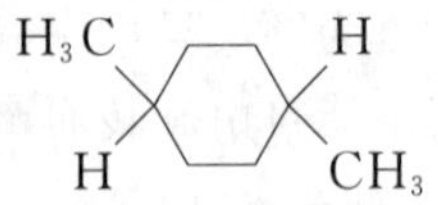　　反式异构体

一般来说，脂环化合物的几何异构体用顺/反命名法命名，不论两个取代基是否相同，取代基在环的同一侧为顺式，在环的异侧为反式。

与 1,4-二甲基环己烷不同，2-甲基环丙基甲酸的四个立体异构体都含有两个手性碳原子，2-甲基环丙基甲酸就有四种立体异构体；不仅有几何异构，而且它们组成了两对对映异构体。此类立体异构体的命名不宜用顺/反或 Z/E 法，应采用 R/S 法来标记构型。

H$_3$C COOH H H | HOOC CH_3 H H | H$_3$C H H COOH | H HOOC CH_3 H

顺式异构体　　　　　　　　反式异构体

(R,S)　　(S,R)　　(S,S)　　(R,R)

对于多取代环状化合物，一般选 1 位的基团为参照基，用 r-1 表示，放在名称的最前面；其余取代基前用顺或反来表示它们与参照基团的立体关系，如：

COOH 3 COOH 1 5 Cl　　r-1，反-5-氯，顺-3-环己二甲酸

4. 三联苯型化合物的顺反异构

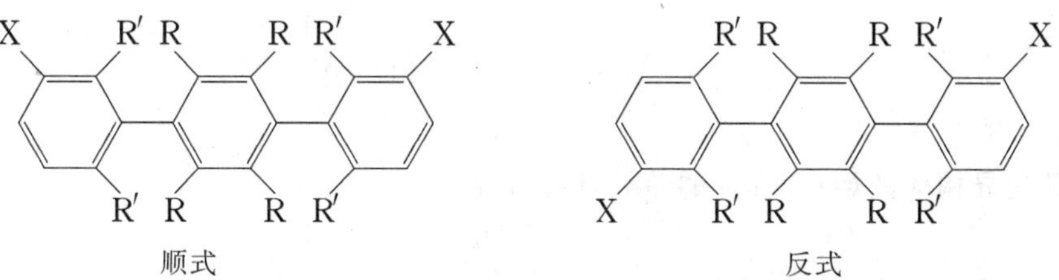

顺式　　　　反式

如上所示，三联苯型化合物由于空间位阻，限制了苯间单键的自由旋转，从而存在几何异构。

5. 桥环化合物的顺反异构

桥环化合物，如十氢萘，桥头碳上的氢原子有不同的取向，表现为几何异构。

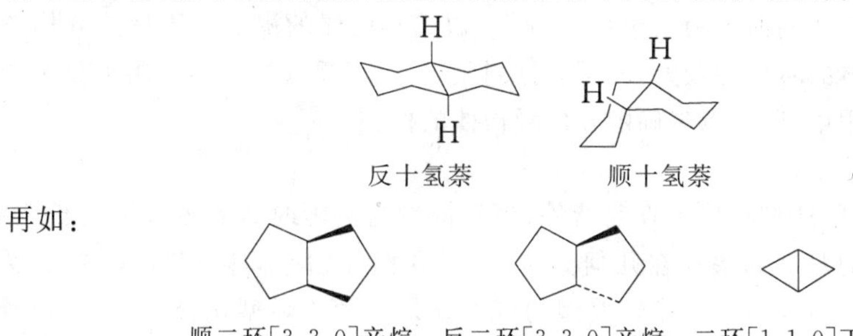

反十氢萘　　顺十氢萘

再如：

顺二环[3.3.0]辛烷　反二环[3.3.0]辛烷　二环[1.1.0]丁烷

但是，对于小环的稠环方式只能是顺式。

对于桥环化合物，常用内型和外型来区别其异构体。当取代基位于主桥相反的位置或位于环内障碍较大的位置，则称此化合物为内型异构体，其名称前冠以“内型”或 endo；若取代基位于靠近主桥的位置或位于环外障碍较小的位置，则称此化合物为外型异构体，其名称前冠以“外型”或 exo。

OH　　　OH

内型　　　外型

二、几何异构体在物理、化学性质上的差异

每一种几何异构体都有自身独特的物理性质和化学性质，因此各几何异构体之间必然存在着一定的差异性，只要找出这种差别的规律性，就可以用物理或化学的方法来确定几何异构体的构型。

1. 物理性质

(1) 偶极距。

一般地，当两个双键碳上连有相同的原子或简单基团，反式异构体由于具有中心对称，偶极距为零，顺式异构体存在面对称，偶极距不为零。当两个双键碳所连原子或基团不同时，反式异构体的偶极距不为零。例如反式 2-戊烯的偶极距虽然仍小于顺式 2-戊烯，但是不为零。不过，这并不能说明凡是顺式的异构体偶极距就大，如：

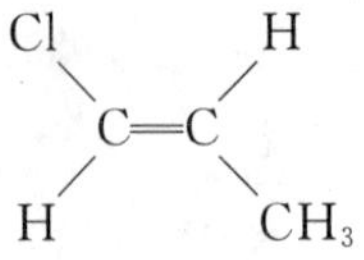

Cl　　H　　　　　　Cl　　CH_3
　C=C　　　　　　　　C=C
H　　CH_3　　　　　H　　H

$\mu = 1.97D$ 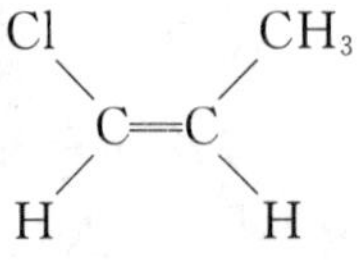　　　　　$\mu = 1.71D$

(2) 熔点和沸点。

大多数几何异构体的熔点、沸点的差异具有特征性。

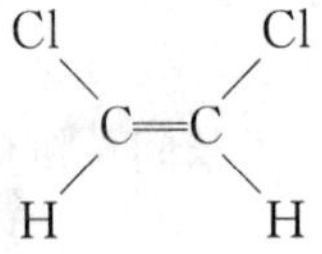

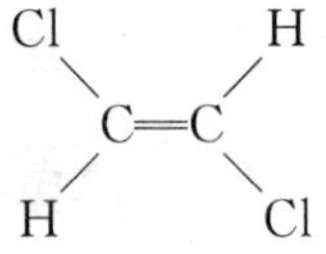

Cl　　Cl　　　　　　Cl　　H
　C=C　　　　　　　　C=C
H　　H　　　　　　　H　　Cl

b. p. /℃	60.3	48.6
m. p. /℃	−80.5	−49.8

一般地，顺式异构体的偶极距大于反式，所以顺式异构体的沸点高于反式异构体的沸点；但由于反式异构体的对称性较大，分子间排列紧密，所以反式异构体的熔点高于顺式异构体。因此，可以利用熔点、沸点来确定几何异构体的构型。

(3) 光谱性质。

孤立碳碳双键的紫外吸收处于真空紫外，当双键参与共轭时紫外吸收会向长波移动。因此，处于共轭体系的双键如果存在几何异构，顺式异构体因空间障碍较大，共轭受到影响，最大紫外吸收将向短波移动。比较典型的例子就是二苯乙烯型化合物，尤其是当苯环的邻位再引入取代基时。

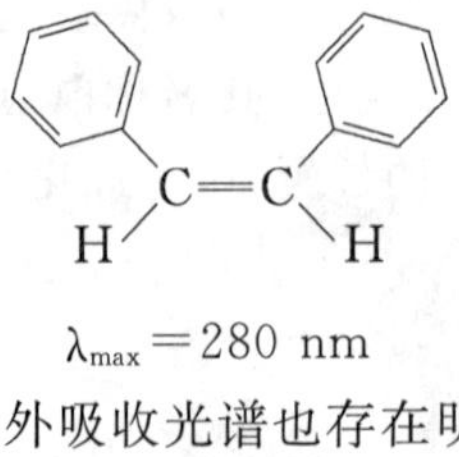

（顺式二苯乙烯）$\lambda_{max} = 280$ nm　　　（反式二苯乙烯）$\lambda_{max} = 296$ nm

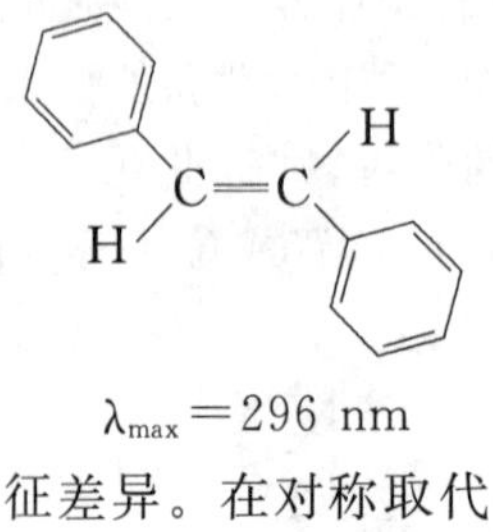

几何异构体的红外吸收光谱也存在明显的特征差异。在对称取代的反式异构体中，双键的对称伸缩振动的偶极距变化为零，因此是红外非活性的。例如，顺式的 1,2-二氯乙烯在 1 590 cm^{-1} 处有吸收，但是反式的异构体在此位置则没有吸收。对于非对称取代烯烃中

碳碳双键的伸缩振动，通常是顺式异构体比反式异构体的强，这是因为一般顺式异构体的偶极矩要相对较大。

表 2-1 非对称烯烃 R—CH ═CH—R′的红外吸收

	顺	反
C═C 伸缩振动	1 660 cm^{-1}（中）	1 675 cm^{-1}（弱）
C—H 弯曲振动	730～675 cm^{-1}（强）	965 cm^{-1}（强）

在核磁共振谱中，对称取代的 R—CH ═CH—R，无论是顺式还是反式，两个质子都是化学等价的，化学位移相同。再如，反十氢萘桥头碳上的两个氢原子均处于直立键，是化学等价的，而顺十氢萘桥头碳上的两个氢原子虽然一个处于直立键、一个处于平伏键，但顺十氢萘存在构象异构，两个氢也是化学等价的。但下面的顺、反十氢萘衍生物中，由于化学环境的不同，桥头碳上的两个氢原子化学不等价。

对非对称的 R—CH ═CH—R′，两个质子不等价且相互存在自旋偶合，两个质子的偶合常数 J 可以用来区别异构体的构型，一般反式异构体的偶合常数要比顺式异构体的高。

	(H)(R)C═C(H)(R′)	(R)(H)C═C(H)(R′)
J_{ab}(Hz)	7～11	12～18

2. 化学性质

几何异构体由于其空间排列方式不同，因而在化学性质上往往也存在某些差异。比较典型的表现在以下几个方面。

（1）酸性。

比较典型的例子是顺丁烯二酸和反丁烯二酸酸性的比较。

	(H)(HOOC)C═C(H)(COOH)	(HOOC)(H)C═C(H)(COOH)
Ka_1	1.2×10^{-2}	9.6×10^{-4}
Ka_2	6×10^{-7}	4.2×10^{-5}

在顺式异构体中，两个羧基在空间上较为接近，相互之间的排斥力比较大，因而氢原子离子化倾向提高；而且相对于反式异构体，顺式异构体中存在的空间排斥减弱了双键对羰基的供电子共轭作用，更容易电离出氢离子，因此顺式异构体的第一电离常数较大。但因为顺式异构体中存在场效应，导致第二级电离要较反式异构体难。

（2）成环反应。

考虑到环的稳定性，一般成环反应以形成五元环、六元环为主，所以通常是顺式异构体的成环反应性要高于反式异构体。

比较典型的是脱水成酐或成内酯的反应，如顺丁烯二酸易于脱水生成顺丁烯二酸酐：

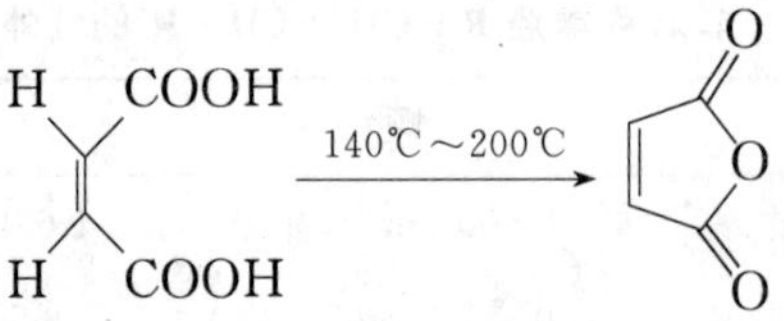

H COOH
H COOH
140℃～200℃
O
O
O

反式则较难反应，首先要在高温或紫外光照射下完成构型转化，再进一步发生成环反应。

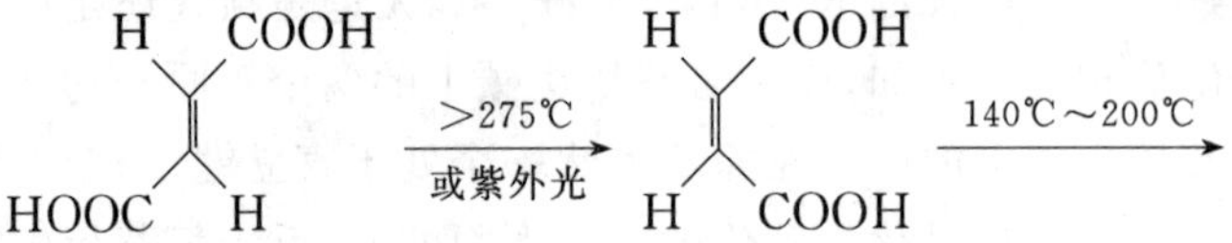

H COOH
HOOC H
>275℃
或紫外光
H COOH
H COOH
140℃～200℃

樟脑酸与异樟脑酸的反应也类似。

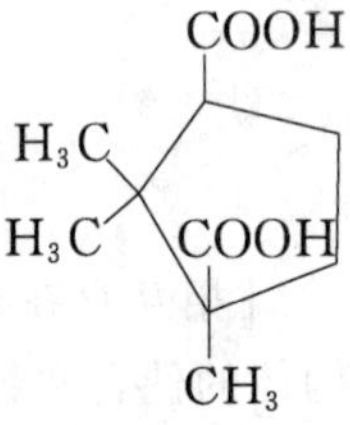

COOH
H_3C
H_3C COOH
CH_3
樟脑酸

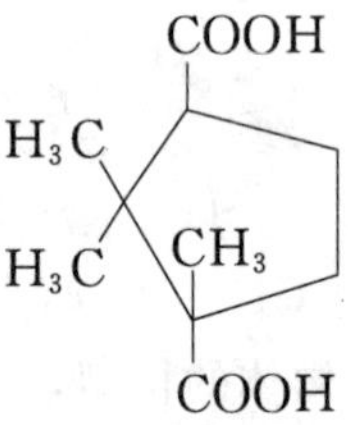

COOH
H_3C
H_3C CH_3
COOH
异樟脑酸

樟脑酸的两个羧基处于顺式，可以脱水生成酸酐；异樟脑酸的两个羧基处于反式，不能脱水生成酸酐。但并不是所有的二酸的反式异构体都不能生成酸酐，如顺或反-1，2-环己烷二酸均可以脱水生成酸酐，这是由环己烷特殊的构象所决定的。

COOH
COOH
顺-1，2-环己烷二酸

COOH
COOH
反-1，2-环己烷二酸

苦马酸与香豆酸是几何异构体，苦马酸可以分子内脱水生成内酯（香豆素），但香豆酸不可以。

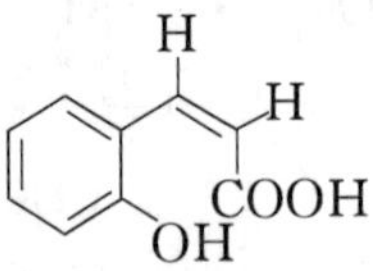

H
H
COOH
OH
苦马酸

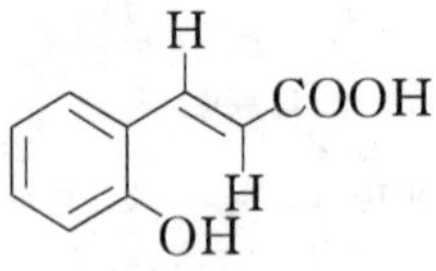

H
COOH
H
OH
香豆酸

由上所述，通常可以利用是否脱水成酐或成酯确定异构体的顺反构型。另外，其他一些成环反应也可以利用来确定构型，如顺-1，2-环戊二醇可与醛、酮反应形成缩酮而反式则不能。再如：

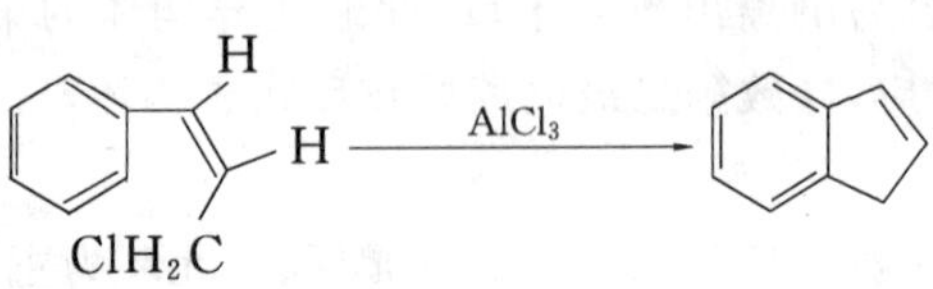

H
H
ClH_2C
$AlCl_3$

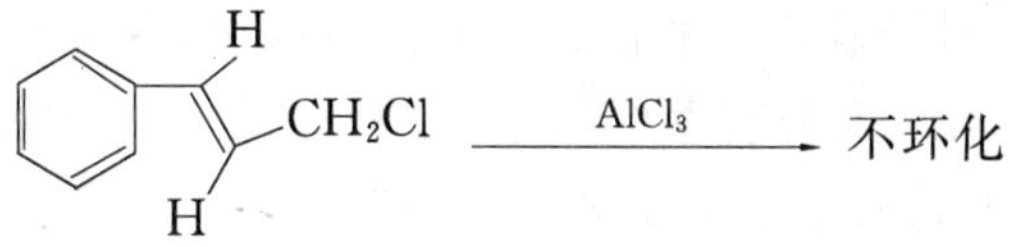

$C_6H_5CH=CHCH_2Cl \xrightarrow{AlCl_3}$ 不环化

(3) 脱羧反应。

有的几何异构体，虽然可进行同一类反应，但其反应产物却可能不尽相同，如：

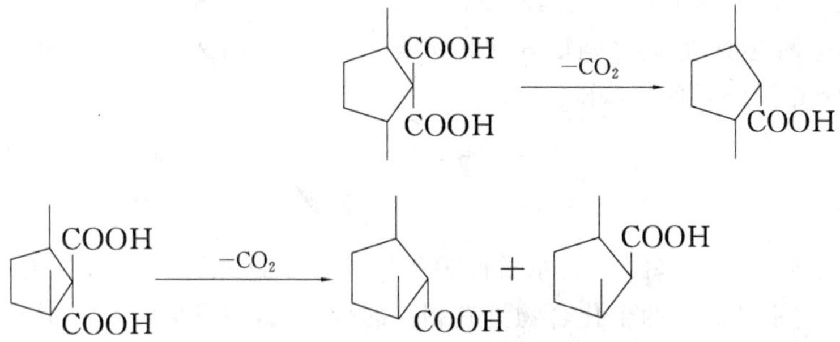

$\xrightarrow{-CO_2}$

$\xrightarrow{-CO_2}$ +

上面化合物受热发生脱羧反应时顺式异构体生成的产物有两种立体构型，而反式异构体生成的产物只有一种。

另外，烯烃作为亲双烯体，还可以与共轭二烯发生 D-A 反应，而顺式烯烃与反式烯烃发生 D-A 反应的立体化学也存在差异。

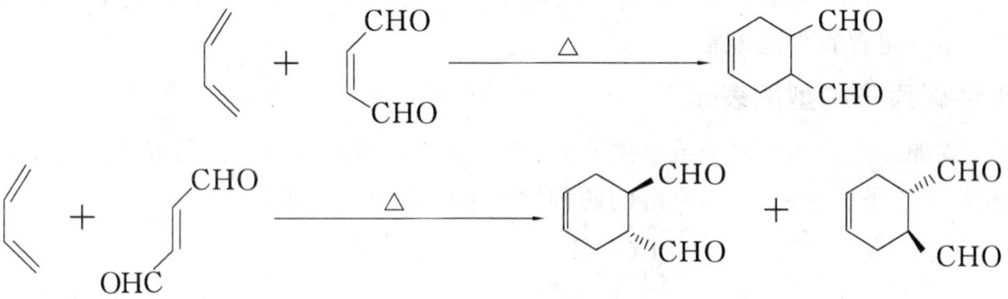

CHO CHO + $\xrightarrow{\triangle}$ CHO CHO

CHO OHC + $\xrightarrow{\triangle}$ CHO CHO + CHO CHO

第二节 对映异构

只在一个平面上振动的光称为平面偏振光，简称偏振光。而偏振光的振动面，化学上习惯称为偏振面。当光通过含有某物质的溶液时，如果偏振光平面发生旋转，就把这种能使偏振面旋转的性能称为旋光性。偏振面被旋转的方向有左旋（逆时针）和右旋（顺时针）的区别，分别用符号（+）表示右旋，（−）表示左旋。而偏振面被旋光性物质所旋转的角度称为旋光度，用 α 表示。

早在 1812 年，Brewster 就发现了石英晶体可以使偏振光的偏振面发生旋转，此后一些无机盐如氯酸钾也被发现具有旋光性，但是这些物质溶于水后旋光性就消失了。这就让人们错误地认为旋光性与晶体的形状和结构有关，当溶解后晶体的晶格和形状被破坏后，旋光性也就消失了。但后来发现某些天然的有机物如樟脑、酒石酸等不仅在固态时，即使在溶液中也有旋光性，这就说明旋光性不是由晶体结构引起的，而是分子本身固有的性质。

1848 年 Pastear 发现外消旋酒石酸钠铵具有两种晶体，一种是左旋的，另一种是右旋的，而且它们的结构就如同左手与右手的关系，一种是另一种的镜像，但不能重合。由此 Pastear 认为酒石酸钠铵有旋光性是由于其分子结构具有不对称性，并提出某些物质的旋光性是由分子中的原子在空间排列方式的不同而引起的。

1874 年随着碳原子四面体学说的提出，Van't Hoff 指出，如果一个碳原子上连有四个不同的原子或基团，这四个原子或基团在碳原子周围可以有两种不同的排列形式，即两种不同的四面体空间构型，它们之间恰好就是实物和镜像，它们又具有不能重合的关系，这就为 Pasteur 的观点提供了理论基础。

a b c d   a d c b

连有四个不同原子或基团的碳原子称为手性碳原子，一般用 * 标记；实物和镜像不能重合的现象，称为手性。当两个化合物具有相同的分子式，而且构造相同但构型不同，两者互为实物和镜像，又不能重合时，它们就具有手性，是一对构型异构体，互为对映，称为对映异构体。二者都具有旋光性，一个右旋，一个左旋，而且旋光度数相同。因此，手性是存在对映异构体的充分必要条件，也就是说，判断一个化合物是否存在对映异构体，主要是判断这个化合物是否有手性或旋光性。但是，只根据是否含有手性碳并不能准确判断出一个化合物是否存在对映异构体，因为含有手性碳原子的化合物不一定具有手性，而具有手性的化合物也不一定含有手性碳原子。

一、手性碳原子构型的表示

手性碳原子连的四个原子或基团不同，在空间上有两种不同的排列方式。为了表示这两种构型，可以采用透视式，如乳酸的两种构型可以分别表示如下：

COOH H OH CH_3 COOH HO H_3C H

但是，这只适合表示相对比较简单的结构。对于手性碳原子比较多的结构复杂的化合物，我们一般采用 Fischer 投影式，这是 E. Fischer 于 1891 年在研究碳水化合物时提出来的。

Fischer 投影式是将手性碳原子所连的两个原子或基团放在竖键的位置，另两个原子或基团放在横键位置，然后竖键伸向纸面后，横键伸向纸面前，即所谓的“横前竖后”，然后投影书写所得的平面表示式即为 Fischer 投影式。

由此可见，一个手性碳的构型可以用多个 Fischer 投影式表示，但一般 Fischer 投影式在书写时将碳链竖着写，氧化值大的放在竖键的上方，或者说将命名时化合物编号小的放在上方。例如乳酸，手性碳所连的羧基应放在上方，甲基在下方。这样两种乳酸的 Fischer 投影式书写如下：

COOH H OH CH_3 ≡ COOH H—OH CH_3 COOH HO H CH_3 ≡ COOH HO—H CH_3

Fischer 投影式用平面的结构式来表示立体构型，所以在使用时要注意以下几点：

① 投影式在纸面内旋转 180°构型保持不变，但旋转 90°或 270°构型要翻转，变为其对映异构体。

② 投影式离开纸面反转 180°构型要翻转，变为其对映异构体。

③ 将手性碳原子所连的任一原子或基团保持固定，其余三个以顺时针或逆时针转动，构型保持不变。

COOH
HO—┼—H
CH_3

≡

COOH
H_3C—┼—OH
H

≡

OH
H—┼—COOH
CH_3

④ 将手性碳上的任意两个原子或基团对调奇数次，构型改变；对调偶数次，构型保持不变。

二、手性碳原子构型的标记

为了区别手性碳原子的构型，规定了两种标记构型的方法：D/L 和 R/S 法。

1. D/L 标记法

D/L 标记法是相对于人为规定的标准物（甘油醛）而言的，所以这样标记的构型又称相对构型。将甘油醛以 Fischer 投影式表示，碳链竖着放，醛羰基处于竖键的上方，羟甲基在下方；如果 OH 在横键右边称为 D-甘油醛，在横键左边称为 L-甘油醛。

CHO
H—┼—OH
CH_2OH
D-甘油醛

CHO
HO—┼—H
CH_2OH
L-甘油醛

有了标准物后，其他未知构型化合物的构型可以通过与甘油醛相联系而得出，如甘油酸：

CHO
H—┼—OH
CH_2OH
D-甘油醛

—[O]→

COOH
H—┼—OH
CH_2OH
D-甘油酸

也就是在和标准进行联系时所采用的化学反应如果不涉及手性碳原子所连的键，所得化合物的构型保持不变，由 D 型甘油醛转化来的标记为 D 型，由 L 型甘油醛转化来的标记为 L 型。

但 D/L 标记法的应用具有一定的局限性，因为并不是所有的化合物都可以和甘油醛进行联系，目前 D/L 法主要是标记碳水化合物。

CHO
H—┼—OH
CH_2OH

—HCN→ —H_2O→

COOH
HO—┼—H
H—┼—OH
CH_2OH

—[H]→

CHO
HO—┼—H
H—┼—OH
CH_2OH
D-苏阿糖

COOH
H—┼—OH
H—┼—OH
CH_2OH

—[H]→

CHO
H—┼—OH
H—┼—OH
CH_2OH
D-赤藓糖

另外，D/L 法还可以标记氨基酸，NH_2 在横键右边称为 D 型，在横键左边称为 L 型。

D型	L型
COOH H—┼—NH_2 CH_3	COOH H_2N—┼—H CH_3

需要注意的是，D/L 和旋光方向没有明确的联系，这是因为旋光方向和数值会随实验条件的改变而改变。

另外，D/L 法本是人们假设的，但是后来经 X 射线实验证实，这种假设恰与实验相符，因此所说的甘油醛的相对构型也就是绝对构型。

2. R/S 标记法

R/S 法是最常用的手性碳构型标记方法，它的原则主要包括两条。第一，先按顺序规则对手性碳所连的原子或基团进行排序。第二，把次序最小的原子或基团放在距观察者最远的位置，由次序从大到小的顺序排列其余三个原子或原子团。如果排列为顺时针，手性碳构型为 R；若是逆时针排列，构型则为 S 型。

a, b, c, d　　　　a, b, c, d

顺时针 R　　　　逆时针 S

当手性碳构型用 Fischer 投影式表示时，根据 Fischer 投影式规则，Fischer 投影式中横键在纸平面前方，竖键在纸平面后方，即横前竖后，所以在 Fischer 投影式的 R/S 标记时，需要将平面的表示式变换为各原子或基团的键实际所连位置进行标记。

为了用 R/S 法快速标记 Fischer 投影式手性碳构型，引入"表观构型"和"实际构型"两个术语。"表观构型"是指在以 Fischer 投影式标记手性碳原子时，直接进行标记而不变换各原子或基团的键连位置所得的构型。"实际构型"是指将手性碳所连原子或基团变换为实际位置，再按照 R/S 标记规则进行标记所得的构型。按次序规则排列手性碳连原子或基团，如果最小原子或基团以横键相连，则表观构型与实际构型相反；如果最小的原子或基团以竖键相连，表观构型与实际构型相同。

	OH H—┼—Cl CH_3	H H_2N—┼—CH_3 COOH
表观构型	逆时针 S	逆时针 S
实际构型	顺时针 R	逆时针 S

了解到这些，就无须将 Fischer 投影式表示的手性碳所连键变换为实际位置再进行标记，只需观察最小原子或基团是处于竖键还是横键，就可直接利用表观构型判断出正确的实际构型。

三、含有手性碳原子的对映异构

1. 含一个手性碳原子化合物的对映异构

手性碳连的四个原子或基团在空间上有两种不同的排列方式，因此只含一个手性碳原子的化合物有两个立体异构体，它们互为实物与镜像的关系而不能重合，互为对映异构体，其中一个右旋、一个左旋。

对映异构体的熔点、沸点等物理性质以及一般的化学性质是相同的，只是旋光方向相反，但旋光度数值相同；另外，对映异构体在手性条件下（如手性试剂、手性溶液、手性催化剂），常表现出不同的反应速度，也可显示出不同的生物效能。例如，生物体中非常重要的催化剂酶具有很高的手性，因此许多可以受酶影响的化合物，其对映体的生理作用表现出很大的差别。右旋葡萄糖在动物代谢中能起独特的作用，具有营养价值，但其对映体左旋葡萄糖则不能被动物代谢；氯霉素是左旋的有抗菌作用，其对映体则无疗效。

将等量的左旋体与右旋体的混合，由于旋光方向相反，相互抵消，旋光性消失，这种等量对映体混合物称为外消旋体。外消旋体可用(±)、(RS)或(dl)表示。显然，外消旋体是混合物，可分离（拆分）成左旋体与右旋体。

2. 含两个手性碳原子化合物的对映异构

(1) 含两个或多个不相同手性碳原子的化合物。

含两个不相同手性碳原子的化合物是指两个手性碳原子所连的四个原子或基团是不完全相同的，由于每个手性碳原子可以有两种相反的构型，这样根据排列组合，整个分子的构型可以有四种，如：

Ⅰ	Ⅱ	Ⅲ	Ⅳ
COOH	COOH	COOH	COOH
H—┼—OH	HO—┼—H	H—┼—OH	HO—┼—H
H—┼—Cl	Cl—┼—H	Cl—┼—H	H—┼—Cl
COOH	COOH	COOH	COOH

其中，Ⅰ和Ⅱ、Ⅲ和Ⅳ分别为对映异构体，而Ⅰ与Ⅲ或Ⅳ，Ⅱ与Ⅲ或Ⅳ不是实物与镜像的关系，但却是立体异构体，称为非对映异构体。非对映异构体的旋光性质不同，物理性质不同，一般条件下的化学性质相近，但在手性环境下的反应一般不同。

另外，Ⅰ与Ⅲ或Ⅳ，Ⅱ与Ⅲ或Ⅳ，也可称为差向异构体。所谓差向异构体，指含有两个或两个以上手性碳原子的立体异构体。当只有一个手性碳原子的构型相反而其他手性碳原子的构型相同时，这两个立体异构体称为差向异构体。

一般来说，当分子中含有几个不相同的手性碳原子时，就可以有 2^n 个对映异构体，它们可以组成 2^{n-1} 个外消旋体。但是也有例外。

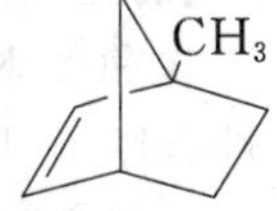

1-甲基二环[2.2.1]-2-庚烯

桥环化合物 1-甲基[2.2.1]-2-庚烯有两个不同手性碳原子，但恰好是“桥头碳”。当一个手性碳原子的构型改变的时候，另一个手性碳原子的构型也要相应的改变，这样该化合物的对映异构体只有两个。具有类似的所谓降冰片系结构的化合物，如果决定旋光性的仅有手性碳，那么它的光学异构体个数为 2^{n-1}，n 为总手性碳的个数。

(2) 含有两个或多个相同手性碳原子的化合物。

含两个相同手性碳原子的化合物是指在这类化合物中两个手性碳原子的构造相同，即两个手性碳原子所连的四个原子或基团是相同的，如酒石酸，它也可写出四个构型的 Fischer 投影式：

Ⅴ	Ⅵ	Ⅶ	Ⅷ
COOH H—┼—OH HO—┼—H COOH	COOH HO—┼—H H—┼—OH COOH	COOH H—┼—OH H—┼—OH COOH	COOH HO—┼—H HO—┼—H COOH

很明显，Ⅴ和Ⅵ是对映体，它们等量混合可以组成外消旋体。Ⅶ和Ⅷ也呈镜像关系，似乎也是对映体，但如果把Ⅶ在纸面上旋转 180°后即得到Ⅷ，因此它们实际上是同一种物质。

从化合物Ⅶ的构型看，可以把Ⅶ均分为两部分，而且分子上半部分正好是下半部分的镜像，两个手性碳原子的 R/S 构型正好相反，从而使分子内部旋光性相互抵消。这种由于分子内含有构造相同的手性碳原子，分子自身可分为互为物体与镜像关系的两部分的非光学活性化合物称为内消旋体，用 meso 表示。

内消旋体和外消旋体虽然都不具有旋光性，但它们有着本质的不同，内消旋体是一种纯物质，它不能像外消旋体那样可以分离成具有旋光性的两种物质。

由于内消旋体的存在，酒石酸只有三个立体异构体，也就是说，这种分子中含有相同构造手性碳原子的化合物，其对映异构体的数目小于 2^n。存在内消旋体的含 n 个手性碳原子的链状手性分子的立体异构体的数目的计算可分为两种情况。

① n 为偶数时，对映异构体的数目为 2^{n-1}，内消旋体的数目为 $2^{n/n-1}$，立体异构体的总数为 $2^{n-1}+2^{n/n-1}$。

② n 为奇数时，对映异构体的数目为 $2^{(n-1)/2}$，内消旋体的数目为 $2^{(n-1)/2}$，立体异构体的总数为 2^{n-1}。例如，2,3,4-三羟基戊二酸，有两个内消旋体，共有四个立体异构体。

Ⅸ	Ⅹ	Ⅺ	Ⅻ
COOH HO—┼—H HO—┼—H HO—┼—H COOH	COOH HO—┼—H H—┼—OH HO—┼—H COOH	COOH H—┼—OH HO—┼—H HO—┼—H COOH	COOH HO—┼—H H—┼—OH H—┼—OH COOH

化合物Ⅺ和Ⅻ是一对对映异构体。化合物Ⅸ和Ⅹ是内消旋体，都没有旋光性，它们只有 C_3 的相反构型，是差向异构体。值得一提的是，Ⅸ和Ⅹ中 C_3 也是手性碳原子，因为虽然 C_2 和 C_3 的构造相同，但构型不同，不过由于Ⅸ和Ⅹ本身均没有旋光性，所以把 C_3 称之为假手性碳原子。而Ⅺ和Ⅻ中的 C_3 则是非手性碳原子，因为它们连的基团构造相同，构型也相同。再如，7-甲基二环[2.2.1]-2-庚烯的"桥头碳"是手性碳原子，而且两个"桥头碳"的构造相同，但构型相反，所以 C_7 也是手性碳原子，但很明显，ⅩⅢ和ⅩⅣ可以重合，ⅩⅤ和ⅩⅥ可以重合，也就是内消旋体，分子本身没有旋光性，因此 C_7 也是假手性碳原子。

ⅩⅢ	ⅩⅣ	ⅩⅤ	ⅩⅥ
H_3C H	H CH_3	H CH_3	H_3C H

3. 含有手性碳原子环状化合物的对映异构

前面介绍了环状化合物的顺反异构，如果环状化合物是手性的，还会产生对映异构体，往往顺反异构和对映异构同时存在。

（1）三元环。

对于单个取代基或两个取代基在同一碳原子上的环丙烷衍生物，没有手性。取代基不在同一碳原子上二取代的三元环，如果两个基团相同，存在两个相同手性碳原子，有三个立体异构体，一个内消旋体和一对对映异构体。如果两个基团不同，有两个不同的手性碳原子，两对对映异构体。如 1,2-二甲基环丙烷：

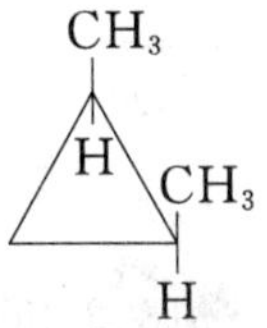

内消旋体 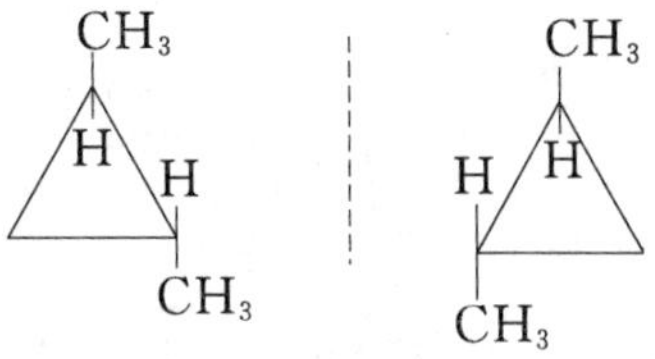　　　　对映异构体

对于三取代，立体异构体最多的是三个取代基均不同且在三个碳原子上，由此含有三个不同手性碳原子，八个立体异构体分别形成四对对映异构体。

（2）四元环和五元环。

对于 1,2 取代的环丁烷、1,2 取代或 1,3 取代环戊烷的衍生物与环丙烷的情况类似，如果取代基相同，有三个立体异构体；如果取代基不同，有四个立体异构体。但是，对于 1,3 取代的环丁烷，不论基团是否相同，只有几何异构，没有对映异构。例如，1,3-二甲基环丁烷，无论顺式还是反式异构体，都没有手性，由于没有手性碳原子，所以不能称为内消旋体。

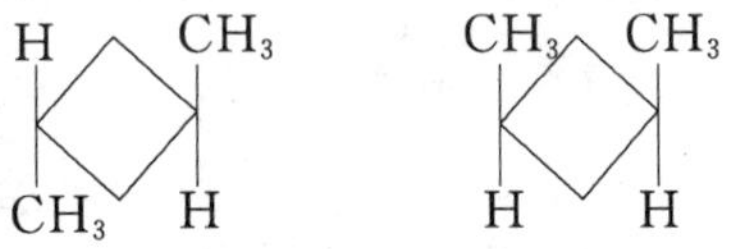

（3）六元环。

1,2 取代和 1,3 取代环己烷也与环丙烷衍生物相同，要看取代基团的具体情况而定，当两个取代基相同，也存在内消旋体。而 1,4 取代环己烷则与 1,3 取代环丁烷情况相近，不论取代基是否相同，只存在几何异构，没有对映异构体。以 1,2-环己二甲酸为例：

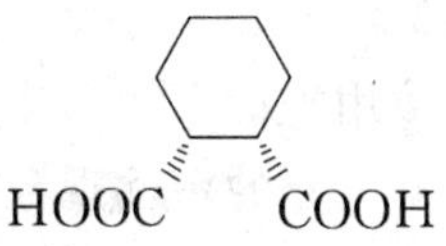

内消旋体 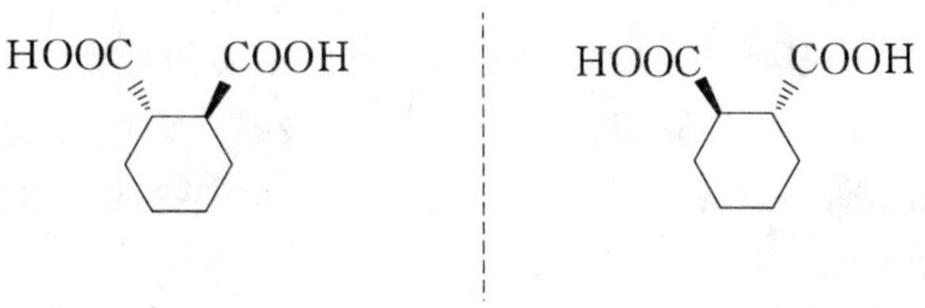　　　　对映异构体

顺-1,2-环己二甲酸因是内消旋体没有旋光性，反-1,2-环己二甲酸则有旋光性，存在对映异构体。但这样的结果是根据环己烷的平面结构推出来的。而一般情况下，环己烷的椅式构象是稳定构象，六个碳原子不共平面，因此需要考虑一下环己烷衍生物的构象的手性问题。

还以 1,2-环己二甲酸为例，对于反式 1,2-环己二甲酸，两个羧基可以都在直立键上，也可以都在平伏键上，由于构象转变时未涉及键的断裂，因此它们都是反式，属同一构型。二者比较起来，ee 型因有较小的空间位阻，所以在平衡中，ee 构象占优势。

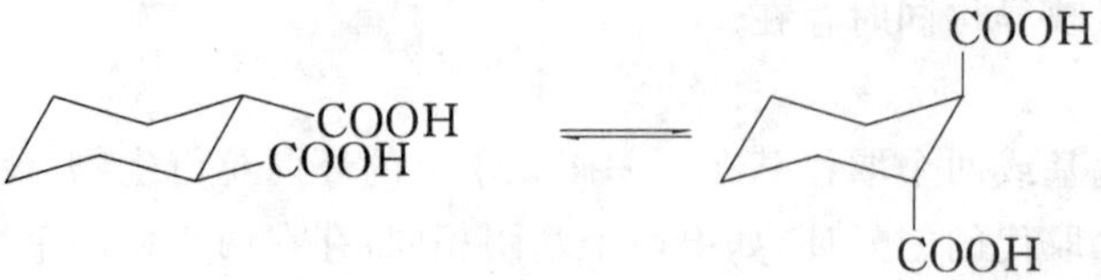

COOH COOH ⇌ COOH COOH

而对于 ee 型的反式化合物，如下式所示，ⅩⅦ和ⅩⅧ是实物和镜像的关系，但不能重合，因此为手性分子，存在一对对映体。

COOH COOH | HOOC HOOC

ⅩⅦ ⅩⅧ

实际上，反-1,2-环己二甲酸已拆开成对映体，比旋光度分别为+18.2°和-18.2°。

对于顺-1,2-环己二甲酸，一个羧基处于 a 键，一个羧基处于 e 键，ⅩⅨ和ⅩⅩ两个结构满足互为实物和镜像不能重合的关系，是对映异构体；而ⅩⅨ和ⅩⅪ互为构象异构，稳定性相同，二者可以非常迅速地完成转变，也就是说，顺-1,2-环己二甲酸多是以ⅩⅨ和ⅩⅪ的结构存在，且二者所占比例应该是相同的。而将ⅩⅪ绕轴按所示方向旋转 120°后将与ⅩⅩ重合，也就是说ⅩⅨ与ⅩⅩ既互为对映异构体，也互为构象异构。二者将等比例的存在，组成了外消旋体，没有旋光性。

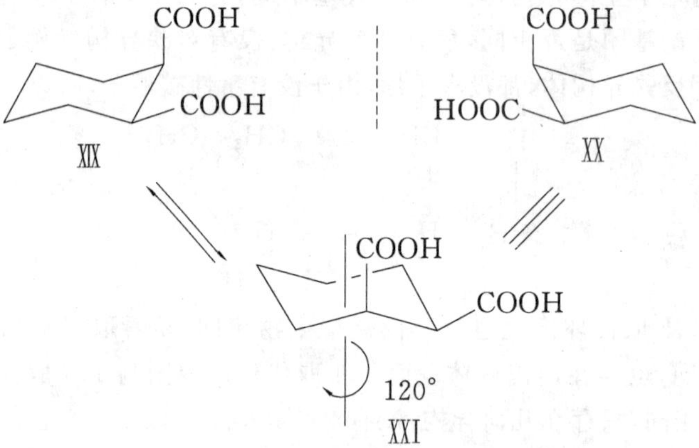

COOH COOH ⅩⅨ | COOH HOOC ⅩⅩ

COOH COOH 120° ⅩⅪ

以上从构象角度分析 1,2-环己二甲酸的旋光性，结果是顺-1,2-环己二甲酸没有旋光性（形成外消旋体），反-1,2-环己二甲酸则有旋光性，这一结果与直接用平面六角形来分析的结果是一致的。因此，在研究环己烷衍生物的立体异构时，对构象引起的手性现象可以不予考虑。

四、化合物具有手性的判断

内消旋体分子中虽然含有手性碳原子，但化合物本身却没有手性，所以分子中是否具有手性碳原子并不能作为化合物有手性的充要判据。化合物是否具有手性，最根本的是需要将其结构的镜像画出，看其是否有实物与镜像不能重合的现象。不过，从下面内消旋体的结构中，通过虚线所示，我们可以看出其结构本身具有一个对称面。

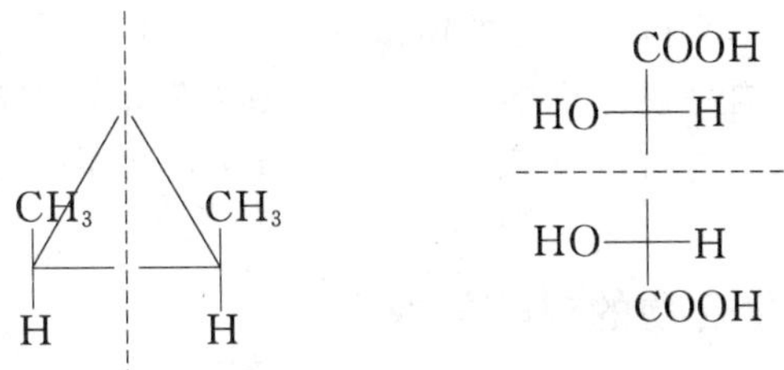

这就进一步验证了基础有机化学中介绍的，分子的对称性和分子是否具有手性有一定的关联。下面再总结如下：

① 有对称面的分子无手性，无对映异构现象，典型的例子就是内消旋体。

② 有对称中心的分子无手性，无对映异构现象，如：

③ 有交替对称轴的分子无手性，无对映异构现象。

当一个分子在绕一定的轴旋转 $360°/n$ 后，再用一垂直于该轴的镜子将其反射，如果得到的镜像与原来的分子结构完全一样（能重合），该轴即称为交替对称轴。

一般情况下，有交替对称轴的分子同时也有对称中心或对称面，因此有交替对称轴的分子没有手性。

④ 有简单对称轴的分子不一定没有手性，也就是说，对称轴不能作为判断是否有手性的依据。例如，反-1，2-二氯环丙烷，仅有简单的二重对称轴，有手性。

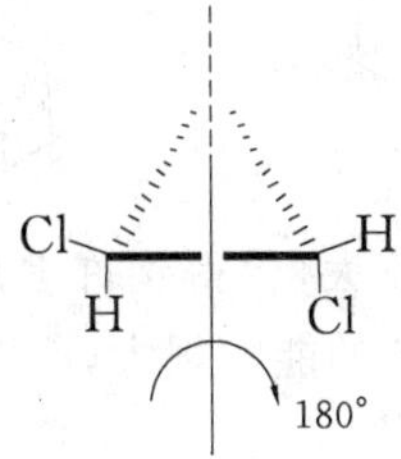

因此判断化合物是否具有手性，就可以从结构本身的对称性入手。具有对称面或对称

中心的分子称为对称分子，它可与自身的镜像重叠，无手性；不含有任何对称要素的分子称为不对称分子，它不能与自身镜像重叠，有手性；仅具有简单对称轴而不具有其他对称因素的分子称为非对称分子，它与自身镜像不能重叠，有手性。手性分子就是不对称分子和非对称分子的总称。

五、不含手性碳原子化合物的对映异构

1. 含其他手性原子化合物的对映异构

除碳原子外，N 也能作为手性原子，当它连接着四个不同的原子或基团时，化合物也具有手性，如：

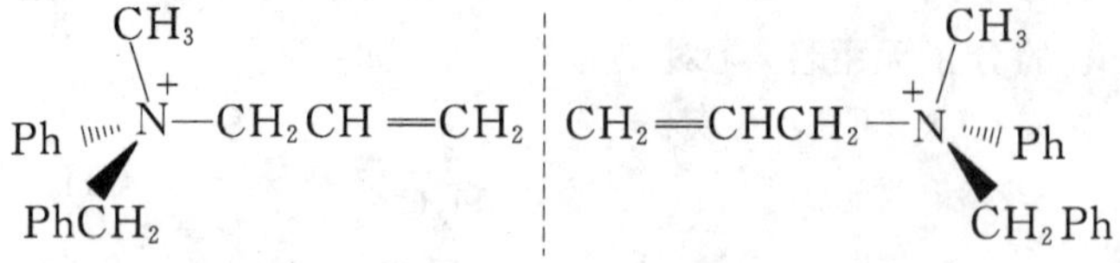

此外，P，As，S，Si 等也可以作为手性中心，如：

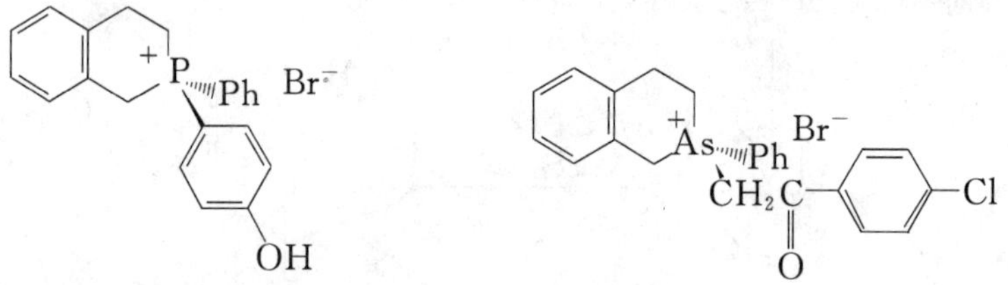

不对称的开链叔胺，由于对映体分子通常在室温下能很快翻转（能垒仅为 20～40 $kJ \cdot mol^{-1}$）而成平衡体系，所以不能拆分，即不具有旋光性。

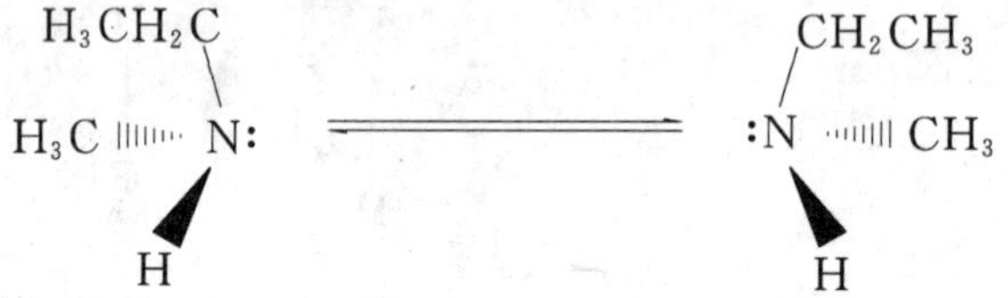

当氮原子上的三个键被固定而限制翻转时，有旋光性。例如，Troger 碱有两个手性氮原子被一个亚甲基（$-CH_2-$）桥固定，不能翻转，可用乳糖柱拆分得到室温下稳定的对映异构体。

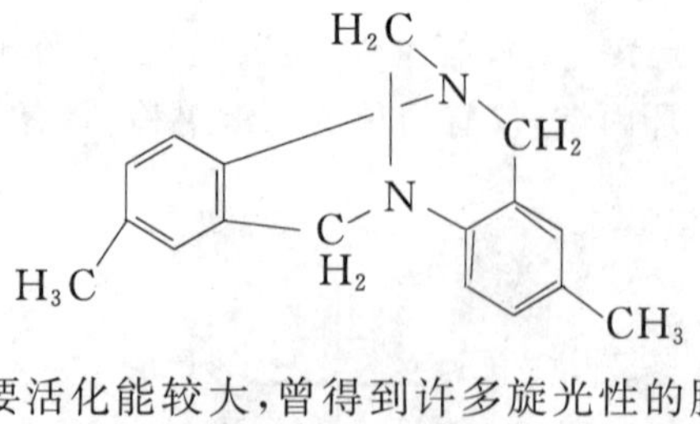

膦的角锥体翻转所需要活化能较大，曾得到许多旋光性的膦。同样，硫原子上连有不同取代基的亚砜，也是角锥体，其翻转的能障很大，所以也是手性分子。

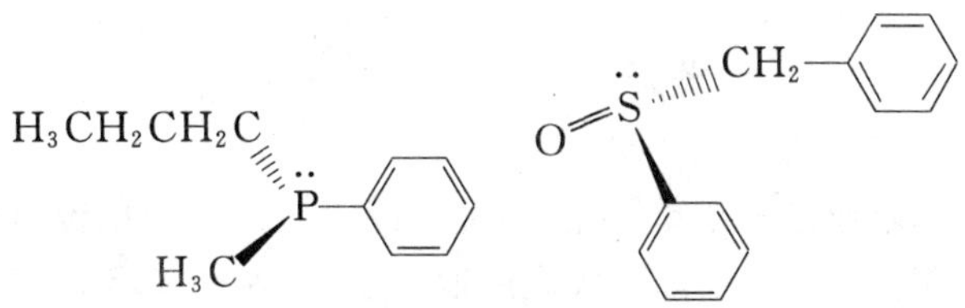

以上介绍的手性化合物都是分子中含有一个或多个碳、氮等手性原子的化合物，这是手性化合物的不对称中心或手性中心。但有些旋光物质的分子中并不含手性原子，如丙二烯型、联苯型旋光化合物等。

2. 含手性轴化合物的对映异构

丙二烯分子中，中间的碳原子为 sp 杂化，两端的两个碳原子都是 sp^2 杂化，所以分子中的两个 π 键互相垂直，而两端碳原子上基团所在的平面又垂直于各自相邻的 π 键，因此，丙二烯衍生物分子中母体两端的四个基团处于相互垂直的平面上。

当 $a \neq b, c \neq d$ 时，整个分子没有对称面和对称中心，具有手性，如：

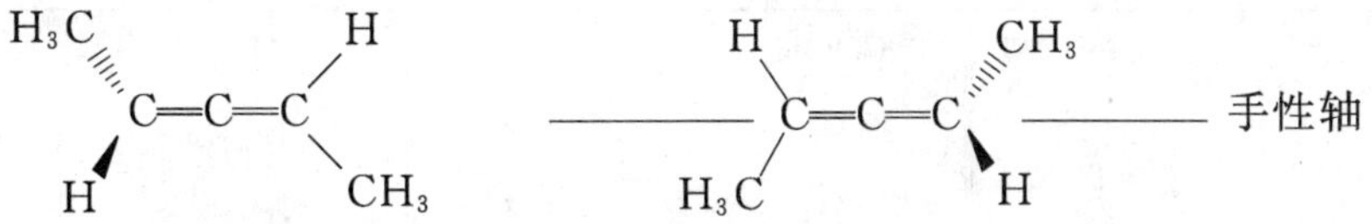

手性轴

上面分子中，虽然没有手性碳原子，但可以将 *abcd* 四个原子或基团看成是围绕丙二烯分子中的三个碳原子所处的轴进行排布的，所以将有手性的丙二烯型衍生物称为含手性轴化合物。

与丙二烯相似，累积双键的数目为偶数时，双键两端两个碳所连原子或基团分别处于两个垂直的平面内，只要每个碳原子所连的两个原子或基团不相同，就具有手性。但双键数目为奇数时，双键两端两个碳原子所连原子或基团处于同一平面内，该平面即分子的对称面，所以没有手性。

手性螺环化合物与手性丙二烯型化合物类似，也含有手性轴，存在对映异构，如 2,6-二甲基螺[3.3]-庚烷：

另外，1-乙叉-3-甲基环丁烷也存在与实物不重叠的镜像，有一对对映异构体，含有手性轴。

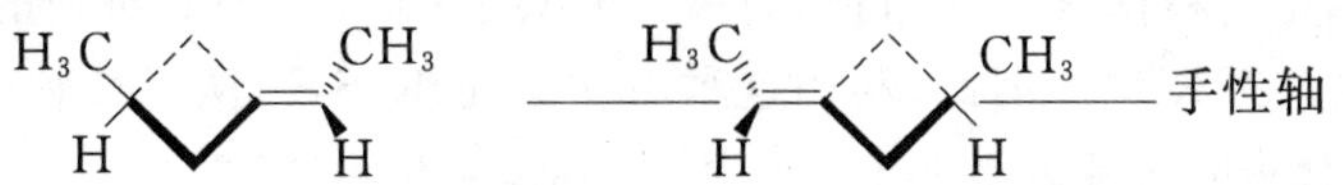

手性轴

类似的，螺杂环和螺环酮化合物也没有对称中心或对称面，存在对映异构。

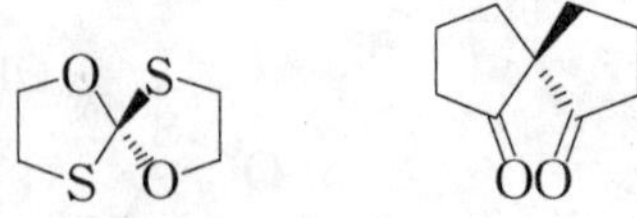

联苯分子中两个苯环通过一个单键相连，可以围绕着中间的单键自由旋转。当苯环邻位上，即 2,2′,6,6′位置上连有两个体积较大的取代基时，两个苯环之间单键的自由旋转受到阻碍，致使苯环不能处在同一平面上。当这两个取代基不相同时，整个分子就没有对称面或对称中心，就有手性，这也是含有手性轴的手性化合物，如 6,6′-二硝基联苯-2,2′-二甲酸的对映异构体：

COOH NO_2 NO_2 HOOC

手性轴

NO_2 HOOC COOH O_2N

这种由于单键的旋转受阻而产生的对映异构体称为阻旋异构体。阻旋异构体能否形成或拆开，主要取决于邻位基团体积的大小。实验结果表明，两个相邻的干扰基团的半径之和大于 0.29 nm 时，可拆成稳定的对映异构体。

表 2-2　一些原子或基团半径

基团	半径/nm	基团	半径/nm	基团	半径/nm
H	0.094	COOH	0.156	CH_3	0.173
F	0.139	Cl	0.189	Br	0.211
I	0.220	OH	0.145	NH_2	0.156
NO_2	0.192				

含手性轴的化合物也可以用 R/S 法表示其构型，具体方法是从手性轴的方向去观察手性分子，由于两个双键连同取代基所处的两个平面是互相垂直的，因此四个取代基所处的位置就相对于四面体的四个顶点；靠近眼睛的两个取代基比远离的两个取代基优先，而对于靠近或远离的两个取代基的优先则分别按照次序规则进行判断，最后再根据 R/S 法就可以确定其构型。以丙二烯型化合物为例：

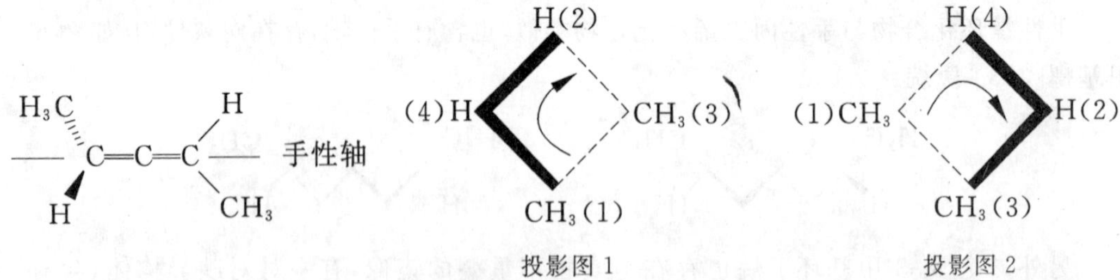

投影图 1　　投影图 2

如果从上面结构处于纸面的一侧观察，可以得到右面的投影图 1，括号内数字为各原子或基团的排序，由此根据 R/S 法，可判断构型为 R 型；如果从垂直纸面的一侧观察，可得到投影图 2，构型仍为 R 型。因此，利用这种方法确定 R/S，与从手性轴的哪一端观察无关。这样上面化合物的命名为 R-1,3-二甲基丙二烯。

螺环形和联苯型手性化合物的构型也可根据以上方法确定，如：

S-2,6-二甲基螺[3.3]-庚烷　　　　S-2,2′-二氨基-6,6′-二甲基联苯

3. 含手性面化合物的对映异构

在这一类化合物分子中，含有手性面，存在对映异构。例如，当环醚化合物的苯环上有较大的取代基(如—Br或COO—)，而环醚又较小(n值小)时，苯环的转动就要受到阻碍。如苯环上的取化基是不对称分布的，就能产生对映异构体，称为含手性面的化合物，其中含较大的取代基的苯环所在平面即为手性面。环醚手性化合物由于像一个提篮的把手，又叫做“把手化合物”。

含手性面化合物的R/S构型的确定，首先要选好手性面，其次是在构成手性面的原子中找出优先原子，确定为1，优先原子与手性面相连的原子为2，手性面另一端的原子为3。1—3，顺时针排布为R型，逆时针排布则为S型。

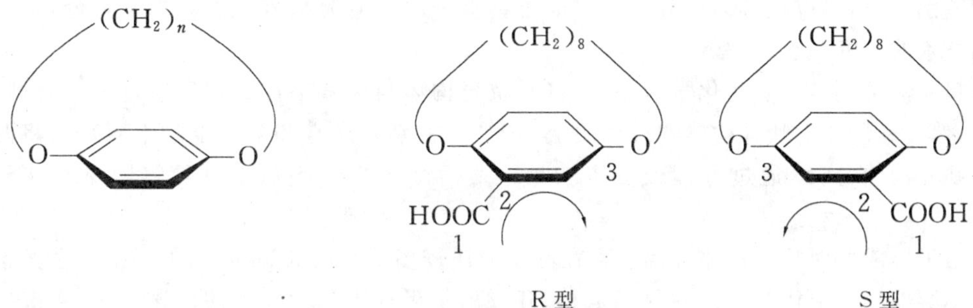

R型　　　　S型

六螺并苯是苯用两相邻碳原子互相稠和，六个苯环构成一个环状烃，两端的两个苯环的四个氢拥挤，使两个苯环不能在同一平面内，一端在平面上，另一端在平面下。这样的分子呈螺旋状，构成含手性面的分子，有一对对映异构体。

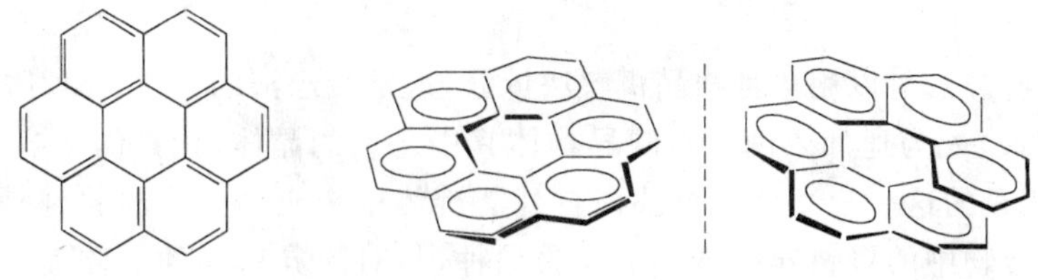
六螺并苯

苯并菲有芳香性，分子共平面，当在1,12位取代两个溴后，由于空间位阻，共面性被破坏，分子是一个螺旋化合物。

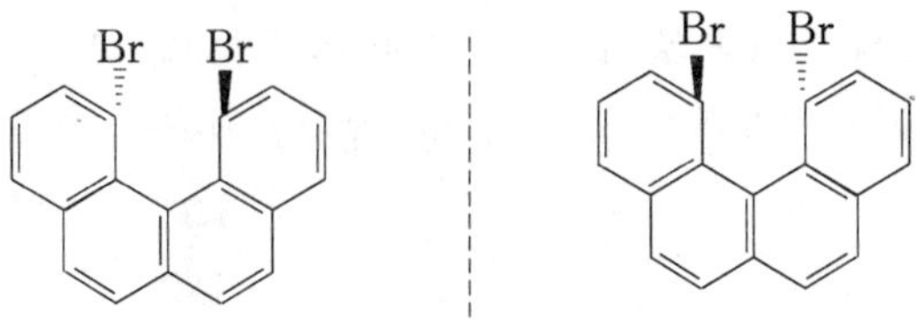

六、外消旋体的拆分

许多旋光物质是从自然界生物体中获得的，如氨基酸、糖、萜类化合物等，人们从紫杉皮中就发现了抗癌活性极强的紫杉醇。

如果在实验室中用非旋光物质合成旋光物质(除了不对称合成以外)常得到的多是外消旋体，即左旋体和右旋体各占50%的混合物，因此，要获得旋光纯的异构体需要经过拆分。由于对映体的一般物理性质和化学性质都相同(除对旋光性试剂作用外)，因此它们的混合物很难用一般的方法来拆分。

最早拆分外消旋体的方法是根据晶体的不同在显微镜下慢慢地用镊子挑选，也就是所谓的机械分离法，1848年Pasteur通过该法拆分了外消旋的酒石酸钠铵盐晶体。但是，这个方法不仅麻烦，而且亦不能用于液态的化合物，因此现在很少使用。

生物拆分法是用酶、微生物、细菌等生物手性物质与外消旋体作用而进行的，它具有专一性强、拆分效率高、生产条件温和等优点。例如，合成的DL丙氨酸经乙酰化后，通过一个由猪肾内取得的一个酶，水解L型丙氨酸的乙酰化物的速度要比D型的快得多，因此就可以把DL乙酰化物变为L-(+)-丙氨酸和D-(−)-乙酰丙氨酸。由于二者在乙醇中的溶解度差别很大，可以很容易地分开。目前生物拆分法尤其是酶催化的动力学拆分，是手性分离技术的研究热点之一。

目前最常用的方法是化学拆分法，将对映异构体与一些手性试剂反应，生成非对映异构体，然后利用非对映异构体物理性质上的不同(特别是沸点和溶解度的不同)，而将两种非对映异构体分开(通过分馏或分步结晶)，最后除去拆分剂恢复到纯粹的左旋体和右旋体。

由于形成非对映异构体分离法存在需要消耗较多手性试剂等问题，人们把手性试剂固定在不溶性物质上作为色谱柱的固定相，开发出了手性色谱柱分离法。该方法中，被拆分物质以不稳定的键合作用与固定相结合，通过固定相的手性基团与被拆分外消旋体中两个对映异构体的亲和力的不同而分离，因此可以避免形成非对映异构体分离法中的连接和去除手性试剂两步反应。利用手性色谱柱分离外消旋体的关键在于选择适宜的手性试剂作为固定相。

工业上有些产品可以用接种结晶析解法拆分，这是最经济的方法。对于一种外消旋混合物的饱和溶液，人为地加入两个对映异构体其中之一的晶体，让其诱导溶液中的该组分结晶，而使相当量的这一旋光性的对映体自外消旋体中析出。该法的关键是先得到晶种，除了外消旋混合物中的对映异构体可以作为晶种，与对映异构体的晶体类型相似的“外来物质”也可以用做晶种，如用甘氨酸晶体(为非旋光性物质)可以从过饱和外消旋天冬酰胺溶液中分离出旋光性的天冬酰胺。

外消旋体的拆分效率可由产品的光学纯度来衡量，以P表示：

$$P=(\text{产品的}[\alpha]/\text{纯对映体}[\alpha])\times 100$$

光体纯度数值上等于一个对映体过量于另一个对映体的百分数，其中优势对映体的百分含量为$(100+P)/2$。

七、不对称合成

当然，反应生成外消旋体后，拆分总是比较困难的，因此人们大力发展不对称合成，以此来避免或减少拆分过程。所谓不对称合成就是采用某些方法，使反应生成的两种对映体中的一种过量，甚至全部为单一的对映体。

1968 年 Knowles(2001 年诺贝尔化学奖获得者)等人以铑的 DIPAMP 配合物为催化剂，通过催化氢化反应制备 L-多巴，不对称氢化反应是工业上第一个使用不对称合成的反应。

除了氢化反应，目前发展的不对称合成反应还有烯烃的氢甲基化反应、羰基化合物的不对称还原反应、不对称环丙化反应、不对称烯丙基取代反应、不对称羟醛缩合反应等。总之，不对称合成已成为手性技术发展的主流方向。

不对称合成的方法有多种，如使用手性底物、手性试剂、手性催化剂或手性溶剂等，原则上是在手性环境中进行。有时把通过化学因素，如选用不对称的反应物或试剂、选用含有不对称因素的催化剂来进行的不对称合成，叫做“相对的不对称合成”；而借助物理因素，如用圆偏振光照射反应体系进行的不对称合成称为“绝对的不对称合成”。

1. 以手性分子为原料的不对称合成

D. J. Cram 等人系统地研究了 α-碳原子为手性的醛酮的羰基的不对称加成反应。用非手性的 Grignard 试剂与手性酮进行加成反应，则得到不等量的非对映异构体，引入的 R 越大，立体选择性就越高，如：

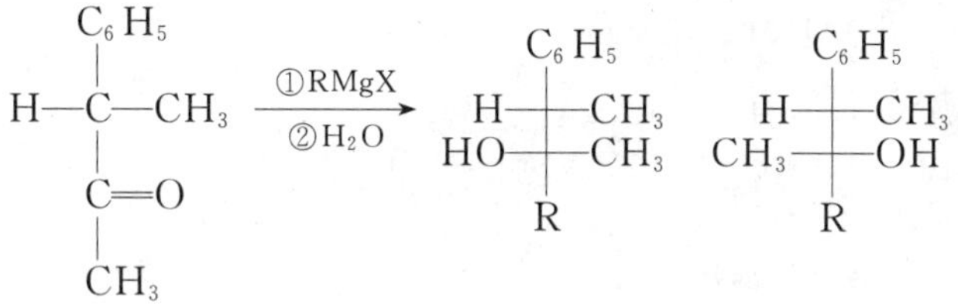

$H-C(C_6H_5)(CH_3)-C(=O)-CH_3 \xrightarrow[②H_2O]{①RMgX}$

	赤式	苏式
	C_6H_5 / $H-C-CH_3$ / $HO-C-CH_3$ / R	C_6H_5 / $H-C-CH_3$ / CH_3-C-OH / R
R	主要产物	次要产物
CH_3	2	1
C_2H_5	3	1
C_6H_5	5	1

该反应遵循 Cram 规则，如羰基的 α-碳原子上连接有三个大小不同的基团时，其优势构象为羰基处于两个较小的基团之间的构象，反应时，试剂优先从位阻小的一面进攻羰基。

2. 在非手性分子中引入手性中心的不对称合成

α-酮酸与 Grignard 试剂进行烷基化，最终得到外消旋化的醇酸，要想得到旋光性的 α-羟基酸，必须在 α-酮酸中引入一个手性中心。一种常用的方法就是用旋光性醇类(如薄荷醇)酯化 α-酮酸，然后用无旋光性的 Grignard 试剂进行烃基化，就可以得到两种非对映异构的 α-羟基酸酯，碱性水解后得到一个旋光性的 α-羟基酸。

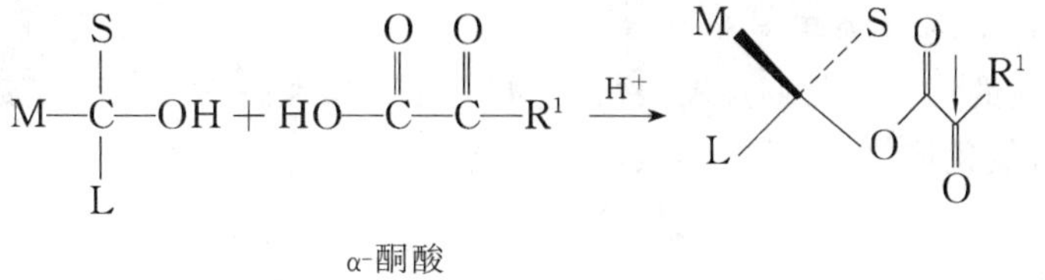

$M-C(S)(L)-OH + HO-C(=O)-C(=O)-R^1 \xrightarrow{H^+}$ (M)(L)(S)C—O—C(=O)—C(=O)—R^1

α-酮酸

α-羟基酸酯　　　　α-羟基酸

Prelog 等人对旋光性的 α-酮酸酯研究后，认为 α-酮酸酯分子中的两个羰基是在同一个平面上，且处于相邻交叉的构象，醇残基 O—C 键也与羰基处于同一个平面上。围绕 O—C 键的三个基团以 L 处于这一平面上为有利构象，试剂只从空间阻碍较小的一边（纸平面下）加成，这样，优先形成构型如上图所示的 α-酮酸酯，经水解后，产生旋光性的 α-羟基酸。

3. 以手性分子为试剂的不对称合成

异丙醇铝参与的梅尔魏茵-彭道夫（Meerwein-Porndorf）还原反应，可使对称的酮羰基通过手性的异丙醇铝试剂还原为光学活性的醇，这一试剂含有能与被还原羰基的氧原子发生配位的铝原子。在反应的过程中，先形成一个环状的过渡态，然后进行氢向羰基碳原子的转移作用。这里，因为试剂是手性的，所以反应物分子上与官能团相连接的基团与试剂手性中心上的基团倾向于按基团间相互排斥力最小的构型排布，从而形成反应最稳定的过渡态，并且由此决定反应的主要产物的构型，如：

S(+)-3-甲基-2-丁醇铝

（主）两种可能的过渡态

（主）　　(S)-(+)-1-环己基乙醇（过量 21.85%）　　(R)-(−)-1-环己基乙醇

4. 手性催化剂参与的不对称合成

近年来，手性的均相催化剂发展很快，它的立体选择性高。如在合成氨基酸时，利用手性膦铑配合物做氢化催化剂，可得到很高的旋光产率。

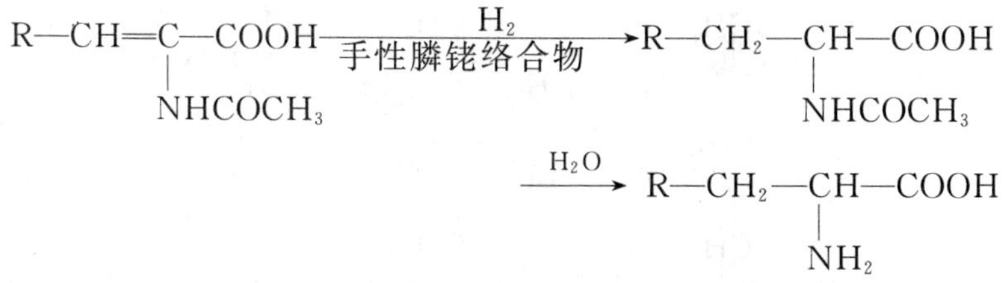

$$R—CH=\underset{\underset{NHCOCH_3}{|}}{C}—COOH \xrightarrow[\text{手性膦铑络合物}]{H_2} R—CH_2—\underset{\underset{NHCOCH_3}{|}}{CH}—COOH$$

$$\xrightarrow{H_2O} R—CH_2—\underset{\underset{NH_2}{|}}{CH}—COOH$$

第三节 构象及构象分析

掌握有机分子的结构，除了要准确地知道它的构造与构型外，还要更深入一步了解它的构象。所谓构象是指分子中含有两个或两个以上碳原子的有机物，围绕单键旋转所产生的分子中原子或者原子团在空间不同排列的各种立体形象。分子的不同构象，称为构象异构。同一构型的化合物可有多种构象异构体。

分子中的原子或基团围绕单键的旋转并不是完全自由的，而是受到一定程度的限制（所谓的旋转能垒），正是这种限制产生了构象异构体。因此，不同的构象异构体的能量不同，或者说在一定条件下，不同构象异构体的存在几率不同。通常分子通过内部原子或基团绕单键的旋转而以最稳定、能量上最有利的形式存在。不过，将不同构象异构体分开的能垒一般不高，所以在分子的不同构象异构体之间存在一个平衡。对于构象相关的“能量—含量”关系的确定，以及与化学和物理性质的关系等的研究统称为构象分析。

一、链状化合物的构象

1. 饱和烃及有关衍生物的构象

乙烷是最简单的分子中含有 C—C 单键的烷烃。乙烷分子中的两个碳原子可以围绕 C—C 键作相对旋转。若使乙烷分子中的一个甲基固定，另一个甲基绕 C—C 键旋转，则两个甲基中氢原子的相对位置将不断改变，可产生无数个构象，其中有两种典型（极端）构象：重叠式和交叉式。

重叠式　　　　交叉式

重叠式中的两个甲基互相重叠，两个碳原子上的氢原子彼此相距最近，相互间的排斥作用最大，分子内能最高，因而是最不稳定的构象；交叉式中两个甲基互相交叉，不同碳原子上的氢原子彼此相距最远，相互间的排斥力最小，分子内能最低，因而稳定性最大，所以交叉式是乙烷的优势构象。

当乙烷两个碳上的氢被其他原子或基团取代，对于一般乙烷衍生物 $YCH_2—CH_2X$ 的结构分子，与乙烷分子类似，对位交叉式构象最稳定，如：

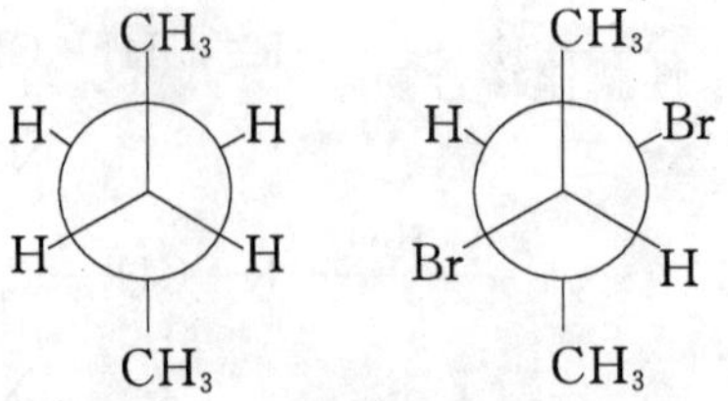

以正丁烷绕 C_2—C_3 单键旋转产生的构象为例，除了交叉式外，还有三种特殊的构象异构体，它们的稳定性顺序为全重叠式＜部分重叠式＜邻位交叉式＜对位交叉式。

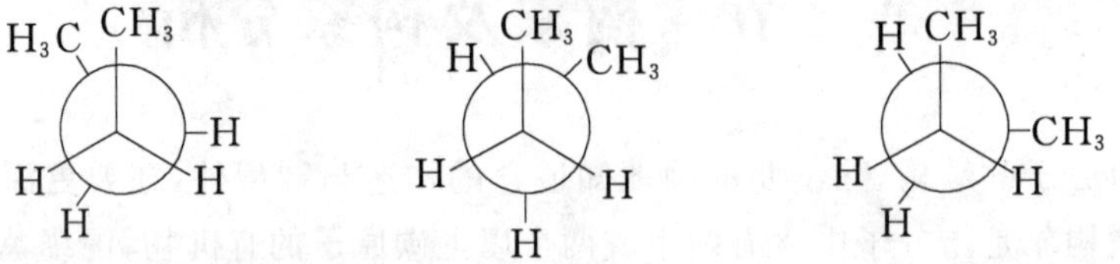

全重叠式　　邻位交叉式　　部分重叠式

并不是任何乙烷化合物都是对位交叉构象所占比例大于邻位交叉构象的。例如，在乙二醇和 2-氯乙醇分子中，由于可以形成分子内氢键，主要是以邻交叉构象的形式存在。

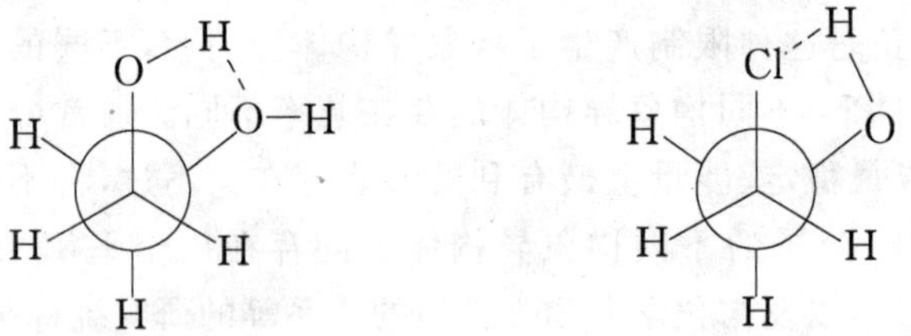

乙二醇　　2-氯乙醇

构造相同但构型不同的化合物的稳定构象也不同，如内消旋和旋光性的二溴化芪的稳定构象分别如下：

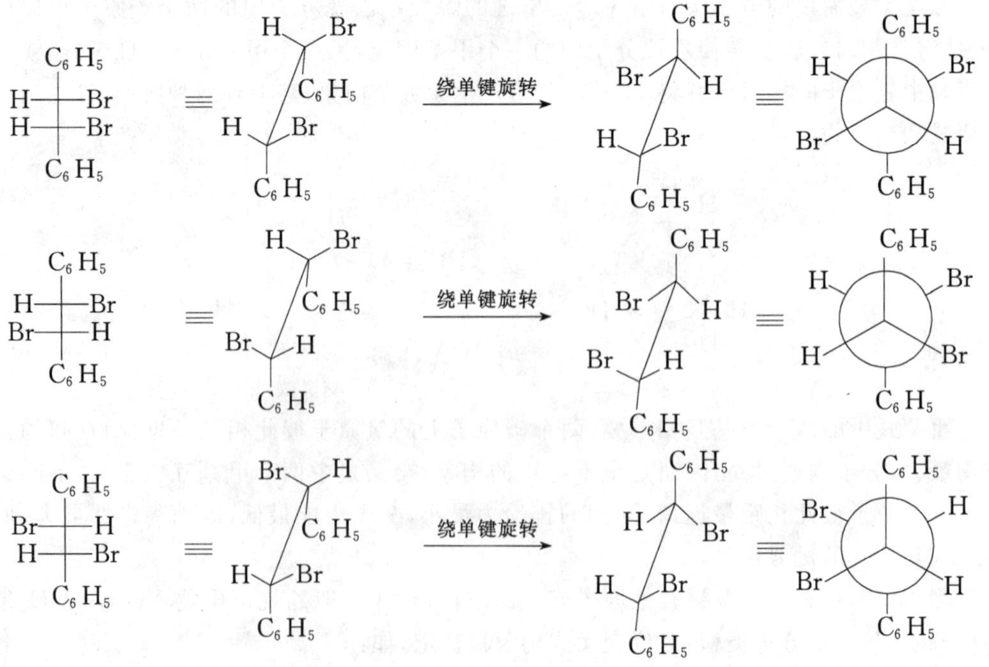

绕单键旋转

绕单键旋转

绕单键旋转

2. 不饱和化合物的构象

(1) 单烯烃。

围绕烯烃的 sp^2-sp^3 键的重叠式构象占优势是一个普遍现象。例如，1-丁烯分子绕 C_2—C_3 单键旋转产生的构象中，Ⅰ和Ⅱ为重叠式，Ⅲ和Ⅳ为交叉式。微波波谱法测定表明，稳定的构象是Ⅰ和Ⅱ，其中氢原子与双键的重叠构象Ⅰ比甲基与双键重叠的构象Ⅱ更稳定一些，焓差大约为 0.15 kJ · mol^{-1}。

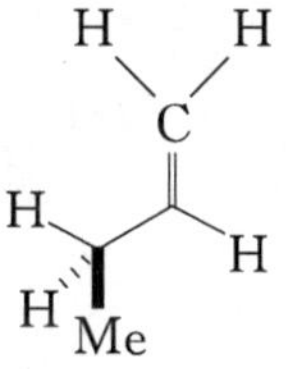

Ⅰ 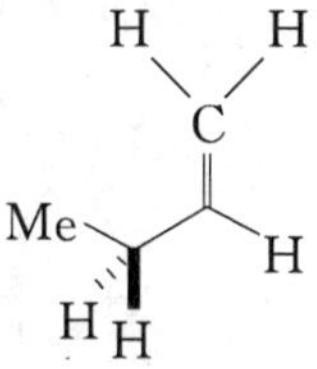　　Ⅱ 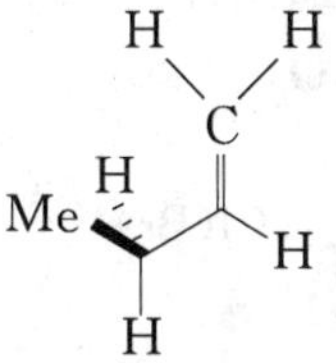　　Ⅲ 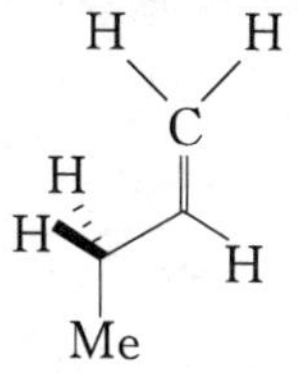　　Ⅳ

(2) 1,3-丁二烯。

在 1,3-丁二烯的构象中，两个双键是共平面的，以便使电子离域时进行有效的轨道重叠。1,3-丁二烯的两种共平面构象称为 S-反式和 S-顺式。S-反式构象是 1,3-丁二烯的最稳定的构象。

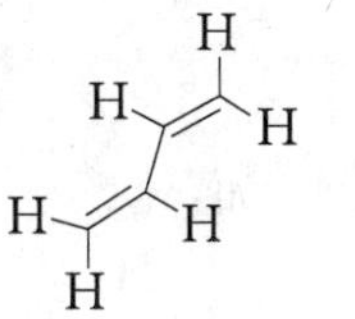

s-反式 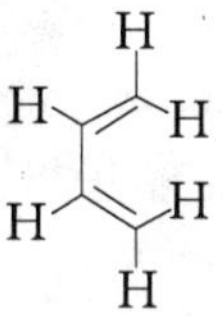　　s-顺式

(3) 羰基化合物的构象。

羰基化合物的优势构象也是重叠式，而不是交叉式。对醛、酮来说，与羰基重叠的是烷基而不是氢原子，这种情况在酮中比在醛中更明显，如下列化合物Ⅴ比Ⅵ内能低 3.8 kJ · mol^{-1}。

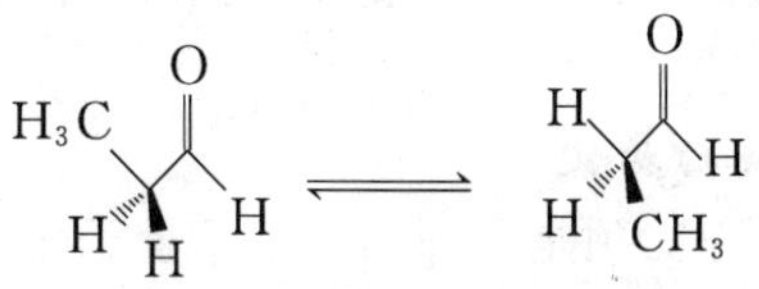

Ⅴ　　Ⅵ

当 α 碳原子上连的是大体积的取代基时，重叠式构象更稳定，如下式Ⅶ比Ⅷ稳定。

Ⅶ　　Ⅷ

当 α 碳原子上连的取代基是羟基、氰基或氨基等能与羰基氧形成氢键的基团时主要以下式中构象Ⅸ的形式存在。

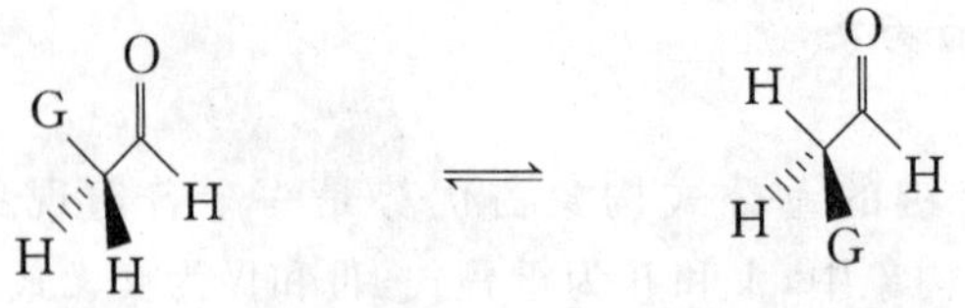

Ⅸ　　　　Ⅹ

当羰基一侧与卤素原子相连，也就是对于酰卤化合物的构象，无论是氯的还是溴的体积都比羰基氧的大，因此碳上的取代基在优势构象中都倾向于不与卤原子重叠。

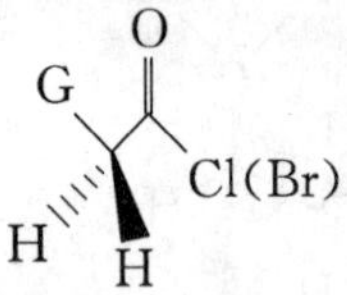

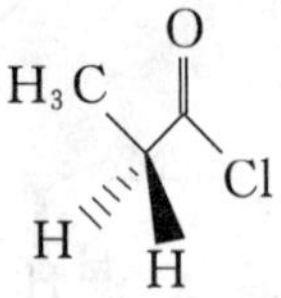

(4) α，β-不饱和羰基化合物的构象。

α，β-不饱和羰基化合物与1，3-二烯类似，要有利于体系 C═C—C═O 中各原子的共平面性的。重要的旋转异构体是 s-反式和 s-顺式构象，如：

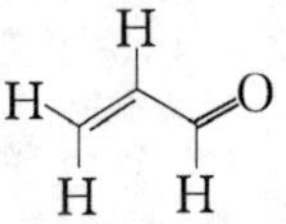

丙烯醛的 s-反式 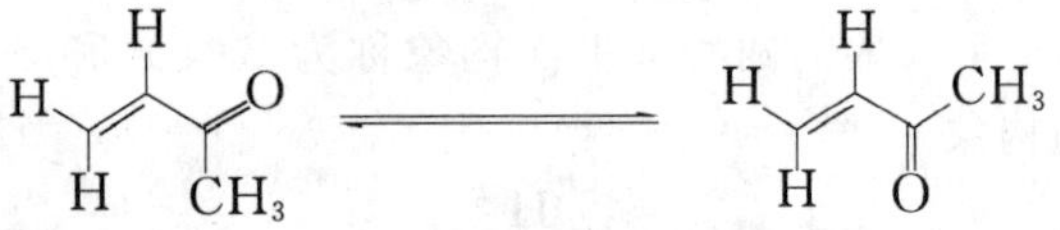　　　　s-反式(73%)　　　　s-顺式(27%)

当存在不利的范德华相互作用时，以 s-顺式构象为主，如：

s-反式(28%)　　　　s-顺式(72%)

二、一些环状化合物的构象

碳链首尾相连成环后，碳碳单键的旋转就变得困难，环状化合物就形成了与链状烃明显不同的构象。

1. 六元环外碳环化合物的构象

由于几何原因，环丙烷分子必须是平面的。根据量子化学计算的结果，C—C—C 的键角为105.5°，H—C—H 的键角为114°，碳原子并不形成直线，碳碳键是弯曲的，俗称“香蕉键”，所以环丙烷分子中存在较大的张力，易开环。

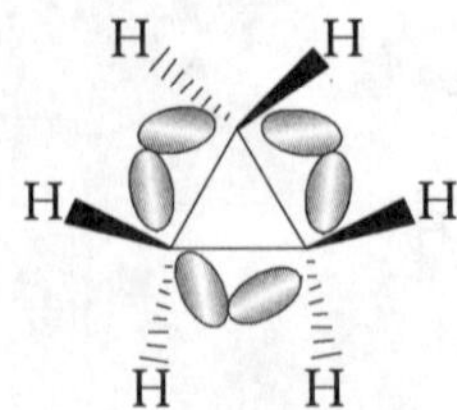

环丁烷分子是平面和折叠式构象。平面构象相邻的氢原子是重叠式，不稳定。环丁烷分子有两种非平面的折叠构象，这两种构象能量相同，能快速翻转。我们在考虑顺反异构

现象时，一般把四元环看成是平面的。

环戊烷有两个非平面的构象：信封式和半椅式。在信封式构象中，四个相邻碳原子位于同一平面，而另一个碳原子处于这一平面之外；在半椅式构象中，三个相邻碳原子位于同一平面，而另外两个碳原子分别处于这一平面的两边。环戊烷分子的构象是轮换地交替于五个碳原子之间，就环戊烷本身而言，这两种构象的能量几乎相同，很容易通过摇摆式的扭动导致这两种构象的快速转化。

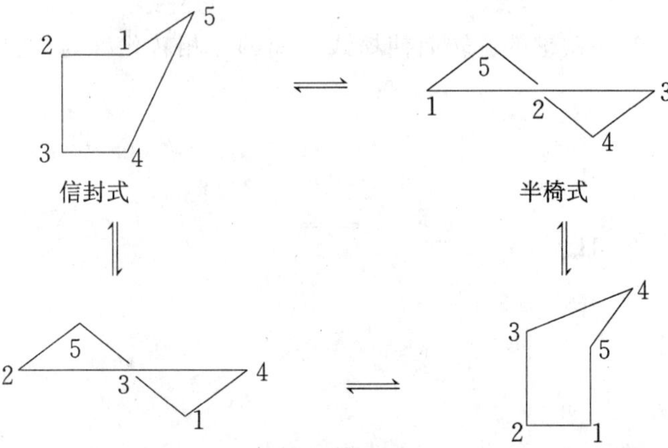

对于环庚烷来说，四种构象是特别稳定的。这四种构象中稳定性最大的是扭椅式、最小的是船式。它们在不同的扭椅式构象之间迅速发生着假旋转作用。

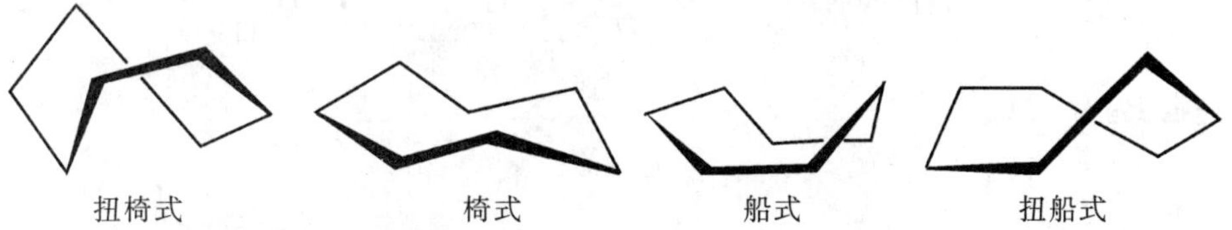
扭椅式　　椅式　　船式　　扭船式

2. 环己烷及其衍生物的构象

X 射线衍射和电子衍射证明，环己烷最稳定的构象是椅式，这个椅式比起利用四面体分子模型所得到的椅式稍微平展一些。与“理想的”椅式构象 60°的扭转角相比，它的扭转角为 55.9°，并且直立式 C—H 键不是完全平行的，而是向外偏出 7°左右。C—C 键长是 1.528 Å，C—H 键长是 1.119 Å，C—C—C 的键角是 111.05°。

环己烷椅式构象的结构

环己烷的另外两个具有正常键角和键长的构象是扭曲式和船式。扭曲式和船式构象都不如椅式构象稳定。这是因为椅式构象中每对相邻碳原子的构象是交叉式的，而在扭曲式和船式构象中，由于重叠式相互作用使得扭转张力增加而变得不稳定。扭曲式构象的张力能约为 21 kJ · mol^{-1}，船式构象的张力能约为 26.7 kJ · mol^{-1}，都比椅式构象的能量大。此外，船式构象由于两个“船头桅杆”氢之间的范德华排斥作用而变得更加不稳定了。这两个氢原子彼此相距约 1.83 Å，这个距离比它们的范德华半径之和 2.4 Å小得多。

船式 　　扭曲式

环己烷由于围绕碳-碳键的旋转而使椅式之间的互相转化称为构象翻转，可能经过两个途径，如下所示：

途径 A：

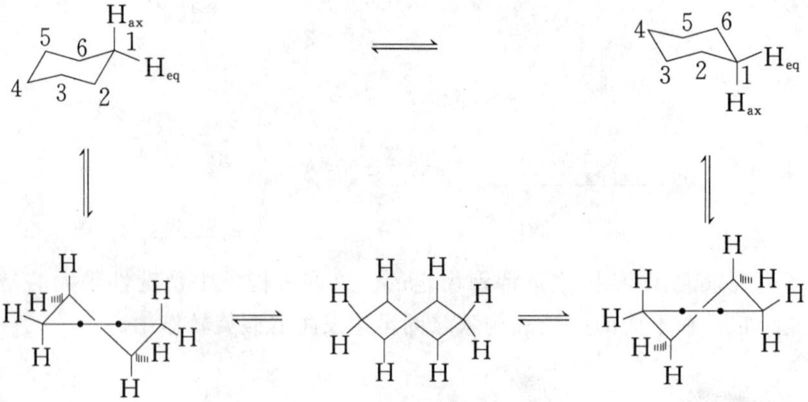

途径 B：

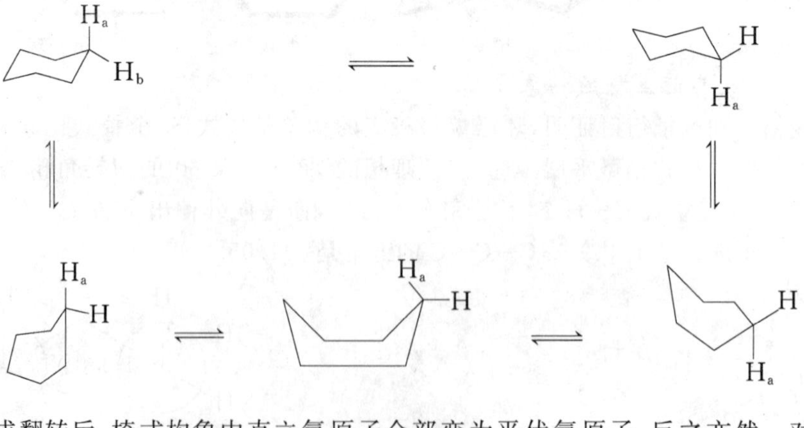

当完成翻转后，椅式构象中直立氢原子全部变为平伏氢原子，反之亦然。对单取代的环己烷分子来说，取代基可以在直立键(a 键)，也可以在平伏键(e 键)，但取代基占据平伏键的构象更稳定。这是因为平伏键上取代基与碳架处于对交叉式，直立键上取代基与碳架处于邻交叉式，如：

5%　　95%

而且取代基在直立键上时与 3,5 位上直立氢原子之间的非键原子斥力比处于平伏键时的大,这也导致取代基处于直立键时的内能比处于平伏键时的高,所以取代基越大,平伏键构象为主的趋势越明显。对二取代或者多取代环己烷分子进行构象分析时,还应考虑取代基的顺、反构型问题。含有相同取代基的取代环己烷分子构象中,一般越多取代基处于平伏键的构象较稳定;如果取代基不同,大基团在平伏键上的较稳定。

但当有电负性较大的元素的原子存在时,情况有所不同,如室温下反 1,2-二氯环己烷的稳定构象是 aa(即两个氯均处于直立键)键,而不是 ee(即两个氢均处于平伏键)键。

二环[4.4.0]癸烷习惯名称是十氢化萘,它有顺、反两种构型异构体,可以看成是两个环己烷的椅式构象通过 ae 和 ee 不同的连接方式构成的。反十氢萘是热力学稳定的,反十氢萘和顺十氢萘之间的焓差为 11.4 kJ·mol^{-1}。在常温下,这两种化合物的分子不能通过碳碳键的转动相互转化。反十氢萘分子是刚性的非手性分子,而顺十氢萘分子则是柔性的,存在环己烷环的构象翻转。

反十氢化萘　　顺十氢化萘

虽然椅式是六元环的稳定构象,不过,有时六元环也以船式存在。降冰片又称为二环[2.2.1]庚烷,其分子骨架就是由船式构象的环己烷分子构成,两个"船头"碳与构成桥的一个碳原子相连,在"船底"的两对碳原子分别是重叠式,使得降冰片分子中的张力增大。

3. 环己烯和环己烯型化合物的构象

在环己烯分子中烯碳原子具有平面构型,因此四个碳原子(C_1,C_2,C_3,C_6)位于同一平面。C_4和C_5分别处于这四个碳原子组成的平面的两边，C_3，C_4，C_5，C_6分别处于邻位交叉构象，环己烯分子呈半椅式构象。C_3和C_6的键偏离一般的直立键和平伏键，分别称为假直立键(表示为a′键)和假平伏键(表示为e′键)。环己烯分子的半椅式构象也能翻转成另一种半椅式构象。

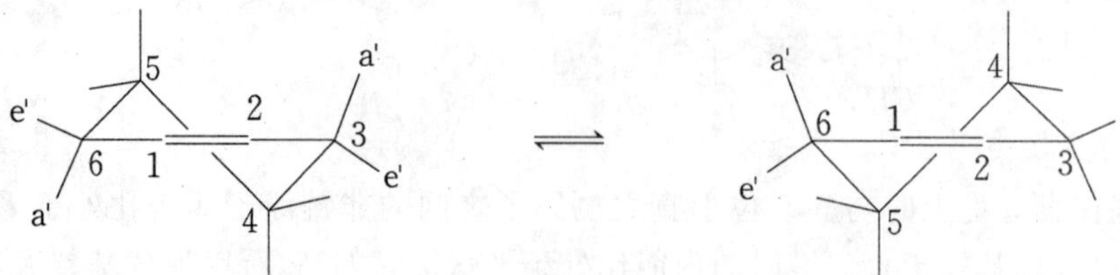

对于分子中含有双键的非六元环化合物，环丁二烯分子中四个碳原子共平面，共轭电子数满足 $4n$，具有反芳香性；环戊二烯分子中五个碳原子也共平面；1,4-环己二烯分子类似于环己烷分子的船式构象；环辛四烯分子通常状态下为非平面的澡盆型结构，C═C—C 的键角为 126.1°，C═C—H 的键角为 117.6°，由于分子不是平面结构，因此环辛四烯既没有芳香性，也没有反芳香性。

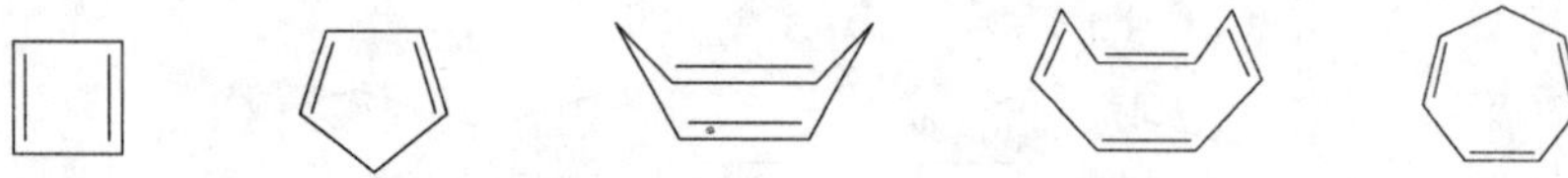

4. 环己酮衍生物的构象

当环己烷分子中引入一个 sp^2 杂化碳原子后，环的一般形状并没有明显的变化，而仍保持椅式构象。

环己酮　　　　亚甲基环己烷

取代环己酮分子中 C_2上的烷基以平伏键与羰基重叠为稳定构象，相当于开链醛酮的较稳定的构象。

对于 α-氯代酮分子，由于羰基和碳—氯键偶极相互作用的结果，氯原子处于直立键时的偶极矩较小，氯原子处于平伏键时的偶极矩较大，所以在低介电常数溶剂中有利于氯原子处于直立键这种构象，而溶剂的介电常数增大，则利于氯原子为平伏键的构象。

辛烷中比较稳定的构象异构体　　　　甲醇中比较稳定的构象异构体

亚烷基环己烷分子中 C_2 上具有中等大小烷基的亚烷基环己烷倾向于采取烷基为直立式的构象，以便解除不利的与烷基的范德华力的相互作用。

5. 六元杂环化合物的构象

氧、氮和硫的六元杂环化合物分子都非常像环己烷分子的椅式构象，杂原子引入环所造成的明显变化是键长和键角的变化：碳—氧键的键长为 0.143 nm，碳—氮键的键长为 0.147 nm，都比碳—碳的键长（0.154 nm）短，但碳—硫键的键长（0.182 nm）却比较长；C—O—C和 C—N—C 正常的键角比四面体的键角稍小一点，C—S—C 的正常键角要小，大约为 100°。

除了键长和键角外，氧、氮或硫原子取代环己烷分子中一个亚甲基后，取代六元杂环分子的稳定构象和正常环己烷衍生物分子的不同。例如，顺-2-甲基-5-叔丁基-1，3-二氧六环的稳定构象是叔丁基在直立键，甲基处于平伏键。

稳定构象

这是因为 5-烷基取代基的同向直立键上没有氢原子，范德华力排斥作用降低；同时，因为碳—氧键的键长短于碳—碳键的键长，如果 2-烷基处于直立键状态，与其同向直立键上的氢原子将更紧密接触，排斥力增大。所以，5-烷基在 1，3-二氧六环中处于平伏键的优势减小；相反，2-烷基处于平伏键的优势增大。

当杂环中存在极性的取代基，如—F，—NO_2，—$\dot{S}OCH_3$，—N^+ Me3 等，取代基与环中杂原子的相互作用对构象的稳定性变得更加重要。

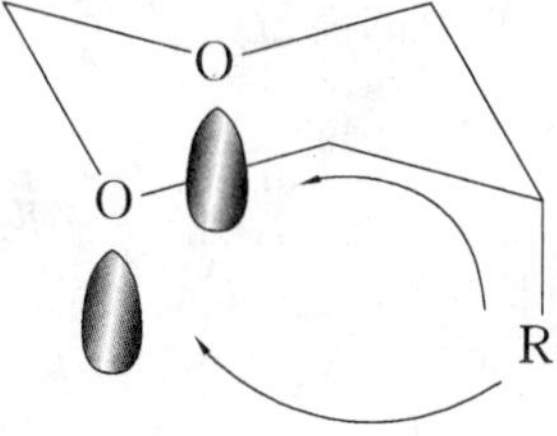

5-羟基-1，3-二氧六环的优势构象是羟基处于直立键的构象，这是因为只有处于直立键时，羟基才可能与环中氧原子形成氢键，这是使构象稳定的一种重要作用力。

稳定构象

例如，下列四个构象中的Ⅲ是甘油与苯甲醛生成的缩醛分子最稳定的构象，2 位苯基处于平伏键，5 位羟基处于直立键，可以与环中氧原子形成氢键。

Ⅰ　　Ⅱ　　Ⅲ　　Ⅳ

当吸电子取代基，如卤素、烷氧基等在吡喃糖分子的 C_1 位时，取代基处于直立键的构象比处于平伏键的构象稳定。1955 年 Edward 首次在吡喃糖中发现这种效应，由于涉及异头位 C_1 位，1958 年 Lemieux 和 Chü 将这种效应称之为异头效应(anomeric effect)。

一种认为异头效应使分子稳定的原因是异头效应降低了分子的偶极矩，由于平伏式偶极距较大，它在高介电常数的溶剂中的浓度应当比直立式构象要高。

X 处于直立键时，分偶极距反向　　X 处于平伏键时，分偶极距同向

另一种说法认为，直立键构象比平伏键构象之所以稳定，是因为当氧原子的孤对电子轨道与极性 C—X 键处于反式共平面时，氧原子的孤电子对给予了分子中 C—X 的反键轨道，从而降低了 C—X 键的反键 σ＊轨道的能量。

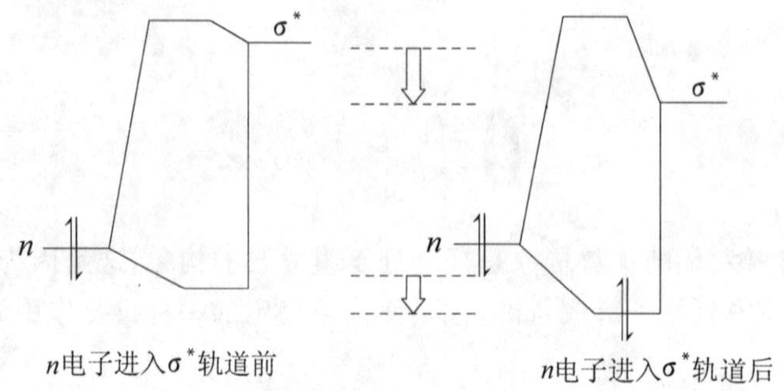

n电子进入σ^*轨道前　　n电子进入σ^*轨道后

这种异头效应(氧原子的孤对电子与 C—O 键方向相反)在二环体系中也可观察到。

Descots 在研究二环缩醛时发现，80℃时，在下列平衡混合物中，顺式异构体占 57%，反式异构体占 43%，二者的能量差为 0.7 kJ · mol^{-1}。

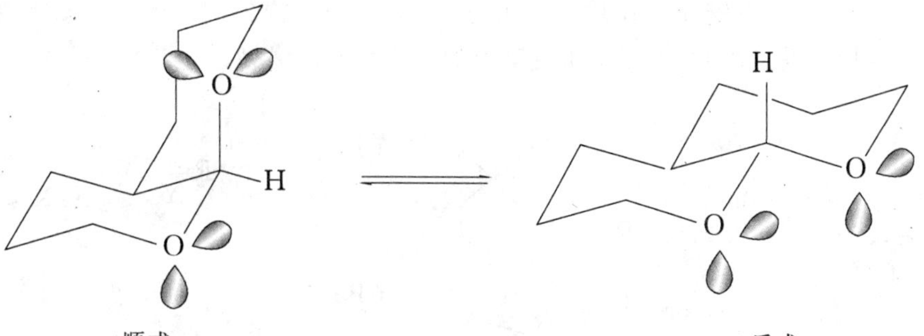

顺式　　反式

Pothier 等首次利用低温 NMR 研究了含氧螺环化合物 1,7-二氧杂螺[5.5]十一烷，发现它的三个异构体相互转换有较大的能垒。

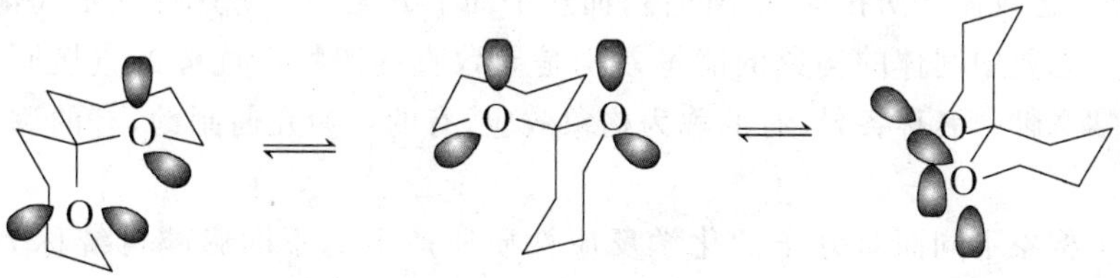

ⅠA　　ⅠB　　ⅠC

在ⅠA 中，氧原子上的孤对电子的取向均相反，存在两种异头效应；在ⅠB 中，氧原子的孤对电子的取向有一对相同，一对相反，存在一种异头效应；在ⅠC 中，氧原子的孤对电子的取向两对相同，不存在异头效应。经计算，一个异头效应的能量是 5.9 kJ · mol^{-1}，因此，ⅠA 和ⅠB 比ⅠC 分别少 11.8 kJ · mol^{-1} 和 5.9 kJ · mol^{-1}。

当Ⅰ的Ⅱ位有一个甲基取代时，可能存在三种构象。其中，ⅡA 存在两种异头效应，是稳定的构象；ⅡB 无异头效应，是不稳定构象；ⅡC 由于甲基的空间位阻，在平衡体系中微乎其微。这样的结果已被实验所证明。

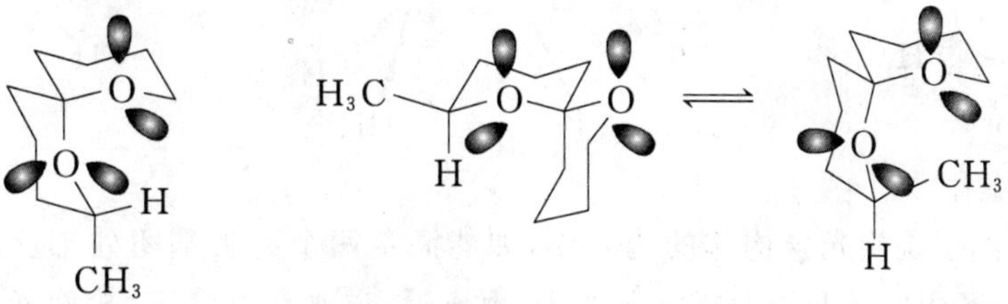

ⅡA　　ⅡB　　ⅡC

三、构象效应

化合物的结构、反应机制和合成三者的关系极其密切，相互依存。D. H. R. Barton 在研究甾族化合物的反应时，在 Hassel 构象概念基础上提出了构象分析的基本原理，指出了反应性与构象之间的联系。这是有机结构理论的一个突破性进展，也是动态立体化学的开始。反应机制与构象分析相结合，使许多反应的立体化学，即反应方向如区域选择性和立体选择性等可以预测，进而大大提高了有机合成设计的正确率。

环己烷衍生物分子的椅式构象中，取代基往往尽可能多地处于平伏键，以避免位于直键位所带来的1,3二直键相互作用。而E. J. Corey发现，构象刚性的环己烷类化合物分子，其环上碳原子受进攻时，成键位于直键位的产物反而占优势。

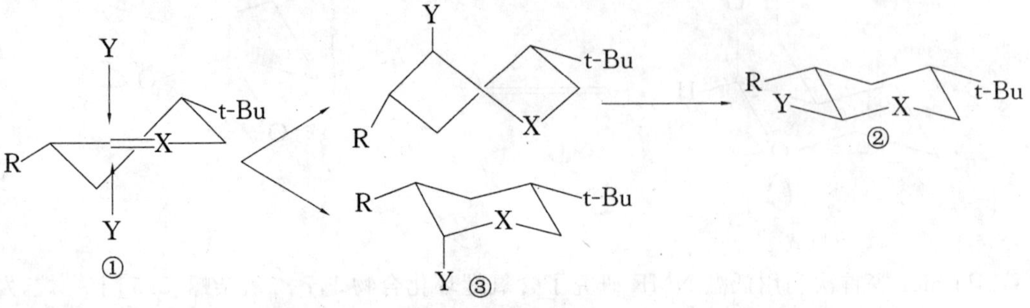

例如，化合物①构象刚性，进攻试剂Y可从双键所在平面的上方或下方垂直接近底物，从平面上方进攻需经历扭船式中间体，而从平面下方无需经历这样的中间体，所以反应历程中的过渡态或中间体的构象的能量差别是导致直键产物占优势的直接原因。这种效应在有机化学文献中名称各异，有的称为构象效应，有的称为几何制约，有的称为构象最小改变原理。

分子由于构象不同而对分子的化学反应性质所产生的不同影响可统称为构象效应。下面举几个例子来加以说明。

【例1】2,3-二溴丁烷非对映体，在反应上表现出不同的反应速度，如在碘化钾-丙酮中的脱溴反应，内消旋体的反应速度比旋光异构体快1.8倍。该反应按E_2历程进行，E_2反应对分子中被消除的两个基团(此处为Br和Br)的立体化学要求是反式共平面。2,3-二溴丁烷内消旋体的优势构象为对位交叉式，恰好符合E_2反应的立体化学要求，而且两个较大的基团($-CH_3$)距离远，过渡态稳定。

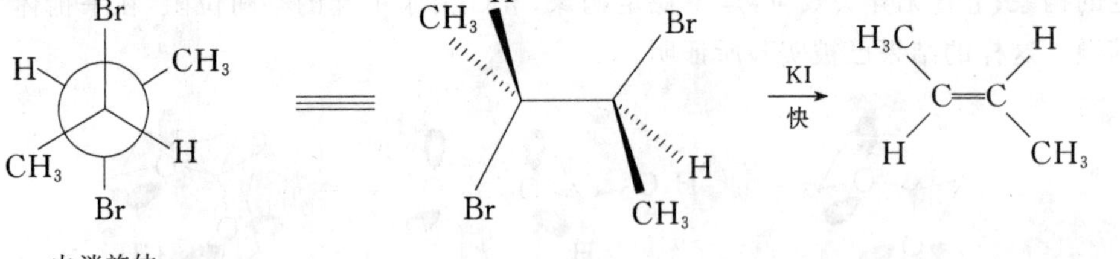

内消旋体

在2,3-二溴丁烷旋光异构体的构象中，如能满足两个离去基团处于反式共平面的位置，则两个较大基团($-CH_3$)为邻位交叉式，距离近，过渡态不稳定，故旋光异构体脱溴反应速度较慢。

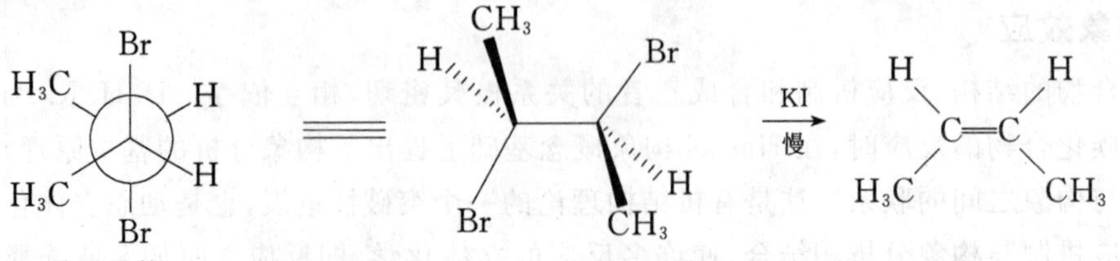

旋光异构

而甲基被苯基替代后的脱溴反应速度，内消旋体比旋光异构体快 100 倍。这是因为苯基的体积较大，两个大体积的苯基处于同侧时过渡态更不稳定，需要更大的活化能。

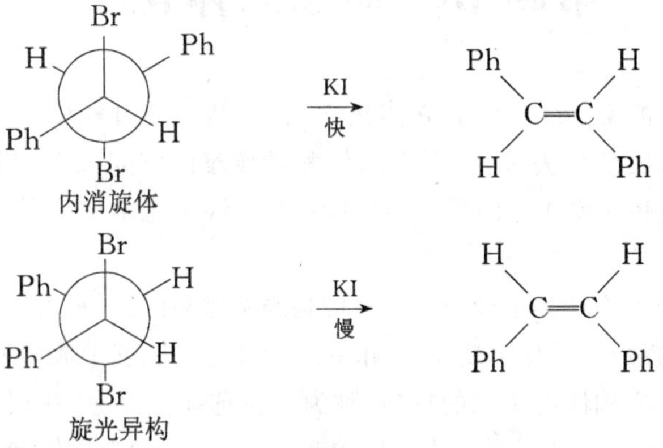

Br
H Ph
Ph H
Br
内消旋体
KI 快
Ph H
C=C
H Ph

Br
Ph H
Ph H
Br
旋光异构
KI 慢
H H
C=C
Ph Ph

【例 2】利用铬酸酐(CrO_3)氧化 4-叔丁基环己醇的顺反异构体，顺式的反应速度为反式的 3.22 倍。

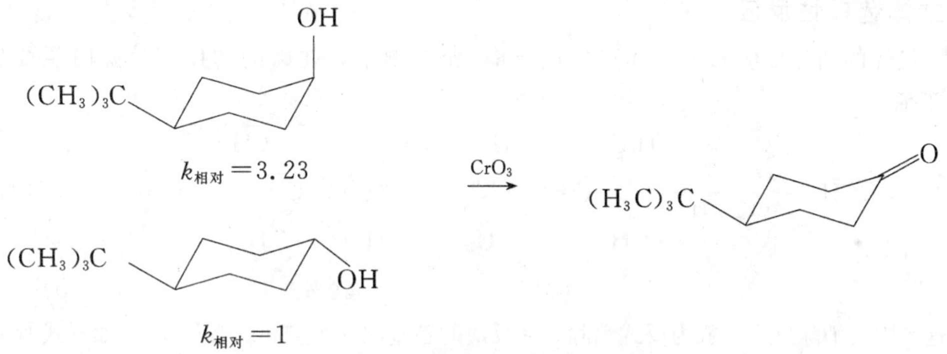

OH
$(CH_3)_3C$
$k_{相对}=3.23$
CrO_3
O
$(H_3C)_3C$
$(CH_3)_3C$
OH
$k_{相对}=1$

由于顺式的羟基在被氧化前因处于直立键，它与 3,5 位上的氢原子之间存在非键张力，氧化后非键张力解除，故反应速率较反式的大。

【例 3】4-叔丁基环己醇，其反式乙酰化速度比顺式醇的大 3.7 倍。

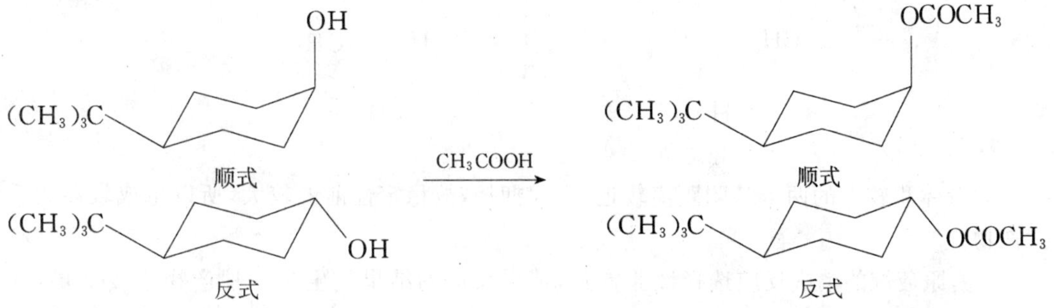

OH
$(CH_3)_3C$
顺式
CH_3COOH
$OCOCH_3$
$(CH_3)_3C$
顺式
$(CH_3)_3C$
OH
反式
$(CH_3)_3C$
$OCOCH_3$
反式

这是因为乙酰化反应速度取决于活化能的大小，活化能小的反应速度快，反式的活化能低，只有 0.17 kJ·mol^{-1}。同时，由于反式醇处于平伏键上，它比顺式醇稳定，它的乙酰化中间体过渡态的张力要比直立键的同样中间过渡态小。

第四节 动态立体化学

动态立体化学是指反应过程中的立体化学，它包括反应过程中化学键的断裂与形成、试剂的进攻与离去基团的离去等，还有中间体和过渡态的空间关系、起始态和终止态之间的立体关系。了解这些立体化学问题，就能更深入地认识化学反应的历程、反应活性及其影响因素。

在动态立体化学中，有两类不同类型的反应是经常碰到的：一种就是立体选择性反应，另一种就是立体专一性反应。在特定反应中，单一一种反应物能够生成两种或更多种立体异构产物，但只是其中一种异构体占优势的反应，称为立体选择性反应；在相同的反应条件下，由不同的立体异构的起始物得出不同立体异构的产物的反应，称为立体专一性反应。所以，立体专一性反应必然是立体选择性反应，但立体选择性反应不一定是立体专一性反应。

一、立体选择性反应

卤代烃的消除反应属于立体选择性反应，如 2-碘丁烷在碱的作用下消除时主要生成反-2-丁烯。

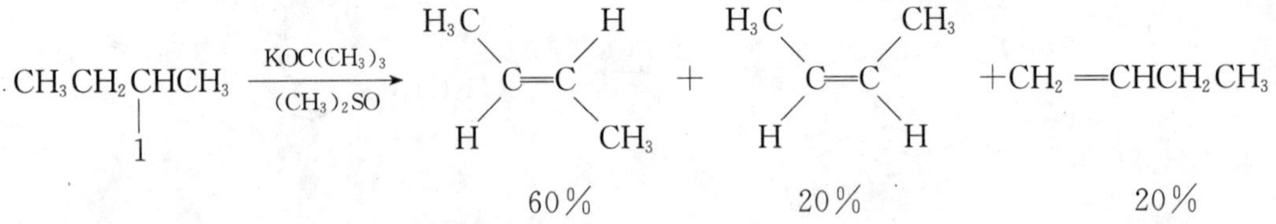

$$CH_3CH_2CH(I)CH_3 \xrightarrow[(CH_3)_2SO]{KOC(CH_3)_3} \underset{60\%}{(H_3C)(H)C{=}C(H)(CH_3)} + \underset{20\%}{(H_3C)(H)C{=}C(CH_3)(H)} + \underset{20\%}{CH_2{=}CHCH_2CH_3}$$

这是因为消除反应一般为反式消除。在反应时各基团处于空间的有利地位，如下式所示。

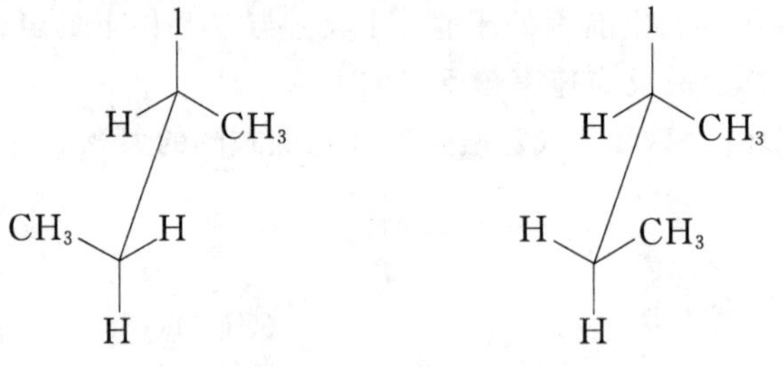

I; H, CH_3 — CH_3, H; H（稳定）　　I; H, CH_3 — H, CH_3; H

稳定

后者体积较大的两个基团距离较近，空间拥挤，故稳定性前者较大，所以生成较多的反式产物。

2-溴原菠烷的消去反应选择性非常强，消去反应的结果只生成一种产物原菠-2-烯（即原冰片烯）。

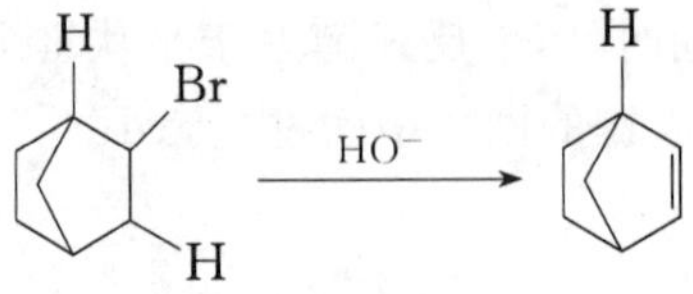

$$\text{2-溴原菠烷 (H, Br, H)} \xrightarrow{HO^-} \text{原菠-2-烯 (H)}$$

醛酮的亲核加成反应，有时候表现出高度的立体选择性，因为试剂 $LiAlH_4$ 体积小，3，5

位上直立氢对试剂不起阻碍作用，故生成较稳定的产物，选择性高。例如，用试剂体积较大的 $LiAlH[OC(CH_3)]_3$ 时，3，5 位上直立氢对试剂起空间阻碍作用，试剂从位阻小的 e 键方向进攻羰基，就主要生成—OH 在 α 键上的醇。

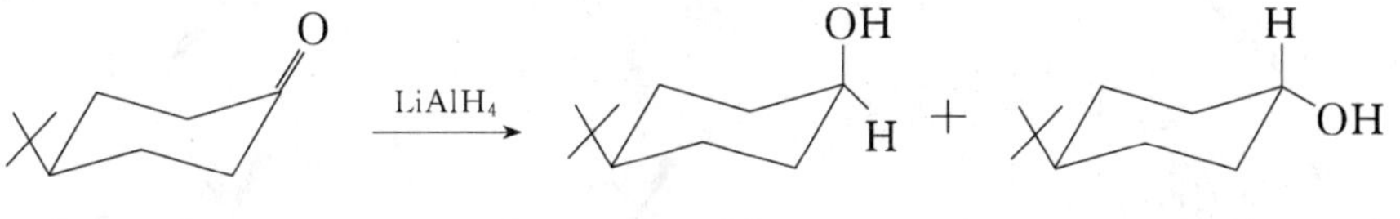

$LiAlH_4$

10%　　90%

醛酮的亲核加成反应，有时候又表现出中等程度的立体选择性，如：

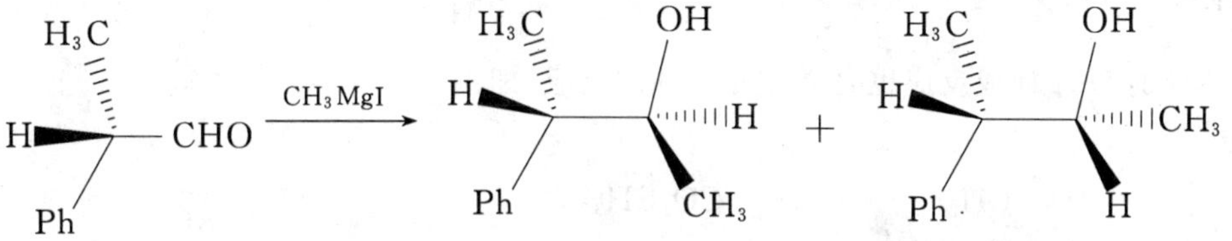

CH_3MgI

赤型(67%)　　苏型(33%)

上述反应是在分子中有一个不对称碳原子的反应物上进行的，反应的结果是分子中又增加一个不对称碳原子，生成了赤型和苏型产物，形成的 3-苯基-2-丁醇赤型分子比苏型分子具有更稳定的构象，所以赤型是主要产物。

对于有空间位阻的环氧化反应，也是立体选择性反应，如：

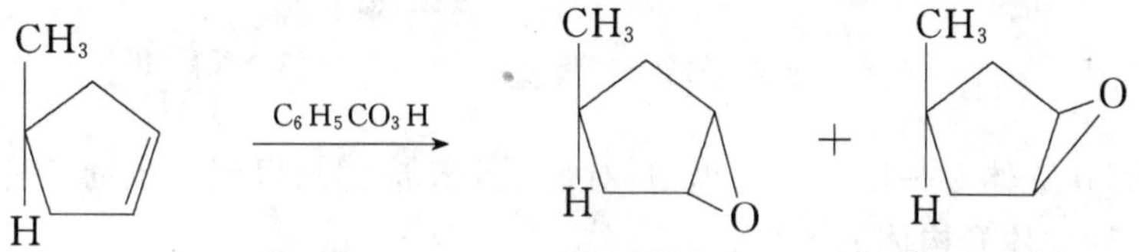

$C_6H_5CO_3H$

76%　　24%

二、立体专一性反应

烯烃双键的反应中，立体专一性反应的实例比较多。例如，(Z)-2-丁烯与溴加成差不多只得到苏式外消旋体；(E)-2-丁烯与溴加成差不多只得到赤式内消旋体，它们都是立体专一性反应。

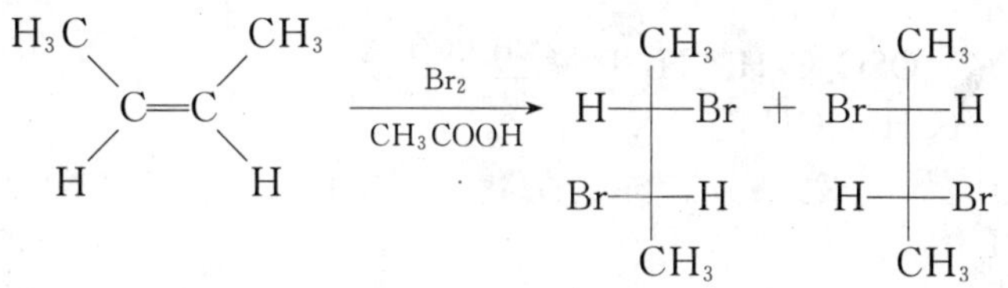

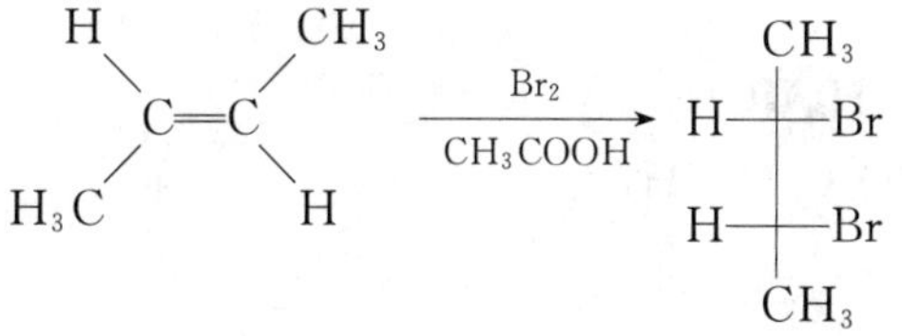

Br_2 / CH_3COOH

Br_2 / CH_3COOH

单线态二氯卡宾与 2-丁烯的加成，也是立体专一性反应。由顺-2-丁烯与二氯卡宾得到顺式的环丙衍生物；而反-2-丁烯在同一条件下与二氯卡宾作用，则生成反式的环丙衍生物。

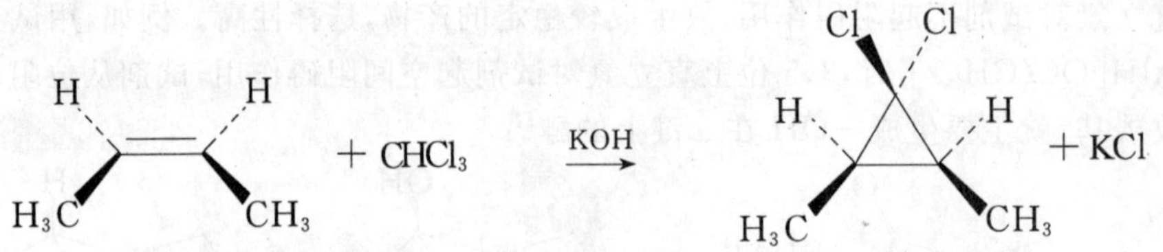

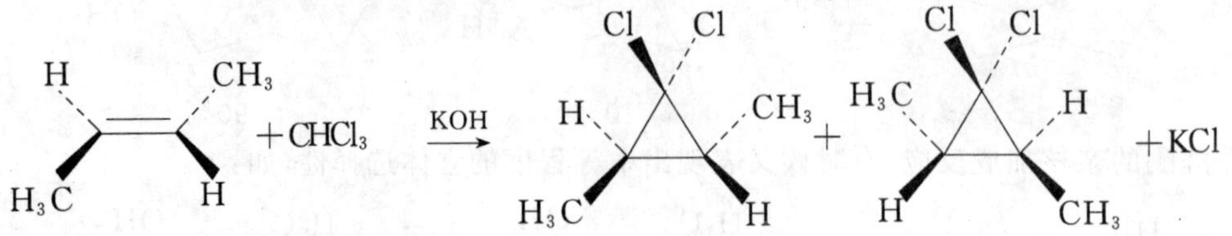

$$[structure] + CHCl_3 \xrightarrow{KOH} [structure] + KCl$$

$$[structure] + CHCl_3 \xrightarrow{KOH} [structure] + [structure] + KCl$$

烯烃的 D-A 加成反应也是立体专一性的反应，如：

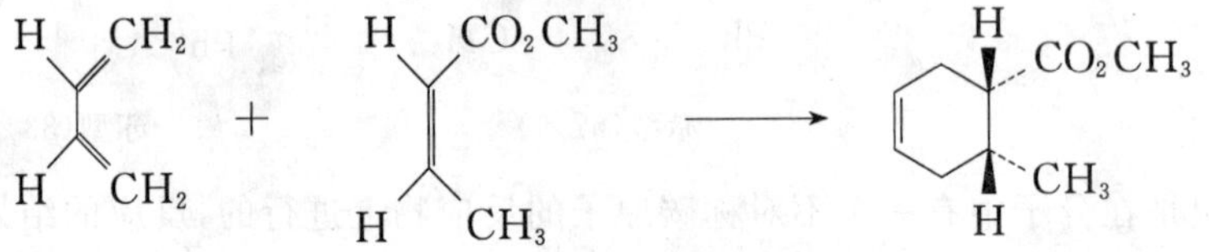

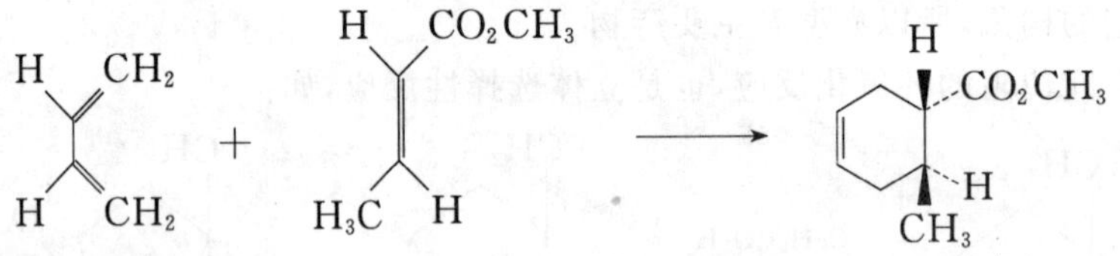

$$[structure] + [structure] \longrightarrow [structure]$$

$$[structure] + [structure] \longrightarrow [structure]$$

由此看来，在立体专一性反应过程中，对每一个反应都只得到一定的某种立体异构体，而不混杂另一种立体异构体的产物。

在亲核取代反应中，典型的立体专一性反应是发生瓦尔登转化的双分子亲核取代反应。例如，对映异构体(S)-(+)-和(R)-(−)-对甲苯磺酸-2-辛酯，用乙酸根离子进攻时，手性碳原子的构型发生 Walden 转化而得到对映体的乙酸酯。

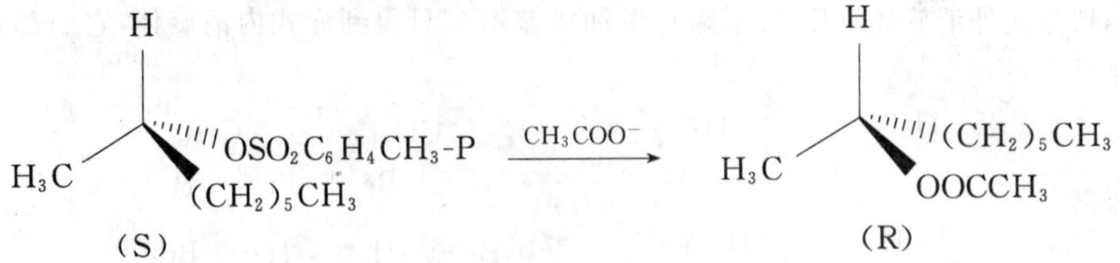

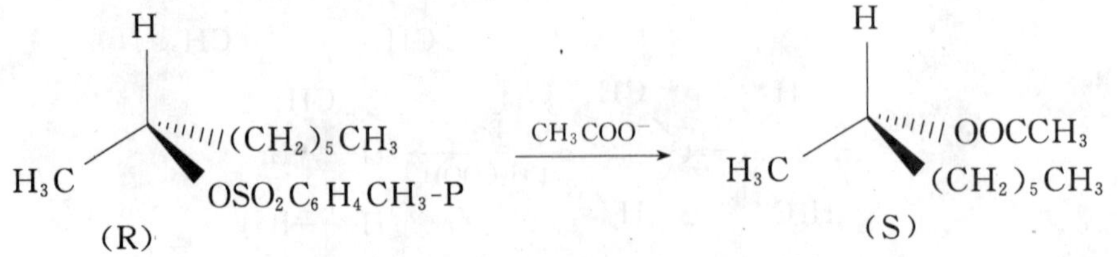

$$(S)\ [structure] \xrightarrow{CH_3COO^-} (R)\ [structure]$$

$$(R)\ [structure] \xrightarrow{CH_3COO^-} (S)\ [structure]$$

习 题

1. 写出下列化合物最稳定的构象。

(1) $ClCH_2CH_2CH_3$ (2) 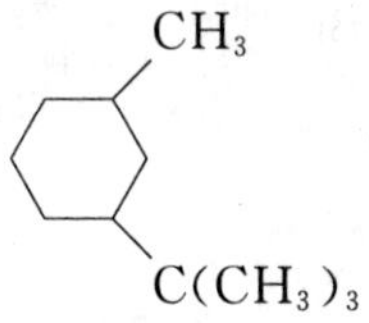 1-甲基-3-叔丁基环己烷（CH_3，$C(CH_3)_3$）

(3) 二羟基十氢化萘（OH，HO）（十氢化萘为反式）

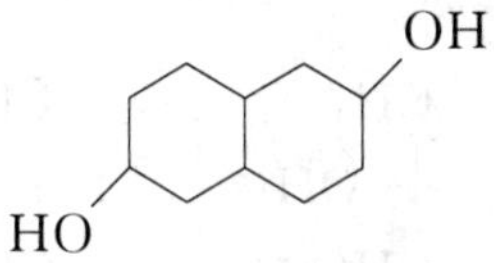

2. 写出下列反应的主要有机产物，并注明其立体化学。

(1) 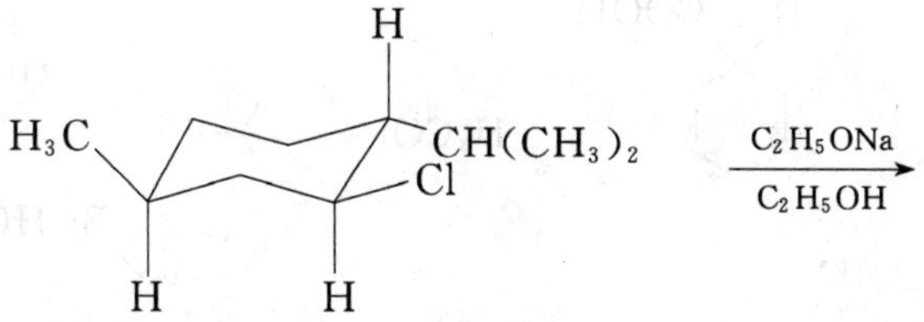 环己烷椅式构象（H_3C，H，H，H，$CH(CH_3)_2$，Cl） $\xrightarrow[C_2H_5OH]{C_2H_5ONa}$

(2) 八氢茚酮肟（N—OH，H，H） $\xrightarrow{H_2SO_4}$

(3) 二烯 + 马来酸酐（O，O，O） $\xrightarrow{\triangle}$

(4) C_2H_5—C(CHO)(H)(Ph) $\xrightarrow[H_2O]{CH_3MgI}$

(5) 丙烯 + 1,3-戊二烯 $\xrightarrow{\triangle}$

(6) 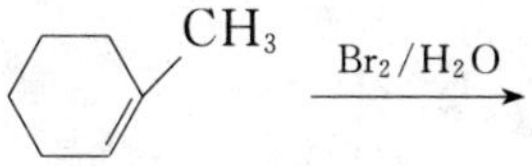 1-甲基环己烯（CH_3） $\xrightarrow{Br_2/H_2O}$

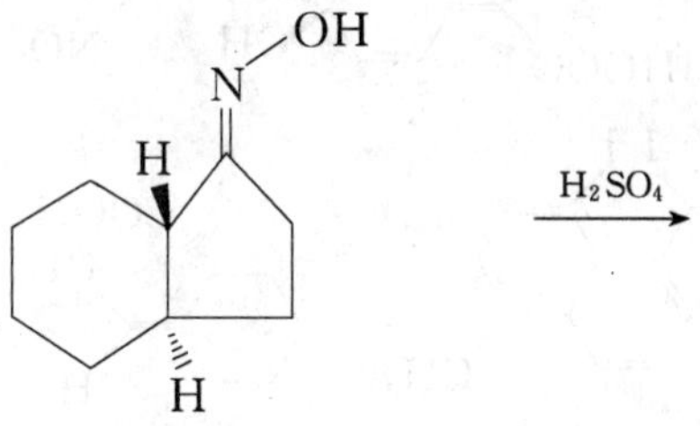

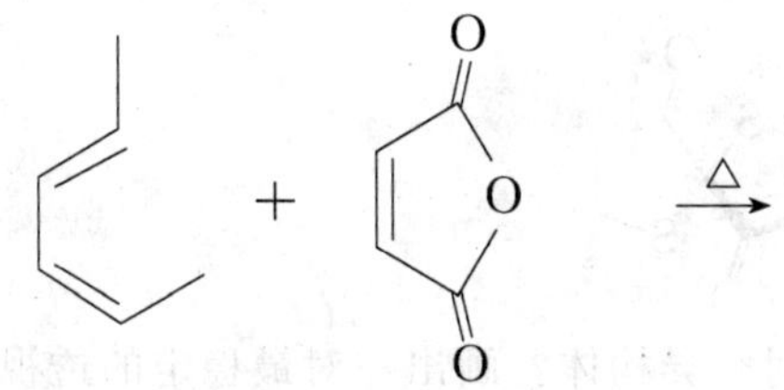

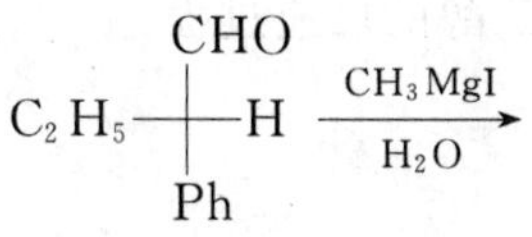

3. 判断下列化合物是否具有对映异构体。

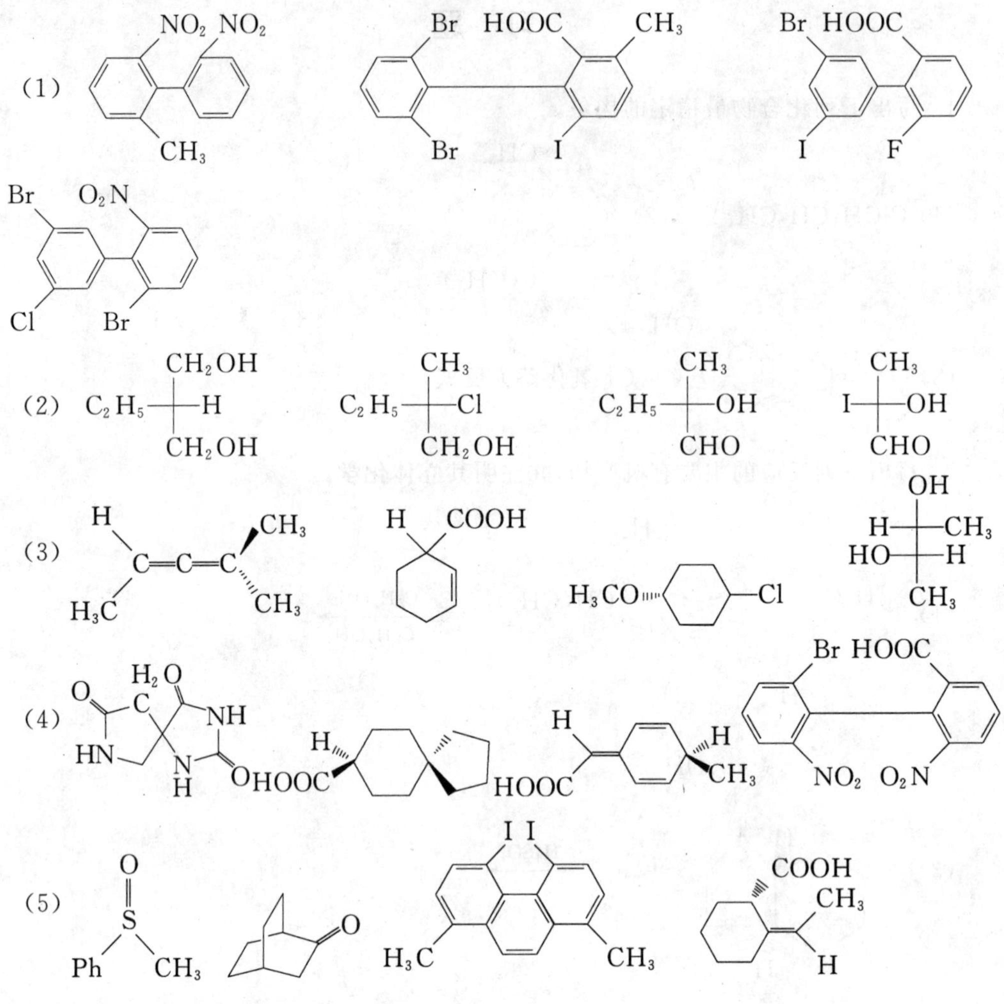

4. 用 R/S 法标出下列分子的构型。

(1) H, H_3C, C=C=C, Cl, CH_3　(2) S, O, S, O

5. 2-溴-4-羟基环己甲酸有多少可能的对映异构体？画出一对最稳定的透视式。

6. 试写出反-2-丁烯与 $KMnO_4$ 反应得到外消旋的邻二醇的反应过程。

第三章

有机反应机理和研究方法

反应机理涉及从反应物到产物的全过程，研究有机反应物分子中原子在反应期间所通过的一系列步骤，包括试剂的进攻、反应中间体的形成到最终产物的生成。因此，提供一个机理意味着要描述在反应过程中发生的一切，这几乎是不可能完成的，但是至少要包括反应过程的一些关键点的信息，如反应中间体、过渡态等。

另外，一个反应机理还应包括对从原料到产物过程中分子中电子结构变化的描写，这是通过弯箭头来完成的。除此之外，在描述反应过程时，还常用到一些箭头和符号，它们各有自己表示的意义，如图 3-1 所示。

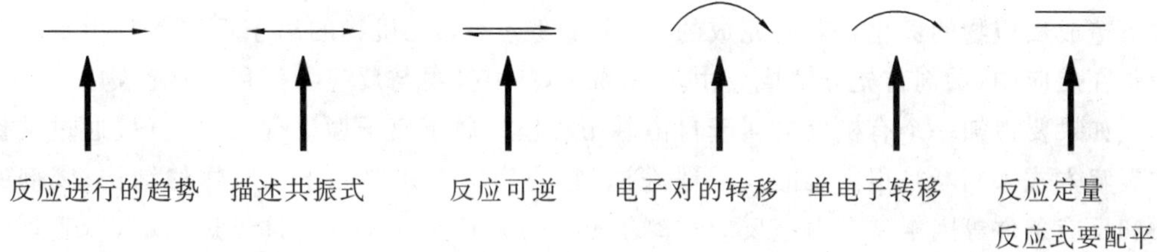

图 3-1

例如，下列反应中电子转移的方向可以箭头表示如下：

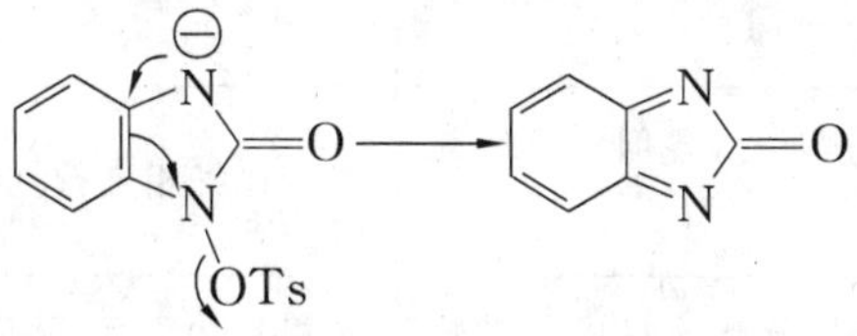

第一节　有机反应机理研究中需要考虑的几个因素

一、有机反应类型

1. 根据原料和产物之间的关系对有机反应的分类

(1) 取代反应。

在取代反应中分子的一个或几个原子(或原子团)被另一个或几个原子(或原子团)取代，如卤代烷的水解等反应。

(2) 消除反应。

在消除反应中从有机分子消除去两个原子或原子团。根据消除两个原子的相互位置又分 α-消除、β-消除(最常见)和 γ-消除等。例如,卤代烷在碱性条件下脱除卤化氢生成碳碳双键,就是典型的 β-消除。

(3) 加成反应。

在加成反应中 π 键破裂生成新的 σ 键,如乙烯与溴的加成反应。不稳定的小环化合物破坏生成两个新的 σ 键也称加成反应,如乙烯在酸性条件下与水的反应。

(4) 重排反应。

重排反应中发生碳骨架的重排生成结构异构体,如 Favorskii 重排反应。

(5) 氧化还原反应。

在氧化还原反应中,有机物被氧化或还原,如醇被氧化为醛或酮。

2. 根据共价键断裂方式对有机反应分类

有机反应的本质是旧键的断裂和新键的生成。根据反应时化学键断裂或形成的方式,可将有机反应分为异裂(或离子型)反应和均裂(自由基)反应及周环(或分子)反应三种基本类型,这也是有机反应历程的三种基本类型。

自由基反应和离子型反应是有机反应中最常见、最基本的两种反应类型。离子型反应一般是发生在极性分子之间,是通过共价键的异裂形成不稳定的活性中间体或在试剂的进攻下造成反应物的极化状态而完成的,反应速度远不如无机物的离子反应。自由基反应一般是在反应中,试剂首先分解成自由基,生成的自由基再与反应物作用生成产物。

如果要得知一个有机反应属于自由基历程还是属于离子型历程,只是直接通过共价键的裂解方式来判断是很困难的。一般来说,它的裂解方式取决于反应物的结构、试剂的性质和反应条件等因素。自由基反应和离子型反应往往是在不同条件下进行的,所表现的反应特点也有着显著的差别。表 3-1 中列出了自由基反应和离子型反应的特点。

表 3-1 自由基反应和离子型反应的特点

	自由基反应	离子型反应
(1)	在气相或非极性溶剂中进行,溶剂对反应无显著影响	很少在气相进行,溶剂对反应有显著影响
(2)	反应能被光、高温或容易分解成自由基的物质所促进	光和自由基对反应都无影响。但被酸或碱所催化
(3)	反应可被某些能与自由基作用的物质(如氢醌、二苯胺)所阻止	不受自由基引发剂或抑制剂影响
(4)	反应开始时往往有一个诱导期	无诱导期、服从一级或二级动力学
(5)	芳环上的取代反应不服从定位规律	芳环上的取代反应服从定位规律

在不同的反应条件下,即使是同样的反应物也会发生不同类型的反应。例如,甲苯与氯作用时,在高温或日光下进行的侧链取代属于自由基反应;而在三氧化铁的催化作用下进行的则是环上的亲电取代,属于离子型反应。另外,在某些反应的各个步骤中,有时也会

出现不同的反应类型。

在反应中不形成离子或自由基中间体，而是由电子重新组织经过四或六中心环的过渡态来进行。这类反应表明化学键的断裂和生成是同时发生的，它们都对过渡态作出贡献。这种一步完成的多中心反应称为周环反应。周环反应一般在光照和加热条件下进行。

3. 根据试剂的性质对有机反应分类

有机反应中反应物(或作用物)和试剂之间并没有十分严格的界限，是个相对的概念、习惯用语。本来相互作用的两种物质，即可互为反应物，也可互为试剂。但为了讨论和研究问题的方便，从经验中人为地规定有机反应中一种物质为反应物，另一种物质则为试剂。一般地，如果反应是无机物和有机物之间的反应，无机物为试剂，如乙烯与溴的加成反应，乙烯为反应物，溴为试剂。如果是有机物间的反应，当带电荷有机物与中性分子反应时，带电荷有机物为试剂，如乙醇钠与氯甲烷的反应，乙醇钠为试剂；当两个中性的有机分子反应时，易给出电子的为试剂，如胺与卤代烃的反应，胺为试剂，同样醇与醛、酮的反应，醇为试剂，醛、酮为反应物。

一般试剂可分为极性(或离子型)试剂和非极性(自由基)试剂两大基本类型。从试剂的电子结构来看，极性试剂是指那些能够接受或供给一对电子以形成共价键的试剂。因此，极性试剂又分为两类，在离子型反应中供给一对电子与反应物生成共价键的试剂叫做亲核试剂，而从反应物接受一对电子生共价键的试剂叫做亲电试剂。从广义的酸、碱概念的角度上来说，路易斯碱都是亲核的，故为亲核试剂；而路易斯酸都是亲电的，则为亲电试剂。在一般的离子型反应中，极性试剂的分类如下。

亲核试剂：所有的负离子、具有未共享电子对的分子、烃基金属化合物、碱类、金属还原剂、能供出电子的烯烃或芳烃等。

亲电试剂：所有的正离子、可以接受未共享电子对的分子、氧化剂、酸类(氢氰酸例外)、羰基双键、卡宾或乃春等。

对试剂有了规定以后，所有的离子型反应就可以根据试剂的性质加以分类。由亲核试剂进攻反应物而引起的反应，叫做亲核反应。由亲电试剂进攻而引起的反应，叫做亲电反应。如果一个反应分几步完成，究竟属于哪种反应，则由它的决速步来决定。

由于反应物和试剂是人为规定的相对概念，所以亲电反应和亲核反应同样也具有相对性。例如，溴甲烷与甲醇钠的成醚反应：

$$CH_3O^-Na^+ + CH_3Br \rightarrow CH_3OCH_3 + Na^+ + Br^-$$

根据规定，溴甲烷是反应物，甲醇钠是亲核试剂，因此通常认为该反应是由亲核试剂 CH_3O^- 引起的亲核取代反应，指的是 CH_3O^- 取代了 CH_3Br 的中的 Br^-，而不是 Br^- 取代了 CH_3ONa 中的 CH_3O^-，可见是优先选择与碳的反应为标准，即以试剂取代与碳直接相连的基团为准。

这样，结合反应前后原料和产物间的关联，可以对离子型的反应进一步分类。

亲电反应：亲电取代反应、亲电加成反应、亲电重排反应等。

亲核反应：亲核取代反应、亲核加成反应、亲核重排反应等。

同样，自由基反应也可以分为自由基加成反应、自由基氧化还原反应、自由基重排反应等。

需要注意的是，亲核和亲电只有相对的意义，某些试剂可以随着反应条件和与相互作用的物质性质的不同，或者表现为亲电性，或者表现为亲核性，如水和氨等少数无机试剂。再如，氯在极性环境下与烯烃加成表现为亲电性，而在高温或光照下与烷烃发生取代反应时则表现为非极性。个别有机试剂也存在这种情况。醇在与卤代烷的成醚反应中表现为亲核性，而在与金属有机化合物的反应中则表现为亲电性。某些试剂既具有亲电中心又有亲核中心，它究竟属于哪种试剂，一般按两个中心的相对强度而定。

二、中间体和过渡态的概念以及过渡态理论

对一个反应机理的描述要表明反应是简单的一步还是几个连续反应的组合。如果一个反应机理中的某一步的产物 A 又紧接着发生下一步反应，这产物 A 被称为整个反应的中间体，因此确认在最终产物形成中的中间体是任何反应机理描述中至关重要的部分。

例如，甲烷光照条件下的氯代反应：

$$CH_4 + Cl_2 \xrightarrow{hv} CH_3Cl \xrightarrow[hv]{Cl_2} CH_2Cl_2$$

甲烷首先发生氯代反应转化为一氯甲烷，一氯甲烷紧接着作为反应物生成二氯甲烷，对于这个整个反应来说，一氯甲烷就是反应的中间体。但是，从甲烷到一氯甲烷以及从一氯甲烷进一步到二氯甲烷的过程中，又分别具体发生了什么，我们无从得知，于是就做出了这样的假设：在每一步的反应过程中，存在一个能量的最高点，即过渡态。基于这个假设，就产生了过渡态理论。

过渡态理论也称活化络合物理论，它的主要内容建立在某些基本假定基础之上。最基本的假定是：反应物分子在互相接近的过程中先被活化形成活化络合物即过渡态，过渡态再以一定的速度分解为产物，过渡态是反应物与产物之间的中间状态，因此每一步反应都可以表示如下：

$$反应物 \rightarrow 过渡态 \rightarrow 产物$$

由稳定的反应物分子过渡到活化络合物的过程叫做活化过程，活化过程所吸收的能量称为活化能，因此，活化能是基态反应物平均能量与过渡态能量之间的能量差。凡有共价键断裂的反应都需要活化能。在同一温度下，活化能低的反应，其速度较快。所以，对反应机理的描述还应包括对反应过程中每一步，尤其是反应决速步中能量最高点，也就是过渡态的描述。根据反应的过渡态，可以决定这个反应的进行是否需要很高的活化能。

根据定义，与反应中间体不同，过渡态只存在于某步反应中能量的最高处，结构涉及部分断裂或部分形成的键，因此不可能被分离得到。所以，尽管对过渡态结构的认识对理解有机反应是非常重要的，但遗憾的是我们还没有很好的方法来表示分子的部分键，目前只能用虚线来表示部分键。例如，甲醇钠与溴甲烷的反应中，对过渡态结构的描述就用虚线，这里虚线表示的是碳溴键正在断裂而碳氧键正在生成。

$$CH_3ONa + CH_3Br \longrightarrow \left[\overset{\delta^-}{CH_3O} \cdots \underset{H}{\overset{H\ \ H}{C}} \cdots \overset{\delta^-}{Br} \right]^{\neq} \longrightarrow CH_3OCH_3 + Br^-$$

在有机化学中常采用反应进程图来描述一个反应，所谓的反应进程是指从反应物到产

物所经过的能量要求最低的途径。在反应坐标上位能起伏的曲线，叫做反应位能曲线。例如，对于下列反应的反应进程图如图 3-2 所示。

$$A+B-C \longrightarrow [A\cdots B\cdots C]^{\neq} \longrightarrow A-B+C$$

如果反应是可逆的，在同一条件下，正向和逆向必然是通过完全相同的路径进行的，也就是正、逆反应必然是按同一机理进行的，这叫做微观可逆性原理。简单地说，在一个平衡反应中，在一个方向中最低能量的路线肯定也是反方向中的最低能量路线，因此，在正向中的中间体或过渡态同样也存在于逆向的反应中。正反应的活化能(E)减去逆反应的活化能(E')等于反应的热效应(ΔH)。

$$E-E'=\Delta H$$

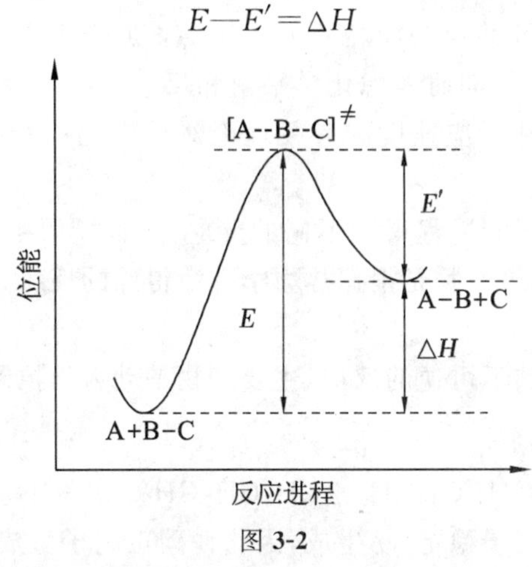

图 3-2

对多步进行的反应进程图，如图 3-3 所示。在这些多步反应中会存在几个过渡态，两个过渡态之间的能谷是反应的活性中间体。从图中可以清楚地看到，活化能大的反应速度慢，是决定反应速度的步骤。

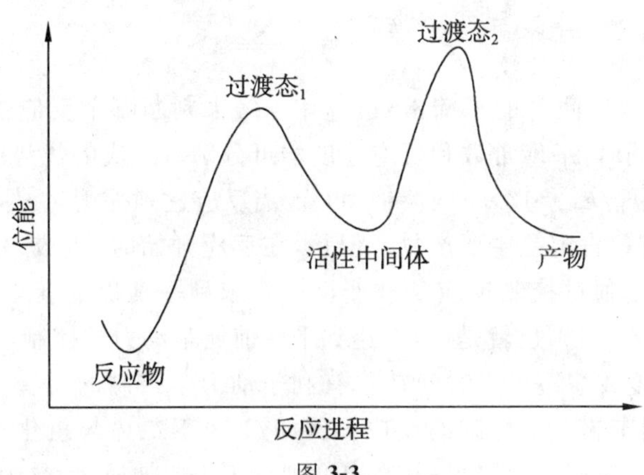

图 3-3

过渡态理论的另一个假定(Hammond 假设)是过渡态的空间结构与能量相近的分子(反应物或产物)类似。也就是说，放热反应中过渡态的能量与反应物更接近，它的结构也应该与反应物近似；在吸热反应中，过渡态的能量和结构则与产物近似。由于过渡态在反应途径中处于能量最高点，很不稳定，其寿命接近于零，不能用实验方法来观察，所以只能根据结构相近则内能相近的原则，反过来对它的结构作一些理论上的推测或假设。

三、动力学控制与热力学控制

有机物结构复杂，反应中心多，反应具有多向性的特点，往往同一反应物、同一试剂在不同的条件下，反应可按不同途径向不同方向进行，得到不同的产物。在这种情况下，如果为了提高某一产物的得率，就应该从平衡常数和反应的相对速度来寻求答案。

有些反应速度较慢而不易建立平衡的有机反应，一般只需从反应速度的角度说明产物的组成，判断竞争反应取向，而不需要考虑反应的可逆性，以及一种产物生成后再转变为另一种产物的问题。在应用这些反应进行有机合成时，就不必按平衡条件，只要按竞争反应中速度最快的反应来设计就可以了。但有机反应中也有不少是比较容易达到平衡的，如芳烃的烷基化和磺化反应以及共轭二烯烃的 1,2 和 1,4 加成反应等。在研究这些反应主要按哪一种方向进行时，就必须同时考虑化学平衡和反应速度两种因素，必须在了解反应历程的基础上运用化学平衡和反应速度的有关理论对反应加以控制，从而得到我们预想的结果。

如果有机反应沿着不同的进程得到不同的反应，产物量取决于反应速率的反应，称为动力学控制(速度控制)；如果产物是根据热力学平衡得到的反应，称为热力学控制(平衡控制)。

一般的对于相互竞争的不可逆的反应，主要产物是动力学控制，如：

$$CH_3CH{=}CH_2 + HBr \longrightarrow CH_3^+CHCH_3 + CH_3CH_2CH_2^+ \longrightarrow CH_3\underset{}{\overset{\overset{\Large Br}{|}}{C}}HCH_3 + CH_3CH_2CH_2Br$$

由于仲碳正离子比伯碳正离子稳定，易生成，因此仲碳正离子生成速度快，2-溴丙烷是主要产物。

对于可逆反应，尤其是对于相互竞争的可逆反应，在达到平衡前产物仍为动力学控制。

例如，反应物 A 在体系中同时向两种产物 B 和 C 方向转变：

$$B \underset{k_B}{\overset{k_{-B}}{\rightleftharpoons}} A \underset{k_{-C}}{\overset{k_C}{\rightleftharpoons}} C$$

如果 $k_B \approx k_C$，则可由两者的平衡常数(k_B 和 k_C)来判断哪个反应占优势。若 k_B 和 k_C 相差悬殊，当条件不同时，平衡常数和反应速度均可分别对反应的优势产物起决定性作用。

假定 $k_B \gg k_C$，而 $k_B/k_{-B}=10$，$k_C/k_{-C}=1\ 000$。当反应达到平衡时，尽管 $k_B \gg k_C$，但 k_C 要比 k_B 大 100 倍，产物 C 肯定是主要产物。但是，在反应开始时，生成 B 的速度还是要比生成 C 的速度快。因此，通过控制反应条件使反应在未到平衡以前就把反应混合物取出分离，那么 C 肯定是主要产物，也就是说，在达到平衡前还是动力学控制。

一般地，降低温度或缩短反应时间往往有利于动力学控制的反应，而提高温度或延长反应时间则通常有利于热力学控制的反应。例如，1,3-丁二烯与氯化氢的亲电加成，温度较低时利于 1,2 加成，是动力学控制；升高温度则利于 1,4 加成，为热力学控制。

从反应进程的角度来讲，一种反应物在不同的条件下可以分别得到两种不同的主要产物，是由于这类反应能通过两条具有不同活化能的途径进行反应，结果才得到两种不同的产物、活化能较低的途径为动力学控制产物。在热力学上稳定的产物是热力学控制的产物，也可以说，在一般情况下逆反应活化能较高的途径为热力学控制产物。

萘的磺化反应是典型的可逆有机化学反应，其反应进程图如图 3-4 所示。

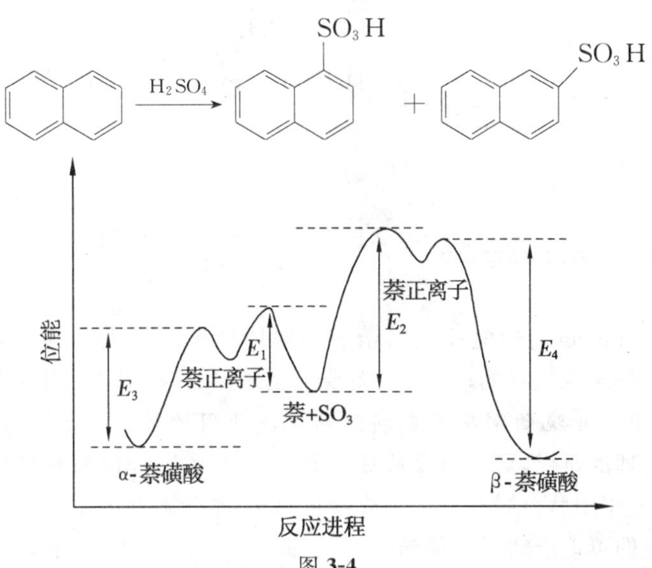

图 3-4

由于 $E_1<E_2$，在 0～60 ℃的较低温度下，生成 α-萘磺酸的反应速度较快，这时生成 α-萘磺酸的逆反应——脱磺酸基反应的速度也很慢，因此反应的主要产物是 α-萘磺酸。当温度升高大于 160 ℃时，对活化能较高的影响较大，加速了 β-萘磺酸的生成。α-萘磺酸的脱磺酸基反应的速度也加快，使多数的 α-萘磺酸转变为 β-萘磺酸，β-萘磺酸脱磺酸基反应活化能(E_4)很大，即 β-萘磺酸很稳定，它一旦生成，就不容易脱磺酸基而发生逆反应。所以，在高温达到平衡时，β-萘磺酸是主要产物。

对 α-萘磺酸来说，它生成容易，逆反应脱磺酸基也容易；而 β-萘磺酸生成难，脱磺酸基也难。因此，可利用低温时 α-萘磺酸生成快的特点，使 α-萘磺酸为主要产物。而在高温或反应时间较长，利用平衡容易建立的特点，使更为稳定的 β-萘磺酸成为主要产物。总之，在低温时，反应是速度控制因素，高温则由平衡来控制。

第二节　研究反应机理的一般方法

一、反应机理研究的意义

我们已经知道，反应机理应包括反应物到产物这一过程中所发生的所有事情，因此对反应机理的研究和学习就显得非常重要和有意义。

1. 在有机合成方面

利用对反应机理的掌握，可指导提高实验的选择性，从而获得较高的产率。例如，Williamson 合成醚反应是很好的合成混合醚的方法，一般是利用醇钠和卤代烃为原料进行的，如合成甲基叔丁醚可以有下面两个选择：

$$(CH_3)_3C{-}OCH_3 \xrightarrow{a} (CH_3)_3C{-}ONa + CH_3I$$

$$(CH_3)_3C{-}OCH_3 \xrightarrow{b} (CH_3)_3C{-}I + NaOCH_3$$

当了解了 Williamson 合成醚反应属于亲核取代且与消除反应是竞争的反应后，可以通过原料的选择达到合成的目的；选择 b，主要发生消除反应，得不到甲基叔丁醚。

2. 预示反应中可出现的副反应或对产物生成原因的解释

通过对反应机理的研究，可以对反应中出现的副产物进行预测或解释其生成的原因。例如，伯胺与亚硝酸作用后会脱除氮而生成碳正离子，基于对此的了解，就可以对叔丁基甲胺与亚硝酸作用后的可能产物进行预测。

$$\text{环丁基}{-}CH_2NH_2 \xrightarrow{HNO_2} \text{环戊烯} + \text{环戊醇(OH)} + \text{亚甲基环丁烷}(=CH_2) + \text{环丁基}{-}CH_2OH + \text{1-甲基环丁烯}(CH_3)$$

再如，乙酰乙酸乙酯及 1,3-二溴丙烷在醇钠作用下反应：

$$CH_3\overset{O}{\overset{\|}{C}}-CH_2\overset{O}{\overset{\|}{C}}OCH_2CH_3 + BrCH_2CH_2CH_2Br \xrightarrow{CH_3CH_2ONa}$$

主要产物：6-甲基-3,4-二氢-2H-吡喃-5-甲酸乙酯（环上取代基 H_3C、$COOC_2H_5$）　＋　次要产物：1-乙酰基环丁烷甲酸乙酯（取代基 $COCH_3$、$COOC_2H_5$）

主要产物　　　　次要产物

其主要反应产物的生成过程如下：

$$CH_3\overset{O}{\overset{\|}{C}}-CH_2\overset{O}{\overset{\|}{C}}OCH_2CH_3 \xrightarrow{CH_3CH_2ONa} CH_3\overset{O}{\overset{\|}{C}}-\overset{-}{C}H\overset{O}{\overset{\|}{C}}OCH_2CH_3 \xrightarrow{BrCH_2CH_2CH_2Br}$$

$$CH_3\overset{O}{\overset{\|}{C}}-\underset{CH_2CH_2CH_2Br}{\underset{|}{C}H}\overset{O}{\overset{\|}{C}}OCH_2CH_3 \xrightarrow{CH_3CH_2ONa} CH_3\overset{O}{\overset{\|}{C}}-\underset{CH_2CH_2CH_2Br}{\underset{|}{\overset{-}{C}}}\overset{O}{\overset{\|}{C}}OCH_2CH_3 \longleftrightarrow CH_3\overset{O^-}{\overset{|}{C}}=\overset{CH_2CH_2CH_2Br}{\overset{|}{C}}\overset{O}{\overset{\|}{C}}OCH_2CH_3$$

$$\longrightarrow \text{6-甲基-3,4-二氢-2H-吡喃-5-甲酸乙酯}\ (H_3C,\ COOC_2H_5)$$

3. 通过反应机理寻找有机反应规律，提高学习效率

掌握了反应机理就掌握了这类反应的本质。例如，对于烯烃的亲电加成反应，我们学习过马氏规则和反马氏规则，但是通过对反应机理的学习，可以将它们统一到加成后生成反应中间体——碳正离子的稳定性上；掌握了这一点，就不必再刻意记忆何时遵循马氏规则何时又反马氏规则，从而提高了学习有机化学的效率。

4. 设计新的反应

通过对化合物结构的学习和分析，可以了解该化合物所能发生的反应，围绕这相应反应的反应机理，可以设计该化合物所能发生的新反应，指导有机合成。

二、研究反应机理的基本原则

在描述一个化学反应的反应机理时，首先要遵循的是：任何化合物的每一步反应都应该是在该条件下此类化合物的通用反应。一般地，确认一个合理的反应机理，要遵循以下原则：

① 反应机理既要简单，又要能解释全部实验事实。如果有几个机理都能说明全部实验事实，要选用其中最简单的一个。

② 提出的反应机理在能量要合理。

③ 提出的反应机理在化学上是合理的。

④ 机理中包含的基元反应应是单分子反应或双分子反应。

三、研究反应机理的方法

目前关于反应机理的描述是一般根据实验的结果和观察到的现象间接推理或假设而来的，也就是从客观真实情况出发，精密地、严格地分析和处理全部的实验结果，从而认识客观存在的规律。研究反应历程的方法有很多，一般是根据对产物结构、中间体、立体化学、动力学证据、同位素标记等的研究来推测。下面介绍常用的几种方法。

1. 测定产物的组成和分析结构

研究所有产物的结构和性质是研究反应历程的起点，可对反应历程的推测提供某些线索和旁证。例如，烯烃的亲电加成反应是分步进行的，这就可以通过对产物的分析得出。在含有氯化钠的水中，乙烯与溴的加成反应，除了得到 1,2-二溴乙烷外，还有溴代乙醇和1-氯-2-溴乙烷同时生成：

$$CH_2{=}CH_2 + Br_2 \xrightarrow{NaCl} BrH_2C{-}CH_2Br + BrH_2C{-}CH_2Cl + BrH_2C{-}CH_2OH$$

这就说明二溴乙烷中的两个溴不是同时加上的，而是分步进行的，而且从产物中都含有溴这一点说明与乙烯反应的第一步是加溴。由此，推出的反应机理是：

$$Br_2 \longrightarrow Br^+ + Br^-$$

$$CH_2{=}CH_2 + Br^+ \longrightarrow \underset{\text{C—CH}_2}{\overset{Br^+}{\triangle}} \xrightarrow{Br^-} BrH_2C{-}CH_2Br$$

（图中 Br^- 可沿 a 或 b 进攻三元环的碳原子）

反应中 a 与 b 得出的产物是一样的，而把 Br^- 换成 Cl^- 或 H_2O 就可以得出 1-氯-2-溴乙烷和溴代乙醇。

烯烃的亲电加成反应如果在甲醇介质中进行，如 1,2-二苯乙烯和溴作用时，除了我们想到的 1,2-二苯-1,2-二溴乙烷外，还有 1,2-二苯-1-甲氧基-2-溴乙烷生成。

大量实验事实的存在足以说明烯烃与亲电试剂加成时亲电试剂的两部分不是同时加成的，否则不可能形成混合的产物。

再如，甲烷氯化时往往生成少量乙烷，可作为自由基历程的一个旁证。

$$CH_3\cdot + CH_3\cdot \rightarrow CH_3CH_3$$

还有 Fris 重排，通过在反应体系里加入苯，可以验证反应是分子内还是分子间反应，产物中未发现苯乙酮的生成，说明反应是分子内重排。

OCOCH$_3$ (苯基) —(苯, AlCl$_3$)→ COCH$_3$/OH (邻位) + H$_3$COC—C$_6$H$_4$—OH

同样的道理，通过下面的实验将Ⅰ、Ⅱ混合分析产物，也可以验证联苯胺重排是分子内还是分子间重排。

Ⅰ：C$_6$H$_4$(OCH$_3$)—NH—NH—C$_6$H$_4$(OCH$_3$)

Ⅱ：C$_6$H$_4$(OC$_2$H$_5$)—NH—NH—C$_6$H$_4$(OC$_2$H$_5$)

—H$^+$→ H$_2$N—(H$_3$CO)C$_6$H$_3$—C$_6$H$_3$(OCH$_3$)—NH$_2$; H$_2$N—(C$_2$H$_5$O)C$_6$H$_3$—C$_6$H$_3$(OC$_2$H$_5$)—NH$_2$

2. 反应中间体的确定

反应中间体的研究和确定是研究和推测反应机理的重要方法。多步反应中所产生的反应中间体大体可分两种：一种是较活泼的中间产物，另一种是十分活泼的活性中间体。前者较易分离得到和测定，后者则寿命短、浓度低，较难分离得到。目前反应中间体可用中间体分离、中间体检测以及中间体“捕获”等方法加以分析鉴定。

(1) 中间体的离析。

对于比较稳定的反应中间体，可使反应中途停止或用特定的手段离析出中间体。例如，霍夫曼降解反应中，可直接分离和测定两个中间产物：N-溴代酰胺和异氰酸酯，并可间接推测有一个活性中间体酰基乃春的存在，由此推导出我们所熟知的霍夫曼降解反应机理。

R—C(=O)—NH—Br　　R—N=C=O　　R—C(=O)—N̈:

N-溴代酰胺　　异氰酸酯　　酰基乃春

再如，均三甲苯与氟乙烷的亲电取代反应，由于烷基对苯环的供电子作用，使反应中间体苯正离子较稳定，可以分离得到。

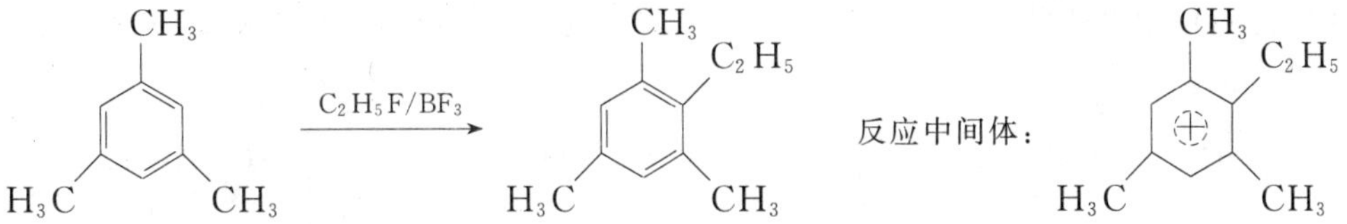

$$\text{1,3,5-三甲苯} \xrightarrow{C_2H_5F/BF_3} \text{产物（}CH_3\text{、}C_2H_5\text{、}H_3C\text{、}CH_3\text{取代苯）}$$

反应中间体：

(2) 中间体的检测。

对于不稳定的反应中间体，不能分离得到，可用物理方法如：光谱法、紫外-可见光谱法、红外光谱法、核磁共振、电子顺磁共振法等检测，如采用核磁共振鉴定碳正离子的存在、用拉曼光谱在硝化反应中鉴定 NO_2^+ 的存在、用电子顺磁共振法检测自由基的存在等。

(3) 中间体的捕获。

为了证明预想的中间体，可加入某一化合物发生特定的反应。例如，为验证反应过程中苯炔的生成，可以在反应体系中加入环戊二烯。

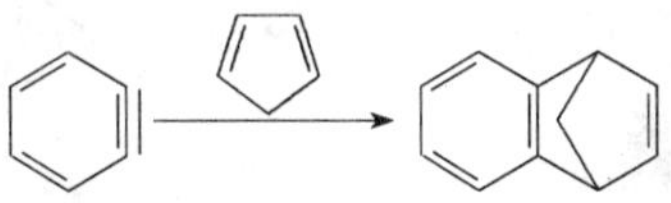

（白色沉淀）

3. 立体化学方法

利用产物立体化学的特殊性，往往可以对反应机理提供重要线索。例如，在饱和碳原子上的亲核取代反应中，旋光性化合物有时在反应中发生了构型的转化，有时却发生了外消旋化。这种产物在立体化学上的差异，是由反应机理的不同而引起的。

环己烯与溴的加成反应生成反-1,2 二溴环己烷，如果溴分子从双键的一边接近碳原子，同时生成两个碳溴键应该得到顺-1,2-二溴环己烷，生成反式二溴化物则说明加溴反应可能是分步进行的。类似的，环己烯与高锰酸钾作用得到顺式邻二醇，说明该反应是顺式反应。

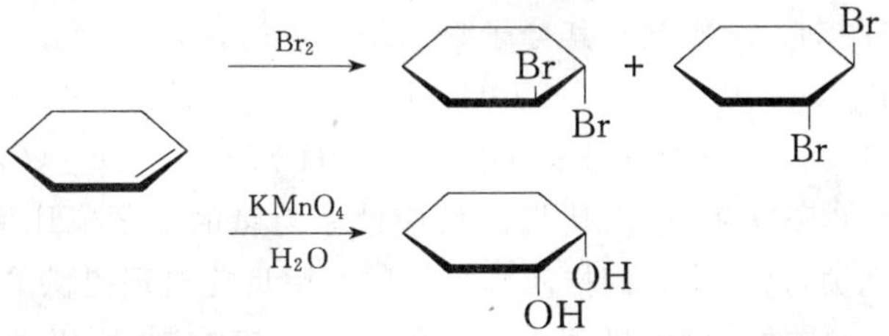

Br_2 → Br Br + Br Br

$KMnO_4$ / H_2O → OH OH

4. 同位素标记和同位素效应

利用同位素标记反应物（通常是部分标记），反应后测定产物同位素的分布，可以证明反应发生的一部分过程，尤其是知道反应发生在什么部位，这是研究反应机理的重要方法之一。例如，酯的水解反应生成含有 O^{18} 的乙醇，证明发生了酰氧键断裂。

$$H_3C—\overset{O}{\overset{\|}{C}}—{}^{18}OCH_2CH_3 \xrightarrow[H_2O]{H^+} H_3C—\overset{O}{\overset{\|}{C}}OH + H^{18}OCHCH_3$$

氯苯的氨基反应用 C^{13}（＊表示）标记氯原子相连的碳原子，结果生成两种产物，证明可能经过苯炔机理。

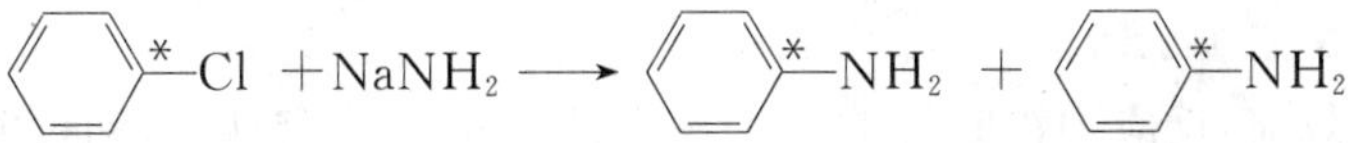

$$C_6H_5^*—Cl + NaNH_2 \longrightarrow C_6H_5^*—NH_2 + C_6H_5^*—NH_2$$

当然，同位素标记还可以得一些关于反应历程的其他信息。例如，苯乙胺与亚硝酸的

反应,用同位素标记苯乙胺中与氮相连的碳原子,作用生成苯乙醇,分析产物物中同位素的分布,结果为:

$$C_6H_5-CH_2C^*H_2NH_2 \xrightarrow{HNO_2} C_6H_5-CH_2C^*H_2OH + C_6H_5-C^*H_2CH_2OH$$

Ⅰ 50%　　　　Ⅱ 50%

如果是完成反应,Ⅰ是比较容易写出的,可以认为是标记的碳原子反应过程中转化为碳正离子,再与羟基结合。那么,Ⅱ是如何生成的呢?我们可能会想到有碳正离子重排发生,即使这样,也不一定能写出Ⅱ产物。

从Ⅱ的结构可以看出,是由于苯基从 α-碳上迁移到 β-碳上而得到的,而且两种产物各占50%,由此我们会想到邻基效应。这样,同位素标记就揭示了反应机理中如下中间体的存在,也明确地说明了为什么在50%的产物中苯基不发生迁移,而另外50%产物中苯基会迁移。

$$C_6H_5-CH_2C^*H_2NH_2 \xrightarrow{HNO_2} (\text{苯鎓离子})\langle CH_2-CH_2 \rangle$$

5. 反应的动力学研究

动力学研究是解决反应机理问题的有力工具。在研究反应机理时,动力学方法应用比较广泛。动力学研究的目的是为了在反应物和催化剂的浓度以及反应速率之间建立定量关系。反应速率是反应物消失的速率或产物生成的速率,如果反应速率仅与一种反应物的浓度成比例,反应物 A 的浓度随时间 t 的变化速率为:

$$\text{反应速率}=-d[A]/d[t]=k[A]$$

服从这个反应速率定律的反应为一级反应。如果反应速率和两个反应物的浓度成比例,为二级反应。一般地,对于任何基元反应,反应的级数与该反应中的分子数相同。而在多步反应中,每一步的动力学级数与其分子数也是一致的。

$$CH_3Br+OH^- \longrightarrow CH_3OH+Br^- \qquad r=kC_{CH_3Br}\cdot C_{OH^-}$$

$$(CH_3)_3CBr+OH^- \longrightarrow (CH_3)_3COH+Br^- \qquad r=kC_{(CH_3)_3Br}$$

卤代烃在碱性条件下水解,伯卤代烃的反应速率与碱的浓度成比例,但叔卤代烃的反应速率与碱的浓度无关,这就为我们推测卤代烃的水解反应机理提供了重要依据。

但应注意,一个反应的速度由机理中最慢的基元反应控制,所以动力学数据只提供关于反应决速步和它们之间各步的情况。当反应由两步或更多步骤组成时,反应速率定律的确定一般比较复杂。

而且,有时与动力学数据相符合的反应机理往往不止一种,因此,动力学研究反应机理的常规顺序是:提出可能的机理,并把实验得出的反应速率定律与根据不同可能性推导得到的反应速率定律做比较,再结合别的方法进行检验,从几种可能的机理中去掉那些可能性小的。

6. 同位素效应

当反应底物分子中的一个原子被它的同位素原子取代,对它的化学反应性能没有影响,但其反应速率有明显的变化。常用的元素是氘代替氕,常以 k_H/k_D 之比来表示。同位素效应分一级同位素和二级同位素。

一级同位素效应:反应中被断裂的那个键上的同位素效应,即与同位素相连的键发生断裂的反应所观察到的效应,其 k_H/k_D 值通常为 2 或更高。

二级同位素效应：反应中与同位素直接相连的键不发生变化，而是分子中其他化学键变化所观察到的效应，其 k_H/k_D 值通常在 0.7～1.5 范围内。

由于同位素具有不同的质量，因此具有不同的零点振动能(零点振动能与质量的平方根成正比)；质量越大，零点振动能越低。对于一个涉及与同位素相连的键的断裂的反应来说，在过渡态中不再造成能量上的差别，所以与质量大的同位素相连的键由于零点振动能低而需要较高的活化能，从而表现为反应速率低。对于反应物中氘代替氕后，由于 C—H 键的断裂活化能比 C—D 键的小，因此反应速度快。

同位素效应可为确定多步反应中的决速步提供重要的依据。例如，甲烷的氯化反应，在氯气中通入大量的甲烷，经过短时间光照后只生成 CH_3Cl，几乎或者完全不生成 CH_2Cl_2，$CHCl_3$ 和 CCl_4。在同样的反应条件下，使 CH_4 和 CD_4 的等量混合物进行光氯化反应，则 CH_3Cl 比 CD_3Cl 生成的多，说明在下列两个反应中 $k_H/k_D>1$，说明这一步是卤化反应的定速步骤。因为只有在涉及 C—H、C—D 键断裂的步骤是决定反应速度的步骤时才会出现这种效应。

$$CH_4 + Cl\cdot \xrightarrow{k_H} CH_3\cdot + HCl$$

$$CD_4 + Cl\cdot \xrightarrow{k_D} CD_3\cdot + DCl$$

对于下列消除反应，k_H/k_D 为 7.1，表现为一级同位素效应，说明 C—H 键断裂是反应的决速步。

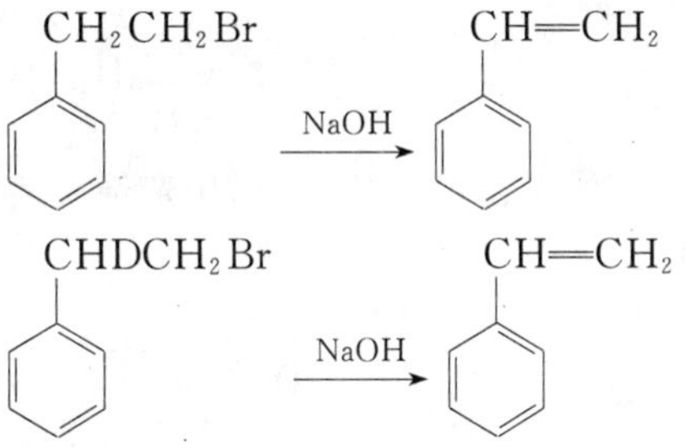

$$C_6H_5CH_2CH_2Br \xrightarrow{NaOH} C_6H_5CH{=}CH_2$$

$$C_6H_5CHDCH_2Br \xrightarrow{NaOH} C_6H_5CH{=}CH_2 \qquad \frac{k_H}{k_D}=7.1$$

再如，在大多数芳香族亲电取代反应中，不存在同位素效应，$k_H/k_D=1.0$，这就提供了一个明确的指示，在决速步骤中不涉及 C—H 键的断裂，氢没有失去。因此，反应至少包括两个步骤和一个中间体：

$$C_6H_5{-}H + E^+ \longrightarrow C_6H_5{-}E + H^+ \qquad \frac{k_H}{k_D}=1.0$$

研究反应机理的手段是多种多样的，近代常用的光学和磁学仪器提供了最敏锐的洞察力，对微观动态化学作出巨大贡献。综合各种手段所得的有关反应机理的结论会更加可靠些。

习　题

1. 请解释化合物Ⅰ和Ⅱ进行 S_N1 水解时，相对速率 Ⅰ ∶ Ⅱ ＝ 1 ∶ 10^{-10}。

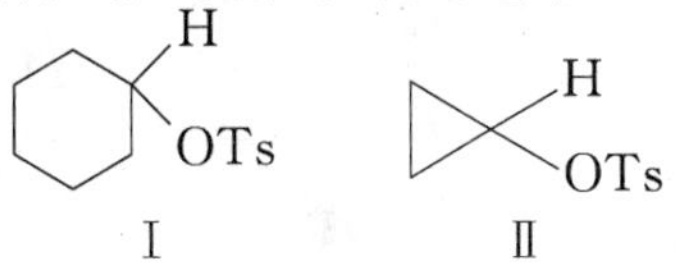

Ⅰ（环己基，C 上连 H 和 OTs）　　Ⅱ（环丙基，C 上连 H 和 OTs）

2. 请解释在醋酸中Ⅲ的醋酸解比Ⅳ快 2×10^3 倍的原因。

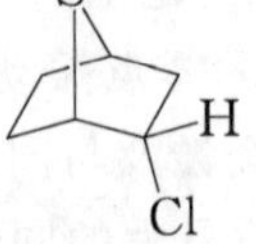

Ⅲ 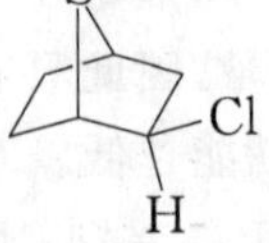　　Ⅳ

3. 为下述反应建议可能的、合理的、分步的反应机理，用弯箭头表示电子的转移。

$$C_6H_5CHO \xrightarrow{CN^-} C_6H_5-\overset{O}{\overset{\|}{C}}-\overset{OH}{\overset{|}{CH}}-C_6H_5$$

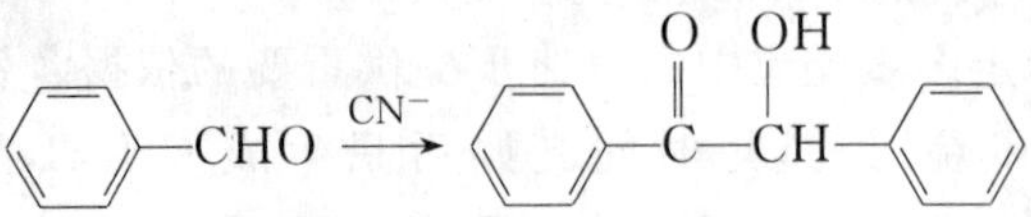

4. 为下述反应建议可能的、合理的、分步的反应机理，用弯箭头表示电子的转移。

$$\xrightarrow[CH_3ONa]{CH_3OH}$$

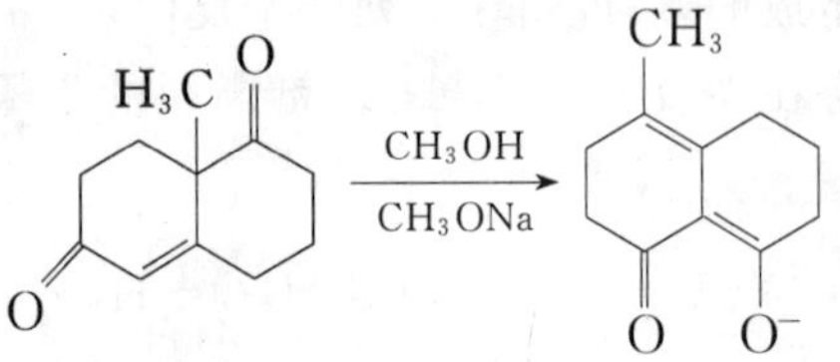

5. 为下述反应建议可能的、合理的、分步的反应机理，用弯箭头表示电子的转移。

$$H_3C-\underset{C_6H_5}{\underset{|}{C}}=CH_2 \xrightarrow{H^+}$$

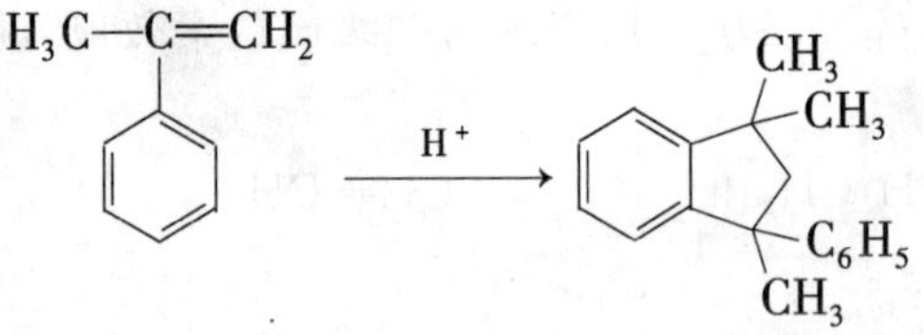

6. 为下述反应建议可能的、合理的、分步的反应机理，用弯箭头表示电子的转移。

$$\xrightarrow[C_2H_5OH]{C_2H_5ONa}$$

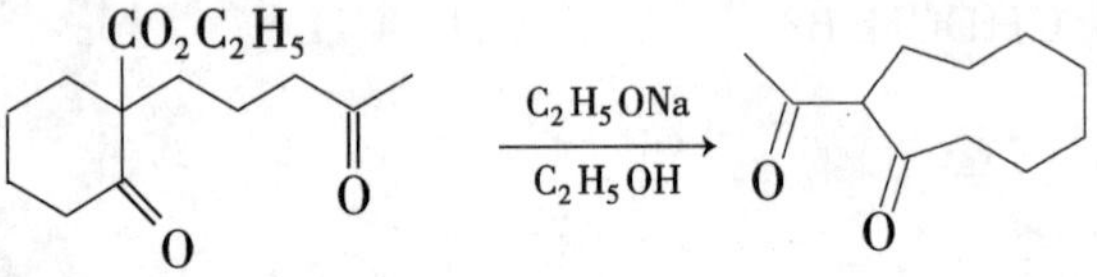

7. Curtius 重排可以用下述通式表示：

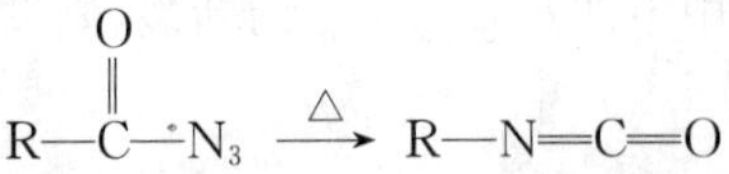

$$R-\overset{O}{\overset{\|}{C}}-N_3 \xrightarrow{\triangle} R-N=C=O$$

酰基叠氮　　异氰酸酯

如何设计一个 R 的结构及其他方法配合，证明在重排过程中 R 不是先与羰基断裂。

8. 化合物环戊基—CH_2NH_2与亚硝酸反应的产物中，下列哪种烯烃不会出现？请用反应机理解释。

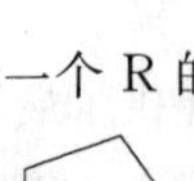

(1) 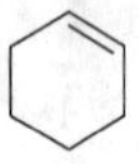 环己烯；(2) 3-甲基环戊烯；(3) 1-甲基环戊烯；(4) 亚甲基环戊烷。

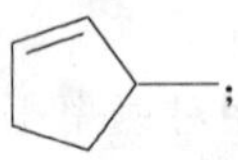

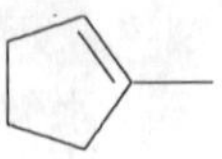

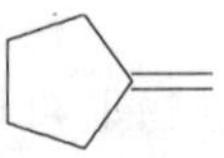

第四章

有机反应活性中间体

有机反应一般涉及共价键的断裂和形成两个历程，其方式有同时发生协同反应和分阶段多步进行两种。多数有机反应是分阶段进行，经过活泼中间体从而生成稳定产物的。

在这里要明确过渡态和中间体的区别。过渡态是反应物与产物之间的中间状态，在反应进程图中位于能量最高处，很不稳定，不能用实验方法来观察，只能根据假设的结构相近则内能相近的原则对它的结构作一些理论上的推测或假设。活性中间体虽然也不稳定，一般不易分离和检验，但可通过动力学等研究手段推测其存在。另外，有些活性中间体在特殊的实验条件下，可以分离和检验。

迄今已发现的多种各具特色的反应活性中间体，主要有碳正离子、碳负离子、自由基、苯炔、卡宾、乃春等。

第一节　碳正离子

碳正离子是含有带正电荷的三价碳原子的基团，其中带正电荷的 C 只具有六个价电子。碳正离子是有机化学反应中最常见的活性中间体，很多离子型的反应是通过生成碳正离子活性中间体进行的。

一、碳正离子的类型

碳正离子作为一种有机化学反应活性中间体，根据不同的分类标准，可以得到不同的归类。

按碳正离子所连接的基团所处的位置可以分为链状和环状碳正离子，而根据是否共轭可以将碳正离子分为非共轭碳正离子，如烷基碳正离子和共轭碳正离子，如烯丙型碳正离子和苄基碳正离子。

而根据中心碳原子所连基团的类型，可以将碳正离子分为伯、仲、叔碳正离子。

另外，还有一种非经典碳正离子，正电荷通过不在烯丙基位置的双键或叁键，或通过一个单键而离域化，如反-7-原冰片烯基对甲苯磺酸酯在乙酸中的溶剂解的速度比其顺式异构体的反应速率快 10^{11} 倍。

TsO　H

—TsO →

二、碳正离子的结构

碳正离子的构型有两种可能：一种是中心碳原子处于 sp^3 杂化状态所形成的角锥形构型，一种是 sp^2 的杂化状态所形成的平面构型。不论 sp^3 还是 sp^2，中心碳原子都是以三个杂化轨道与三个成键原子或基团相连构成三个 σ 键，余下一个空轨道，不同的是前者的空轨道是 sp^3 杂化轨道，而后者空着的是未参与杂化的 p 轨道。

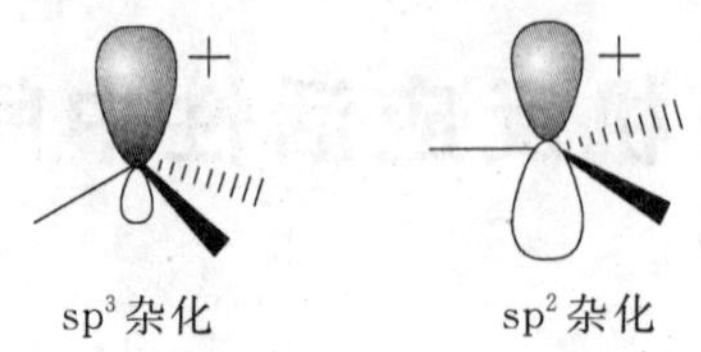

图 4-1

对比这两种构型，sp^2 杂化的平面构型表现了更大的稳定性，这从电子效应和空间效应上理解都是比较合理的。在平面构型中，sp^2 轨道比 sp^3 轨道有较多的 S 成分，σ 键的电子对更靠近碳原子核，也更为稳定。而且 sp^2 杂化轨道形成的 σ 键的键角为 120°，与 sp^3 杂化轨道的 109.5°比较，σ 键电子对之间的张力较小。因此，一般碳正离子的中心碳原子是 sp^2 杂化状态，其中以三个 sp^2 杂化轨道与另外三个原子或基团成键，三个 σ 键键轴构成平面，空着的 p 轨道垂直于此平面，或者说 p 轨道伸展于平面两侧，这样便于溶剂化，也利于碳正离子的稳定。

三、碳正离子的稳定性

碳正离子中心碳原子只具有六个价电子，是缺电子的，因此任何使碳正离子中心碳原子上电子云密度增加（正电荷分散）的结构因素，使碳正离子稳定性增高；相反，任何吸电基将使中心碳原子正电荷更集中，而使碳正离子稳定性减小。碳正离子的稳定性与电子效应、溶剂效应及空间效应都直接有关。

1. 电子效应

（1）诱导效应。

在简单的烷基碳正离子中，一般稳定性的顺序为：

$$H_3C—C^+(CH_3)_2 > H_3C—C^+(H)(CH_3) > H—C^+(H)(CH_3) > H—C^+(H)(H)$$

这是甲基（sp^3 杂化）对碳正离子中心碳原子（sp^2 杂化）的供电子诱导效应以及超共轭效应作用的结果。也就是说，烷基碳正离子可以通过取代基对带电中心碳原子产生 σ-p 超共轭和供电子诱导两种给电子效应来分散正电荷，稳定碳正离子，故带电中心碳原子所连烷基取代基越多，碳正离子越稳定。

氯代乙基碳正离子的稳定性则低于甲基正离子，并且随着氯原子取代氢的增多，稳定性降低。显然，这是氯原子的吸电子诱导效应作用于碳正离子的结果。

$$H—C^+(H)(H) > ClH_2C—C^+(H)(H) > Cl_2HC—C^+(H)(H) > Cl_3C—C^+(H)(H)$$

(2) 共轭效应。

烯丙基碳正离子和苄基碳正离子都是比较稳定的，这是由于碳正离子的中心碳原子与双键或苯环共轭时，由于电子离域使正电荷分散，从而稳定性增大。而且共轭体系的数目越多，碳正离子越稳定。三苯甲基碳正离子比二苯甲基碳正离子和苄基正离子更为稳定。

当共轭体系上连有取代基时，供电子基团使碳正离子稳定性增加；相反，吸电子基团使其稳定性减弱。

$$H_3CO-C_6H_4-\overset{+}{C}H_2 > H_3C-C_6H_4-\overset{+}{C}H_2 > C_6H_5-\overset{+}{C}H_2 > O_2N-C_6H_4-\overset{+}{C}H_2$$

当碳正离子直接与杂原子相连，如果杂原子有未共用电子对，碳正离子稳定性增强。例如，碳正离子与氧原子相连时，氧上未共用电子对所占 p 轨道与中心碳原子上的空的 p 轨道侧面交盖，未共用电子对离域，正电荷分散。

$$Cl-\overset{+}{C}H- \longleftrightarrow \overset{+}{Cl}=\underset{H}{C}-$$

相似的，碳正离子与氯原子相连时，由于氯的未共用电子对的离域，使碳正离子稳定。由此可以理解为什么氯乙烯与卤化氢发生亲电加成时尽管反应速率降低，但仍然遵循马氏规则。

$$Cl-\overset{+}{C}H- \longleftrightarrow \overset{+}{Cl}=\underset{H}{C}-$$

环丙甲基碳正离子也具有较强的稳定性，甚至比苄基正离子还要稳定。这可能是由于中心碳原子的空的 p 轨道与环丙基的弯曲键轨道共轭离域的结果，从而分散了正电荷。因为碳正离子的中心碳原子及其取代基所在的平面与环丙基所处平面垂直，中心碳原子上的空的 p 轨道与环丙基中的弯曲轨道进行侧面交盖，发生共轭离域的效应，如图 4-2 所示。

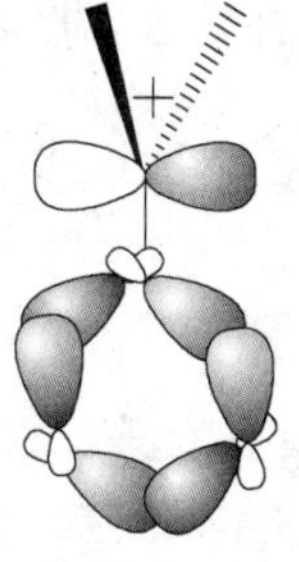

图 4-2

随着环丙基的数目增多，碳正离子稳定性提高。

$$(C_3H_5)_3C^+ > (C_3H_5)_2C^+H > C_3H_5C^+H_2$$

由此可以看出，共轭效应对碳正离子的稳定性的作用是非常明显的。而乙烯型碳正离子以及苯基正离子的中心碳原子虽然进行 sp^2 杂化，但 p 轨道用于形成 π 键，空着的是 sp^2 杂化轨道，与 π 键或苯环不能形成共轭体系，正电荷集中，碳正离子稳定性较差。

2. 溶剂效应

溶剂效应对碳正离子的稳定性影响极大，大多数的碳正离子是在溶液中生成和使用的，只有少数反应中间体被分离或在没有溶剂存在的情况下进行。首先溶剂的诱导极化作用，在碳正离子产生过程中起到促进离子化的作用，利于底物的解离和碳正离子的生成。例如，叔丁基溴在水溶液中离子化只需要 84 $kJ \cdot mol^{-1}$的能量，而在气相中离子化则要 837 $kJ \cdot mol^{-1}$的能量，可以看出溶剂在碳正离子的形成中起着重要作用。另外溶剂尤其是极性溶剂，对生成的碳正离子还起到稳定的作用。

多数 S_N1 反应在极性溶剂中反应速率快，就是因为碳正离子在极性溶剂中较稳定。

3. 空间效应

空间效应对碳正离子的稳定性也有明显的影响。碳正离子的中心碳原子是 sp^2 杂化状态，为平面构型，三个 σ 键键角接近 sp^2，而正常四价碳为 sp^3 杂化，键角 109.5°。在形成碳正离子的过程中，键角要由 109.5°转变到 120°，张力是减小的。如果中心碳原子连的基团愈大，则基团越拥挤，原来的空间张力也愈大，当形成碳正离子后，张力降低的就越大，因而碳正离子也愈容易生成，稳定性也愈大。

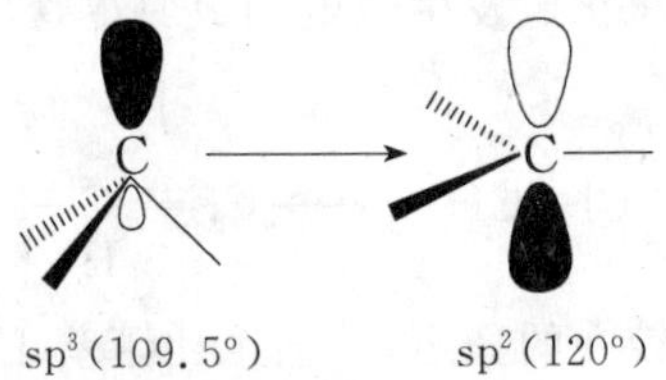

图 4-3

所以，叔＞仲＞伯碳正离子稳定性的顺序实际上也是空间效应影响的结果。

但对环丙基碳正离子的生成，由于小环几何形状的限制，当氯原子离去，生成碳正离子后张力变大，所以环丙基碳正离子稳定性较差，难以生成。

4. 芳香性效应

环状碳正离子的稳定性还与其芳香性有关。根据 Hückel 规则，平面、共轭且电子数等于 $4n+2$ 的环状体系具有芳香性，因此也较稳定。例如，结晶的 1-溴环庚-2,4,6-三烯易溶于水，在溶液中产生溴负离子，说明它们是以离子对的形式存在的。

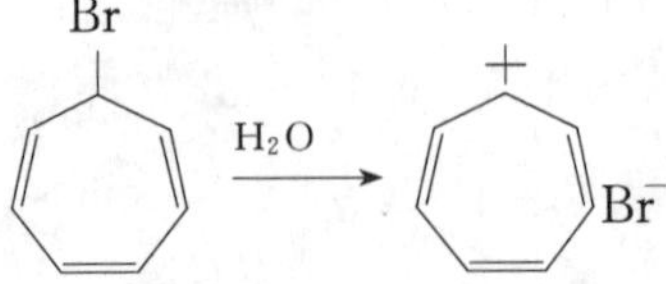

同样，由于下列碳正离子也由于具有芳香性，都是稳定的。

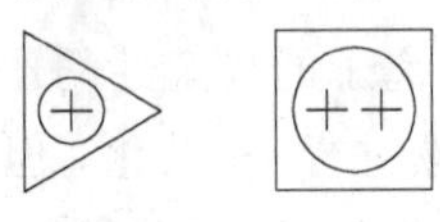

图 4-4

四、碳正离子的生成

碳正离子可以通过不同方法产生，主要有以下三种。

1. 中性化合物异裂，直接离子化

化合物在离解过程中，与碳原子连接的基团带着一对电子离去，发生共价键的异裂，而产生碳正离子。这是生成碳正离子的通常途径，其中最常见的是卤代烃的异裂，如：

$$(CH_3)_3C-Cl \longrightarrow (CH_3)_3C^+$$

在这样的过程中，极性溶剂的溶剂化作用是生成碳正离子的重要条件。越稳定的碳正离子越易生成。

$$(C_6H_5)_2C(CH_3)Cl \longrightarrow (C_6H_5)_2C^+CH_3$$

这个过程是可逆的，反应生成难溶解的沉淀可以影响平衡，会使反应向右进行，而有利于碳正离子的生成。例如，Ag^+ 可以起到催化碳正离子生成的作用。

$$R-Br+Ag\rightarrow AgBr\downarrow+R^+$$

另外，SbF_5 作为 Lewis 酸，可生成稳定的 SbF_6^-，也有利于碳正离子的生成。

$$R-F+SbF_5\rightarrow R^++SbF_6^-$$

在酸或 Lewis 酸的催化下，醇、醚、酰卤也可以离解为碳正离子，如：

$$R-OH \xrightarrow{H^+} R-{}^+OH_2 \longrightarrow R^++H_2O$$

$$R-NH_2 \xrightarrow{HNO_2} R-{}^+N_2 \longrightarrow R^++N_2$$

$$CH_3COF+BF_3 \longrightarrow CH_3CO^++BF_4^-$$

利用酸性特强的超酸甚至可以从非极性化合物如烷烃中夺取负氢离子，而生成碳正离子。

$$(CH_3)_3C-H \xrightarrow{SbF_5\cdot FSO_3H} (CH_3)_3C^+\ \ SbF_5FSO_3^-+H_2$$

由于碳正离子在超酸溶液中特殊的稳定性，很多碳正离子结构和性质的研究是在超酸中进行的，利用超酸可以制备许多不同碳正离子的稳定溶液。

2. 正离子对不饱和键的加成，间接离子化

质子或带正电荷的基团对含有不饱和键的中性分子的加成也可生成碳正离子。

$$>C=Z \xrightarrow{H^+} >C^+-ZH \qquad Z=C,O,S,N$$

最常见的是烯烃与卤化氢的亲电加成，第一步生成碳正离子。

芳环上的亲电取代反应，如硝化是由$^{+}NO_2$正离子进攻形成σ络合物，这是离域化的碳正离子。

羰基酸催化的亲核加成，首先质子化形成碳正离子，更有利于亲核试剂进攻。

3. 由其他正离子生成

可以由其他较容易获得的碳正离子转换成较稳定的难以获得的碳正离子，如重氮基正离子就很容易脱氮而生成芳基正离子。

$$C_6H_5NH_2 \xrightarrow[HCl]{NaNO_2} C_6H_5N_2^+ \longrightarrow C_6H_5^+ + N_2$$

$$\xrightarrow{Ph_3C^+SbF_6^-} + SbF_6^-$$

五、碳正离子的反应

1. 加成反应

碳正离子可以进一步与不饱和键加成，生成新的较大的碳正离子。

$$R^+ + \;C{=}C\; \longrightarrow \;C^+{-}C{-}R$$

加成过程遵守马尔科夫尼科夫规则，实质就是在碳碳双键的亲电加成过程中要生成稳定的碳正离子，如3，6-二甲基-1，5-庚二烯在酸性条件下反应：

$$(H_3C)_2C{=}CHCH_2CHCH{=}CH_2\ (CH_3) \xrightarrow{H^+}$$

再如，苯乙烯在硫酸溶液中加热回流，得到两个苯乙烯二聚体。

$$C_6H_5CH{=}CH_2 \xrightarrow{H^+} C_6H_5\overset{+}{C}HCH_3 \xrightarrow{C_6H_5CH=CH_2} C_6H_5CH(CH_3)CH_2\overset{+}{C}HC_6H_5$$

$$\text{Ph-CH(CH}_3\text{)-CH}_2\text{-}\overset{+}{\text{C}}\text{H-Ph} \xrightarrow{-H^+} \text{Ph-CH(CH}_3\text{)-CH=CH-Ph}$$

$$\text{Ph-CH(CH}_3\text{)-CH}_2\text{-}\overset{+}{\text{C}}\text{H-Ph} \longrightarrow \text{(环化碳正离子)} \xrightarrow{-H^+} \text{1-甲基-3-苯基茚满}$$

2. 消除反应

与碳正离子相邻的原子失去一个质子生成含不饱和键的化合物，消除过程遵守查依采夫规则，最终产物是双键碳原子上的烷基较多的烯烃为主要产物。

$$\overset{+}{\text{C}}\text{—C—H} \longrightarrow \text{C=C}$$

除了上面的β消除，碳正离子还可以发生α消除和γ消除。

$$CH_3^+ \longrightarrow \ddot{C}H_2 \qquad \alpha\text{消除得到卡宾}$$

$$\text{H—C—CH}_2\text{—}\overset{+}{\text{C}} \longrightarrow \text{三元环} \qquad \gamma\text{消除得到三元环}$$

3. 取代反应

碳正离子可以发生亲核取代和亲电取代反应。所谓亲核取代即 S_N1 反应，碳正离子与带有电子对的亲核体结合。

$$R^+ + Nu^- \longrightarrow R\text{—}Nu$$

例如，2-苯基-2-丁醇溶于乙醇后，加入几滴硫酸，放置一段时间后会生成外消旋的 2-苯基-2-乙氧基丁烷。

$$\text{Ph-C(CH}_3\text{)(OH)-CH}_2\text{-CH}_3 \xrightarrow{H^+} \text{Ph-}\overset{+}{\text{C}}\text{(CH}_3\text{)-CH}_2\text{-CH}_3 \xrightarrow{CH_3CH_2OH} \text{Ph-C(CH}_3\text{)(OC}_2\text{H}_5\text{)-CH}_2\text{-CH}_3$$

另外，碳正离子还可以和芳烃发生亲电取代反应，过程中有芳正离子生成。

4. 重排反应

反应过程中如果有碳正离子生成，我们一定要注意看是否有重排反应发生。一般是烷基、氢或芳基带着一对成键电子转移到正电性碳原子上形成新的更稳定的碳正离子。

$$\mathrm{(H_3C)_3C{-}\overset{+}{C}H{-}CH_3 \longrightarrow (H_3C)_2\overset{+}{C}{-}CH(CH_3)_2}$$

关于碳正离子重排反应的详细描述请见“重排反应”一章。

第二节　碳负离子

碳负离子是含有带负电荷的三价碳原子的基团，其中带负电荷的 C 的价电子层充满八个电子，具有一对未共用电子。碳负离子也是有机反应中一类重要的活性中间体，很多有机反应是通过碳负离子活性中间体的生成而完成的。

一、碳负离子的类型

同碳正离子的分类相似，可以将碳负离子分为链状碳负离子和环状碳负离子，根据是否共轭分为非共轭碳负离子和共轭碳负离子。

只是区别于碳正离子，环丙基碳负离子和桥头碳负离子是存在的。前面提到过，环丙基碳正离子由于环张力不利于平面构型而很不稳定，但环丙基负离子确是存在的，因为棱锥构型对碳负离子是相对有利的。

在桥环化合物中，桥头碳正离子是很不稳定的，因为环的几何形状的限制，不利于平面构型的存在，所以很少有桥头碳正离子生成。但对桥头碳负离子说，棱锥构型则是相对有利的，所以桥头碳负离子是稳定的，可以存在的。

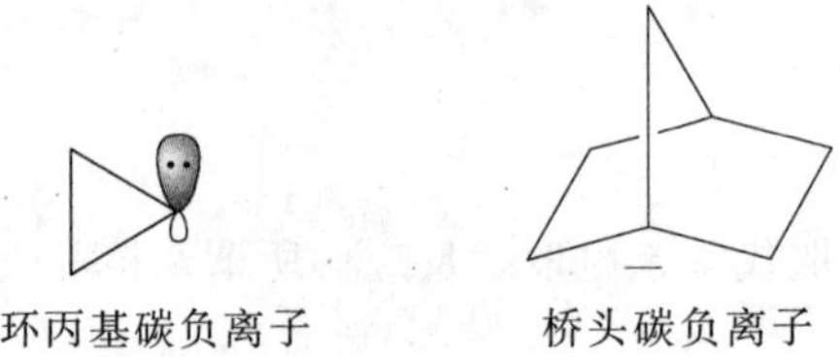

图 4-5

正因如此，桥头有机锂化合物容易生成，如以下通过桥头碳负离子进行的反应是很顺利的，这也为碳负离子的棱锥构型提供了进一步的证据。

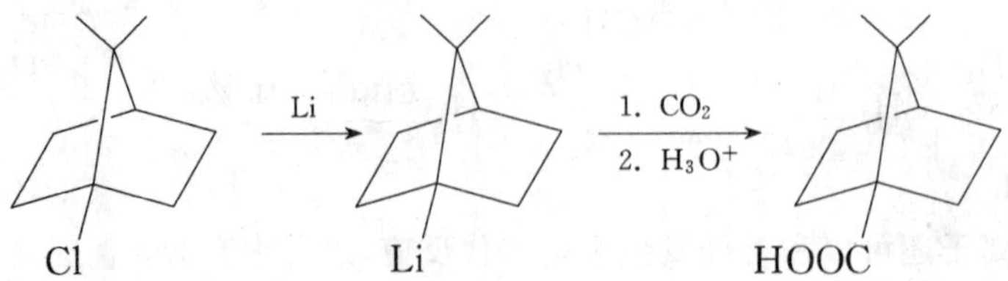

二、碳负离子的结构

碳负离子的中心碳原子的可能构型有两种：一种为 sp^2 杂化的平面构型，另一种 sp^3 杂化的棱锥构型。

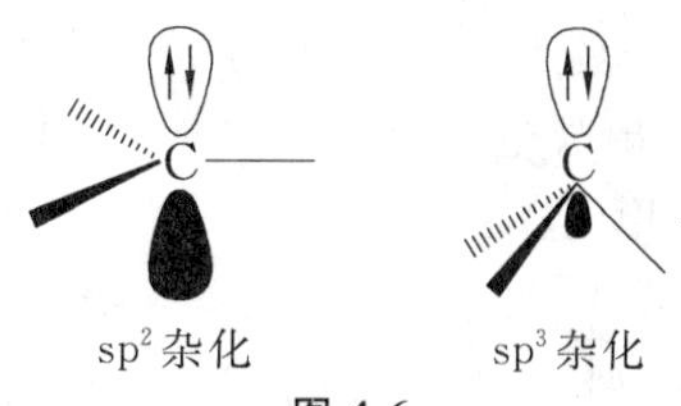

图 4-6

不同的碳负离子由于中心碳原子连接的基团不一样，其构型不尽相同，但一般简单的烃基负离子是 sp^3 杂化的棱锥构型，未共用电子对处于 sp^3 杂化轨道。这主要因为 sp^3 杂化轨道与 p 轨道比较，轨道中包含更多的 s 轨道成分，而轨道中 s 成分的增加意味着轨道更靠近原子核，轨道的能量降低。当碳负离子的未共用电子对处于 sp^3 杂化轨道时，与处于 p 轨道比较，未共用电子对更靠近碳原子核，因此，体系能量较低，比较稳定。同时，在碳负离子体系中，未共用电子对与其他三对成键电子之间也存在斥力，当未共用电子对处于 sp^3 杂化轨道时，与其他三对成键电子所处的轨道之间近似 109.5°，而处于 p 轨道时，则与三个 sp^2 杂化轨道之间为 90°。因此，处于 sp^3 杂化状态的棱锥构型，电子对的排斥作用较小，比较有利。所以与碳正离子不同，一般简单的烃基碳负离子是处于 sp^3 杂化状态的棱锥构型，未共用电子对处于四个 sp^3 杂化轨道中的一个，这是碳负离子通常的合理结构。

但当带负电荷的中心碳原子与不饱和键或芳环相连时，由于未共用的电子对能与不饱和键发生共轭离域而稳定，这时碳负离子将取 sp^2 杂化的平面构型，以达到轨道最大的交盖，更好地离域，使体系能量最低最稳定，如烯丙型碳负离子、苄基型碳负离子等。

三、碳负离子的稳定性

碳负离子中心碳原子已经具有八个价电子，是富电子的，因此影响碳负离子稳定性的原因无非是结构和溶剂等主要因素。从结构来说，任何使碳负离子中心碳原子电子云密度降低（负电荷分散）的结构因素，使碳负离子的稳定性增加。

1. 电子效应

当反应物分子中碳原子上连有强的吸电基时，由于吸电的诱导效应，使碳原子上所连的氢酸性增强，容易以质子的形式离去而形成碳负离子。同样，当生成的碳负离子在中心碳原子上连有强的吸电基时，也可以分散负电荷，而使碳负离子稳定，如：

$$CF_3^- > CH_3^- \qquad CCl_3CH_2^- > CH_3CH_2^-$$

相反，当碳原子上连有供电基时，由于供电诱导效应的影响，与碳原子相连的氢原子质子化趋势变小，酸性减弱，生成的碳负离子其负电荷难于分散，稳定性减小，如：

$$CH_3^- > R—CH_2^- > R_2CH^- > R_3C^-$$

当碳负离子中带有负电荷的中心碳原子与重键直接相连时，由于未共用电子对与不饱和键的 π 电子体系共轭，能更有效地分散负电荷而使碳负离子稳定，如烯丙基碳负离子和芳甲基（苄基）碳负离子；而且连接的重键（或苯环）越多则离域越充分，碳负离子越稳定。

$$(C_6H_5)_3C^- > H_3C—\overset{H}{C^-}—C_6H_5 > H—\overset{H}{C^-}—C_6H_5 > H—\overset{H}{\underset{H}{C^-}}$$

当碳—氮、碳—氧和氮—氧 π 键与碳负离子的中心碳原子直接相连时，由于氮和氧与碳比较具有较大的电负性，表现出吸电子的共轭效应，负电荷可以离域到电负性大的氧或氮原子上，所以更能使碳负离子稳定。

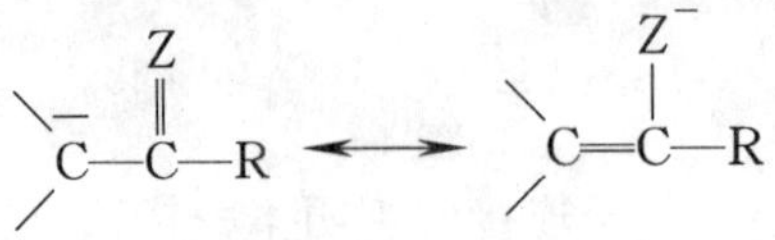

$$\overset{-}{C}—\overset{\overset{Z}{\|}}{C}—R \longleftrightarrow C{=}\overset{\overset{Z^-}{|}}{C}—R$$

Z 为 O,N,S 等，如：

$$\overset{-}{C}—N(=O)(\to O) \qquad \overset{-}{C}—C{\equiv}N \qquad \overset{-}{C}—C(=O)$$

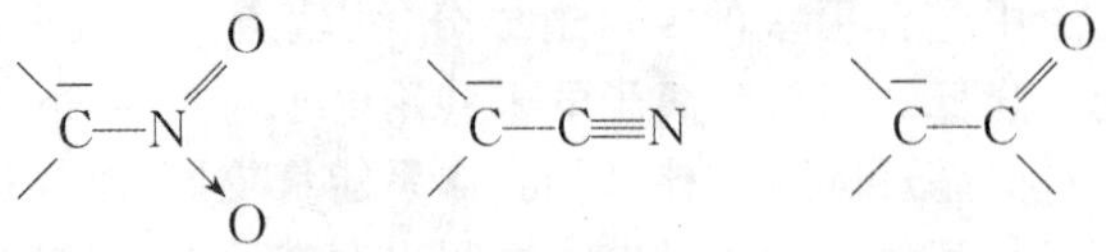

当然，这些碳负离子的稳定性是吸电子诱导和共轭作用的综合结果。

吡啶环具有很强的分散负电荷的能力，因此，吡啶环 2,4 位上的甲基碳负离子具有较强的稳定性，或者说 2,4 位上的甲基上的氢具有显著的酸性。

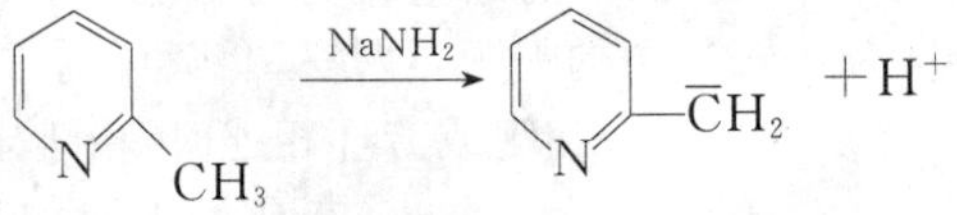

$$\text{2-甲基吡啶}(—CH_3) \xrightarrow{NaNH_2} \text{吡啶}—\overset{-}{C}H_2 + H^+$$

1,3-二羰基化合物在有机合成中起着重要的作用。在碱性条件下，1,3-二羰基化合物可以转化为较稳定的碳负离子，就是因为负电荷可以通过电荷离域到两个羰基上。

2. 杂化效应

s 轨道与相应的 p 轨道比较更靠近原子核，处于较低的能级，这种差别也表现在杂化轨道中。在杂化轨道中，s 轨道成分越多，则轨道相应越靠近原子核，能级也越低。因此，在 C—H 键中，一对成键电子处于不同杂化轨道时，s 轨道成分越多，电子对靠碳原子核越近，受碳原子核约束就大。简言之，杂化轨道 s 成分越多，电负性越强。在烷、烯、炔中，与不同杂化状态的碳原子相连的氢原子质子化离去的难易程度，即酸性的强弱是不同的，因此所生成的碳负离子的稳定性也不同。而相应碳负离子稳定性的次序为：

$$HC{\equiv}\overset{-}{C} > H_2C{=}\overset{-}{C}H > CH_3—\overset{-}{C}H_2$$

这种由于中心碳原子杂化状态的不同，对碳负离子的稳定性产生的不同影响称为杂化效应。因为这种不同的影响是由于杂化轨道中 s 轨道成分的不同所造成的，所以也叫 s-特性效应。

环丙烷中由于碳碳键的键角远小于链状烷烃化合物的键角(109.5°)，张力大，不稳定。根据现代结构理论，环丙烷中碳碳键与正常的 sp^3 杂化轨道相比，环上碳原子的四个杂化轨道并不均等，两个成环轨道的 s 成分少一些，比较接近于 p 轨道，而两个环外轨道比正常的 sp^3 杂化轨道有更多的 s 成分，有利于稳定碳负离子，因此对于环状碳负离子有如下顺序：

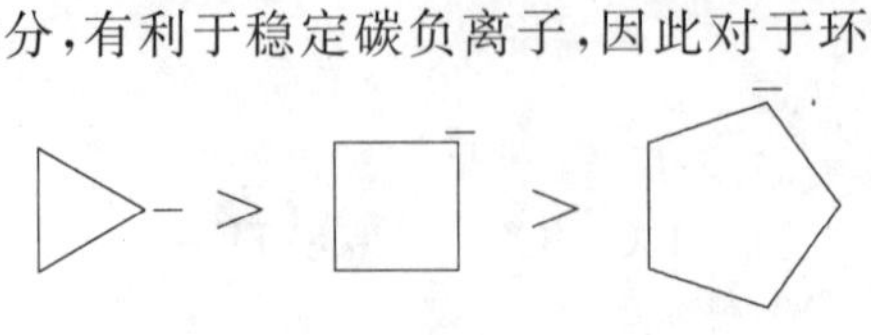

$$\text{环丙基负离子} > \text{环丁基负离子} > \text{环戊基负离子}$$

3. 溶剂效应

在所有涉及的离子反应里，溶剂对参与反应的离子的稳定化作用是非常明显的。一般地，极性的质子溶剂如水，能够有效地溶剂化正离子和负离子。正离子是通过与溶剂分子的未共用电子对偶极作用溶剂化，而负离子则通过氢键作用溶剂化。极性的非质子溶剂如二甲基亚砜(DMSO)，它能够溶剂化正离子，但因为没有活泼氢可以形成氢键，并不能有效地溶剂化负离子，这样，负离子在极性非质子溶剂中将更为活泼。例如醇钠，钠离子被DMSO很好地溶剂化，释放出烷氧负离子，从而有很好的稳定性和反应性。

4. 芳香性稳定化作用

环状碳负离子是否具有芳香性，对其稳定性也有明显影响。闭合环状不饱和化合物分子失去质子后若能产生符合休克尔规则的电子数，则失去质子容易进行，产生的碳负离子可获得芳香性稳定化作用；反之，环状不饱和化合物分子去质子后若产生反芳香性的电子体系，则去质子难以进行，碳负离子难以形成。

环戊二烯的酸性($pK_a=14.5$)比一般烯烃的酸性($pK_s=37$)要大得多，这与环戊二烯中存在超共轭的影响有关，但更重要的是因为环戊二烯负离子符合 Hückel 规则，具有芳香性所致。

但环丙烯去质子化速度比环丙烷慢 6 000 倍，是因为环丙烯负离子具有反芳香性，不稳定。同样的环庚三烯去质子化后将具有反芳香性，因此，其 pK_a 达到 36。

5. d 轨道的稳定化作用

处在元素周期表中第三周期的元素，特别是硫、磷和硅，当它们与碳负离子相连时，对碳负离子有特殊的稳定化作用。这些原子(硫或磷) 有能量较低的尚未占有的 3d 轨道，负电荷可分散到 3d 轨道上形成 p-d 重叠，而起到稳定化作用。

$$\text{1,3-二噻烷 (C2: H, H)} \xrightarrow[\text{THF}]{n\text{-BuLi}} \text{1,3-二噻烷-2-负离子 (C2: H, }^{-}\text{)}$$

但将硫换做氧，相应的反应就较难发生，因为尽管诱导效应对稳定碳负离子有一定的贡献，但不是主要因素，关键是氧原子没有类似硫原子的 d 轨道稳定化效应。

如果只考虑诱导效应，三氟甲基碳负离子应该比三氯甲基碳负离子稳定，但恰恰相反，原因就是 Cl 原子有对碳负离子的 d 轨道稳定化效应。

6. 邻位正电荷的稳定化作用

磷、硫、砷、锑、铋、硒和氮的内翁盐，即叶立德，是一类重要的碳亲核试剂，它们是一些相邻两原子带相反电荷的基团，其中带负电荷的原子具有满电子隅结构的分子。磷叶立德、硫叶立德和砷叶立德是三种最重要的叶立德。结构研究显示在叶立德的两种共振结构中，偶极叶立德的贡献是主要的，非极性的叶林共振结构也有贡献。叶立德中带正电荷的基团对邻位负碳中心具有类似吸电子的诱导稳定作用。

$$R_2C^{-}—P^{+}R'_3 \longleftrightarrow R_2C{=}PR'_3 \qquad R_2C^{-}—S^{+}R'_2 \qquad R_2C^{-}—As^{+}R'_3$$

磷叶立德　　叶林　　硫叶立德　　砷叶立德

叶林共振结构中的磷和硫原子外层均含有 10 个电子，意味着这些杂原子的 d 轨道参与成键。分子轨道计算验证了相对于第二周期元素氮和氧、第三周期磷和硫对叶立德具有 d 轨道稳定化效应。

四、碳负离子的生成

碳负离子是共价键异裂后中心碳原子上带有负电荷的离子，实际常常是失去质子后所形成的共轭碱，因此它一般产生于碱性条件下的离子反应。羰基化合物的缩合反应、卤化反应、互变异构反应及金属有机化合物的反应等中都可有碳负离子生成。

1. 碳-氢键异裂产生碳负离子

以强碱夺取C—H键中的质子，在碳上留下电子对而生成碳负离子。这是产生碳负离子的最普通的方法，实质是夺取质子生成共轭碱的简单酸碱反应。

$$R\text{—}H \xrightarrow{B:} R^- + H^+$$

例如：

$$HC\equiv CH \xrightarrow[NH_3(l)]{NaNH_2} HC\equiv \bar{C}Na^+ + NH_3$$

$$Ph_3CH \xrightarrow[NH_3(l)]{NaNH_2} Ph_3\bar{C}Na^+ + NH_3$$

反应过程所以要用强碱和液氨溶剂，主要由于这些反应物中氢原子都是直接与碳相连的，通常称为碳质酸(carbon acids)，酸性很小，如乙炔的 $pKa=25$，而三苯甲烷的 $pKa=33$，若在水中则立即分解而得不到产物。

在碳质酸中，当氢原子作为质子离解后，碳原子即形成碳负离子。这些化合物中氢原子的活性(即酸性)是与分子的结构有关的；当分子中含有强的吸电基，尤其在中心碳原子上有吸电基时，氢原子的酸性增强，活性增大。同时，产生的碳负离子的负电荷如能得到分散或离域也可使碳负离子稳定，而增强氢原子的酸性，利于碳负离子的生成，如1,3-二羰基化合物。

$$CH_3COCH_2COOC_2H_5 \xrightarrow{C_2H_5ONa} CH_3CO\bar{C}HCOOC_2H_5$$

2. 负离子与碳-碳双键或叁键加成

负离子与碳-碳双键或叁键加成也是生成碳负离子的主要方法之一，这些加成一般是亲核加成反应。

$$HC\equiv CH + CH_3O^- \longrightarrow H\bar{C}=\overset{H}{C}\text{—}OCH_3$$

$$H_2C=\overset{H}{C}\text{—}\overset{O}{\overset{\|}{C}}\text{—}CH_3 \xrightarrow{CN^-} \underset{CN}{H_2C}\text{—}\overset{H}{\bar{C}}\text{—}\overset{O}{\overset{\|}{C}}\text{—}CH_3 \longleftrightarrow \underset{CN}{H_2C}\text{—}\overset{H}{C}=\overset{O^-}{C}\text{—}CH_3$$

$$C_6H_5CH_2^- \xrightarrow{CH_2=CH\text{—}CH=CH_2} C_6H_5CH_2CH\bar{C}H\text{—}CH_2=CH_2$$

3. 有机金属化合物作为碳负离子的来源

碳原子与电负性较小的原子(一般为金属原子)相连时，通过异裂，也容易生成碳负离子，其离去基团不是质子而是金属离子，如金属炔化物、格氏试剂、有机锂试剂以及铜锂试剂都是碳负离子的重要来源。

$$PhBr + n\text{-}BuLi \longrightarrow PhLi + n\text{-}BuBr$$

另外，羧酸根通过脱羧反应，也可以生成碳负离子。

$$RCO_2^- \longrightarrow R^- + CO_2$$

五、碳负离子的反应

由于碳负离子的中心碳原子已达到八电子的隅结构，因此反应中，碳负离子是作为亲核试剂起作用的。作为很好的亲核试剂，碳负离子参与的反应主要有亲核取代反应、与极性不饱和键的亲核加成反应以及反应过程中表现出的互变异构现象等。

1. 亲核取代反应

与吸电子基相连的活性亚甲基在碱性条件下失去质子，生成碳负离子（烯醇盐），与卤代烃发生取代反应得到烃基化产物。

$$HC\equiv\overset{-}{C}Na^+ \xrightarrow{CH_3Cl} HC\equiv C-CH_3$$

$$CH_2(COOC_2H_5)_2 \xrightarrow{NaOC_2H_5} [\overset{-}{C}H(COOC_2H_5)_2]Na^+ \xrightarrow{RX} R-CH(COOC_2H_5)_2$$

$$\xrightarrow{H_2O/H^+} R-CH(COOH)_2 \xrightarrow[150℃\sim200℃]{-CO_2} R-CH_2-COOH$$

一烃基取代乙酸

碳负离子与酰卤反应得到酰基化产物，反应是先加成后消除。

$$R\overset{-}{C}< + R_1-\underset{}{C}(=O)-X \longrightarrow R-\overset{|}{C}-C(=O)-R_1$$

在这里 R 是一些可以稳定碳负离子的基团，如 CN，NO_2 等。不仅是酰卤，碳负离子也可以与酯发生取代反应。

$$H_3C-\overset{O}{\overset{\|}{C}}-OC_2H_5 \xrightarrow{C_2H_5O^-} \xrightarrow{CH_3COOC_2H_5} H_3C-\overset{O}{\overset{\|}{C}}-CH_2\overset{O}{\overset{\|}{C}}-OC_2H_5$$

另外，碳负离子与卤素发生取代反应得到一卤化产物。

2. 亲核加成反应

碳负离子（烯醇盐）对不饱和键发生亲核加成反应，比较典型就是羟醛缩合反应。

$$R^- + >C=Z \longrightarrow R-\overset{|}{\underset{|}{C}}-Z^-$$

在稀碱的作用下，一分子带有 α-氢的醛或酮形成碳负离子，此碳负离子与另一分子醛或酮发生亲核加成反应生成 β-羟基醛或酮的反应称为羟醛缩合，在高温或者强酸作用下一般要脱去一分子水而生成 α,β-不饱和醛或酮。从机理上讲，醛缩合反应是碳负离子对羰基的亲核加成反应。由于醛酮的 α 氢的酸性比末端炔烃的氢还强，所以在碱的作用下可以生成碳负离子。

$$2PhCHO + CH_3COCH_3 \xrightarrow[H_2O-C_2H_5OH]{NaOH} PhCH{=}CH{-}\overset{\overset{\displaystyle O}{\|}}{C}{-}CH{=}CHPh$$

由于分子内缩合比分子间缩合反应容易，分子内的羟醛缩合是形成五、六元环的重要方法并且产率较高。

$$CH_3\overset{\overset{\displaystyle O}{\|}}{C}CH_2CH_2\overset{\overset{\displaystyle O}{\|}}{C}CH_3 \xrightarrow[\triangle]{NaOH-H_2O} \text{3-methylcyclopent-2-en-1-one (ring: C=O, }CH_3\text{)}$$

除醛酮可作为 α-碳负离子形式参与缩合外，其他形式的碳负离子也可以与醛酮发生类似的缩合反应，生成 α,β-不饱和化合物。

在碱性催化剂的作用下，芳香醛与酸酐反应生成 β-芳基-α,β-不饱和羧酸的反应称为 Perkin 反应。

$$C_6H_5CHO + (CH_3CO)_2O \xrightarrow[170℃]{CH_3COOK} C_6H_5CH{=}CHCOOH + CH_3COOH$$

醛或酮与具有活泼亚甲基的化合物反应的缩合反应称为 Knoevenagel 反应。

$$CH_3NO_2 + HCHO(\text{过量}) \xrightarrow{OH^-} (HOCH_2)_3C{-}NO_2$$

有 α-氢的酯在醇钠作用下与另一分子酯发生类似于羟醛缩合的反应，生成 β-酮酸酯，称为酯缩合反应或 Claisen 酯缩合反应。

$$2CH_3CH_2COOC_2H_5 \xrightarrow[②\ H^+]{①\ C_2H_5ONa} CH_3CH_2{-}\overset{\overset{\displaystyle O}{\|}}{\overset{\beta}{C}}{-}\underset{\underset{\displaystyle CH_3}{|}}{\overset{\alpha}{C}}HCOOC_2H_5$$

分子内的酯缩合反应称为 Dickmann 缩合反应。

$$\begin{matrix}CH_2CH_2COOC_2H_5\\|\\CH_2CH_2COOC_2H_5\end{matrix} \xrightarrow[②\ H^+]{①\ C_2H_5ONa} \text{2-oxocyclopentane-}COOC_2H_5$$

α-卤代羧酸酯分子在强碱（如醇钠、氨基钠等）作用下形成碳负离子，然后对醛或酮的羰基进行亲核加成后，得到一个烷氧负离子，最后烷氧负离子与 α 碳发生亲核取代反应，离去一个卤离子，形成 α,β-环氧羧酸酯分子，这种反应称为 Darzen 缩合反应。

$$C_6H_5{-}CHO \xrightarrow[t\text{-BuOK}]{ClCH_2CO_2Et} C_6H_5{-}\text{(epoxide, O)}{-}C(H)COOEt$$

另外，在其他缩合反应中，也有碳负离子生成，如安息香缩合反应。还有迈克尔加成反应

也是带有活泼 α-氢的分子在强碱作用下失去质子形成碳负离子，碳负离子对带有吸电子基的 α,β-不饱和化合物的极性双键进行亲核共轭加成，该反应常被用来合成 1,5-二羰基化合物。

3. 碳负离子与互变异构现象

当碳负离子的中心碳原子连有羰基时，负电荷可离域到氧原子上，也就是形成了烯醇氧负离子。例如，乙酰乙酸乙酯在碱性条件下失去亚甲基上的氢后，就会存在下列的可逆性相互转变的现象，这种同分异构现象称为互变异构。

$$CH_3\overset{O}{\overset{\|}{C}}-\overset{-}{C}HCOOEt \rightleftharpoons CH_3\overset{O^-}{\overset{|}{C}}=CHCOOEt$$

如果不能形成以上烯醇负离子，碳负离子也就失去共振稳定作用。例如，双环[2.2.2]2,6-辛二酮环由于 Bretd 规则的限制，无法在两羰基间烯醇化，使得两羰基间 α-氢的酸性远小于 1,3-环己二酮 α-氢的酸性，而类似于一般的单酮，其优势的烯醇化位置是羰基另一侧的 α-氢。

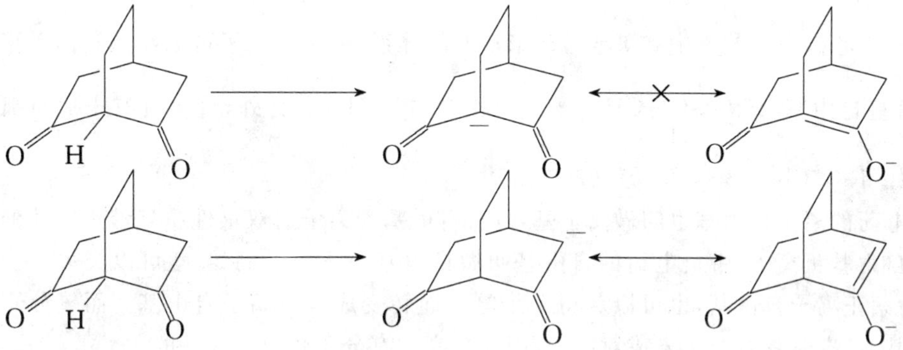

在碳负离子与烯醇氧负离子之间的相互转变中，从共振论的角度考虑二者的稳定性，烯醇氧负离子要更稳定；比较二者的反应性，碳负离子的反应性更强，但在一些情况下，烯醇氧负离子也可参与反应，如：

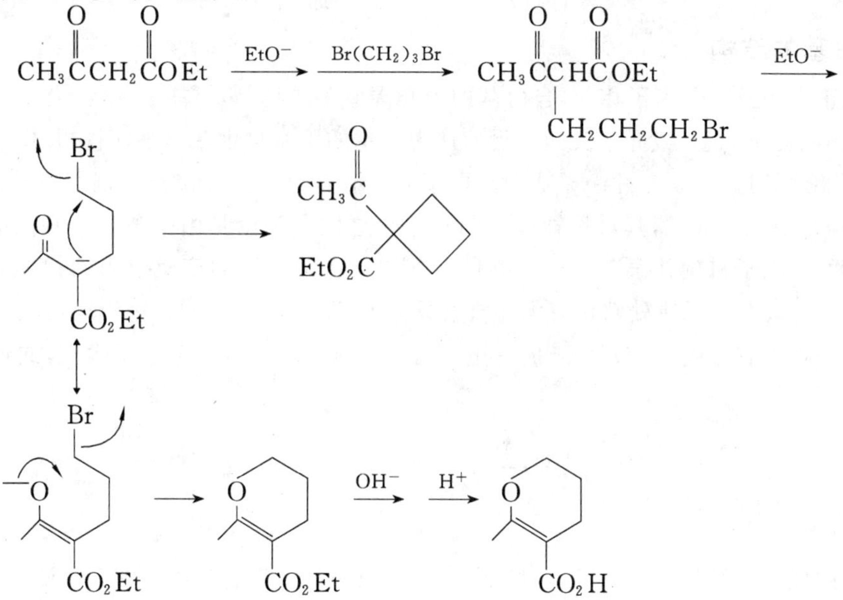

$$CH_3\overset{O}{\overset{\|}{C}}CH_2\overset{O}{\overset{\|}{C}}OEt \xrightarrow{EtO^-} \xrightarrow{Br(CH_2)_3Br} CH_3\overset{O}{\overset{\|}{C}}\underset{CH_2CH_2CH_2Br}{\underset{|}{C}H}\overset{O}{\overset{\|}{C}}OEt \xrightarrow{EtO^-}$$

Br

CO_2Et

CH_3C EtO_2C

Br

O

CO_2Et $\xrightarrow{OH^-}\xrightarrow{H^+}$ CO_2H

如上所示，如以碳负离子反应生成四元环，张力较大不稳定，因此烯醇氧负离子作为亲核中心发生反应，生成稳定的六元环。

第三节 自由基

1789 年 Lavosier 提出“自由基”这一术语。自由基也叫做游离基，是含有带未成对电子的原子或原子团，价电子层有七个电子，但自由基中心碳原子为三价。与碳正离子和碳负离子是由共价键异裂生成的不同，自由基是共价键均裂的产物，也是重要的活性中间体。

一、自由基的类型

自由基可以根据带电荷与否，大体上分为中性自由基和带有电荷的离子自由基。

中性自由基存在较广，如烷基自由基，如链状的 $CH_3\cdot$，$(CH_3)_3C\cdot$、环状的 ⬡·；如果自由基中心碳原子与不饱和键或芳环形成共轭体系，未成对电子可以在共轭体系里离域，如烯丙基自由基 $H_2C{=}\dot{C}H{-}CH_2$、苄基自由基 $PhCH_2\cdot$。另外，许多具有未成对孤电子的原子如 F·，Cl·，Br·，I· 等也是自由基。

带有电荷的离子自由基也叫做离子基，具有自由基和离子的双重性质。带正电荷的自由基叫做自由基正离子，带负电荷的自由基叫做自由基负离子。例如，萘可以失去一个电子，转变为萘正离子自由基，也可以获得一个电子而转变成萘负离子自由基。而氧分子则为双自由基，基态时具有两个未成对电子，因为最高占有分子轨道是简并的。

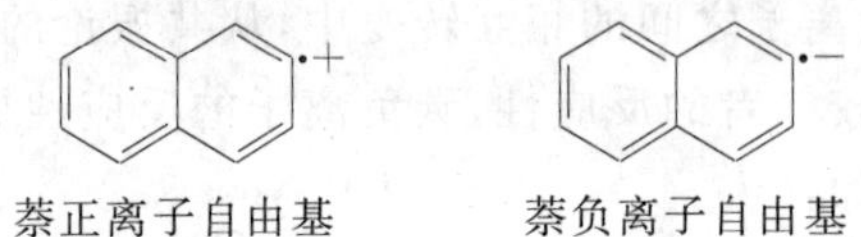

萘正离子自由基　　萘负离子自由基

二、自由基的结构

与碳正离子及碳负离子相似，自由基的中心碳原子的构型，可能是 sp^2 杂化的平面构型或 sp^3 杂化的棱锥构型，或介于其间。目前认为简单的甲基自由基是平面构型，中心碳原子为 sp^2 杂化，或接近于 sp^2 杂化。未成对孤电子处于 p 轨道，三个 sp^2 杂化轨道则与氢原子的 s 轨道交盖形成三个 σ 键，其对称轴处于同平面。这样的结论是由电子自旋共振谱(ESR)得到证明的。电子自旋共振谱是为检测自由基的存在和性质而广泛应用的物理方法。通过对 $CH_3\cdot$ 未成对电子所处轨道有无 s 轨道成分的测定，知道 $CH_3\cdot$ 中未成对电子所处的轨道没有或很少有 s 成分，因此，未成对电子处于 p 轨道，$CH_3\cdot$ 为平面构型，或近似于平面构型。

甲基自由基

图 4-7

通过同样的测定也提供了未成对电子所处轨道中的 s 成分是依下列次序递增的：

$$CH_3\cdot < CH_2F\cdot < CHF_2\cdot < CF_3\cdot$$

因此，它们的构型由平面形逐渐趋向于棱锥形，到 $CF_3\cdot$ 实际上碳原子已是 sp^3 杂化，为棱锥形构型。

烷基自由基优先倾向形成平面构型，叔烷基自由基接近 sp^3，而桥头碳自由基则为 sp^3 杂化的棱锥构型，所以不同烷基自由基的构型须具体分析。

另外，处于共轭体系的自由基，由于电子离域的要求，中心碳原子为 sp^2 杂化，为平面结构，未成对的孤电子在 p 轨道中，如烯丙基自由基和苄基自由基等。

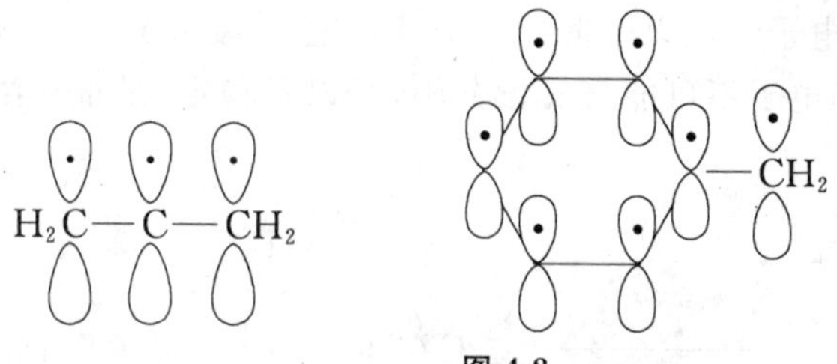

图 4-8

但对于三苯甲基自由基，由于苯体积较大，且苯环邻位氢原子的相互影响，与三苯甲基正离子相似，有一定的扭弯，是螺旋桨形构型，而不是同处于一个平面。

三、自由基的稳定性

自由基的稳定性主要取决于共价键均裂的相对难易程度和所生成自由基的结构因素。

一般地，共价键均裂所需的离解能越高，生成的自由基能量越高，则自由基越不稳定。简单烷烃 C—C 键均裂时的离解能见表 4-1。

表 4-1 一些化合物碳碳键的离解能($kJ\cdot mol^{-1}$)

化合物	自由基	离解能
$CH_3—CH_3$	$CH_3\cdot$	376.6
$CH_3CH_2—CH_3$	$CH_3\cdot$ $CH_3CH_2\cdot$	359.8
$CH_3CH_2CH_2—CH_3$	$CH_3\cdot$ $CH_3CH_2CH_2\cdot$	361.9
$(CH_3)_2C—CH_3$	$CH_3\cdot$ $(CH_3)_2CH\cdot$	359.8
$(CH_3)_3C—CH_3$	$CH_3\cdot$ $(CH_3)_3C\cdot$	351.5

相应自由基稳定性的次序为：

$$(CH_3)_3C\cdot > (CH_3)_2CH\cdot > CH_3CH_2\cdot > CH_3CH_2CH_2\cdot > CH_3\cdot$$

相似的，根据下列简单烷烃 C—H 键均裂时的离解能：

	$(CH_3)_3C—H$	$(CH_3)_2CH—H$	$CH_3CH_2—H$	$CH_3—H$
$\Delta H/(kJ\cdot mol^{-1})$	372	385	402	423

得出相应自由基稳定性的次序为：

$$(CH_3)_3C\cdot > (CH_3)_2CH\cdot > CH_3CH_2\cdot > CH_3\cdot$$

这主要由于超共轭效应和诱导效应作用的结果，从而分散了自由基的孤电子性，使之稳定性增高。如上简单烷基自由基稳定性的相对次序是可以通过实验得到证明的，用不同烷基自由基提取甲苯侧链的氢，则反应相对速度的次序为：伯>仲>叔，这反映了自由基的活泼性，因此其相应稳定性次序为：叔＞仲＞伯。

$$R\cdot + C_6H_5-CH_2-H \longrightarrow RH + H_2\dot{C}-C_6H_5$$

自由基的中心碳原子如与 π 键共轭，同样可以分散孤电子性，发生电子离域降低轨道能量，而使自由基稳定，如前所述烯丙基自由基或苯甲基自由基都由于孤电子性分散，而相应稳定。

$$CH_2=CH-CH_2\cdot \longleftrightarrow \cdot CH_2CH=CH_2$$

三苯甲基自由基的孤电子性可以分散到三个苯环上，应更稳定。芳基自由基和烯基、炔基自由基，由于未成对孤电子不可能与 π 键共轭，所以不稳定，是很活泼的自由基，比甲基自由基还不稳定。

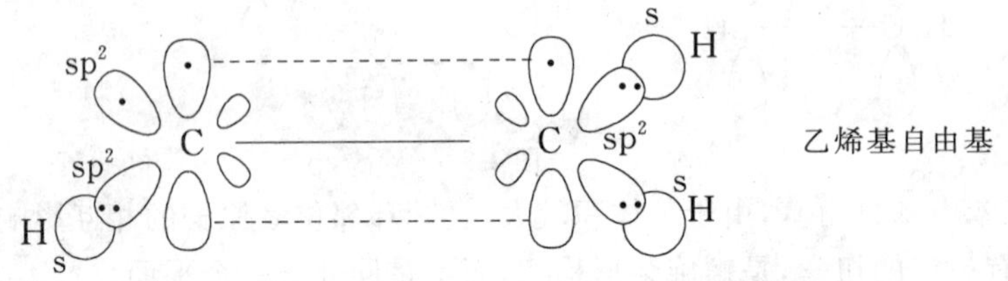

图 4-9

空间效应也可以影响自由基的稳定性，具有较大空间位阻的自由基不容易相互碰撞而形成共价键，自由基更加稳定。例如，三苯甲基自由基室温可以较稳定地存在，除了共轭作用外，空间位阻的影响也很重要。再如，2,4,6-三叔丁基苯氧基自由基和 2,4,6-三苯基苯氧基自由基很稳定，主要归结于空间效应的影响。

2,4,6-$(C(CH_3)_3)_3C_6H_2$-$\dot{O}$　　　2,4,6-$(C_6H_5)_3C_6H_2$-$\dot{O}$

四、自由基的生成

自由基一般是由共价键均裂而生成的，所以产生自由基的有热均裂、光解和氧化还原反应；另外，高能辐射也可以产生自由基。

1. 热均裂

一般在气相或非极性溶剂（或弱极性溶剂）中，在加热的情况下，共价键可以发生均裂而产生自由基。

均裂的难易主要取决于共价键的强度，即键的离解能。所以，通常键的离解能较小的分子，一般离解时需要的能量较低，不需要很高的温度即可均裂而产生自由基，如过氧化物和偶氮化物。

$$(CH_3)_3C-O-O-C(CH_3)_3 \xrightarrow{100℃\sim110℃} 2(CH_3)_3C-O\cdot$$

过氧化叔丁基(TBHP)

$$(PhCO_2)_2 \xrightarrow{40℃\sim100℃} 2PhCOO\cdot$$

过氧化苯甲酰(BPO)

$$(CH_3)_2\underset{\underset{CN}{|}}{C}-N=N-\underset{\underset{CN}{|}}{C}(CH_3)_2 \xrightarrow{80℃\sim100℃} 2(CH_3)_2\underset{\underset{CN}{|}}{C}\cdot + N_2$$

偶氮二异丁腈(AIBN)

在自由基反应中常以过氧化物或偶氮化合物作为引发剂，主要就是由于其分子中含较弱的键，容易均裂而产生自由基，同时又是相同元素的同核键，一般不容易异裂而产生正、负离子；而且在离解过程中产生了稳定的化合物 N_2 和 CO_2，其所放出的能量补偿了共价键均裂所需的能量，导致了自由基容易生成；另外，生成的自由基的稳定性也起很重要的作用。常用的典型的引发剂有过氧化苯甲酰(BPO)及偶氮二异丁腈(AIBN)。

2. 光解

光能提供较高的能量，分子受到一定波长范围的光照后被活化，将成键电子激发到反键轨道上，而使共价键发生均裂产生自由基。光解法是生成自由基的重要方法之一，如：

$$Cl_2 \xrightarrow{hv} 2Cl\cdot$$

由这些氯原子自由基的引发而发生烷烃的氯化反应。

卤代烃，尤其是碘代烷，无论在气相还是液相被光照均分解成自由基。

$$RI \xrightarrow{hv} R\cdot + I\cdot$$

另一个有用的光解反应是气相丙酮在光照下的分解反应。气相丙酮被波长约为 320 nm 的光照射，因为羰基化合物在这个波段有吸收带，能吸收光能形成激发态，然后解离为甲基自由基和乙酰基自由基，后者再自动分解为甲基和一氧化碳。

$$CH_3-\overset{\overset{O}{\|}}{C}-CH_3 \xrightarrow{hv} \dot{C}H_3 + CH_3-\dot{C}=O$$

次氯酸酯容易发生光解反应，生成烷氧自由基和氯原子。叔丁基次氯酸酯就是一个使用很方便的自由基氯化剂。

$$R-O-Cl \xrightarrow{hv} R-\dot{O}H + \dot{C}l$$

另外，多卤代烃和硫醚等化合物经光照也可以产生相应的自由基。

$$Cl_3CBr \xrightarrow{hv} Cl_3\dot{C}H + \dot{B}r$$

$$RSSR \xrightarrow{hv} 2RS\cdot$$

3. 氧化还原反应

一个电子自旋成对的分子失去或得到一个电子，就可以生成自由基，这实际就是氧化或还原的过程。

某些金属离子，如 Fe^{2+}/Fe^{3+}，Cu^{+}/Cu^{2+}，Ti^{2+}/Ti^{3+} 等是常用的产生自由基的氧化还原剂，如 Fe^{2+} 可用以还原过氧化氢生成羟基自由基。

$$HOOH + Fe^{2+} \longrightarrow HO\cdot + [Fe(OH)]^{2+}$$

Cu^{+} 离子可以大大加速酰基过氧化物的分解，产生酰氧基自由基。

$$C_6H_5-\overset{\overset{O}{\|}}{C}-O-O-\overset{\overset{O}{\|}}{C}-C_6H_5 + Cu^{+} \longrightarrow C_6H_5-\overset{\overset{O}{\|}}{C}-O\cdot + C_6H_5-\overset{\overset{O}{\|}}{C}-O^{-} + Cu^{2+}$$

这是产生酰氧基自由基的有用方法，因为在热解生成酰氧基自由基的过程中，酰氧基自由基容易进一步分解，而转变为烃基自由基。

Co^{3+} 是一个很强的单电子氧化剂，它可从芳烃的侧链上夺取一个氢原子，而生成自由基。

$$Co^{3+} + ArCH_3 \longrightarrow ArCH_2\cdot + Co^{2+} + H^+$$

五、自由基的反应

1. 自由基的偶联和歧化反应

自由基的偶联反应可以看做均裂反应的逆过程。

$$R\cdot + \cdot R \longrightarrow R-R$$

反应放出热量，所以偶联反应进行的很快，因此一般自由基不稳定，不过，空间位阻大的自由基由于较难发生偶联而稳定。

歧化反应则是一个自由基上的 β-H 跃迁到了一个自由基上同时生成烷烃和烯烃化合物。

$$RCH_2CH_2\cdot + R'CH_2CH_2\cdot \longrightarrow RCH_2CH_3 + H_2C{=}CHR'$$

2. 自由基转移、加成及消除反应

自由基可以从分子中夺取一个原子从而生成另一个自由基，这是自由基发生链反应中关键的一步。哪一个原子被提取要看自由基的活性及键的离解能、溶剂、位阻和温度等反应因素。

$$R\cdot + X-R' \longrightarrow R-X + \cdot R'$$

如果 X 是氢，如：

$$Br\cdot + \text{环己烷} \longrightarrow \text{环己基自由基}(\dot{C}_6H_{11}) + HBr$$

自由基夺取各类氢的活性次序一般为：

苄基＞叔＞仲＞伯＞甲基＞芳基

例如：

$$(CH_3)_2CHCH_3 \xrightarrow[\text{光照},127℃]{Br_2} (CH_3)_2CBrCH_3\ (>99\%) + (CH_3)_2CHCH_2Br$$

这与生成自由基的稳定性有关。

自由基也可以发生加成反应，因自由基有一个未成对电子，与具有不饱和键的分子进行加成反应将再生成另一个自由基。加成中如果有选择性，一般生成稳定的自由基。

$$(CH_3)_2C{=}CHCH(CH_3)_2 \xrightarrow{Br\cdot} (CH_3)_2\dot{C}-CHBrCH(CH_3)_2$$

$$H_2C{=}CHCH_3 \xrightarrow{:\ddot{Br}\cdot} Br{-}CH_2{-}\dot{C}HCH_3 \xrightarrow{H-Br} Br{-}CH_2{-}CH_2CH_3 + :\ddot{Br}\cdot$$

自由基消除反应是指自由基脱去一个小分子化合物，并生成一个新的自由基，其中脱羧和脱羰是常见的反应。

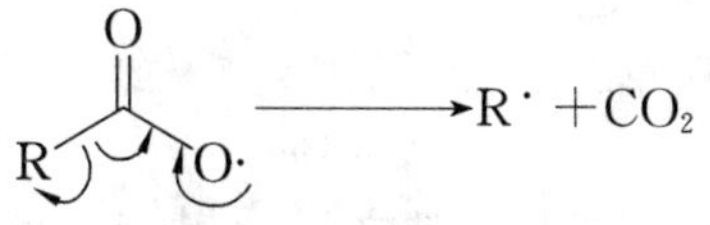

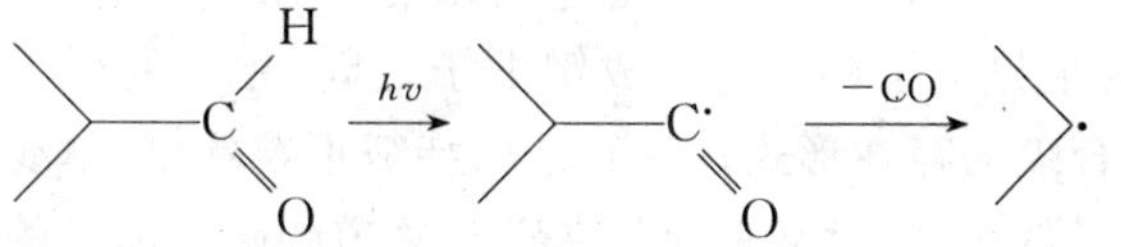

$$RCOO\cdot \longrightarrow R\cdot + CO_2$$

$$(CH_3)_2CHCHO \xrightarrow{h\nu} (CH_3)_2CH\dot{C}{=}O \xrightarrow{-CO} (CH_3)_2CH\cdot$$

3. 自由基重排

自由基可以发生 1,2 或 1,4 或 1,5 重排。

$$Ph_2C(Ph)H{-}O\cdot \longrightarrow Ph_2\dot{C}{-}OPh$$

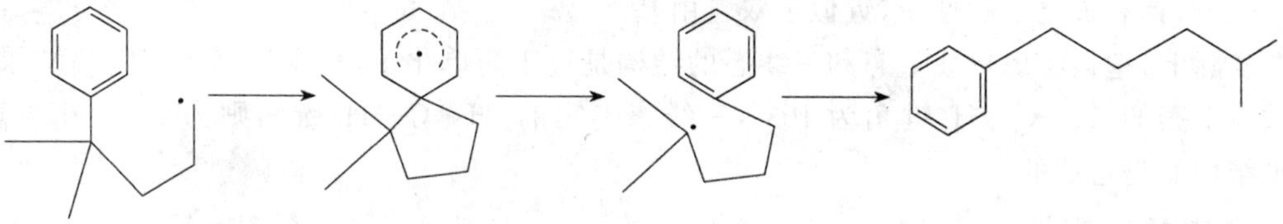

关于自由基重排的详细描述请见“重排反应”一章。

第四节　卡　宾

卡宾也叫做碳烯，是亚甲基及其衍生物的总称。卡宾中心碳原子为中性两价，包含六个价电子，四个价电子参与形成两个 σ 键，其余两个价电子是游离的。最简单的卡宾为亚甲基：CH_2。卡宾是一种能瞬间存在但不能分离得到的活性中间体。

一、卡宾的结构

卡宾的中心碳原子只有六个价电子，是两价化合物，只与两个其他的原子或基团相连接。四个价电子为成键电子，占用碳原子的两个原子轨道，构成两个 σ 键，还余下两个未成键的价电子。正常状态下，中心碳原子还剩余两个原子轨道，可以容纳未成键的电子。在这种情况下，剩余价电子的排布方式有两种可能：一种可能是两个未成键电子同处于一个轨道，其自旋方向相反，而另一个轨道是空的，处于这样状态的卡宾称为单线态；另一种可能是两个未成键电子分别处于两个轨道，电子的自旋方向相同，处于这种状态的卡宾称为三线态卡宾。

单线态卡宾的中心碳原子近似于 sp^2 杂化状态，三个杂化轨道中，两个杂化轨道与其他原子或基团成键，另外一杂化轨道则为一对未成键电子占据，余下一个未参与杂化的 p 轨道是空的。

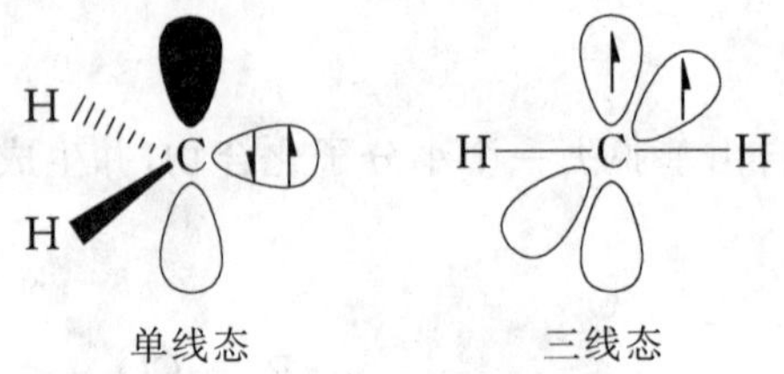

图 4-10

单线态的这种排布方式，使 σ 键与 σ 键之间，σ 键与未成键电子对所处轨道之间，互呈近似 120°的键角，两对成键电子和一对未成键电子之间，相互的排斥力最小。这样的排布方式是单线态卡宾最合理的存在形式。从其结构特征不难看出，单线态卡宾既显示具有未共用电子对的碳负离子特征，同时又表现具有空 p 轨道的碳正离子的特性。

三线态卡宾的中心原子则近似于 sp 杂化状态，两个 sp 杂化轨道分别与其他原子或基团成键，余下两个未参与杂化的 p 轨道彼此垂直，而且各容纳一个未成键的价电子。根据电子排布的洪特规则，此时电子间排斥作用较小，能量较低，三线态卡宾以这样的排布方式为最合理。因此，三重态是线型结构，键角接近 180°。由于三线态卡宾中每个 p 轨道只有一个电子，具有孤电子的性质，近似于双自由基。

实际上，这样考虑单线重态和三线态的结构是过于简单化了，根据计算和测定的结果，单线态卡宾的 H—C—H 键角为 103°，三线态卡宾的 H—C—H 键角则为 136°，并非直线型结构而是弯曲的。

二、卡宾的稳定性

首先三线态卡宾与单线态卡宾比较，三线态卡宾的电子之间排斥作用较小，能量较低，是较稳定的结构，如亚甲基三线态比单线态能量低 37.624 0 $kJ \cdot mol^{-1}$。一般亚甲基及其烷基衍生物的基态为三重态。

由于卡宾中心碳原子只有六个价电子，是缺电子的，因此当亚甲基上连有给电子基团时，可以起到稳定卡宾的作用。这种情况时卡宾单线态比三线态稳定，如连有带未共用电子对的取代基(如—F，—Cl，—Br，—OR，—NR_2)时，单线态为基态。这主要是因为杂原子与卡宾中心碳原子的 p-p 共轭作用，也就是单线态卡宾中空的 p 轨道利于取代基中处于 p 轨道的未共用电子对的离域。

相似的，π 电子的离域也利于卡宾的稳定，如：

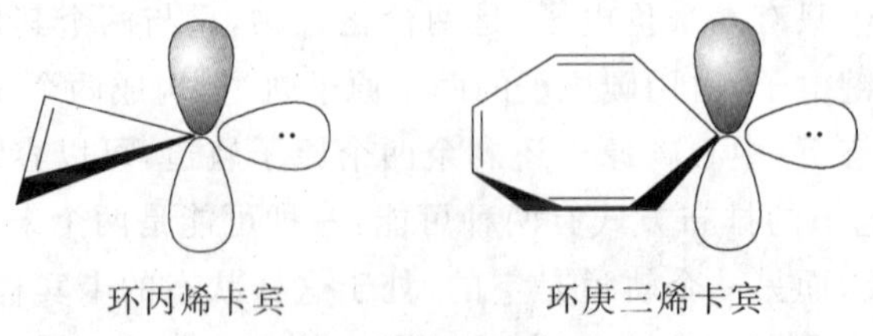

图 4-11

从上面结构可以看出，与 π 电子体系共轭的是空的 p 轨道，离域的电子数满足休克尔规则，有芳香性，这也是影响卡宾稳定性的原因。而且，从环丙烯卡宾和环庚三烯卡宾的结构还可以看出，卡宾中心碳原子的孤对电子并未参与离域，因此此类型卡宾具有亲核性。

三、卡宾的生成

卡宾的生成主要通过两个途径：一是在光或热的作用通过某些化合物的自身分解反应；二是在试剂的作用下，某些化合物经 α-消除反应而得到卡宾。

1. 热解或光解

一些重键化合物如烯酮和重氮化合物通过热或光分解，失去一个小分子化合物，如 CO 和 N_2 而生成相应的卡宾。

$$CH_2=C=O \xrightarrow[\text{或}\ h\nu]{700℃} H_2C: + CO$$

$$CH_2=\overset{+}{N}=\overset{-}{N} \xrightarrow{\triangle\text{或}\ h\nu} H_2C: + N_2$$

这是实验室产生 CH_2 的常用方法，也是制备卡宾的一般方法。但烷基重氮化合物不稳定，而且容易爆炸。为了制备烷基取代的卡宾，可以不用易爆炸的重氮烷作反应物，而是由醛或酮生成的腙通过氧化再分解得到。

$$R_2C=O \xrightarrow{NH_2NH_2} R_2C=NNH_2 \xrightarrow{HgO} R_2C=N=NH \xrightarrow{\triangle\text{或}\ h\nu} R_2C: + N_2$$

2. α-消除反应

最常见的是碱处理卤仿制备制备二卤卡宾，如：

$$CHCl_3 \xrightarrow{t\text{-BuOK}/t\text{-BuOH}} Cl_2C: + HCl$$

$$Cl_3C-COO^- \xrightarrow{-CO_2} {}^-CCl_3 \longrightarrow Cl_2C: + HCl$$

甲基卡宾和苯基卡宾可由乙基氯和苄基氯来制备，但必须以烷基锂作为强碱来反应，反应也是 α-消除反应。

3. 三元环化合物的消去反应

$$\text{Ph(H)C—O—C(H)Ph (环氧化合物)} \xrightarrow{h\nu} Ph(H)C: + O=C(Ph)H$$

$$\text{Ph(H)C—CH}_2\text{—C(H)Ph (环丙烷)} \xrightarrow{h\nu} Ph(H)C: + CH_2=C(Ph)H$$

这类反应可以看做碳烯与双键加成的逆反应。

四、卡宾的反应

卡宾是非常活泼的活性中间体，容易发生反应，由于是缺少电子的活性中间体，一般在反应中是以亲电性为特征的，其反应活性的次序大致为：

$$CH_2: > R_2C: > ArRC: > Ar_2C: > X_2C:$$

1. 加成反应

卡宾与碳-碳双键加成生成环丙烷衍生物，这是卡宾最典型的反应之一。

$$>C=C< + CH_2: \longrightarrow \text{环丙烷}$$

由于卡宾有单线态和三线态两种可能的结构，而且以单重态或三重态参加反应的情况有区别，当反应条件不同时，反应结果也不同。例如，在液态2-丁烯中，重氮甲烷光分解后与2-丁烯反应，顺-2-丁烯只生成顺-1,2-二甲基环丙烷，而反-2-丁烯则只生成反-1,2-二甲基环丙烷。反应明显具有立体选择性，说明是协同反应，是一步完成的，π键打开，卡宾同时加到π键两端的碳原子上。在这种情况下，卡宾显然是以单线态参加反应的。

$$CH_2:(\uparrow\downarrow) + \text{顺-}CH_3CH=CHCH_3 \longrightarrow \text{顺-1,2-二甲基环丙烷}$$

$$CH_2:(\uparrow\downarrow) + \text{反-}CH_3CH=CHCH_3 \longrightarrow \text{反-1,2-二甲基环丙烷（两种对映体）}$$

如果是在气态2-丁烯中，光分解重氮甲烷进行反应，则不论是顺还是反2-丁烯，都生成顺-1,2-二甲基环丙烷和反-1,2-二甲基环丙烷的混合物，没有明显的立体选择性。在这种情况下，卡宾是以三重态参加反应的，是自由基的分步反应历程。第一步先生成双自由基，然后自旋翻转而后关环，这时C—C键的旋转要比电子自旋翻转和关环快，因此，双自由基在关环之前有足够时间绕C—C键旋转而达到平衡，所以竞争的结果必然产生两种构型的产物。

$$CH_2:(\uparrow\uparrow) + \text{顺-}CH_3CH=CHCH_3 \longrightarrow \text{双自由基（}\uparrow\uparrow\text{）} \rightleftharpoons \text{旋转异构双自由基（}\uparrow\uparrow\text{）}$$

$$\downarrow \text{自旋翻转（}\uparrow\downarrow\text{）} \qquad \downarrow \text{自旋翻转（}\uparrow\downarrow\text{）}$$

$$\text{顺-1,2-二甲基环丙烷} \qquad \text{反-1,2-二甲基环丙烷}$$

卡宾也可以与炔烃、环烯烃，甚至与苯环上的 π 键进行加成反应，如：

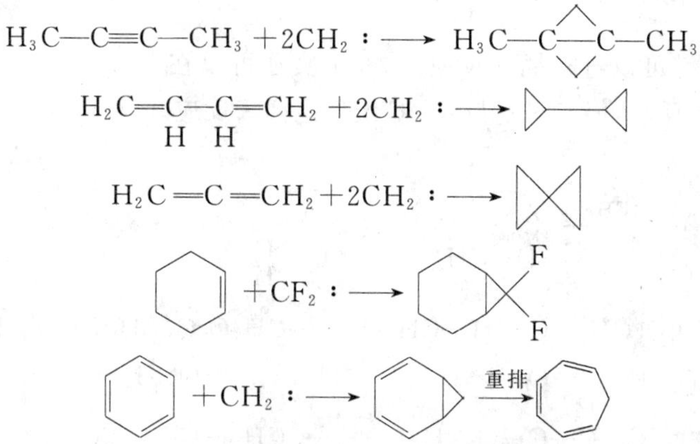

$$H_3C—C≡C—CH_3 + 2CH_2: \longrightarrow H_3C—C—C—CH_3$$

$$H_2C=C(H)—C(H)=CH_2 + 2CH_2: \longrightarrow$$

$$H_2C=C=CH_2 + 2CH_2: \longrightarrow$$

$$+ CF_2: \longrightarrow$$ (F, F)

$$+ CH_2: \longrightarrow \xrightarrow{重排}$$

在苯环上，由于离域的影响，与 π 键加成比较困难，并不是所有卡宾都能与苯环加成，必须是足够活泼的卡宾。例如，CH_2，:CHCl 可与苯环加成，而 :CCl_2 一般不能与苯或甲苯在环上进行加成，只有当环上有强的供电基，电子云密度较高时才有可能。这就是瑞穆-悌曼(Reimer-Tiemann)反应。

$$CHCl_3 + OH^- \xrightarrow{-H_2O} {}^-CCl_3 \xrightarrow{-Cl^-} :CCl_2$$

二氯卡宾

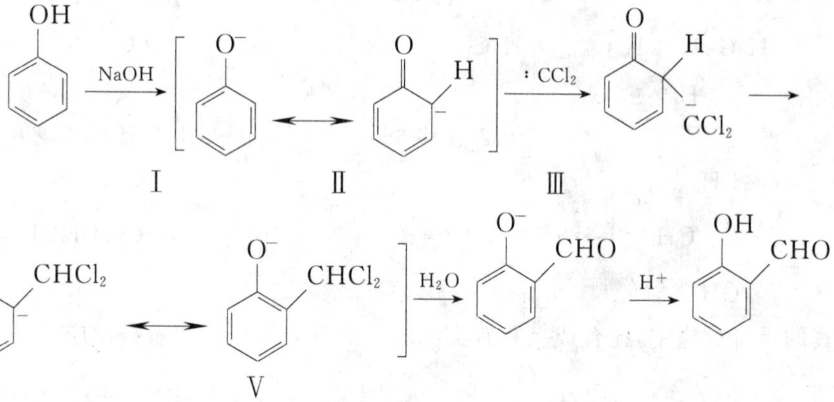

OH, NaOH, [O⁻ ⟷ O, H, ⁻], :CCl_2, O, H, $\overset{-}{C}Cl_2$ ⟶

Ⅰ Ⅱ Ⅲ

[O, $CHCl_2$, ⁻ ⟷ O⁻, $CHCl_2$] $\xrightarrow{H_2O}$ O⁻, CHO $\xrightarrow{H^+}$ OH, CHO

Ⅳ Ⅴ

2. 插入反应

卡宾可以在 C—Hσ 键上进行插入反应。

$$R—H + :CH_2 \longrightarrow R—\overset{H_2}{C}—H$$

卡宾与 C—Hσ 键的插入反应对不同类型氢的选择性是叔氢＞仲氢＞伯氢，但是差别并不大，因此卡宾与 C—H 的插入反应一般得到混合物，在合成上意义不大。

不论单重态卡宾还是三重态卡宾，其 C—H 插入反应得到的产物是相同的，但由于电子自旋状态的不同，存在着两种不同的反应历程。单重态卡宾的插入反应是按一步完成的协同反应历程进行的：

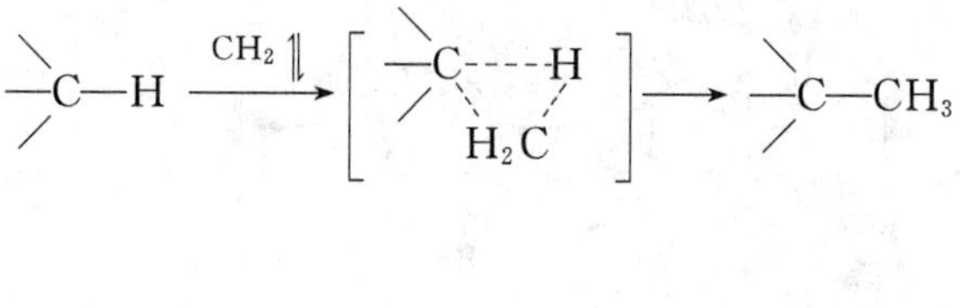

$$—C—H \xrightarrow{CH_2 \upharpoonleft\downharpoonright} \left[—C\text{----}H,\ H_2C \right] \longrightarrow —C—CH_3$$

而三重态卡宾作为双自由基，反应是分步进行的，首先夺取氢原子，而后通过自由基偶联两步完成。

除了 C—Hσ 键可以进行插入反应之外，卡宾还可以在 C—Br、C—Cl、C—O 和 O—H 等 σ 键上进行插入反应，但卡宾不与 C—C 键发生插入反应。

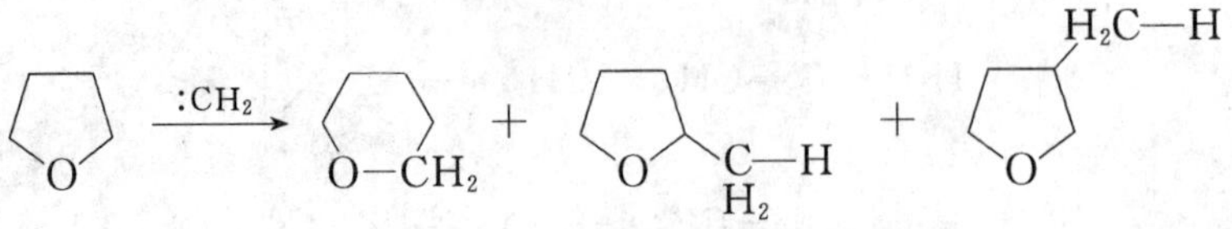

$$\text{四氢呚喃} \xrightarrow{:CH_2} \text{四氢吡喃(O—CH}_2\text{)} + \text{2-甲基四氢呋喃(—CH}_2\text{—H)} + \text{3-甲基四氢呋喃(H}_2\text{C—H)}$$

$$HO_2C(CH_2)_4CO_2H + CH_2N_2 \longrightarrow CH_3O_2C(CH_2)_4CO_2CH_3$$

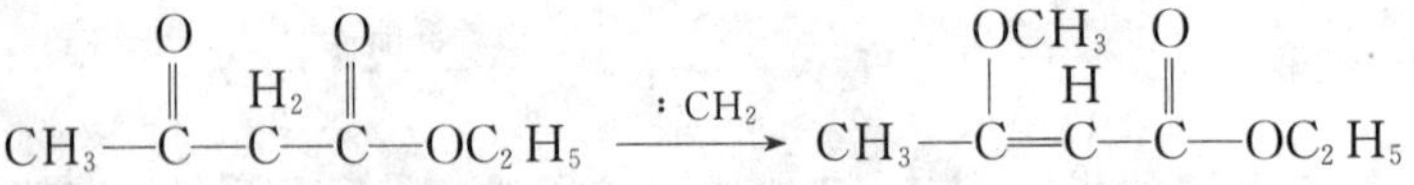

$$CH_3-\overset{O}{\overset{\|}{C}}-\overset{H_2}{C}-\overset{O}{\overset{\|}{C}}-OC_2H_5 \xrightarrow{:CH_2} CH_3-\overset{OCH_3}{\overset{|}{C}}=\overset{H}{C}-\overset{O}{\overset{\|}{C}}-OC_2H_5$$

3. 重排反应

卡宾可以发生分子内的重排反应，通过氢、芳基和烷基的迁移，生成更为稳定的化合物，这也是卡宾常见的反应。例如，异丁基卡宾可以通过氢的 1,2 迁移和 1,3 迁移而重排为异丁烯和甲基环丙烷，迁移难易顺序是 H>芳基≫烷基。

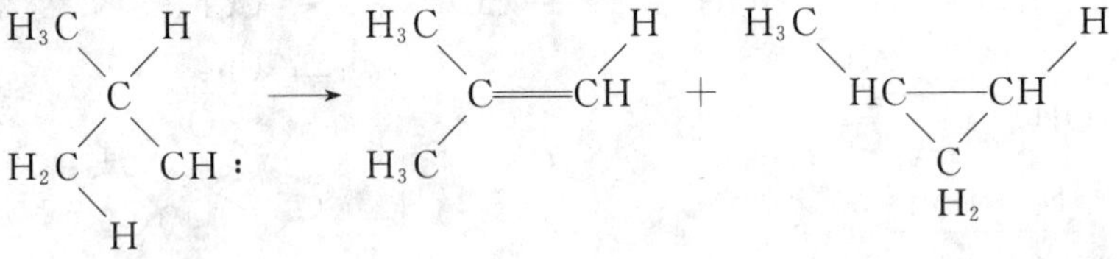

$$(H_3C)(H)C(H_2C\text{—}H)\text{—}CH: \longrightarrow (H_3C)_2C=CH(H) + \text{HC(H}_3\text{C)—CH(H)}\text{—CH}_2\text{(环)}$$

1,2-迁移 66%　　　　1,3-迁移 33%

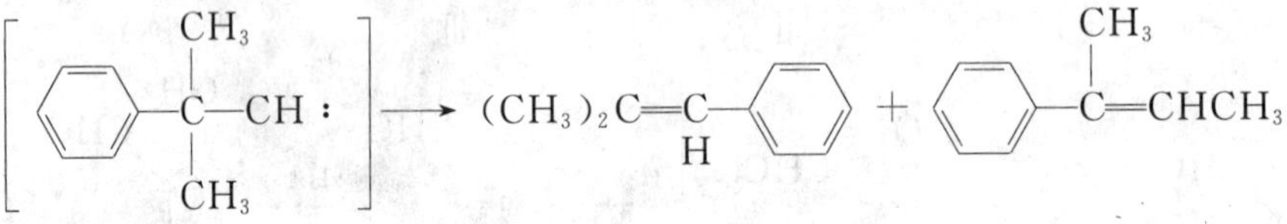

$$\left[C_6H_5-\underset{CH_3}{\overset{CH_3}{\overset{|}{\underset{|}{C}}}}-CH:\right] \longrightarrow (CH_3)_2C=\underset{H}{C}-C_6H_5 + C_6H_5-\overset{CH_3}{\overset{|}{C}}=CHCH_3$$

卡宾的重排反应中，在合成上具有实际应用价值的是沃尔夫重排反应。

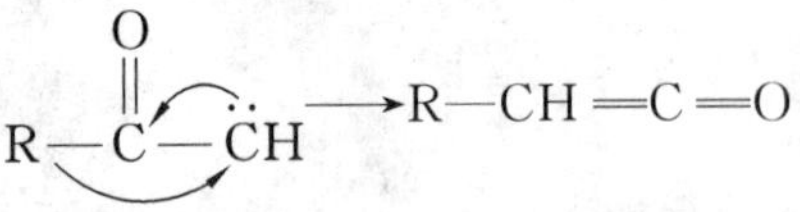

$$R-\overset{O}{\overset{\|}{C}}-\ddot{C}H \longrightarrow R-CH=C=O$$

该反应将在“重排反应”一章详细进行讨论。

4. 二聚反应

卡宾生成浓度一般较低，再加上碳烯活泼，因此一般情况下，卡宾会和其他化合物发生反应或卡宾自身发生重排，以致卡宾来不及碰撞，二聚反应不易发生，但是在闪光分解或温热的惰性介质中进行反应可以得到二聚反应的产物。

$$2Br_2C: \xrightarrow{\text{固体芳烃}} Br_2C=CBr_2$$

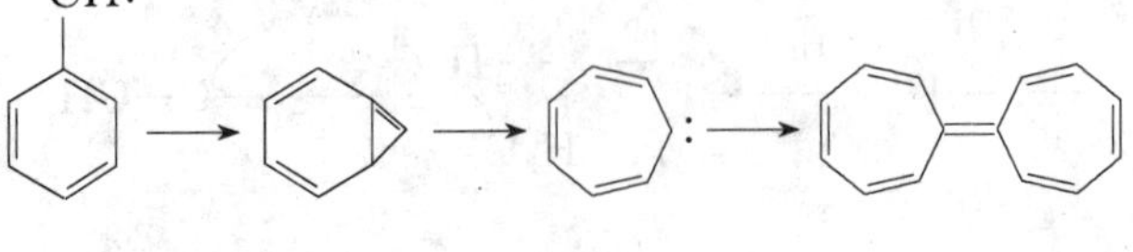

$$C_6H_5CH: \longrightarrow \text{双环[4.1.0]庚三烯} \longrightarrow \text{环庚三烯亚基}: \longrightarrow \text{七富瓦烯(二环庚三烯亚基)}$$

5. 类卡宾与碳碳双键的加成反应

上述卡宾的反应一般是通过产生游离卡宾的途径进行的。有些则不然，是通过生成一类卡宾与其他分子形成的络合物，通常为金属络合物而进行的，并不存在游离的两价卡宾，称为类卡宾。严格地讲，类卡宾并非活性中间体，但在反应中能起卡宾作用，最常用的类卡宾是 ICH_2ZnI。

$$CH_2I_2 + Zn(Cu) \longrightarrow ICH_2ZnI$$

类卡宾可以像卡宾一样与 π 键加成，得到与卡宾与 π 键加成同样的产物，而且反应条件温和，具有高度的选择性，不可能与 C—Hσ 键发生插入反应，因而副反应较少，在有机合成上具有重要意义。

例如，西蒙-史密斯反应就是把二碘甲烷和锌铜合金在乙醚的悬浮液中，加入含有 C═C 双键的化合物，其结果与卡宾反应相似，与 C═C 双键加成，而生成高产率的环丙烷衍生物。

ZnI
\+ CH_2 —乙醚→ [CH_2 ZnI I]≠ ⟶ + ZnI_2
I

例如：

$$CH_3CH{=}CHCH_3 \xrightarrow{CH_2I_2,\ Zn/Cu} CH_3CH\overset{H_2C}{\text{——}}CHCH_3$$

$$+ CH_2I_2 + Zn(Cu) \xrightarrow[\text{回流}]{H_2O}$$

卡宾络合物的结构一般认为是由单线态亚甲基以空的 p 轨道与碘原子结合，而以 sp^2 电子对与 Zn 结合的。反应历程一般认为是一步完成的协同反应，因而具有明显的立体选择性。

第五节　氮　烯

氮烯也叫做氮宾或乃春(nitrenes)，是一价氮的活性中间体，N 原子只有一个 σ 键与其他原子或基团相连。最简单的氮烯为 HN：，也叫做亚氮。可以把亚氮 HN：看做氮烯的母体，其他氮烯为 HN：的衍生物。

氮烯是卡宾的氮类似物，N 原子具有六个价电子，因此也是缺电子的活性中间体。但是，氮烯非常活泼，一般很难离析到，因此对它们的研究还不是很充分。

氮烯的结构与卡宾相似，也有单线态和三线态两种结构：

R—N̈⇅　　　R—N̈↑ ↑

单线态　　　三线态

一般来说，芳基氮烯和酰基氮烯比较稳定。

一、氮烯的生成

生成氮烯的方法类似于卡宾。

1. 热解或光解

叠氮化合物、异氰酸酯等进行热解和光解，是形成单线态氮烯最普通的方法。

$$t\text{-BuN}_3 \xrightarrow[\text{Ph}_2\text{C}=\text{O}]{\lambda=360\ \text{nm}} t\text{-Bu}\ \ddot{\text{N}}\!: + \text{N}_2\uparrow$$

$$\text{PhN}_3 \xrightarrow{\triangle} \text{Ph}\ \ddot{\text{N}}\!: + \text{N}_2\uparrow$$

$$\text{PhN}=\text{C}=\text{O} \xrightarrow{h\nu} \text{Ph}\ \ddot{\text{N}}\!: + \text{CO}\uparrow$$

2. α-消除反应

例如，以碱处理芳磺酰羟胺可以生成氮烯。

$$\text{H}_3\text{CH}_2\text{CO}_2\text{C}-\text{N(H)}-\text{OSO}_2-\text{C}_6\text{H}_4-\text{NO}_2 \xrightarrow{\text{EtO}^-} \text{EtO}_2\text{C}-\ddot{\text{N}}\text{H}\!: + {}^-\text{O}_3\text{S}-\text{C}_6\text{H}_4-\text{NO}_2$$

另外，一般认为在霍夫曼降解反应中，是在碱的作用下，也生成了氮烯中间体。

$$\text{R}-\overset{\text{O}}{\overset{\|}{\text{C}}}-\text{NBr}^- \xrightarrow{-\text{Br}^-} \text{R}-\overset{\text{O}}{\overset{\|}{\text{C}}}-\ddot{\text{N}}\!:$$

3. 氧化还原反应

$$\text{N-氨基咔唑}\ (\text{N}-:\text{NH}_2) \xrightarrow{\text{Pb(AcO}^-)_4} \text{咔唑-N}-:\text{N}:$$

二、氮烯的反应

氮烯主要的反应包括与烯烃的加成反应、与σ-键的插入反应、夺氢反应、二聚反应和重排反应。

1. 加成反应

氮烯与烯烃的加成反应，产物为氮杂环丙烷衍生物。

$$\text{PhN}_3 \xrightarrow{\triangle} \text{Ph}\ddot{\text{N}}\!: \xrightarrow{\text{环己烯}} \text{PhN}\!<\!(\text{环己烷并氮杂环丙烷})$$

与卡宾类似，单线态氮烯与烯烃的加成反应是协同反应，有明显的立体专一性；双键如果有构型，构型保持不变。三线态氮烯与烯烃的加成反应是分步进行的，没有立体专一性。

2. 插入反应

与碳烯类似，氮烯也很容易与脂肪族化合物的 C—H 键发生插入反应，包括分子内插入，也包括分子间插入。当烷基中的碳原子数足够多时，除了分子内 α 插入反应外，也能竞争性地发生分子内的 δ 插入反应。

$$H_3C-CH(H)-CH_2-CH_2-CH(H)-\ddot{N} \longrightarrow H_3C-CH(H)-CH_2-CH_2-HC{=}NH + \text{3-甲基吡咯烷}(H_3C\text{-}C_4H_7NH)$$

α 插入　　　δ 插入

3. 重排反应

烷基氮烯在生成后，很快发生重排反应生成 Schiff 碱。

$$R-CH_2-\ddot{N} \longrightarrow R-CH{=}NH$$

在芳基氮烯中氮原子的 p 轨道与苯环的 π 电子轨道发生共轭，在一定程度上补偿了氮原子的缺电子性，因此亲电作用不太强。芳基氮烯也可发生重排反应，如 N-溴代三苯甲基胺用碱处理则重排成二苯甲酮缩苯基胺。此重排反应包括氮烯中间体，称为 Stieglitz 重排。

$$(C_6H_5)_3C-NHBr \xrightarrow{NaOH} (C_6H_5)_2C{=}N-C_6H_5$$

酰基氮烯容易发生重排反应，即烷基从碳上迁移到氮原子上生成异氰酸酯，水解可产生胺和二氧化碳。霍夫曼重排反应就是酰基氮烯的重排。

第六节　苯　炔

苯炔(benzyne)或叫做去氢苯(dehydrobenzene)，是苯环亲核取代反应中的活性中间体。

一、苯炔的结构

苯炔相当于从苯的相邻两个碳原子上各去掉一个氢原子，形成一个由叁键相连的化合物，可表示如下：

关于苯炔的结构，可以设想有两种情况。一种认为苯炔具有一个叁键，两个碳原子有 sp 杂化轨道，其他的碳原子为 sp^2，结构中有 sp^2 杂化轨道和 sp 杂化轨道之间的重叠，必须有很大的扭曲，这样是非常不稳定的。另一种认为苯炔中的叁键碳原子仍为 sp^2 杂化状态，叁键的形成基本上不影响苯环中离域的 π 体系，苯环的稳定性保持不变，而新的"π 键"是

由两个 sp^2 杂化轨道侧面交盖而形成很弱的键，与苯环的 π 体系垂直，因此这个 π 键非常活泼，很不稳定。目前认为苯炔的结构倾向于后者。

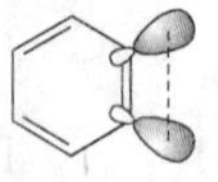

图 4-12

二、苯炔的生成

苯炔的生成主要从苯环中相邻两个碳原子上，一个去掉负电性基团，一个除去掉正电性基团而形成的。随着反应物和反应条件的不同，苯炔产生的方法主要有以下几种。

1. 芳卤化物脱卤化氢

芳香族卤化物与强碱作用，通过 β-消除反应而生成芳炔，反应首先是由夺取苯环上的氢(质子)开始的。例如，烷基锂或芳基锂在乙醚中，在－30℃与卤苯发生反应，可得到高产率的苯炔。

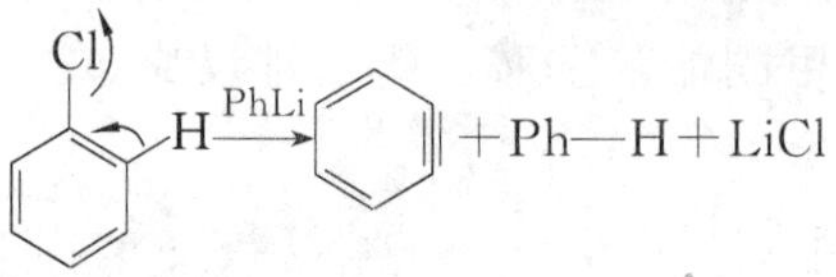

Cl H —PhLi→ ＋Ph—H＋LiCl

不同的卤原子，生成苯炔的难易程度也不同。一般氟化物较容易生成苯炔，因为氟的电负性大，使邻位碳原子上的氢酸性增强，更有利于氢原子作为质子离去，而消除质子的一步是控制反应速度的步骤，所以尽管氟不是好的离去基团，但较易生成苯炔。

另外，芳环上的亲核取代反应过程中也存在卤原子的直接取代反应与生成苯炔的 β-消除反应相互竞争的机理。例如，在同位素标记的氯苯氨解反应中，除了直接取代反应，实际上还存在先 β 消除反应生成苯炔，再加成反应的竞争。

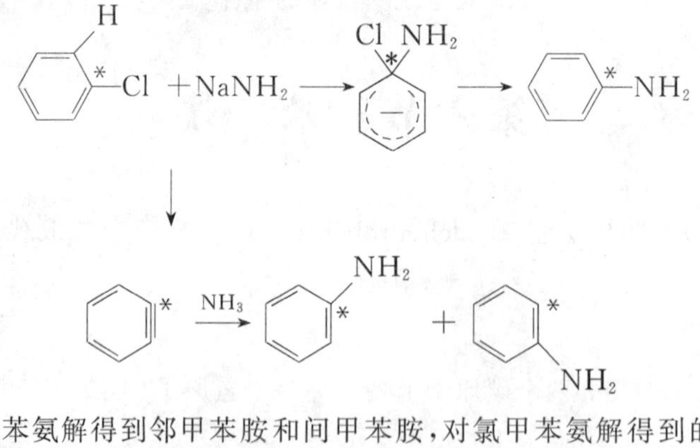

H *Cl ＋$NaNH_2$ ⟶ Cl NH_2 * ⟶ *NH_2

↓

* —NH_3→ NH_2 * ＋ * NH_2

再如，邻氯甲苯氨解得到邻甲苯胺和间甲苯胺，对氯甲苯氨解得到的是对甲苯胺和间甲苯胺，而间氯甲苯氨解则得到邻、间、对三种甲苯胺的混合物。这些实验事实说明反应是按先消除而后加成的历程进行的。

2. 由邻卤代有机金属化合物制备

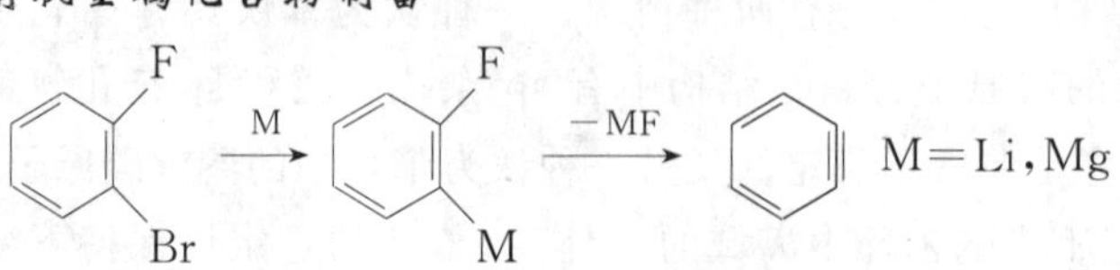

F Br —M→ F M —－MF→ M＝Li，Mg

3. 邻重氮基羧酸脱去中性基团

由邻氨基苯甲酸的重氨盐，在光或热的作用下分解，可以形成苯炔。

$$\text{邻氨基苯甲酸}\xrightarrow{HNO_2}\text{邻羧酸根苯重氮盐}(COO^-,\ N_2^+)\longrightarrow\text{苯炔}+N_2+CO_2$$

改进的方法是在缓和的条件下，如在二氯甲烷中，用亚硝酸异戊酯(i-$C_5H_{11}ONO$)重氮化邻氨基苯甲酸，而后在非碱性条件下分解生成苯炔。

4. 环状化合物分解

$$\text{1-氨基苯并三唑}\xrightarrow[NiO_2,20℃]{Pb(OAc)_4}[\ \text{中间体}\ ]\longrightarrow\text{苯炔}+N_2$$

5. 光解或热解

$$\text{邻二碘苯}\xrightarrow{h\nu}\text{苯炔}$$

$$\text{邻苯二甲酸酐}\xrightarrow[\text{或}\ h\nu]{600℃}\text{苯炔}$$

$$\text{邻碘苯基碘化汞}(HgI)\xrightarrow{h\nu}\text{苯炔}$$

三、苯炔的反应

苯炔的主要反应总是涉及对“叁键”的加成，加成的结果是恢复了芳环的芳香性。反应可以是极性的，也可以是协同的环加成。极性加成可以是亲核的加成反应，也可以是亲电加成反应。

1. 亲核加成

前面提到的氯苯氨解反应，是氨基钠在液氨中与芳卤化物的反应，就是—NH_2在苯炔活性中间体上的亲核加成反应。

$$\text{氯苯}^{*}\xrightarrow[NH_3(l)]{NaNH_2}\text{苯胺}^{*}\ (58\%)+\text{间位标记苯胺}^{*}\ (42\%)$$

但在某些反应中，加成反应的方向是有选择的，引入的亲核试剂不一定在离去基团所在的位置，如：

$$Br\text{-}C_6H_4\text{-}NH_2 \xrightarrow[NH_3(l)]{NaNH_2} m\text{-}H_2N\text{-}C_6H_4\text{-}NH_2$$

亲核试剂进攻间位比较有利，这是从电子效应的角度来考虑的。一般地，亲电子取代基引导亲核试剂到邻或对位；而给电子取代基，则引导它们到间位。

另外，空间因素往往对反应位置有一定影响，如较大位阻的氯苯邻位衍生物，经生成苯炔，虽然可以生成两种产物，但实际上只得到一种产物，主要由于空间阻碍作用的影响，如：

$$o\text{-}CH_3O\text{-}C_6H_4\text{-}Cl + NaNH_2 \longrightarrow 3\text{-}OCH_3\text{-苯炔} \xrightarrow{HNMe_2} m\text{-}CH_3O\text{-}C_6H_4\text{-}NMe_2$$

2. 亲电加成

苯炔也容易与亲电试剂如卤素、烷基硼等加成：

$$\text{苯炔} \xrightarrow{I_2} \text{(邻位 I 取代苯基正离子)} \xrightarrow{I^-} o\text{-}C_6H_4I_2$$

$$\text{苯炔} \xrightarrow{B(C_2H_5)_3} \text{(邻位 }B(C_2H_5)_2\text{ 取代苯基正离子，}B\text{—}CH_2\text{—}CH_2\text{—}H\text{ 迁移)} \longrightarrow o\text{-}B(C_2H_5)\text{-}C_6H_4\text{-}H$$

汞、锡、硅的卤化物可以和苯炔加成：

$$\text{苯炔} \xrightarrow{HgI_2} \text{(邻位 HgI 取代苯基正离子)} \xrightarrow{I^-} o\text{-}IHg\text{-}C_6H_4\text{-}I$$

$$\text{苯炔} \xrightarrow{Bu_3SnCl} \text{(邻位 }SnBu_3\text{ 取代苯基正离子)} \xrightarrow{Cl^-} o\text{-}Bu_3Sn\text{-}C_6H_4\text{-}Cl$$

苯炔与硼酸酯或烃基酸酯作用，形成邻烷氧基苯基硼酸酯。

$$\text{苯炔} \xrightarrow{R_1B(OR_2)_2} o\text{-}R_2O\text{-}C_6H_4\text{-}B(OR_2)R_1$$

3. 环加成

苯炔与乙炔及简单的烯烃不发生反应，但与具有张力的和连有推电子基团烯烃发生[2+2]加成。例如，苯炔和原冰片二烯作用，发生[2+2]加成，形成四元环。

苯炔的最重要最有用的反应就是和双烯体发生环加反应，苯炔表现为高度活性的亲双烯体，和许多1,3-二烯烃加成反应。

三碟烯

苯炔和双烯体的环加反应可用来检验苯炔中间体的生成。例如，在碘苯与氨基钠的反应中，加入呋喃或环戊二烯等活泼的双烯体，则可改变苯炔生成后与氨继续反应的正常途径，而与双烯体生成环加成产物，证明碘苯的氨解不是简单的亲核取代反应，而是消除后再加成的苯炔历程，从而为苯炔中间体的存在提供了有力的证据。

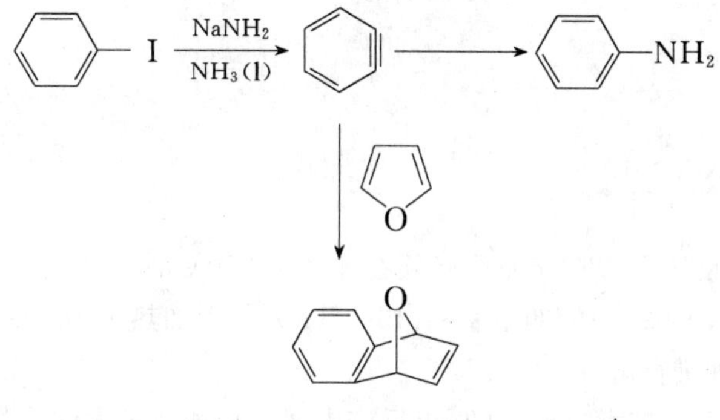

习　题

1. 比较下列反应中间体的稳定性。

(1) A. $(CH_3)_2\overset{+}{C}HCH_2OCH_3$　　B. $(CH_3)_2CH_2\overset{+}{C}HOCH_3$

(2) A. 　　B.　　C.　　D.

(3) A. $ClCH^+CH_2CH_3$　　B. $^+CH_2CH_2CH_2CH_3$

C. $CH_3CH^+CH_2CH_3$　　D. $CF_3CH^+CH_2CH_3$

(4) A. 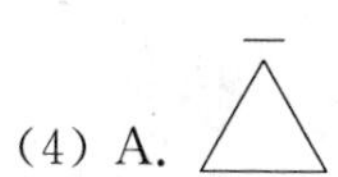　　B. 　　C. 　　D. 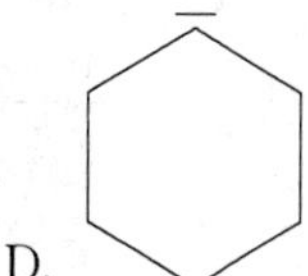

(5) A. $Ph_3C\cdot$　　B. $(CH_3)_3C\cdot$　　C. $CH_3\dot{C}HCH_3$　　D. $CH_3CH{=}\dot{C}H$

(6) A. $^-C(NO_2)_3$　　B. $^-CH(NO_2)_2$　　C. $^-CH(CHO)_2$　　D. $^-CH_2NO_2$

(7) A. 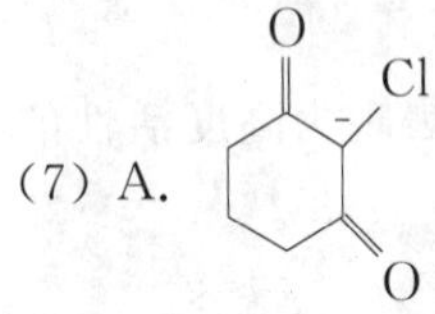

B.　C. 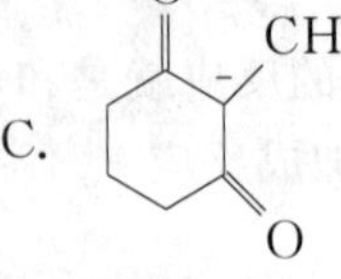

D.

(8) A. $CH_3CH{=}CH\overset{+}{C}H_2$　　B. $CH_3CH_2\overset{+}{C}H_2$　　C.　　D. $CH_2{=}CH\overset{+}{C}H_2$

2. 完成下列反应，并写出反应历程中活性中间体的结构。

(1) $H_3C-\overset{O}{\overset{\|}{C}}-NH_2 \xrightarrow[-HO^-]{Br_2}$

(2) 苯 $\xrightarrow{HNO_3}$

(3) $H_3C-\underset{H}{\overset{CH_3}{C}}-CH_2Br \xrightarrow{HO^-}$

(4) 氯苯 $\xrightarrow{NaNH_2/NH_3}$

3. 甲烷和氯的反应通常在光照或必须在加热至 250℃时才开始发生反应，但在无光照条件下，如加入少量(0.02%)的四甲基铅$[Pb(CH_3)_4]$，则加热至 140℃，氯化反应即可顺利进行。试用反应机理进行解释。

4. 完成下列两个环扩大反应，并写出反应中间产物和环扩大的产物。

(1) 茚 $\xrightarrow{:CCl_2}$

(2) 降冰片烯 $\xrightarrow{:CCl_2}$

5. 在下列反应中，①②③④⑤这些反应是哪类反应机理？标明它们的中间离子或者中间产物。

邻二氯苯 $\xrightarrow[①]{HNO_3-H_2SO_4}$ 3,4-二氯硝基苯（Cl、Cl、NO_2） $\xrightarrow[②]{CH_3ONa-CH_3OH}$ 2-氯-4-硝基苯甲醚（OCH_3、Cl、NO_2） $\xrightarrow[③]{NaNH_2,NH_3(l)}$

$$\text{2-OCH}_3\text{-4-NO}_2\text{-C}_6\text{H}_3\text{NH}_2 \xrightarrow[10℃]{NaNO_2,HCl,H_2O} \xrightarrow[\triangle \ ④]{CuCN} \text{2-OCH}_3\text{-5-NO}_2\text{-C}_6\text{H}_3\text{CN} \xrightarrow{Fe,HCl} \xrightarrow[0℃]{NaNO_2,HBF_4} \xrightarrow[⑤]{\triangle} \text{2-OCH}_3\text{-5-F-C}_6\text{H}_3\text{CN}$$

6. 解释苯炔的结构，并完成下列反应。

(1) 苯炔 $\xrightarrow{(CH_3)_2CHOH}$

(2) 苯炔 $\xrightarrow{Br_2}$

(3) 苯炔 + 环己二烯 $\xrightarrow{\triangle}$

第五章

周环反应

周环反应(Pericyclic reaction)是指在加热或光照条件下的化学反应过程中,化学键的断裂和生成是通过环状过渡态相互协调地同时完成的反应。

周环反应主要包括:

① 电环化反应(Electrocyclic reactions):

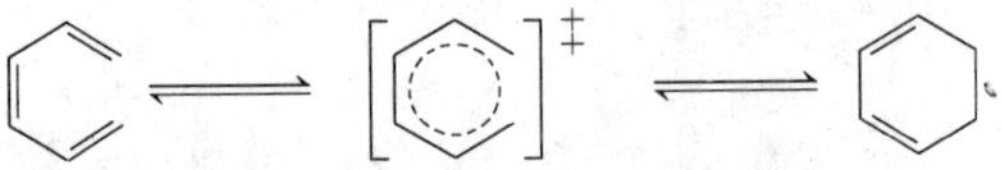

② 环加成反应(Cycloadditions):

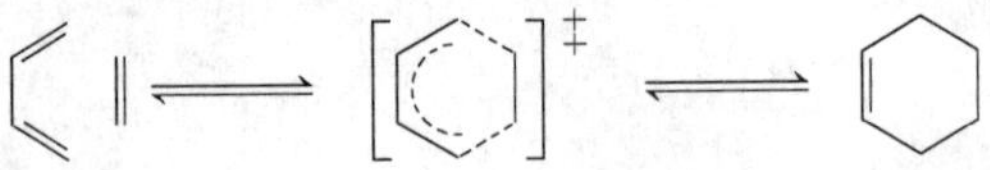

③ σ 迁移反应(Sigmatropic rearrangements):

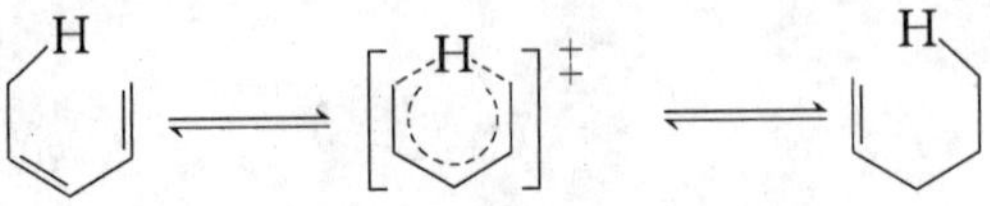

周环反应的主要特点是:

① 在反应过程中无自由基或离子等活性中间体生成,只经过环状过渡态;

② 旧断裂和新键生成通过环状过渡态协同进行;

③ 反应的条件是加热或光照,反应一般不受催化剂等因素的影响;

④ 反应具有立体专一性。

第一节　周环反应理论的提出和分子轨道对称守恒原理

在发现 Diels-Alder 反应以后,人们很奇怪为什么丁二烯与乙烯在加热时就可以生成环己烯,而两分子的乙烯在加热条件下则不能生成环丁烷。这个问题直到 1969 年分子轨道对称守恒原理提出后才得以解决。

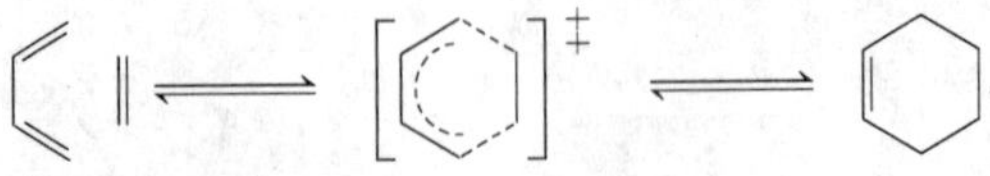

一、分子轨道的对称性

周环反应所涉及的分子轨道主要是与直链多烯有关的 π 轨道和部分 σ 孤立轨道。在本章内容中我们简要讨论这些分子轨道的对称性问题。

一个图形或物体经某些操作之后，能够恢复原来的形象，那么，这个图形或者物体就具有对称性；这些操作就称为对称操作；施行对称操作所依据的几何要素如点、线或面等称为对称元素。对称性匹配是形成化学键的三个条件之一。原子轨道和分子轨道既可以用波函数的形式表示，也可以用形象的几何图形表示。在分子轨道的对称性分析中，常用的对称因素是对称面(m)和二重对称轴(c_2)。反应过程中的各个有关分子轨道按照位相可分为对称(S，symmetric)和反对称(A，asymmetric)两类。其中，对称是指轨道经对称操作后，轨道图形和轨道相位复原；反对称是指经过对称操作后，轨道图形复原而轨道位相相反。以乙烯的 π 分子轨道为例，第一个对称因素是垂直并等分 σ 键的对称面 m_1，对成键的 π 轨道经镜面反映后的图形与原来一致，因此轨道是平面 m_1 对称的，而反键的 π^* 轨道对 m_1 则是反对称的。

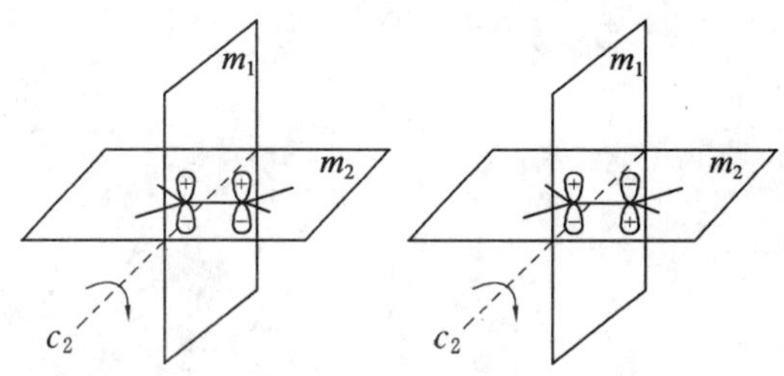

图 5-1

第二个对称元素是包含乙烯所有五个 σ 键的平面 m_2。从图 5-1 可以看出，乙烯的 π 轨道和 π^* 轨道对 m_2 都是反对称的。第三个对称元素是 m_2 与 m_2 的交线 c_2。乙烯 π^* 轨道绕 c_2 旋转 180°后完全复原，所以 π^* 轨道对于 c_2 来说是对称的，而 π 轨道对 c_2 则是反对称的。对于乙烯 π 分子轨道的图形和对称性总结如下，如图 5-2 所示。

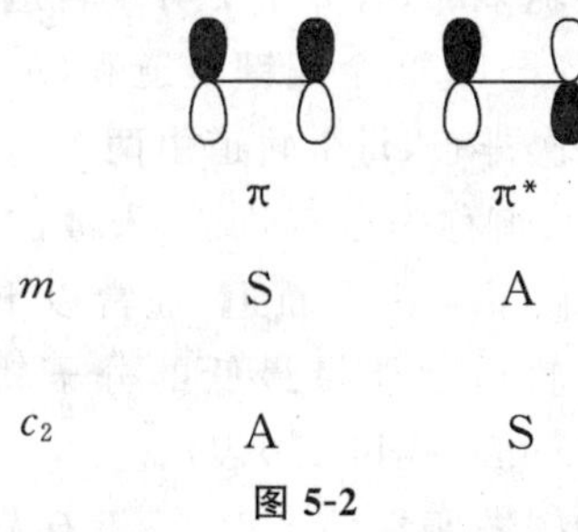

图 5-2

Hückel 分子轨道理论认为，在线性共轭多烯体系中，n 个碳原子 p 轨道的线性组合将导致 n 个分子轨道的形成，其能量对称地分布在非键能及附近。以丁二烯($4n$)和己三烯($4n+2$)为例，对于其他线性共轭多烯 π 分子轨道的图形、节点数和对称性总结如下，如图 5-3 和表 5.1 所示。

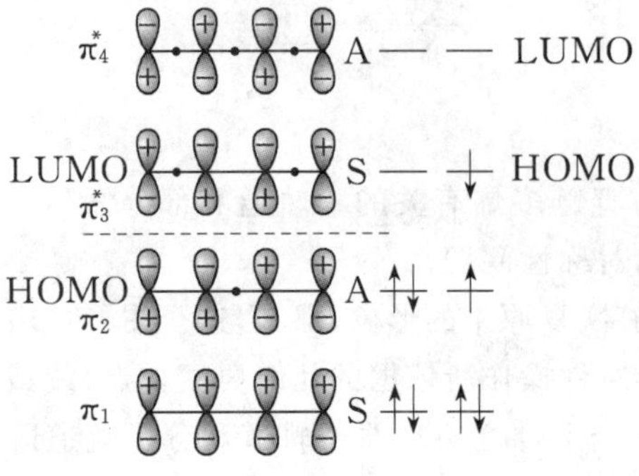

丁二烯的分子轨道 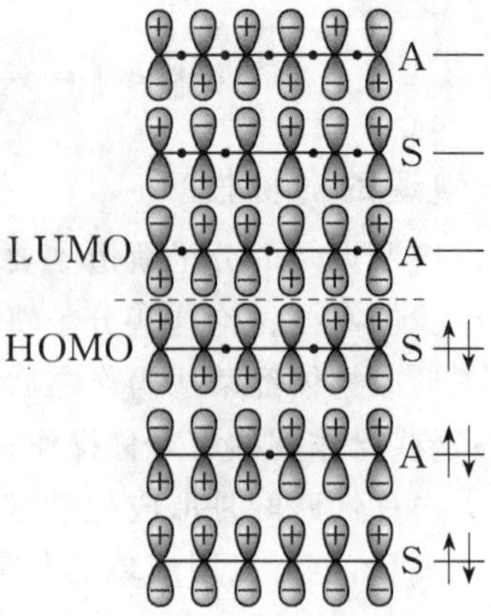　　　　己三烯的 π 分子轨道

图 5-3

表 5.1　直链共轭多烯 π 分子轨道的对称性

轨道	乙烯		烯丙基		丁二烯		戊二烯基		己三烯		辛四烯	
	m_1	c_2	m_1	c_2	m_1	c_2	m_1	c_2	m_1	c_2	m_1	c_2
Ψ_6											A	S
Ψ_7											S	A
Ψ_8									A	S	A	S
Ψ_9							S	A	S	A	S	A
Ψ_4					A	S	A	S	A	S	A	S
Ψ_3			S	A	S	A	S	A	S	A	S	A
Ψ_2	A	S	A	S	A	S	A	S	A	S	A	S
Ψ_1	S	A	S	A	S	A	S	A	S	A	S	A

对上述线性共轭多烯 π 分子轨道的对称性进行比较可以看出：

(1) 有 n 个碳原子的直链共轭多烯，有 n 个 π 分子轨道：n 为偶数时有 $n/2$ 个成键轨道和 $n/2$ 反键轨道；n 为奇数时有 $(n-1)/2$ 个成键轨道和 $(n-1)/2$ 反键轨道和 1 个非键轨道。π 电子从能级最低的轨道依次排布，每个轨道由两个自旋相反的电子占据。在各个能级的分子轨道中，被电子占据的轨道称为占有轨道，未被占据的轨道称为空轨道。在占有轨道中，能量最高的分子轨道叫做最高占有轨道，通常以 HOMO（Highest occupied molecular orbital)表示。在空分子轨道中能量最低的分子轨道，叫做最低空轨道，通常以 LUMO(Lowest unoccupied molecular orbital)表示。

(2) 能级最低的分子轨道除碳链所在的平面外，没有节面；其余轨道的节面数随能级升高依次为 1,2,3,…。

(3) 相邻能级的两个分子轨道对称性相反。

(4) 同一分子轨道对 m 和 c_2 的对称性相反。

(5) 一个体系的所有分子轨道都具有对称性（对称或反对称)，而不采用无任何对称因素的非对称的分子轨道，这是一个极其重要的原则。

由于周环反应往往发生在共轭多烯的两端，所以反应的对称性选择规则仅仅取决于链端 p 轨道的对称性，当两端 p 轨道的位相相同时，对 m 是对称的，对 c_2 是反对称的。

二、分子轨道对称守恒原理

分子轨道对称守恒原理是由 Robert Burns Woodward 和 Roald Hoffmann 于 1965 年提出的。该原理认为，分子轨道的对称性控制着周环反应的进程，周环反应中轨道对称性守恒。对于周环反应来说，从反应物到过渡态最后到产物的整个进程中，分子轨道的对称性都应保持不变，即对称的保持对称，反对称的保持反对称。

1. 对称允许与对称禁阻

在周环反应中，当反应物与产物的分子轨道对称性一致时，可以互相匹配成能量较低的过渡态，这时反应易于发生，叫做对称允许的反应；反之，则为对称禁阻反应。需要指出的是，“禁阻”或“允许”只表示反应过程的难易程度，而不应理解为“不能”或“可以”。例如，在加热条件下一个对称禁阻的反应并不是不能发生，而是表示它需要较高的活化能，从而使该反应在基态时不能按协同机理进行，但不排除该反应可以在光照条件下按照对称允许的途径进行。

2. 同面与异面

在周环反应中，由 π 键形成新键时，在环形成过渡态中也有两种不同的立体化学选择：在同一侧波瓣发生反应成为同面(S，suprafacial)，反应在相反两侧进行时称为异面(A，antarafacial)。

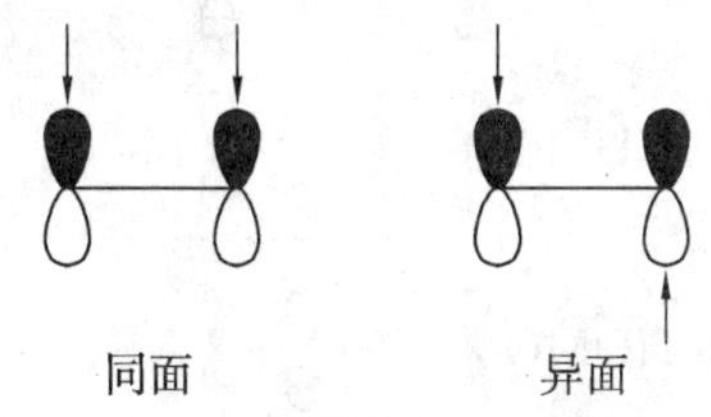

图 5-4

与 π 键类似，一个 σ 键的断裂亦可分为同面和异面途径。σ 键的同面反应是指 σ 键键连的两个原子轨道都以正波瓣或都以负波瓣去成键，两个原子的构型保持或者都反转。σ 键的同面反应是指在一个原子上构型保持，而在另一个原子上构型反转。

图 5-5

参加周环反应的一个非键 p 轨道能以同一个波瓣与一个碳链的两端成键，称为同面过程；反之，则为异面过程。

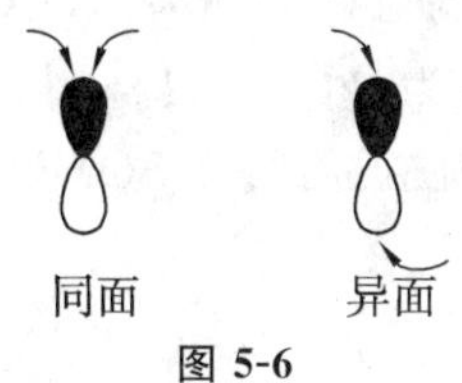

图 5-6

3. 前线轨道理论

对于周环反应的解释，目前主要有三种不同的理论处理方法，即前线轨道理论、能级相关理论和芳香过渡态理论。它们从不同的角度探讨轨道对称性的问题，但所得结果基本一致。以下内容将介绍前线轨道理论，其余两种理论在此不作讨论。

20 世纪 50 年代初，日本化学家福井谦一等人将量子力学和分子轨道理论用于反应机理的研究，提出了"前线电子"和"前线轨道"的概念。他们从大量的实验研究发现，稠环芳烃的亲电取代反应活性与分子的 HOMO 电子密度有良好的对应关系。为此，他们建议将 HOMO 电子密度作为一种反应活性指标，并把 HOMO 中的一对电子称作前线电子。不久，他们又将这一概念推广到 LUMO 和单电子占据轨道 SOMO(也可看做自由基的 HOMO)，并以这些前线电子密度作为反应活性指标，研究了芳香亲电、亲核和自由基取代等反应的活性问题，取得了较为满意的结果。福井谦一等以量子力学的微扰理论推导为基础，指出 HOMO 和 LUMO 前线轨道(FMO，Frontier molecular orbital)是化学反应中最活跃、最先起作用的两种分子轨道。HOMO 中的电子离核远、能量高，核对电子的束缚较为松弛，最容易激发到 LUMO 中去，所以 HOMO 具有给电子的性质；而 LUMO 是能量最低的空轨道，最容易接受 HOMO 的电子，对电子的亲和力较强，具有接受电子的性质。1965 年，Woodward 和 Hoffmann 首先将前线轨道理论用于周环反应。该理论使用了原子结构中的价电子概念，认为如果把分子当做类似原子的整体，π 体系分子在化学反应中起决定作用的只是填充在最高能级的 π 电子，即外层 π 电子。

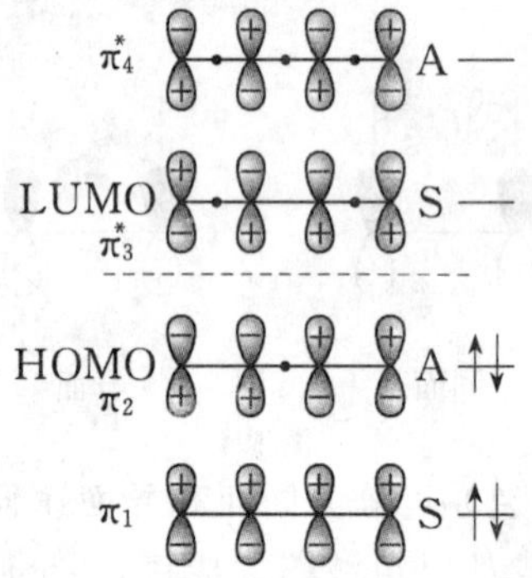

图 5-7

例如，在 1,3-丁二烯中有能量逐渐升高的 Ψ_1，Ψ_2，Ψ_3，Ψ_4 四个 π 分子轨道。在基态时，四个电子分别占有 Ψ_1 和 Ψ_2 轨道；其中，Ψ_2 是 HOMO，Ψ_3 和 Ψ_4 是空轨道(Ψ_3 为 LUMO)。1,3-丁二烯和其他含 $4n$ 个 π 电子的线性共轭体系的 HOMO 对 m 的对称性都为 A，LUMO 的对称性都为 S，而对 c_2 的对称性相反。1,3,5-己三烯和其他含 $4n+2$ 个 π 电子的线性共轭体系的 HOMO 对 m 的对称性都为 A，LUMO 的对称性都为 S，但烯丙基游离基体系含有三个电子，其电子配置为 Ψ_1^2，Ψ_2^1，Ψ_3^0，Ψ_2^1，只含有一个电子，所以既是 HOMO 又是 LUMO，这种轨道又称为单占轨道，简写为 SOMO。表 5.2 中是几种常见的线性共轭多烯的 HOMO 和 LUMO 及其对称性。

表 5.2 几种常见的线性共轭多烯的 HOMO 和 LUMO 及其对称性

共轭多烯体系	HOMO				LUMO			
	轨道	轨道瓣符号	对称性		轨道	轨道瓣符号	对称性	
			m_1	c_2			m_1	c_2
乙烯	Ψ_1	++	S	A	Ψ_2	+−	A	S
丁二烯	Ψ_2	++−−	A	S	Ψ_2	+−−+	S	A
己三烯	Ψ_3	++−−++	S	A	Ψ_3	+−−++−	A	S
烯丙基正离子	Ψ_1	+++	S	A	Ψ_2	+0−	A	S
烯丙基游离基	Ψ_2	+0−	A	S	Ψ_2	+0−	A	S
烯丙基负离子	Ψ_2	+0−	A	S	Ψ_2	+−+	S	A

对于单分子周环反应，在基态时其反应途径和立体选择性是由其 HOMO 的对称性所决定的；在激发态时，则由 LUMO 的对称性决定。对于双分子周环反应，前线轨道理论认为：① 起决定作用的轨道是两个反应分子中一个分子的 HOMO 和另一个分子的 LUMO，当两个分子反应时，电子便从一个分子的 HOMO 进入另一个分子的 LUMO；② HOMO 和 LUMO 必须对称性匹配，当两个分子相互接近时，两个前线轨道必须具有共同的对称性，即要求 HOMO 和 LUMO 能够发生相位重叠；③ 能量相近原则，即能量相近的两个前线轨道之间相互作用，反应越容易进行。

4. 热化学和光化学反应

周环反应中反应的外部动力不是光照就是加热。热化学反应是反应物分子处于基态时以热作为化学变化能源所发生的反应。光化学反应是反应物分子吸收适当波长的光子而处于激发态时所发生的反应。热化学反应与光化学反应的主要区别在于：分子在基态和激发态的电子分布不同，因而导致基态分子和激发态分子在物理和化学性质上的不同，基态的化学反应与激发态的反应在机理和结果上也不同，并且得到不同的立体化学产物。

加热一般只提高分子运动的平均能量，而光照却能使基态分子的电子跃迁到较高的能级轨道，形成分子的激发态。这是因为给定波长的光的能量比热提高的能量大得多。例如，1 mol 217 nm 波长紫外光的能量为 551.6 $kJ \cdot mol^{-1}$，这个能量大大超过 C—C 单键的键能 345.6 $kJ \cdot mol^{-1}$。因此，有机分子吸收一定波长的光，所具有的能量就足以使共价键断裂而引发化学反应。与基态相比，激发态分子能量一般较高，因而可形成通过基态难以形成的能量较高的产物，如自由基等。

第二节 周环反应

一、电环化反应

共轭多烯烃末端两个碳原子的 π 电子环合成一个 σ 键，从而形成比原来分子少一个双键的环烯的反应及其逆反应都叫做电环化反应。这类反应都经过一个环状过渡态，电子通过环状过渡态绕环离域，故称之为“电环化”。电环化反应是周环反应的一种，属于单分子周环反应，在光或热的作用下进行。反应可按四种立体途径（两种顺旋（conrotatory）和两种对旋（disrotatory））发生，但几乎总是立体专一性的。

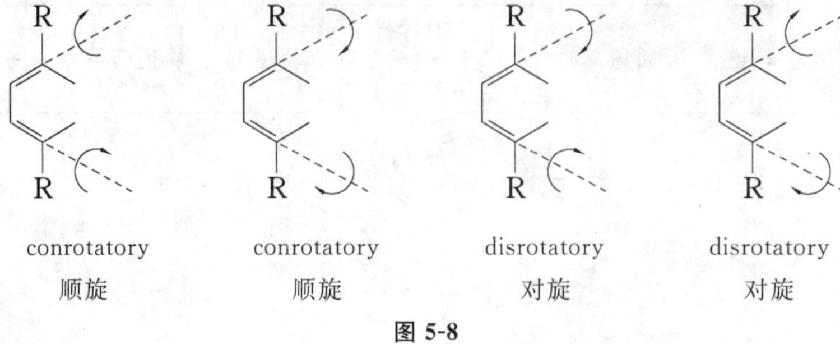

图 5-8

1. π 电子体系的电环化反应

电环化反应是单分子的周环反应。前线轨道理论认为，在单分子反应中起决定性作用的是 HOMO 轨道。加热条件下反应在基态进行。此时，丁二烯的 HOMO 是 Ψ_2，根据分子轨道对称守恒原理，只能顺旋关环或开环，才能发生同相位重叠，转变为环丁烯的成绩 σ 轨道，在反应过程中有关轨道的对称性保持不变。在光照条件下，基态丁二烯中 Ψ_2 的电子吸收光子而跃迁到了 Ψ_3 中，这时 Ψ_3 由原来的 LUMO 转变为 HOMO，Ψ_3 的对称性和 Ψ_2 的正好相反，如图 5-9 和 5-10 所示，只有对旋关环才能发生同相位重叠变为轨道对称性相同的环丁烯 σ 轨道，生成稳定的对旋化合物。

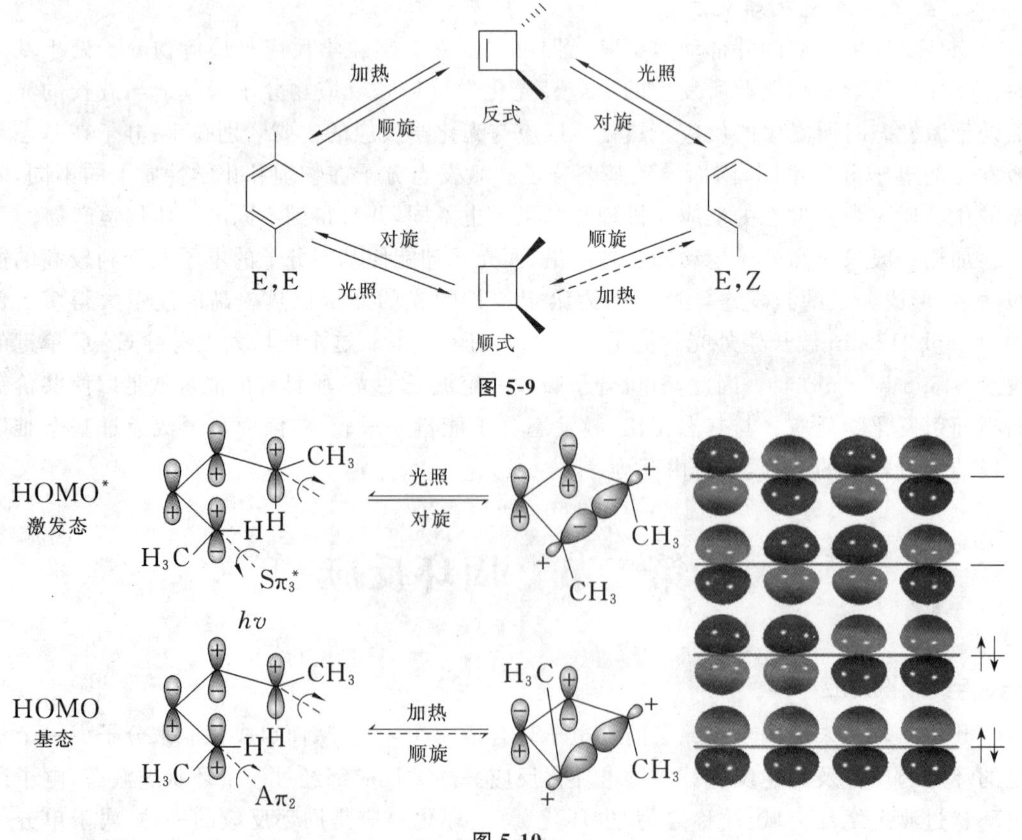

图 5-9

图 5-10

设想丁二烯型分子受热时进行对旋，则 C_1 和 C_4 的正波瓣与负波瓣相遇，形成环丁烯的反键 σ^* 轨道，因而使体系的能量升高。另一方面，σ^* 轨道对 c_2 轴是反对称的，因此反应物与产物的轨道对称性不一致，这就是丁二烯型分子在加热时不能对旋进行反应的原因。

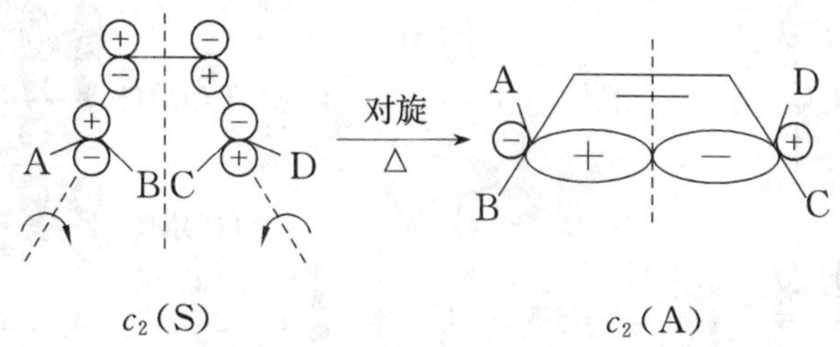

图 5-11

其他 π 电子数等于 $4n$ 的直链共轭多烯的轨道对称性与丁二烯类似，因此遵循共同的反应规律，即热反应顺旋允许、光反应对旋允许。

2. π 电子体系的电环化反应

根据实验事实，与丁二烯相反，2,4,6-辛三烯（$4n+2$ 电子体系）加热时发生对旋环化，光照时发生顺旋环化。

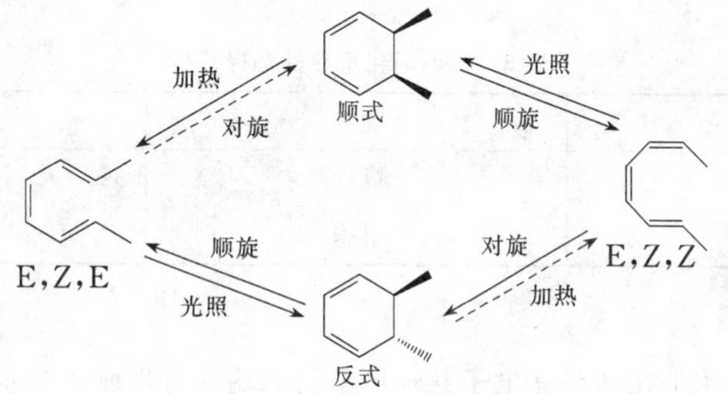

图 5-12

根据前线轨道理论，在加热条件下，2,4,6-辛三烯基态的 HOMO 是 Ψ_3，其对称性如图 5-13 所示。它的镜面 m 是对称的，C_1 和 C_6 的 p 轨道符号相同，只有对旋环化才能发生同位相的重叠，生成稳定的 σ 键。σ 轨道也是镜面对称的，反应物和产物的分子轨道对称性一致，所以反应能够发生，而顺旋的反应时不能发生的。光照条件下，Ψ_3 上的电子吸收光子跃迁到上 Ψ_4，此时 Ψ_4 成为 HOMO，C_1 和 C_6 的 p 轨道符号相反，必须发生顺旋才能发生同位相的重叠，生成的 σ 轨道对 c_2 轴也是对称的。对于具有 $4n+2$ 个 π 电子的直链共轭多烯体系（丙烯基正离子、戊二烯基负离子），其选择规律相同。

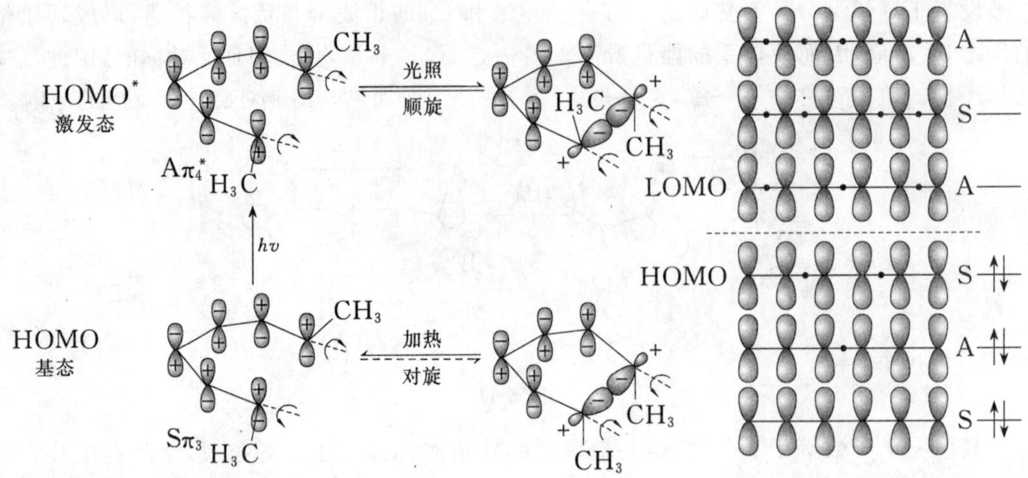

图 5-13

总结上述两种情况可以得到电环化反应的一般选择规则：$4n$ 个 π 电子的直链共轭多烯体系的反应加热顺旋，光照对旋；$4n+2$ 个 π 电子的直链共轭多烯体系的反应加热对旋，光照顺旋。

表 5.3　电环化反应的选择规则

$n=1,2,3,\cdots$	加热	光照
$4n$	顺旋	顺旋
$4n+2$	对旋	对旋

二、环加成反应

在光或热的作用下在两个 π 电子共轭体系的两端同时生成两个 σ 键而闭合成环的反应叫做环加成反应(Cycloaddition reaction)。环加成的逆反应为环消除(开环反应)，它们遵循同样的规律。环加成反应主要分为两类：[2+2]和[4+2]加成。环加成反应是分子间的协调反应。根据 FMO 理论，反应过程中一分子的 HOMO 与另一个反应分子的能量接近且对称性相同的 LUMO 作用，所以两分子的 HOMO 和 LUMO 是起决定性的轨道，且电子应从 HOMO 到 LUMO。

1. [2+2]加成

乙烯二聚形成环丁烷反应属于[2+2]环加成反应。在加热条件下该反应不能发生，原因是由于在基态时一个乙烯分子的 HOMO(π)和另外一个乙烯分子的 LUMO(π^*)互相平行且接近时，二者的对称性不同，不能发生同相位的重叠，因此加热对于[2+2]环加成反应是禁阻的。与之相反，在光照条件下，电子从 π 轨道跃迁到 π^*，此时 π^* 变为 HOMO，它与另外处于基态的乙烯分子的 LUMO(π^*)对 m 镜面都是反对称的，可以发生同位相的重叠，反应时可以进行的，因此在光照条件下[2+2]环加成反应是对称性允许的。

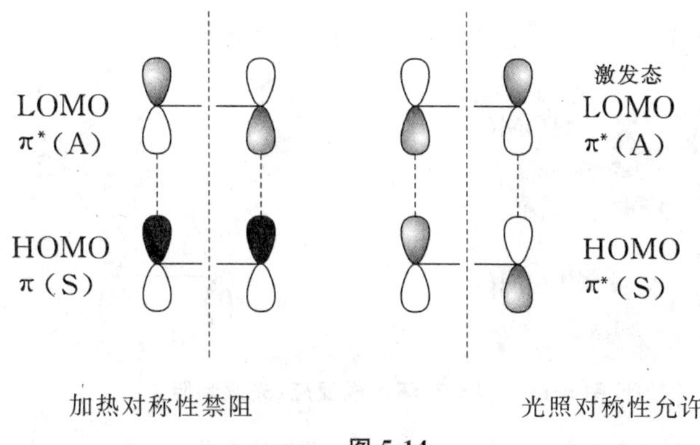

图 5-14

2. [4+2]加成

Diels-Alder 反应又叫做双烯合成，是典型的[4+2]环加成反应。丁二烯或其衍生物称为双烯或双烯体，取代乙烯称为亲双烯体。除 C═C 双键以外，亲双烯体还可以是 C═N, C═O, N═N, S═O 等。[4+2]环加成反应的反应特点是：① 顺式加成，加成产物仍保持双烯和亲双烯体原来的构型；② 可逆反应，在较高温度下可转为双烯体和亲双烯体。

双烯体 + 亲双烯体 $\xrightarrow{\triangle}$

双烯体　亲双烯体

[4+2]加成按同面/同面方式进行，如丁二烯和乙烯的反应在加热时是允许的，而在光照下是禁阻的。FMO 理论认为，在基态下，丁二烯和乙烯的前线轨道有两种组合方式：丁二烯的 HOMO(Ψ_2)和乙烯的 LUMO(π^*)作用，或乙烯的 HOMO(π)和丁二烯的 LUMO(Ψ_3)作用。对于这两种情况，对称性都是一致的，都可以发生同位相的重叠，即反应都是对称性允许的。但是，根据 FMO 理论的计算，丁二烯的 HOMO 与乙烯的 LUMO 的能力差为 10.6 eV，而丁二烯的 LUMO 与乙烯的 HOMO 的能力差为 11.5 eV，丁二烯的 HOMO 和乙烯的 LUMO 在能量上更接近，故电子是从丁二烯的 HOMO 流向乙烯的 LUMO。

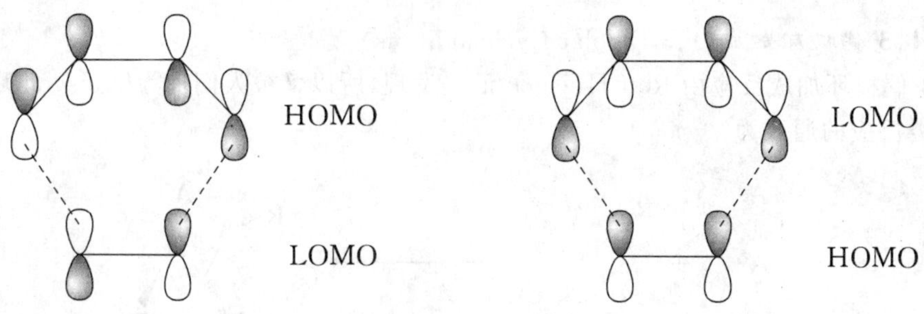

[4+2]环加成反应(加热允许)

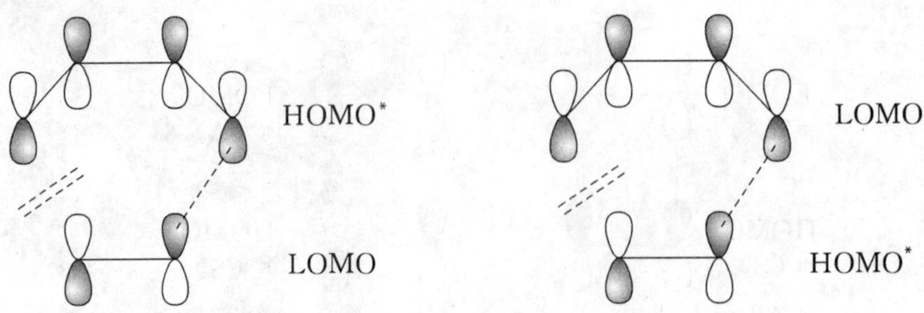

图 5-15 [4+2]环加成反应(光照禁阻)

取代的双烯与取代的亲双烯体反应时,主要产物是“邻位”或“对位”异构体,这种选择称为方向选择性,如:

O O O
△
主要产物 次要产物

O O O
△
主要产物 次要产物

凡是环加成反应体系的 π 电子总数为 $4n+2$ 时,都与[4+2]环加成反应的选择性相同。综上,环加成反应的选择规则总结如下。

表 5-4 环加成的选择规则

$m+n$	加热	光照
$4i$	禁阻	允许
$4i+2$	允许	禁阻

3. 1,3-偶极环加成(1,3-Dipolar Cycloadditons)

1,3-偶极环加成反应由 Rolf Huisgen 最先发现,所以又被人们称为 Huisgen 环加成反应。该类反应的通式为:

⊖ A ⊕ A′ A″ R + R′ R″ △ R A A′ A″ R″ R′

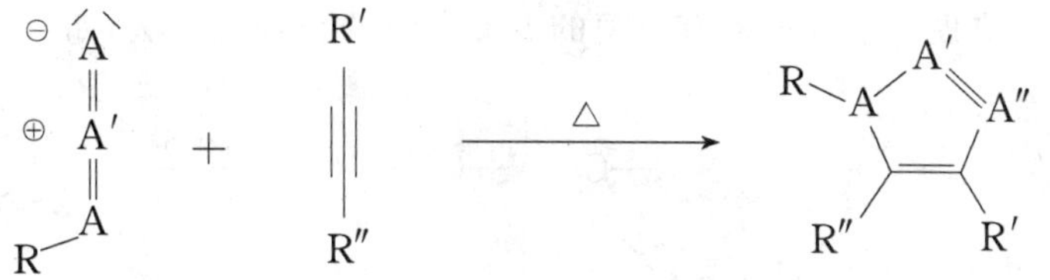

$\triangle$

分子中含有 a═b$^+$—c$^-$ 或$^+$a—b—c$^-$ 型结构的化合物称为 1,3-偶极化合物,该类化合物有臭氧、重叠化物、氮化物、腈叶利德、氧化腈等。

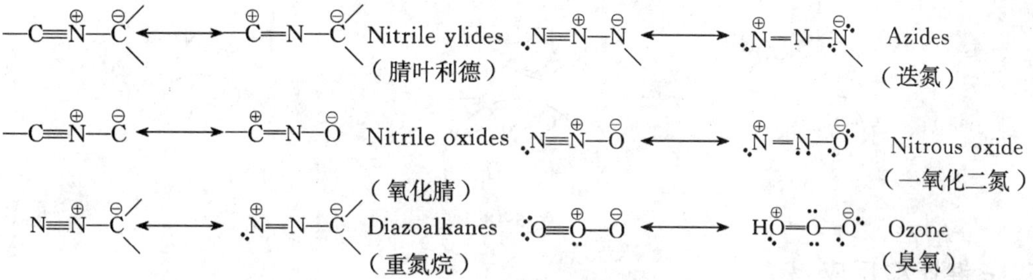

Nitrile ylides（腈叶利德）

Azides（迭氮）

Nitrile oxides（氧化腈）

Nitrous oxide（一氧化二氮）

Diazoalkanes（重氮烷）

Ozone（臭氧）

1,3-偶极化合物的 π 分子轨道与烯丙基负离子类似的 4π 电子体系。

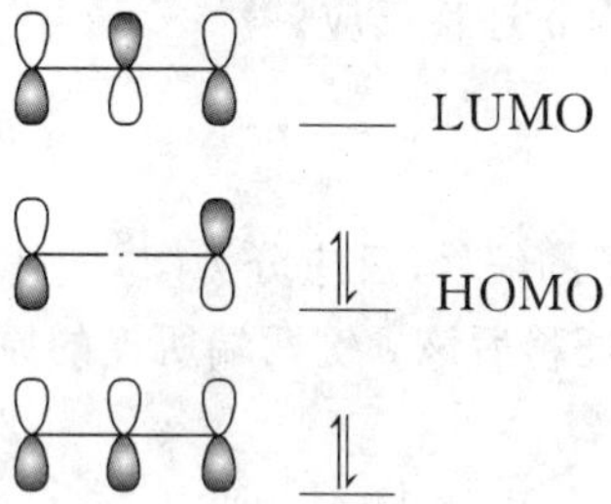

LUMO

HOMO

图 5-16

1,3-偶极环加成反应同样可以看做[4＋2]环加成体系的一种,主要可以分为三种类型:① 1,3-偶极体的 HOMO 控制反应(简称 HOMO 控制反应),1,3-偶极体出 HOMO,烯烃出 LUMO(正常);② 1,3-偶极体的 LUMO 控制反应(简称 LUMO 控制反应),1,3-偶极体出 LUMO,烯烃出 HOMO(反常);③ 1,3-偶极体的 HOMO-LUMO 控制反应(简称 HOMO-LUMO 控制反应)(中间)。通过前线轨道理论分析可以看出,基态时同面-同面加成是分子轨道对称守恒原理允许的。

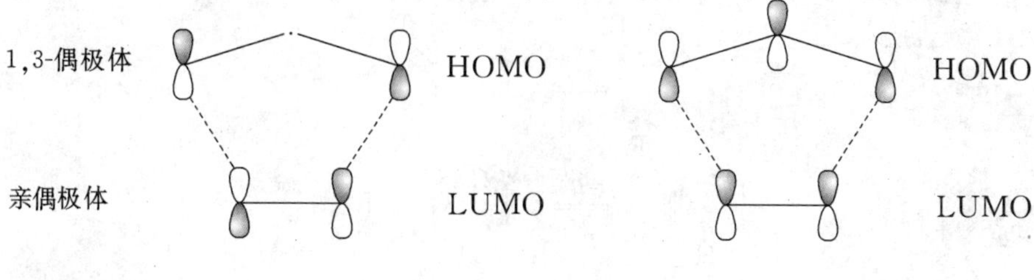

图 5-17

1,3-偶极环加成提供了许多极有价值的五元杂环的新合成方法，如：

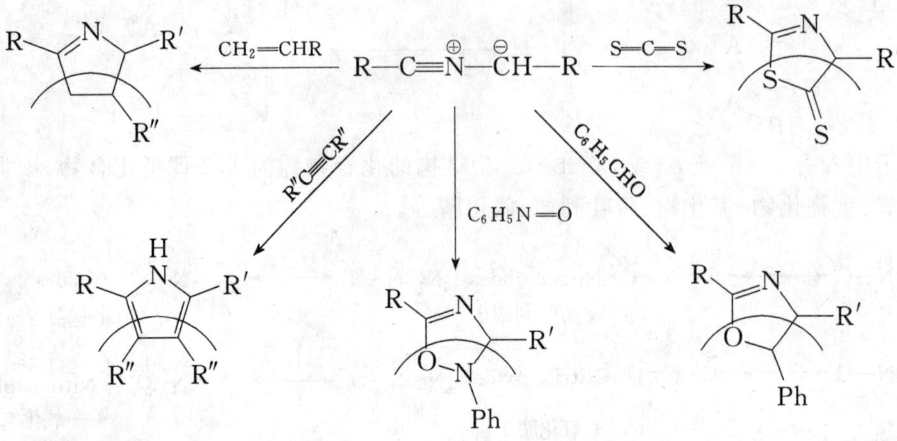

图 5-18

三、σ 键迁移反应

σ 键迁移反应是在化学反应中，一个 σ 键沿着共轭体系由一个位置转移到另一个位置，同时伴随着 π 键转移的反应称为 σ-迁移反应。

1. σ 键迁移反应的分类

(1) [1, j]和[i, j]迁移。

按照 σ 键迁移前后所连原子的编号，反应分为[1, j]和[i, j]迁移两类，即迁移的 σ 键两端原来所连的原子编号为 1，迁移后该 σ 键两端所连的原子编号分别为 i 和 j。

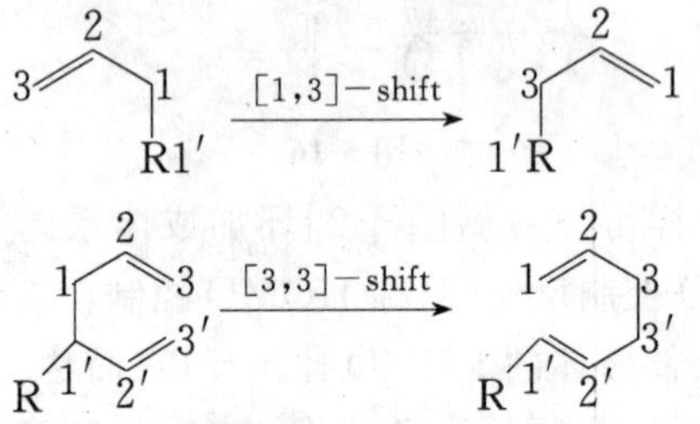

[1,3]−shift

[3,3]−shift

C—Hσ 键的迁移是[1, j] 迁移，因 σ 键的一端迁移前后都是编号为 1 的 H，另一端则由编号为 1 的原子迁移到编号为 j 的原子，即[1, j]氢迁移是与 π 电子体系相连的氢从 C_1 转移到 C_j 上。例如，C_j[1, 3]，[1, 5]和[1, 7]迁移可示意如下：

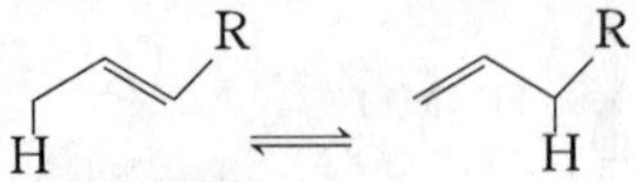

[1,3]

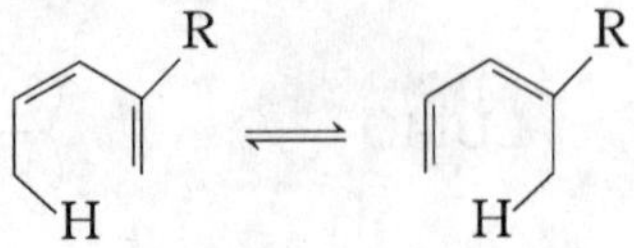

[1,5]

[1,7]

$[i, j]$迁移是指 σ 键两端在共轭体系中，从 1，1′分别迁移到$[i, j]$位。例如，C—C σ 键的[3，3]和[5，5]迁移可示意如下：

```
  1  2  3  4  5                 1  2  3  4  5        1  2  3  4  5
i=C—C=C—C=C                     C—C=C—C=C            C—C=C—C=C
  |            [3,3]或[5,5]           |          或               |
  |           ————————————→           |                           |
j=C—C=C—C=C                     C—C=C—C=C            C—C=C—C=C
  1  2  3  4  5                 1  2  3  4  5        1  2  3  4  5
```

这两种迁移中常见的是[3，3]迁移，因此，我们在这里只对[3，3]迁移进行讨论。

(2) 同面迁移和异面迁移。

从立体化学的角度来讲，σ 键迁移有两种方式。同面迁移(Suprafacial migration)：迁移基团在 π 体系的同侧进行。异面迁移(Antarafacial migration)：迁移基团在 π 体系的两侧进行。

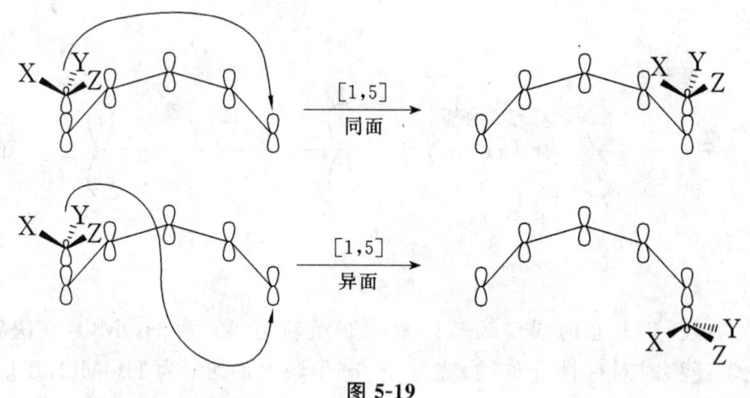

图 5-19

2. 氢原子的$[i, j]$迁移

氢原子的$[i, j]$迁移可以看作是一个氢原子(自由基)在一个含奇数碳原子的共轭体系自由基上的转移。根据烯丙基和戊二烯 π 轨道中各原子轨道可知：

烯丙基				戊二烯基					
				+	−	+	−	+	Ψ_5
+	−	+	Ψ_3	+	−	0	+	−	Ψ_4
+	0	−	Ψ_2	+	0	−	0	+	Ψ_3
+	+	+	Ψ_1	+	+	0	−	−	Ψ_2
				+	+	+	+	+	Ψ_1

在基态时，烯丙基 3 个电子中的 2 个在成键轨道；戊二烯基 5 个电子中的 4 个在成键轨道，还有 1 个电子在非键轨道中。如前所述，对于含奇数碳原子的共轭体系自由基，基态时非键轨道是体系的 SOMO，其对称性决定着迁移反应的难易和立体化学途径。相应的非键轨道如图 5-20 所示。

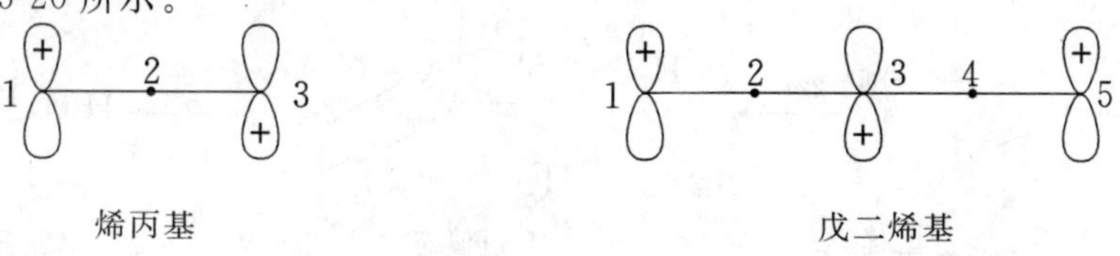

图 5-20

在环状过渡态中，氢原子的 s 轨道和两个端点碳原子的 p 轨道作用时，要求这两个 p 轨道的作用瓣位相一致，即氢原子如果与原来的正波瓣成键，转以后也必须与另一个碳原子 p 轨道的正波瓣结合。由此可知，基态下 C_1 上的氢原子进行[1,3]σ 键迁移时，需从 π 体系平面上方转移到下方才能与 C_3 的 p 轨道的正波瓣成键。这是一个异面迁移过程。但进行[1,5]迁移时，氢原子可在平面的同侧与 C_5 的 p 轨道的正波瓣成键，这是一个同面迁移过程。由于奇数碳原子共轭体系自由基非键轨道中的轨道位相是交替变化的，可推知[1,7]迁移又是一个异面过程。

对于烯丙基体系来说，基态时氢原子的[1,3]热化学迁移，需按异面方式进行，是对称允许的。然而，烯丙基体系只含 3 个碳原子，由于几何条件的限制，形成这样的过渡态活化能很大，故不利于反应，即烯丙基体系的[1,3]热化学异面迁移是对称允许的，但是空间条件不允许。烯丙基体系的[1,3]光化学迁移是同面允许的，光照条件下电子跃迁到 Ψ_3 轨道并使之成为 HOMO，这时氢的迁移反应可按同面方式进行。氢的[1,3] 异面和同面迁移如图 5-21 所示。

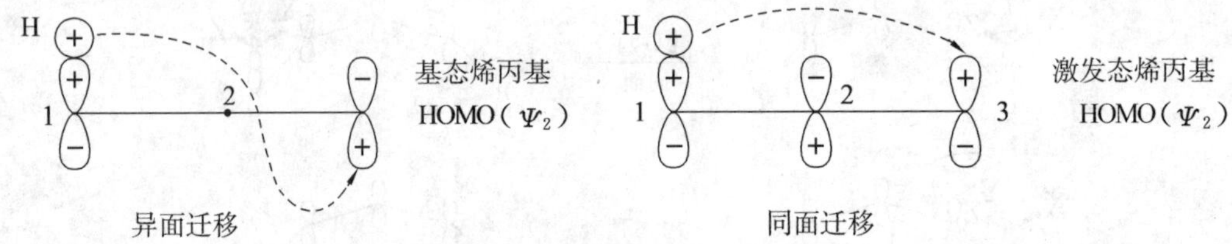

图 5-21

对于[1,5]氢迁移，基态时戊二烯基体系的非键轨道 Ψ_3 为 HOMO，它决定反应进程，所以同面热化学迁移时对称性允许的；光照下，电子激发后 Ψ_4 为 HOMO，反应按异面过程进行，这里空间效应可能阻碍反应进行，一般难以实现。

综上所述，根据轨道对称性交替变化的规律，总结与下表中，表中电子数是指反应体系的总电子数，即 π 体系自由基的电子数加上氢自由基的一个电子。

表 5-5 [1,*j*] C—Hσ 键迁移的选择规则

电子数[1+*j*]	异面	光照
4*n*	异面	同面
4*n*+2	同面	异面

3. [3,3]σ 键迁移

[3,3]σ 键迁移是常见的[*i*,*j*]σ 键迁移。最典型的是 Cope 重排和 Claisen 重排。在 σ 键迁移中，最重要的是[3,3] 迁移，即 σ 键由[1,1]原子间迁移到[3,3]原子间，同时伴随着双键的迁移。反应主要通过椅式环状过渡态进行，具有较高的立体专一性，如：

225℃

内消旋 3,4-二甲基-1,5-己二烯　　过渡态　　(Z,E)-2,4-辛二烯

(E,E)-2-丁烯基　　△　　过渡态　　苏-2,3-二甲基-4-戊烯醛

(1) Cope 重排。

由碳-碳 σ 键发生的[3,3]迁移称为 Cope 重排，其反应通式为：

$\xrightarrow[\text{[3,3]}]{\triangle}$

[3,3]迁移假定 σ 键断裂，生成两个烯丙基自由基的过渡态，烯丙基自由基的 HOMO 如图 5-22 所示。

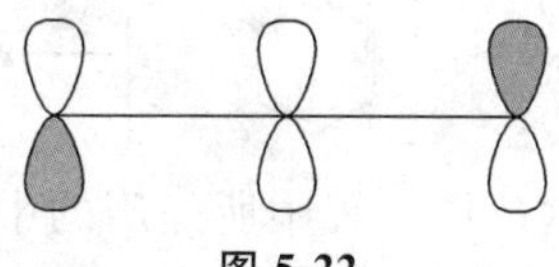

图 5-22

在基态下，烯丙基的 Ψ_2 轨道仅有一个电子，既是 HOMO，又是 LUMO。当两个烯丙基自由基处于两个接近的平行平面上时，两个 Ψ_2 轨道能实现对称性允许的匹配，在其两端均可发生同相位重叠。这是一个对称性容许的同面/同面过程，反应比较容易进行，加热即可实现这一过程。光照条件下，激发态烯丙基的 Ψ_3 轨道成为 HOMO，它和另一方的 LUMO轨道作用，按同面/异面方式进行。这样的反应虽然是对称性允许的，但空间上的困难使其难以发生。

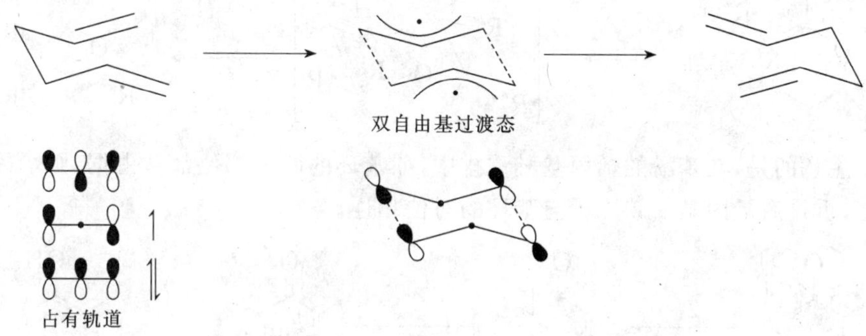

图 5-23

下面反应是典型的 Cope 重排。

1. 2eq. $CH_2(ZnI)_2$, THF, -78℃, 3h；THF (dilution), 25℃, 1h

R: Ar, Me
R′: Ar, H, Me
R″: H, Me

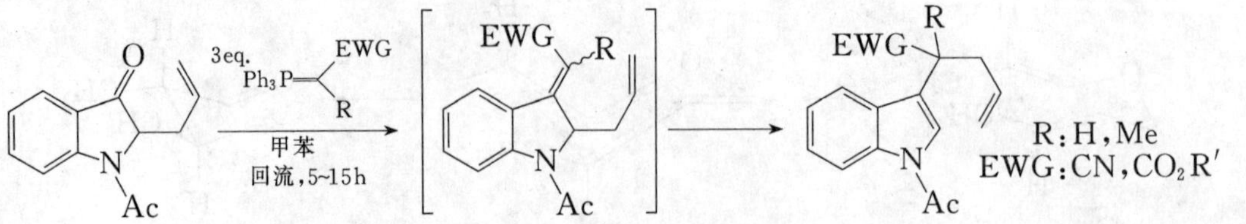

(2) Claisen 重排。

Claisen 重排是由乙基烯丙基型醚类的碳—氧键参加的 σ 键[3,3]迁移反应，如：

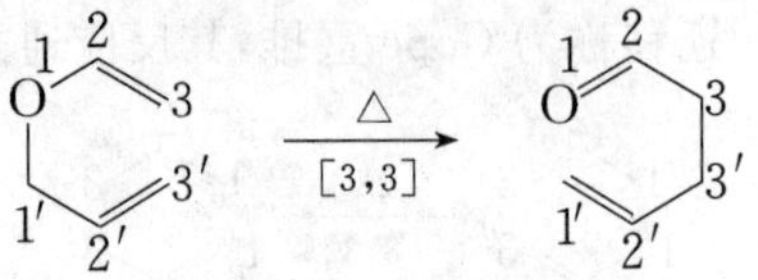

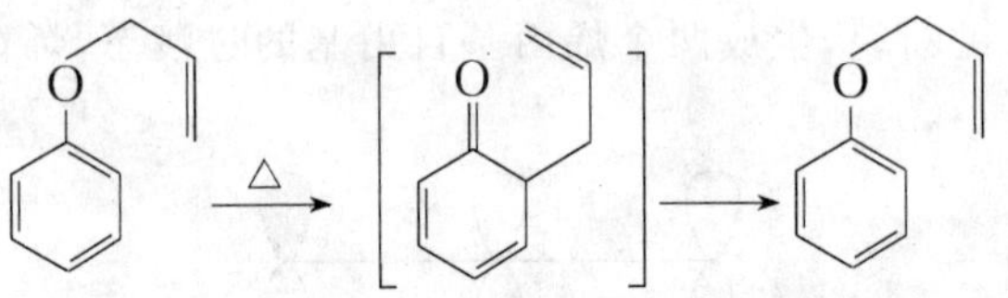

Claisen 重排的反应机理如下，反应过程中所经历的中间体为六元环船式结构：

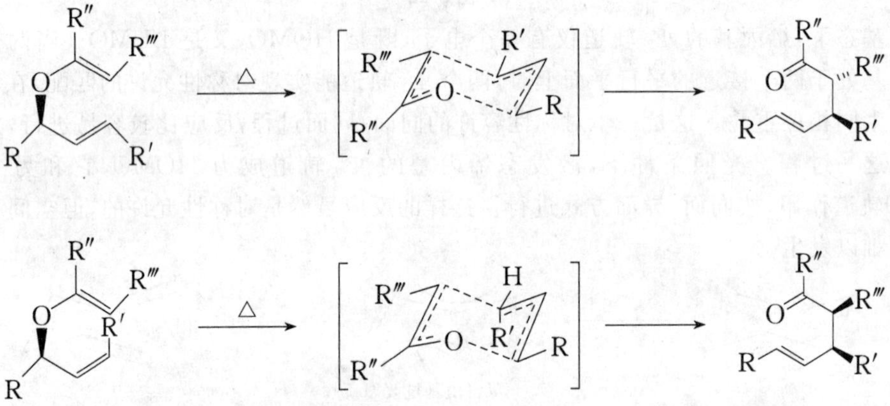

需要注意的是，在苯酚的烯丙基醚重排中，如苯环的两个邻位都被占据，则烯丙基迁移到对位上，重排后烯丙基 α 碳原子与苯环的对位相连。

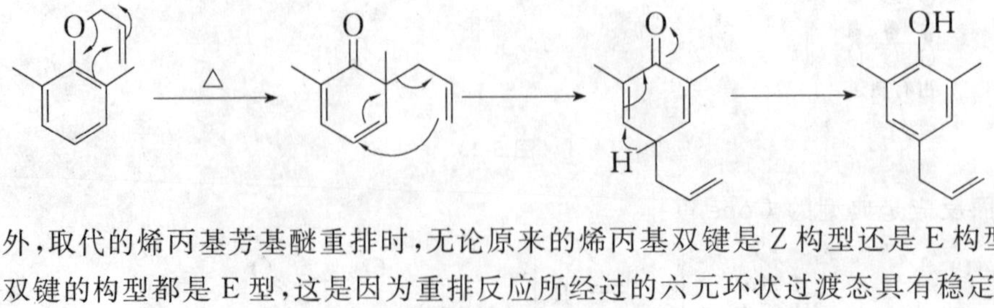

另外，取代的烯丙基芳基醚重排时，无论原来的烯丙基双键是 Z 构型还是 E 构型，重排后的新双键的构型都是 E 型，这是因为重排反应所经过的六元环状过渡态具有稳定椅式构象的缘故。

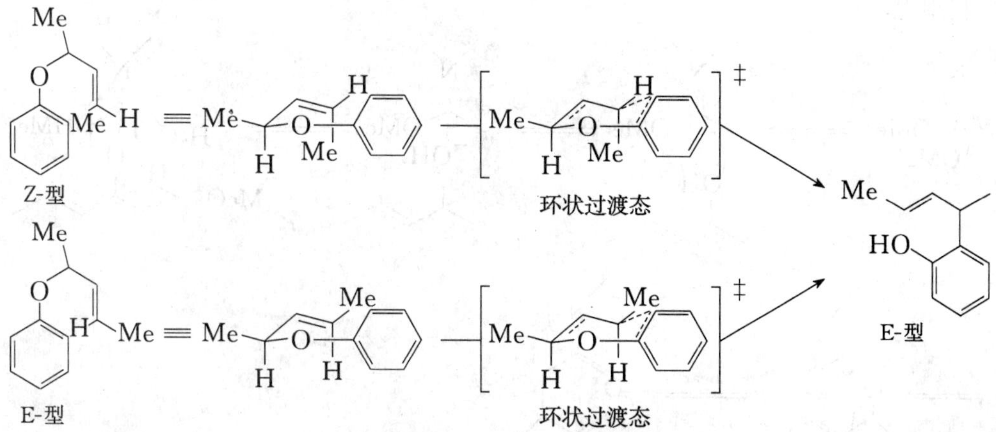
Me
O
Me
H
Z-型
Me
O
H
Me
E-型
环状过渡态
环状过渡态
‡
Me
HO
E-型

Cope 重排和 Claisen 重排没有本质的区别，只是前者为 C—C 键的迁移，而后者为 C—O键的重排。

Claisen 重排在有机合成中应用广泛，至今仍是人们研究的热点之一。人们在 Claisen 重排的基础上又发现了多种 Claisen 重排相关的反应类型，如：

① 爱尔兰-克莱森(Ireland-Claisen)重排反应：

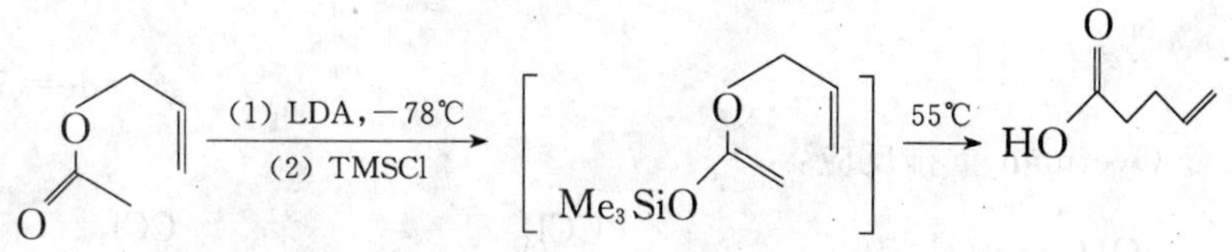
(1) LDA，−78℃
(2) TMSCl
Me_3SiO
55℃
HO

反应机理为：

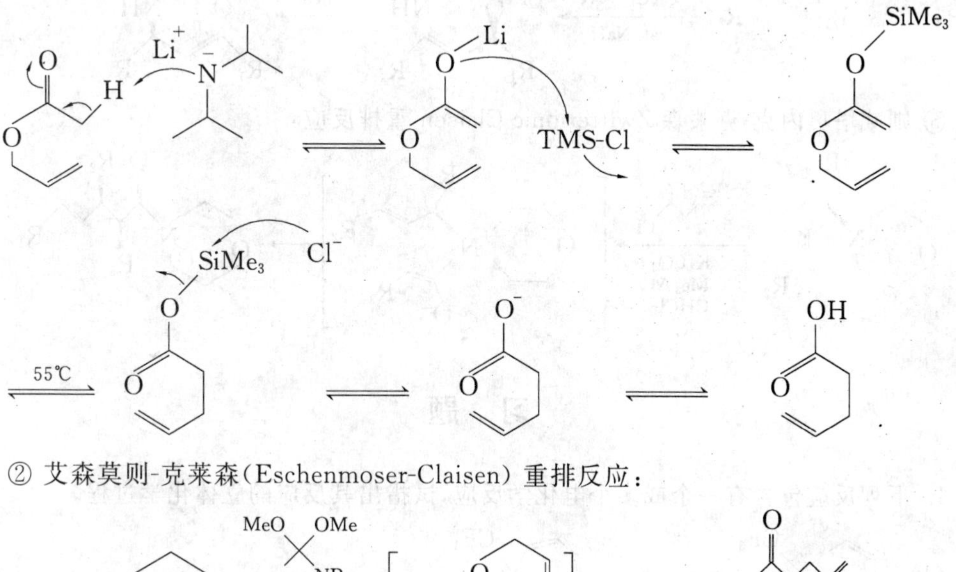
Li
N
H
O
Li
TMS-Cl
$SiMe_3$
Cl^-
55℃
OH

② 艾森莫则-克莱森(Eschenmoser-Claisen) 重排反应：

MeO
OMe
NR_2
HO
−2MeOH
R_2N

反应机理为：

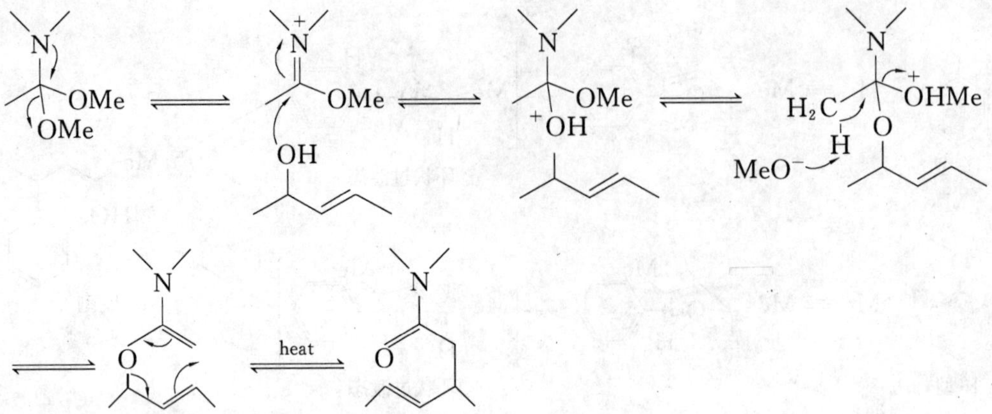

③ 艾则-克莱森 Aza-Claisen 反应：

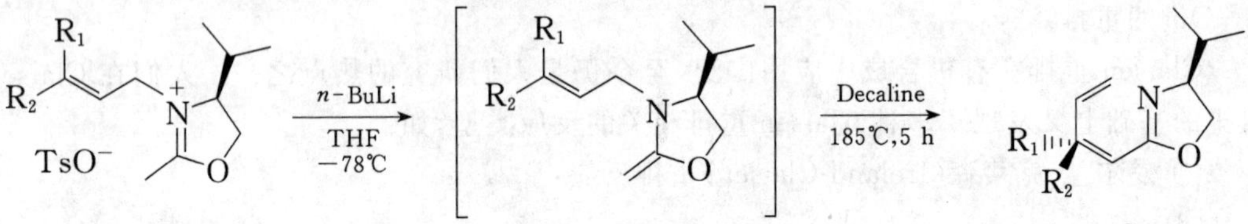

1　　　　　　　　2　　　　　　　　3

de＝52%~78%

④ 欧沃曼 Overman 重排反应：

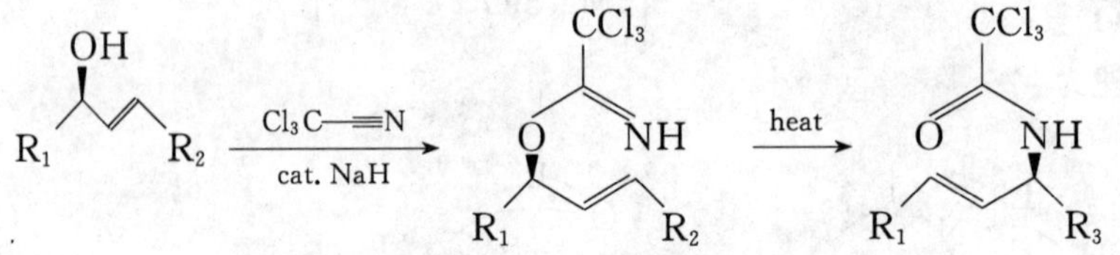

⑤ 则威塔奥内克-克莱森 Zwitterionic Claisen 重排反应：

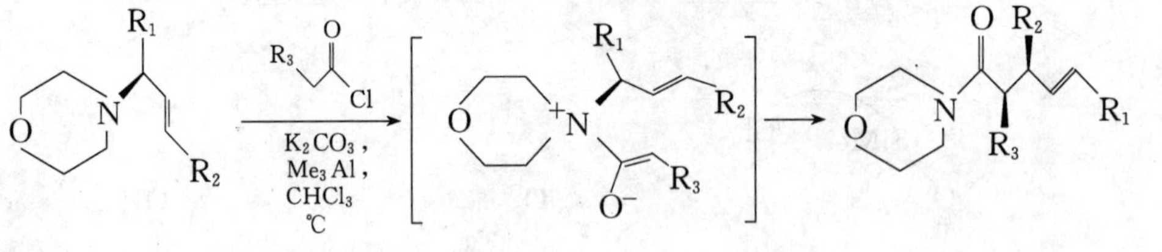

习　题

1. 下列反应包含有一个或多个电化学反应，试指出其反应的立体化学过程。

(1) 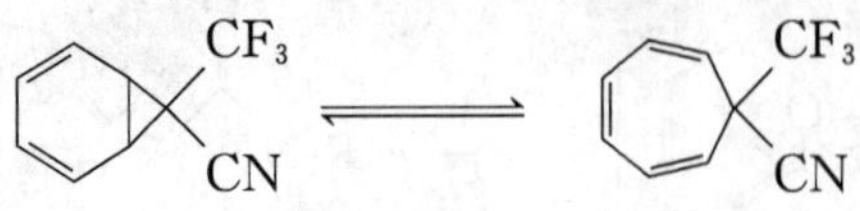

(2) 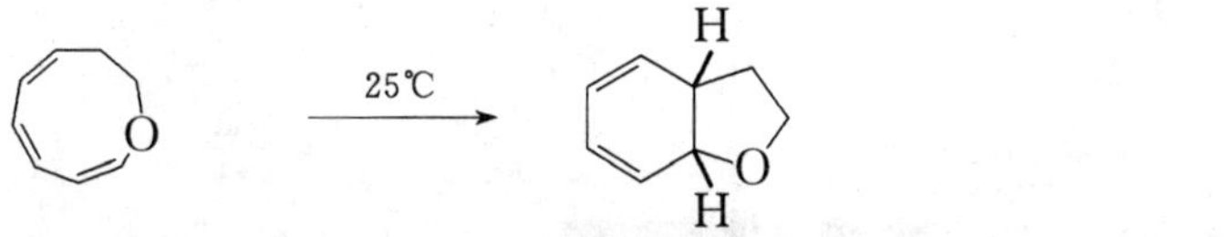 [chemical reaction scheme: 25℃]

(3) 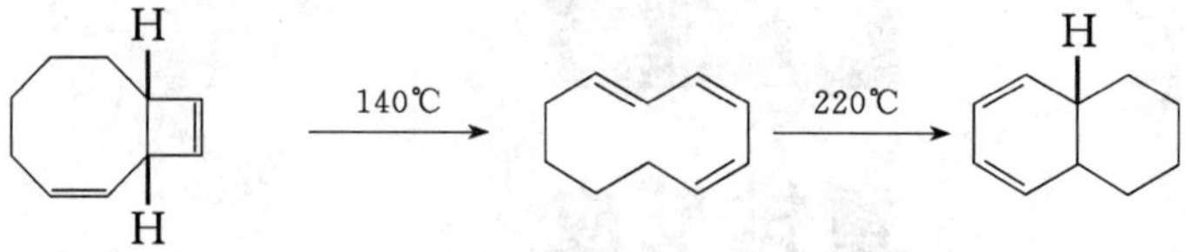 [chemical reaction scheme: 140℃, 220℃]

2. 环戊二烯在放置过程中自发地形成二聚环戊二烯，但通过加热分馏又可再生成环戊二烯。在二聚过程中发生了什么反应？二聚环戊二烯应当是内型还是外型结构？请画出其机构。

3. 下列各步转换都是协同反应，试说明各步反应中究竟包含什么，并写出化合物 A～D 的结构。

(1) 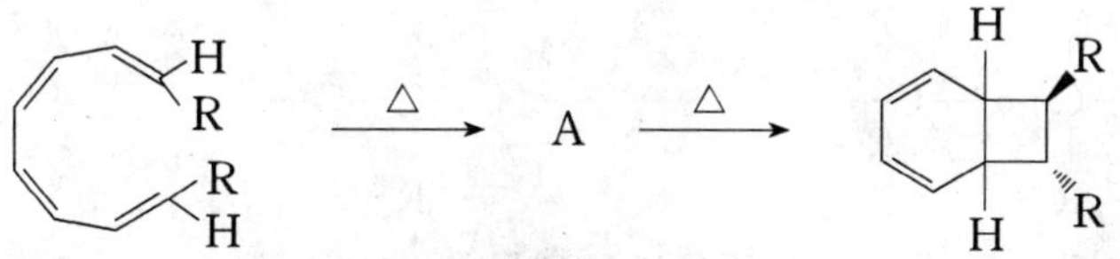 [scheme] —△→ A —△→ [product]

(2) 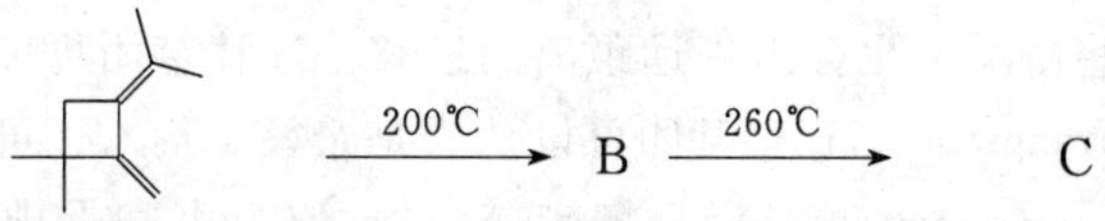 [scheme] —200℃→ B —260℃→ C

(3) 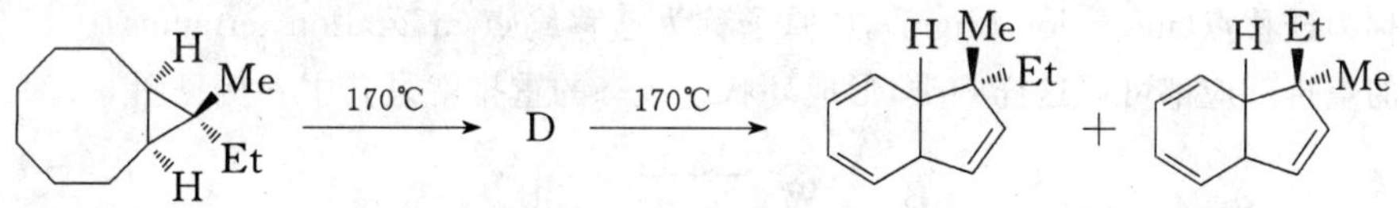 [scheme] —170℃→ D —170℃→ [product] + [product]

4. 某化合物 A ($C_{10}H_{12}O$)加热到 200℃时异构化为化合物 B。用 O_3 作用时，A 产生甲醛，没有乙醛；B 产生乙醛，无甲醛。B 可溶于稀 NaOH 溶液中，并可被 CO_2 再沉淀。此溶液用 PhCOCl 处理时得 C ($C_{17}H_{16}O_2$)，$KMnO_4$ 氧化 B 得水杨酸(邻羟基苯甲酸)。请确定化合物 A,B,C 的结构，并写出各步的变化过程。

5. 阐明下面反应的机制，包括：① 反应属于什么类型？② 反应是通过什么过渡态完成的？③ 写出详细的反应过程以及阐明产物为什么具有式中的构型。

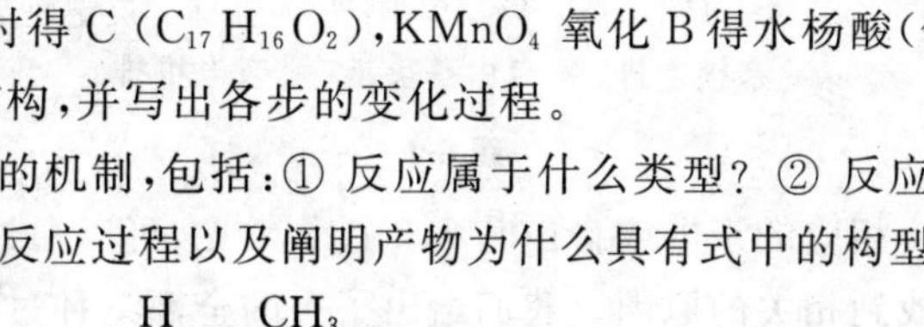

[scheme] —△→ [product]

第六章

重排反应

重排反应是分子的碳骨架发生重排生成结构异构体的化学反应，是有机反应中的一大类。重排反应通常涉及取代基由一个原子转移到同一个分子中的另一个原子上的过程，以下例子中取代基 R 由碳原子 1 移动至碳原子 2：

$$-\overset{1}{\underset{|\atop R}{C}}-C-C- \longrightarrow -C-\overset{2}{\underset{|\atop R}{C}}-C-$$

重排反应中，基团会从分分子中的一个原子迁移到另外一个原子上。大多数情况只是迁移到相邻原子(1,2 迁移)，但在某些情况下也会出现远距离的迁移。迁移基团可以携带它的电子对(亲核重排，nucleophilic rearrangement，迁移基团可以认为是亲核试剂)，也可以不携带电子对(亲电重排，electrophilic rearrangement)，或者只携带一个电子(自由基重排)迁移。A 原子称为迁移点(migration origin)，B 原子称为迁移终点(migration terminus)。然而，并不是所有的重排反应都可以这样归类，形成环状过渡态的重排就是其中一例见图 6-1。

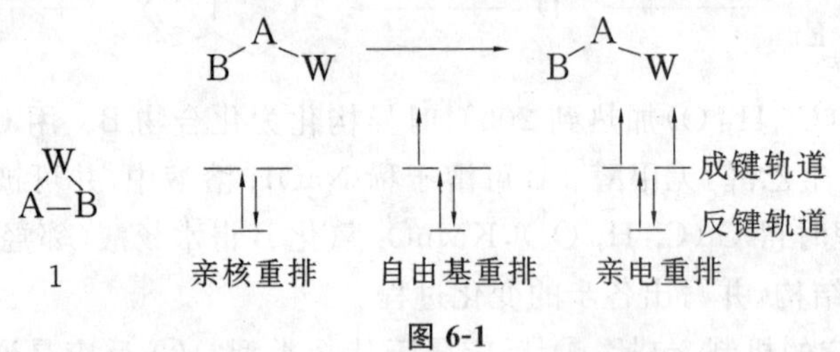

图 6-1

亲核的 1,2 迁移比相应的亲电或自由基 1,2 迁移常见，可以通过考虑迁移过程中涉及的过渡态(或中间体)找到相关的原因。我们给出了 1 的全部三种过渡态或中间体，其中含有两个电子的 A-W 键与 B 原子上的轨道发生重叠。在亲核、自由基和亲电重排中，B 原子的轨道分别带有 0,1 和 2 个电子，这些轨道重叠产生了三个新的轨道。亲核迁移只涉及两个电子，它们都可以进入成键轨道，因此 1 是一个低能量的过渡态；但自由基或亲电重排必须涉及 3 个或电子，所以反键轨道也必须被占据。因此，当发生自由基或亲电重排时，迁移的基团 W 通常是芳基或其他能够供给 1 个或两个额外电子的基团，这样就能有效地越过三元的过渡态或中间体。

对任何的重排反应理论上都可以划分为两种可能的理论模型：其一，W 基团可能完全从 A 原子脱离而最终迁移到另一个分子的 B 原子上(分子间迁移)；其二，W 基团从同一分子的 A 原子迁移到 B 原子上(分子间迁移),这种情况要求必须存在不间断的束缚力将 W 维持在 AB 体系,使之不能完全脱离。严格来讲,只有分子内重排才满足我们对重排的定义,但是一般情况下,在本章中所包含的无论是分子内的还是分子间的,都将它们认为是重排。

第一节 常见的重排反应机理

一、亲核重排

亲核重排包括三个步骤,其中真正发生迁移的是第二步,见图 6-2:

图 6-2

该过程有时被称为 Whitemore 1,2 迁移。由于迁移过程中 W 是带着一对电子迁移的,因此迁移终点必须是外层含有六个电子的原子。因此,第一步是建立一个开放的六电子体系。这种体系可以通过多种途径形成,其中最重要的两种如下。

1. 形成碳正离子

这可以通过很多途径来实现,其中最常见的方法是酸与醇反应,此时会发生重排。这两步显然与醇 S_{N_1} 和 E_1 反应的前两步完全一样。

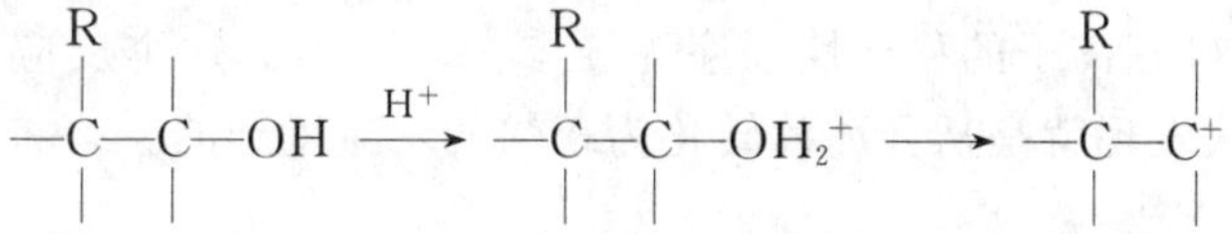

$$\text{—}\overset{R}{\underset{|}{\overset{|}{C}}}\text{—}\underset{|}{\overset{|}{C}}\text{—OH} \xrightarrow{H^+} \text{—}\overset{R}{\underset{|}{\overset{|}{C}}}\text{—}\underset{|}{\overset{|}{C}}\text{—}OH_2^+ \longrightarrow \text{—}\overset{R}{\underset{|}{\overset{|}{C}}}\text{—}\underset{|}{\overset{|}{C^+}}$$

2. 形成氮烯

酰基叠氮化合物的分解是为数不多的几种形成氮烯的方法之一。迁移发生后,位于迁移起点 A 的原子必须形成一个开放的六原子体系。第三步,该原子接受电子形成八电子体系。在碳正离子情况下,通常第三步是与一个亲核试剂结合(重排伴随取代)或是去 H^+(重排伴随消去)。

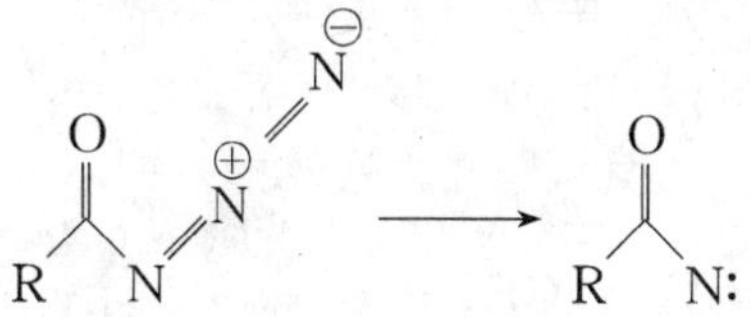

$$RC(=O)\text{—}N{=}\overset{\oplus}{N}{=}\overset{\ominus}{N} \longrightarrow RC(=O)\text{—}\ddot{N}:$$

二、自由基重排

前面已经提到 1,2 自由基重排要比亲核重排少见得多。当它发生时,通常模式都是相似的。首先必须先生成自由基,然后在实际的迁移过程中,迁移基团携带一个电子迁移。

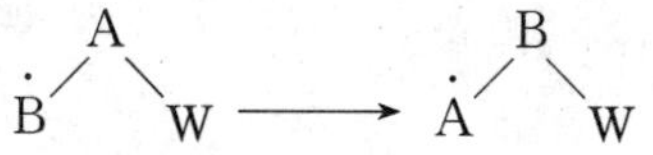

最后，这个新的自由基必须通过进一步的反应来稳定自己。通过自由基的稳定性我们可以预测，就像在碳正离子重排中，任何的重排反应应该按一级二级三级的顺序进行，因此寻找它们最合适的地方应该是新戊基和新苯基体系。

三、亲电重排

基团不携带成键电子迁移的重排情况比前面讨论的两种要少得多，但基本原理大致相同。首先要生成一个碳负离子（或其他负离子），真正的重排步骤是一个基团不携带电子的迁移，如图 6-3。

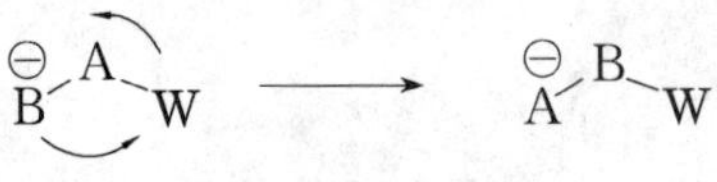

$$\overset{\ominus}{B}\text{—}A\text{—}W \longrightarrow \overset{\ominus}{A}\text{—}B\text{—}W$$

图 6-3

重排的反应可能是稳定的，也可能发生进一步的反应。

第二节 反 应

本章中涉及的反应可以分为三大类：第一类是 1，2 迁移，第二类是环重排反应，第三类是无法归入前两类的重排反应。

1. Wagner-Meerwein 重排

Wagner-Meerwein 重排反应是醇失水反应中，中间体碳正离子发生 1，2 重排反应，并伴随有氢、烷基或芳基迁移的一类反应。反应的推动力是由较不稳定的碳正离子重排为较稳定的碳正离子。碳正离子的稳定性顺序为 3° > 2° > 1°。这个反应普遍存在于很多萜类化合物中，其首次发现就是从异冰片转化为莰烯的反应得到的。

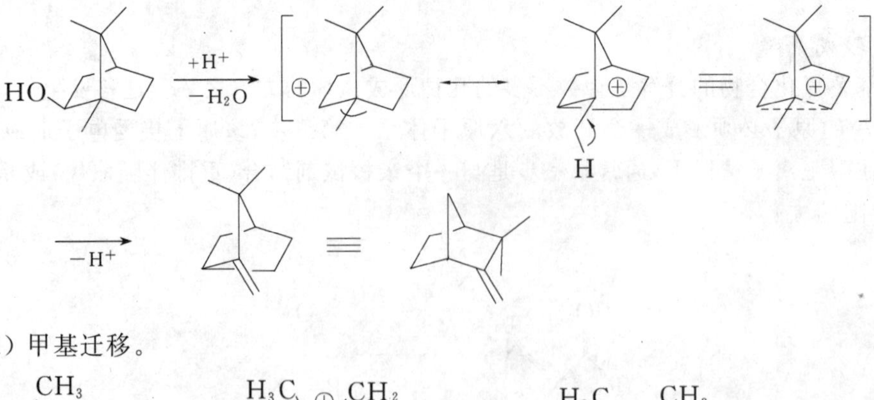

$\xrightarrow[-H_2O]{+H^+}$ $\longleftrightarrow$ $\equiv$ $\xrightarrow{-H^+}$ $\equiv$

(1) 甲基迁移。

$$(H_3C)_2C(CH_3)\text{—}CH(CH_3)Br \xrightarrow{S_N1} (H_3C)_2C(CH_3)\text{—}\overset{\oplus}{C}H\,CH_2 \longrightarrow (H_3C)_2\overset{\oplus}{C}\text{—}CH(CH_3)_2 \longrightarrow 产物$$

H_3C H_3C CH_3 Br H $\xrightarrow{S_N1}$ H_3C H_3C CH_3 ⊕ H ✕→ H_3C H_3C ⊕ H CH_3

↓ 产物

说明苄基型碳正离子在苯环影响下，比叔碳离子更稳定。

(2) 氢迁移。

Br $\xrightarrow[-AlBr_4^-]{AlBr_3}$ H ⊕ ⟶ ⊕ $\xrightarrow{AlBr_4^-}$ Br

(3) 芳基迁移。

Cl ⟶ ⊕ $\xrightarrow{-H^+}$

这里值得注意的是，在进行重排时，通常是由不稳定的碳正离子重排为稳定的碳正离子，其迁移基团迁移的活性顺序是：

OCH_3 > > Cl > 2HC═C— (H) >3 ℃>2 ℃>1 ℃>H_3C—>H

但是，有些苯基取代化合物却不发生重排，如苯取代的溴代新戊烷 Br 。

2. Pinacol 重排

Pinacol 重排是一个邻二醇在酸催化下脱水并发生取代基重排生成羰基化合物的反应。这一类反应由于频哪醇(2,3-二甲基-2,3-丁二醇)转换为频哪酮(3,3-二甲基-2-丁酮)的反应最具代表性，因而得名。

H^+ H O O H H_3C H_3C CH_3 CH_3 (pinacol) ⟶ H + H O O H H_3C H_3C CH_3 CH_3 ⟶ H_3C + H_3C O H CH_3 CH_3

⟶ H_3C H_3C CH_3 O H + CH_3 ⟶ H_3C H_3C CH_3 O CH_3 (频哪酮)

反应的关键步骤是一个碳正离子的1,2重排。两个羟基其中之一接受一个质子之后脱去一分子水,形成碳正离子;发生1,2重排,一个基团从未脱去羟基的碳上向有正电荷的碳上转移;羟基上脱去一个质子,其氧原子与碳成双键,反应结束。第一步中,倾向生成稳定的碳正离子,级数较高的碳上的羟基容易脱去。第二步中,倾向转移给电子性大的基团,芳基比烷基易于转移,烷基又比氢易于转移。有机合成中常以对称的邻二醇做反应物,因为不对称的邻二醇产物常常较为复杂,难以分离。但是,结构特殊的不对称邻二醇的嚬哪醇重排在合成上也有应用。例如,邻二醇上一个羟基直接和脂环相连,通过重排可以得到扩环的脂肪酮。

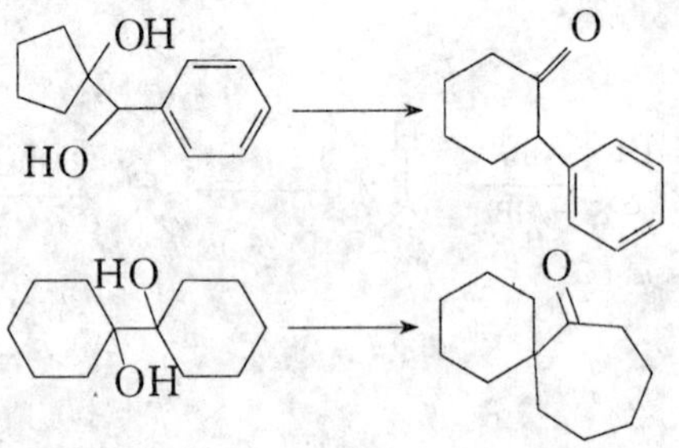

对于环状邻二醇,迁移基团与离去基团处于反式位置重排反应的速率较快。例如,顺-1,2-二甲基-1,2-环己二醇在稀硫酸作用下能迅速重排,甲基迁移得到环己酮;相反在相同条件下,由于迁移基团与离去基团处于顺式,反应较慢,而且迁移的不是甲基而是发生缩环反应。

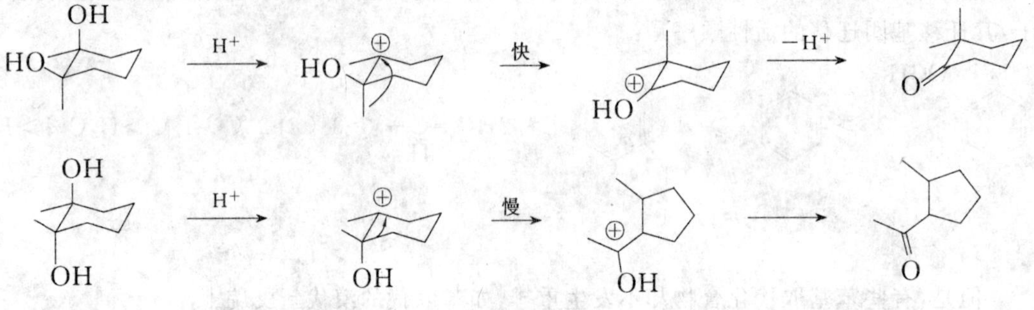

从重排反应机理上来看,嚬哪醇重排过程中生成了羟基β-碳上带正电荷的物种,因此其他类型的反应物在反应中若能生成相应的中间体,也可以进行类似的重排,如β-氨基醇、β-卤代醇和环氧化合物等。

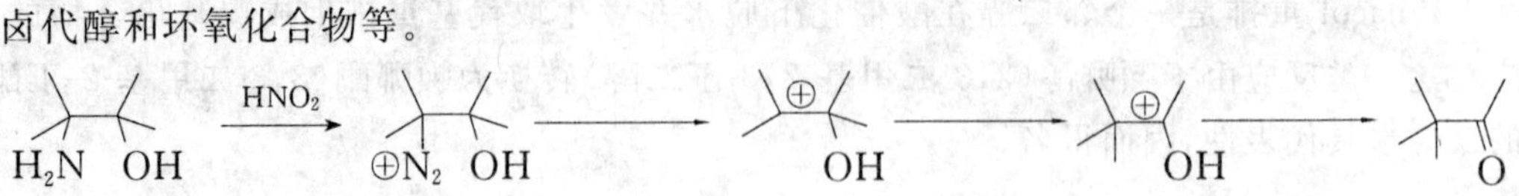

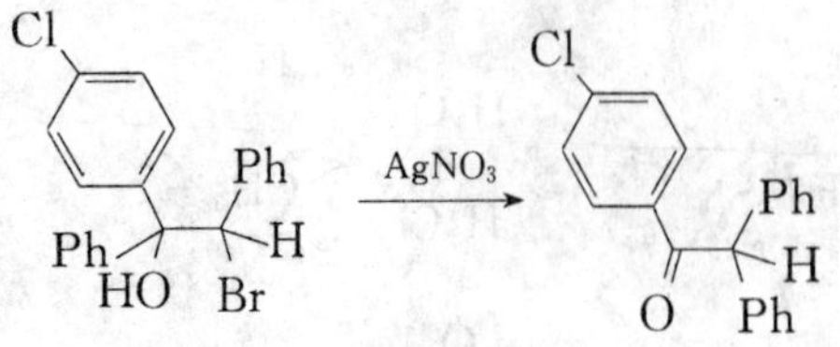

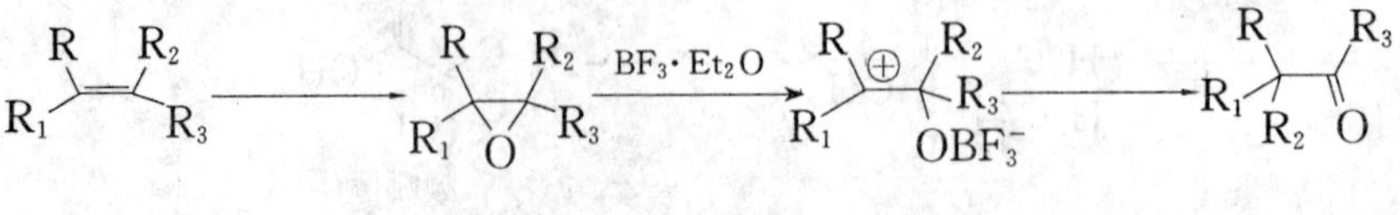

嚬哪醇重排的另外一个途径是先将邻二醇转化为单磺酸酯，然后在碱性条件下重排。当分子中的两个羟基一个为仲羟基、另一个为叔羟基时，仲羟基先生成磺酸酯，叔碳原子上连的基团发生迁移；而在酸性条件下，二元醇发生重排的情况恰好相反。因此，二元醇酸催化和碱催化条件下的重排产物并不相同。

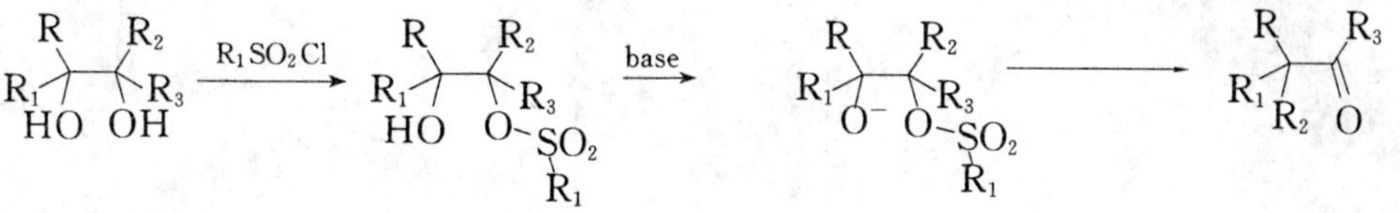

3. Demjanov 重排(Demjanov rearrangement)

伯胺与亚硝酸反应，经过重氮盐中间体，或放出氮气生成碳正离子，然后发生碳正离子重排，得到扩环产物醇；或重氮基被羟基取代，形成取代产物醇。反应以前苏联/俄国化学家 Николай Яковлевич Демьянов (1861—1938) 的名字命名。

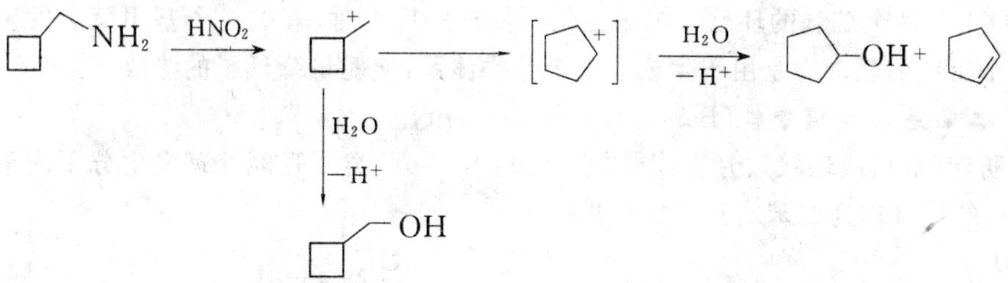

脂环化合物环上的碳原子带正电荷时，通过亲核 1,2 重排环会收缩；相反，如果碳正离子位于环的 α 位，通过 1,2 重排环会扩大。降低环的张力是重排发生的动力之一，因此小环的扩张反应收率通常较高，而五元环却难以通过亲核 1,2 重排收缩生成四元环。

脂环族的 β-氨基醇经重氮化失去 N_2 也可引起扩环生成环酮，这与前面介绍的片呐醇重排类似，如：

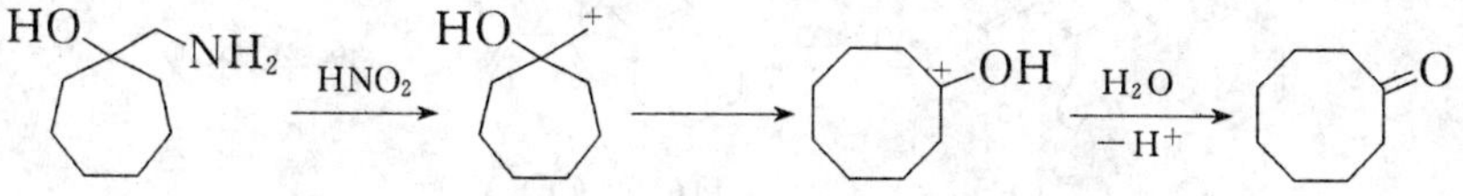

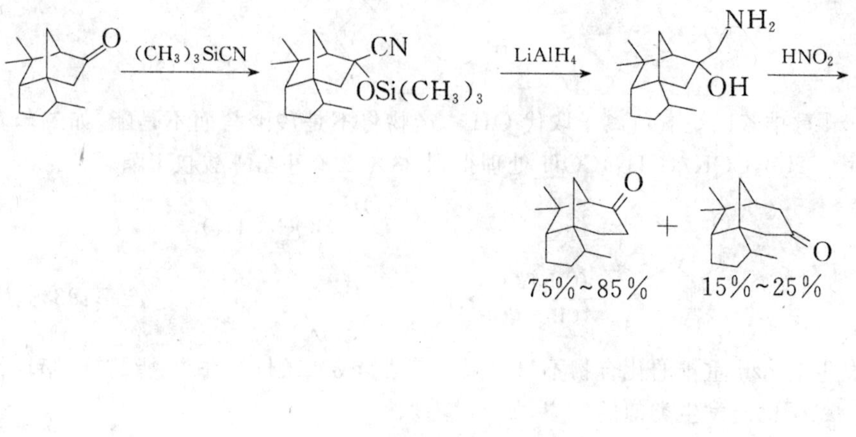

75%~85%　　15%~25%

4. 二烯酮-苯酚重排(dienone-phenol rearrangement)

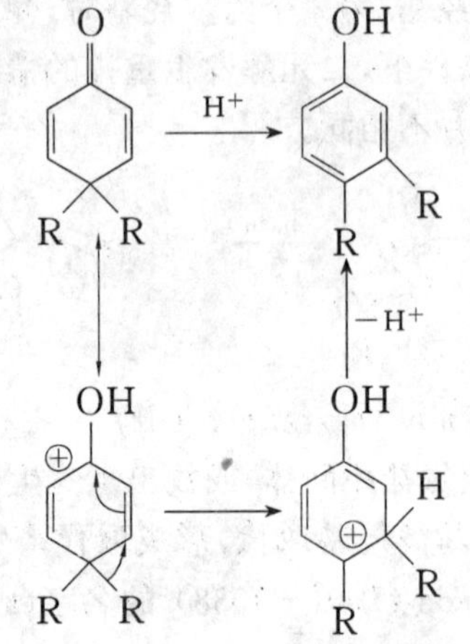

4 位上有两个烷基的环己二烯酮类化合物与酸反应时,其中一个基团就会发生 1,2 迁移。整个反应的驱动力是由于生成了一个芳香体系,使能量降低了的缘故。

5. 二苯基乙二酮重排(Benzil rearrangement)

脂肪族(链状或环状)、芳香族或杂环族的"α-二酮"类用强碱处理发生分子内重排形成 α-羟基酸的反应称为二苯基乙二酮重排。

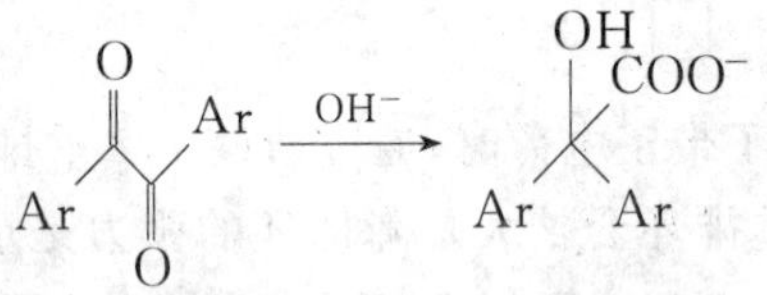

本重排反应是制备二苯基乙醇酸的常用方法,产率一般较高。

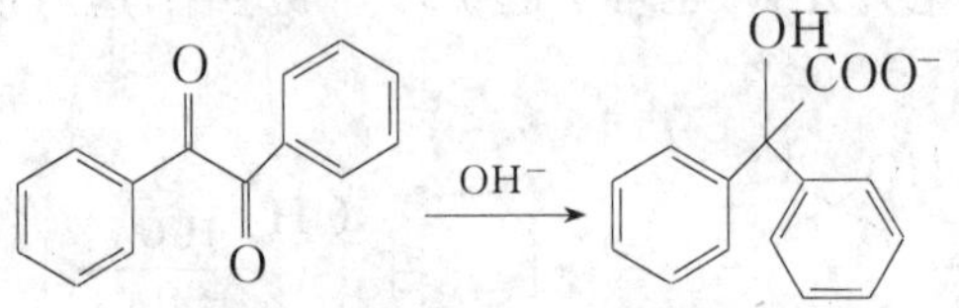

产率:89%

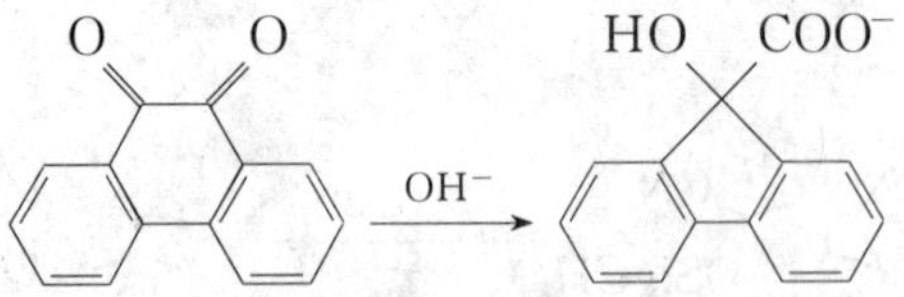

产率:60%

Benzil 重排若以烷氧负离子取代 OH^-,产物将不是羧酸盐而不是酯,如二苯基乙二酮在苯中用$(CH_3)_3COK/(CH_3)COH$ 处理得到 93%二苯基乙醇酸叔丁酯。

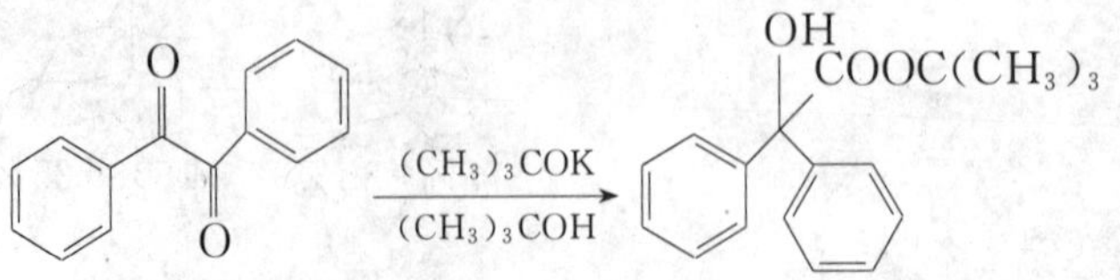

产率:93%

能发生 Benzil 重排的化合物不只局限于芳香族 α-二酮,芳香族、脂肪族、脂环族以及杂环族的 α-二酮也能发生类似的反应,如:

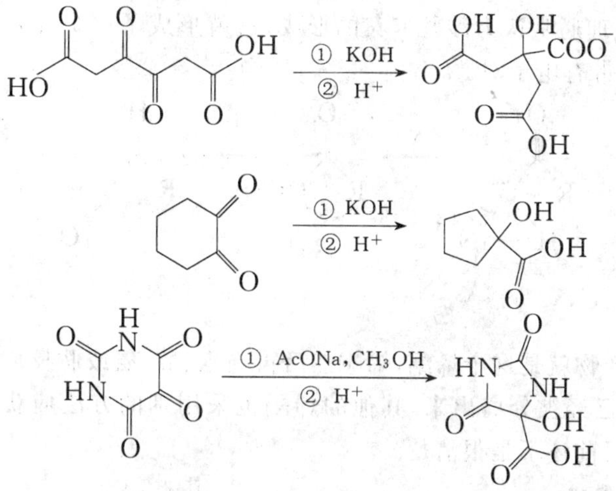

不对称芳二酮发生 Benzil 重排时，哪一个芳基迁移显然与苯环上取代基 Z 的性质有关。如果 Z 是供电子基，则能提高芳环的亲核能力，按理对于亲核重排来说，该芳环易发生迁移；但事实并非如此，因为反应的第一步是碱先进攻羰基碳，所以当 Z 是吸电子基时，该芳环所连羰基碳带的正电荷相对较多，已被碱进攻，同时生成的中间体也相对稳定，如：

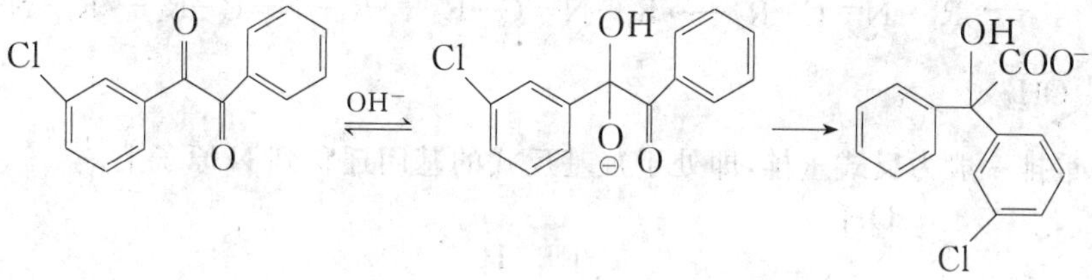

6. Arndt-Eistert **合成反应**

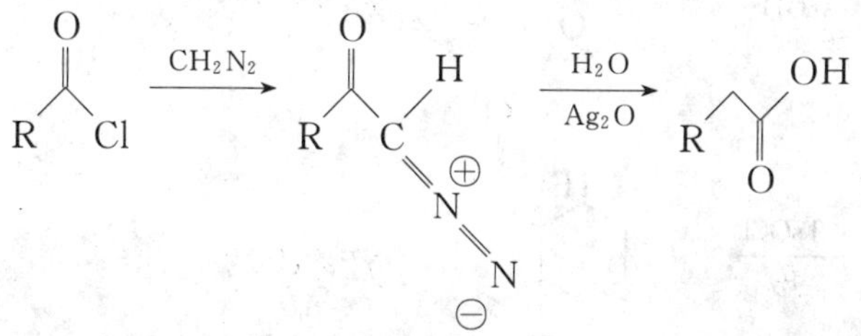

在 Arndt-Eistert 合成反应中，酰卤被转化为多一个碳原子的羧酸。这个反应发生重排在第二步，重氮酮与水和氧化银或安息香酸银和三乙胺反应。这个重排被称为 Wolff 重排。该方法是给羧酸的碳链增加一个碳原子的最好方法。如果用 R′OH 代替反应中的水，就可以直接分离得到酯 RCH_2COOR'。同样，如果用氨，就可以得到酰胺。在有些情况下，不需要任何催化剂，重氮酮只需要简单的光照或加热就可以发生重排反应。有时候该反应可以在一些其他重氮烷基化合物（$R'CHN_2$）上实现，得到产物 $RCH_2R'COOH$。该反应亦可用于环重氮酮的缩环反应，如：

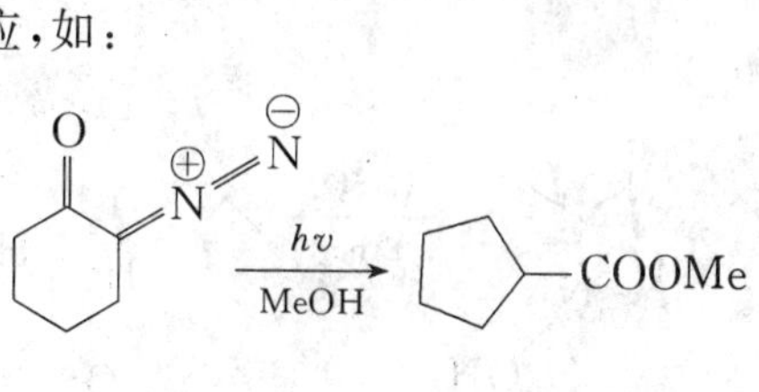

Wolff 重排的机理通常认为涉及卡宾的形成，这就形成了一个开发六电子体系的碳原子，向它迁移的基团带有电子对。

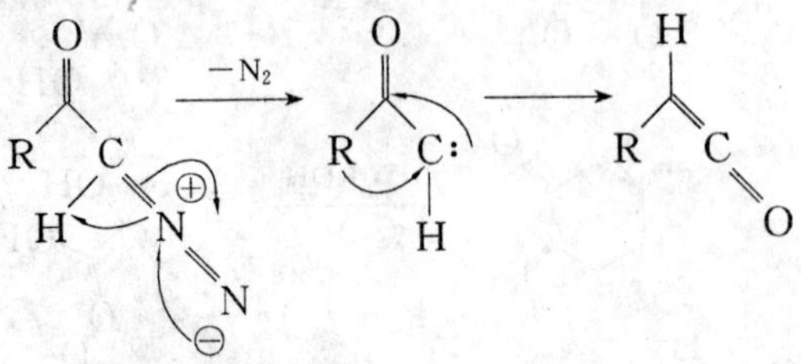

$-N_2$

该反应的真正产物就是这个烯酮，烯酮然后再与水、醇、氨或胺反应。特别稳定的烯酮(如 $Ph_2C=C=O$)已经被分离出来，其他的烯酮也采用别的方法捕获到。至于催化剂在反应中如何起作用目前还不是很清楚。

7. Beckmann 重排

醛肟及酮肟在酸性催化剂(如 H_2SO_4, HCl, P_2O_5, SO_2Cl_2 等)作用下，发生重排转变为酰胺的反应称为 Beckmann 重排。该反应的反应历程为：

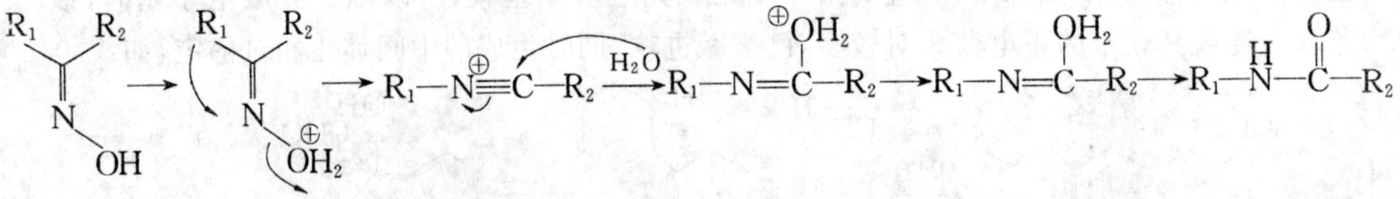

H_2O

Beckmann 重排一般为反式重排，即处于羟基反式的基团迁移到 N 原子上。

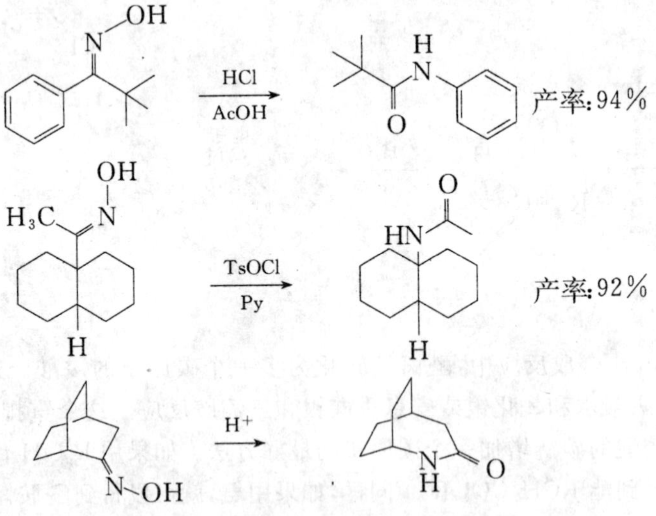

HCl / AcOH 产率:94%

TsOCl / Py 产率:92%

H^+

本反应应用范围很广，R_1 和 R_2 可以是烷基，也可以是芳基。在脂肪酮肟的重排中，由于芳基优先迁移，所以主要产物是芳胺的酰化物。若迁移基团具有手性，则在重排过程中构型保持不变。

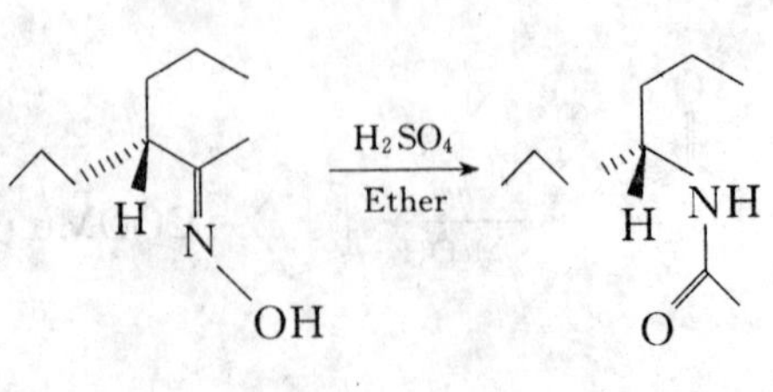

H_2SO_4 / Ether

8. Hofmann(霍夫曼)重排

霍夫曼降解反应(Hofmann 降解)又称霍夫曼重排反应，是指一级酰胺在溴(或氯)和碱的作用下转变为少一个碳原子的伯胺的有机化学反应。

$$RCONH_2 \xrightarrow{NaOX} R-N=C=O \xrightarrow{H_2O} R-NH_2$$

该反应的机理为：

$$RCONH_2 + Br_2 \longrightarrow RCONHBr \xrightarrow{NaOH} RCON^{\ominus}Br \longrightarrow R-N=C=O \xrightarrow{H_2O} HOC(O)NHR \xrightarrow{-CO_2} R-NH_2$$

这一反应以其发现者奥古斯特·威廉·冯·霍夫曼命名。其过程为溴和氢氧化钠混合后有部分生成次溴酸钠，次溴酸钠将一级酰胺转化为中间产物异氰酸酯，异氰酸酯水解，放出二氧化碳，同时生成比反应物少一个碳原子的伯胺。

Hofmann 重排是制备伯胺的一种重要方法，使用范围很广，反应物可以是脂肪族、脂环族或芳香族的酰胺，也可以是杂环酰胺；其中，以低级脂肪酰胺制备胺的产率最高，如：

$$\text{3-吡啶甲酰胺} \xrightarrow{Br_2, OH^-} \text{3-氨基吡啶}$$

$$\text{邻苯二甲酰亚胺} \xrightarrow{Cl_2, OH^-} \text{邻氨基苯甲酸}$$

光学活性的酰胺经 Hofmann 重排后产物的构型保留。

$$PhC^*H(CH_3)CONH_2 \xrightarrow{NaOCl} PhC^*H(CH_3)NH_2$$

酰胺与四乙酸铅的反应与 Hofmann 重排类似，也生成异氰酸酯及胺，然后分别和四乙酸铅中放出的乙酸反应得到尿素和乙酰胺。如果反应介质中有醇存在，将有氨基甲酸酯生成。

$$RCONH_2 \xrightarrow{Pb(AcO)_4} \begin{cases} R-N=C=O \xrightarrow{HOAc} RNHC(O)NHR \\ R-NH_2 \xrightarrow{HOAc} RNHC(O)CH_3 \end{cases}$$

$$R-N=C=O \xrightarrow{R'OH} RNHCOOR'$$

例如：

$$\text{环丁基}-CONH_2 \xrightarrow[t\text{-BuOH}]{Pb(AcO)_4} \text{环丁基}-NHCOOC(CH_3)_3$$

9. Curtius 重排

酰基叠氮受热分解生成异氰酸酯的反应称为 Curtius 重排。

$$RCON_3 \xrightarrow{\triangle} R-N=C=O$$

Curtius 重排的反应机理与 Hofmann 重排类似。

$$RC(=O)-N^{\ominus}-N^{\oplus}\equiv N \longrightarrow O=C=N(R)-N\equiv N \xrightarrow{-N_2} R-N=C=O$$

由于没有发现氮烯中间体的存在，一般认为失去氮分子和基团的迁移是协同进行的。迁移是一个分子内过程，迁移基团的构型保持不变，如：

$$C_6H_5C(CH_3)(CH_2CH_3)COOH \xrightarrow[Py]{SOCl_2} C_6H_5C(CH_3)(CH_2CH_3)COCl \xrightarrow[(2)\ \triangle]{(1)\ NaN_3} C_6H_5C(CH_3)(CH_2CH_3)NH_2$$

酰胺的合成有两条路线，一种是酯和肼的作用，然后经重氮化实现；另外一种则是酰氯和 NaN_3 反应。具体采用哪种方法可根据反应物的结构而定。由于分子量较大的酯与肼反应较为缓慢，因此合成分子量较大的胺以第二种方法为宜。酸经酰基叠氮转化为伯胺的全过程称为 Curtius 反应。

$$RCOOH \xrightarrow[H^+]{R'OH} RCOOR' \xrightarrow{NH_2NH_2} RCONHNH_2 \xrightarrow{HNO_2} RCON_3 \xrightarrow{\triangle} R-N=C=O \xrightarrow{H_2O} RNH_2$$

$$RCOOH \xrightarrow[Py]{SOCl_2} RCOCl \xrightarrow{NaN_3} RCON_3 \xrightarrow{\triangle} R-N=C=O \xrightarrow{H_2O} RNH_2$$

Hofmann 重排和 Curtius 重排都是酸制备胺的方法，各有自己的适用范围。如果羧酸酯易得，则采用 Curtius 重排比 Hofmann 重排更方便。如果反应都是羧酸，通过 Hofmann 重排来制备胺则更为恰当，因为 Hofmann 重排中多步反应可以集中在一个操作进行。如果分子中含有其他官能团，则要视具体情况而定。

10. Schmidt **重排**

酸、醛和酮在酸催化下与叠氮酸作用，分别生成胺、腈和酰胺的反应称为 Schmidt 重排。

$$\left.\begin{array}{l} RCOOH \\ RCHO \\ RCOR' \end{array}\right\} + \text{叠氮酸} \longrightarrow \left\{\begin{array}{l} R-NH_2 + N_2 + CO_2 \\ R-C{\equiv}N + N_2 + H_2O \\ RCONHR' + N_2 \end{array}\right.$$

它们的重排反应机理分别是：

$$RCOOH \xrightarrow{H^+} RC(\overset{\oplus}{O}H)OH \xrightarrow{HN_3} RC(OH)_2-NH-N-\overset{\oplus}{N}{\equiv}N \xrightarrow{-H_2O} RC(OH){=}N-\overset{\oplus}{N}{\equiv}N \xrightarrow{-N_2} HO-\overset{\oplus}{C}{=}N-R \rightarrow R-NH_2$$

$$RCOR' \xrightarrow{H^+} RC(\overset{\oplus}{O}H)R' \xrightarrow{HN_3} RC(OH)(R')-NH-\overset{\oplus}{N}{\equiv}N \xrightarrow{-H_2O} RC(R'){=}N-\overset{\oplus}{N}{\equiv}N \xrightarrow{-N_2} R-\overset{\oplus}{C}{=}N-R' \xrightarrow{H_2O}$$

$$R-C(OH){=}N-R' \longrightarrow RCONHR'$$

$$RCHO \xrightarrow{H^+} RC(\overset{\oplus}{O}H)H \xrightarrow{HN_3} RCH(OH)-NH-\overset{\oplus}{N}{\equiv}N \xrightarrow{-H_2O} RCH{=}N-\overset{\oplus}{N}{\equiv}N \xrightarrow{-N_2} R-\overset{\oplus}{C}{=}N-H \longrightarrow R-C{\equiv}N$$

三种反应物都是羰基的质子化开始，然后与 HN_3 加成再脱水。如果羧酸廉价易得，则利用 Schmidt 重排合成胺是一个较好的方法，如：

$$\text{菲-COOH} \xrightarrow[CF_3COOH,\ CF_3COOCOCF_3]{NaN_3} \text{菲-}NH_2$$

Schmidt 重排、Hofmann 重排以及 Curtius 重排都是由羧酸制备胺的方法，与后两者相比，Schmidt 重排的优点是只需一步即可完成反应，缺点是反应比较剧烈。

11. Baeyer-Villiger 重排

Baeyer-Villiger 重排反应是酮在过氧化物(如过氧化氢、过氧化羧酸等)氧化下,在羰基和一个邻近烃基之间引入一个氧原子,得到相应的酯的化学反应。醛可以进行同样的反应,氧化的产物是相应的羧酸。

$$R_1COR_2 \xrightarrow[Na_2HPO_4]{m\text{-}ClC_6H_4CO_3H} R_1COOR_2$$

前面反应使用间氯过氧化苯甲酸作为氧化剂,其他常用的氧化剂还包括过氧化乙酸、过氧化三氟乙酸等。为避免生成的酯在酸性条件下发生酯交换反应,常在反应物中加入磷酸氢二钠,以保持溶液接近中性。

从表面上看来,该反应仅是一个氧原子对碳-碳键进行的插入反应,事实上,该反应是一个典型的1,2迁移反应,其机制与霍夫曼重排、频纳醇重排等是类似的。

$$R_1COR_2 + H^+ \underset{}{\overset{①}{\rightleftharpoons}} R_1C(=O^+H)R_2 \xrightarrow[②]{R_3CO_3H} R_1R_2C(OH)-O^+(H)-OCOR_3 \overset{③}{\rightleftharpoons}$$

$$R_1R_2C(OH)-O-O^+(H)=C(R_3)O \xrightarrow[④]{-R_3COOH} HO-CR_1R_2-O^+ \xrightarrow{⑤} R_1C(=O^+H)OR_2 \xrightarrow[⑥]{-H^+} R_1COOR_2$$

首先,反应物的羰基被质子活化(反应①),从而易于接受过氧酸的亲核进攻(反应②)。亲核加成的产物中带有一个氧鎓离子,其质子将较容易转移到邻近的氧原子上,并通过正电荷与羰基共轭而获得额外的稳定性(反应③)。随后,与原来过氧酸对应的羧酸从中间体离去,留下一个缺电子的氧正离子(反应④)。由于氧具有很高的电负性,缺电子的氧是不稳定的,一个烃基(这里是 R_2)就通过1,2-迁移反应使整个分子再度符合八隅律,得到一个质子化的酯(反应⑤),并很快脱去质子而得到最终产物(反应⑥)。由于反应④的产物极不稳定,通常认为④⑤两步是同时发生的,即羧酸的离去与烃基的迁移是同时进行、相互促进的。

在 Bayer-Villiger 重排中,若迁移基团为手性基团,重排后构型保持不变。

在不对称酮的重排中,一般来说,亲核性强的基团将优先迁移。重排基团迁移能力的次序为叔烷基>仲烷基>苄基、苯基>伯烷基>环丙基>甲基。

当苯环上引入供电子基时将增强基团的迁移能力;反之,则减弱迁移能力,如:

$$p\text{-}H_3CO\text{-}C_6H_4\text{-} > C_6H_5\text{-} > p\text{-}O_2N\text{-}C_6H_4\text{-}$$

由于甲基的能力小，此反应是从甲基酮制备乙酸酯及其水解产物酚或醇的一条途径。

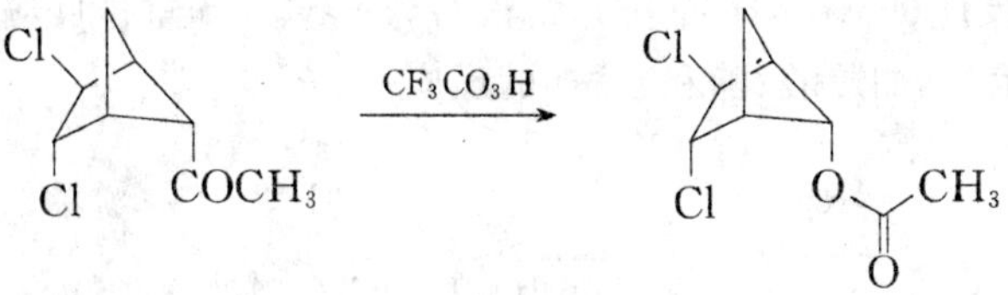

环酮发生反应得到内酯，如：

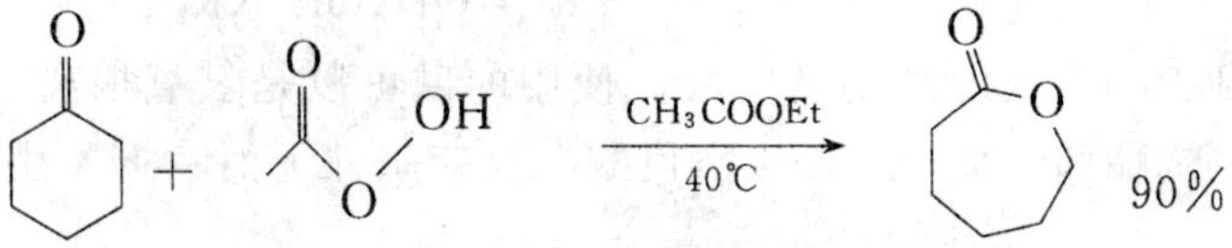

90%

12. Hydroperoxide rearrangement 氢过氧化物重排反应

氢过氧化物重排反应指烃被氧化为氢过氧化物后，在酸的作用下，过氧键（ —O—O— ）断裂，烃基发生亲核重排生成醇（酚）和酮的反应。

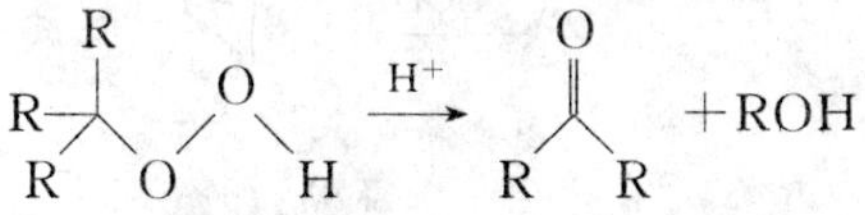

该重排反应的机理如下：

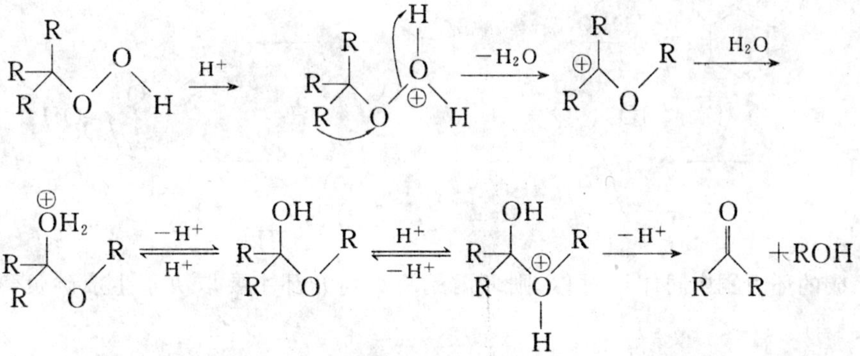

反应先是氢过氧化物发生质子化，然后脱水和重排，重排产生的碳正离子与水形成质子化的半缩醛，脱去质子后，半缩醛在酸性条件下分解成羰基化合物和醇。

工业上采用异丙苯法生产苯酚的过程就包含有氢过氧化物重排反应。

类似的例子还有：

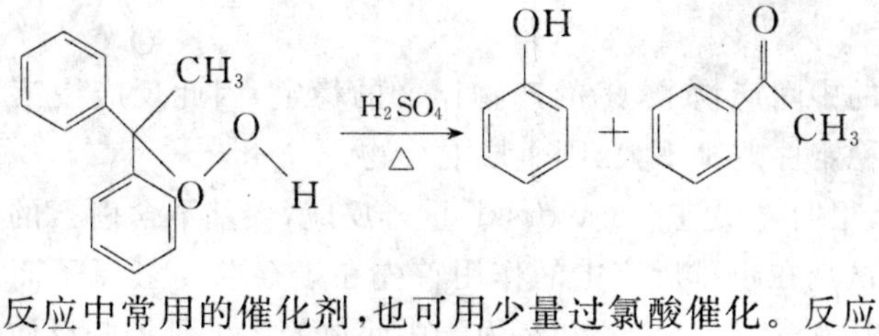

硫酸是此重排反应中常用的催化剂，也可用少量过氯酸催化。反应物分子中如果烷基和芳基同时存在，芳基优先发生迁移。烷基和氢的优先迁移次序是：叔烷基＞仲烷基＞正丙基＞乙基＞甲基。

13. Favorskii 重排

Favorskii 重排反应(Favorskii 重排),常误写为 Favorski 重排反应,是 α-卤代酮在碱作用下重排为羧酸衍生物(如羧酸、酯和酰胺)的反应。

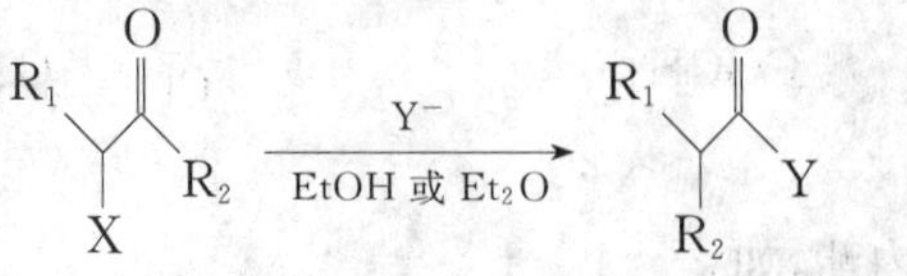

Y^-, EtOH 或 Et_2O

Y=OH,OR,NR_2

环酮反应得到少一个碳的环烷基羧酸。使用的碱可以是氢氧根离子、醇盐负离子或胺,产物分别为羧酸、酯和酰胺。α,α′-二卤代酮在反应条件下消除 HX 生成 α,β-不饱和羰基化合物。

环酮的反应如下,常用于合成张力较大的四元环体系。

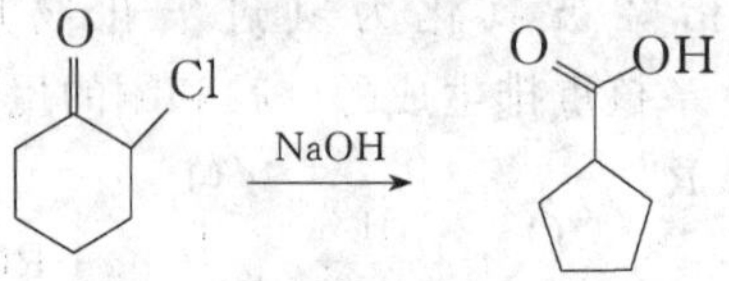

NaOH

该反应的反应机理为:

$-H_2O$

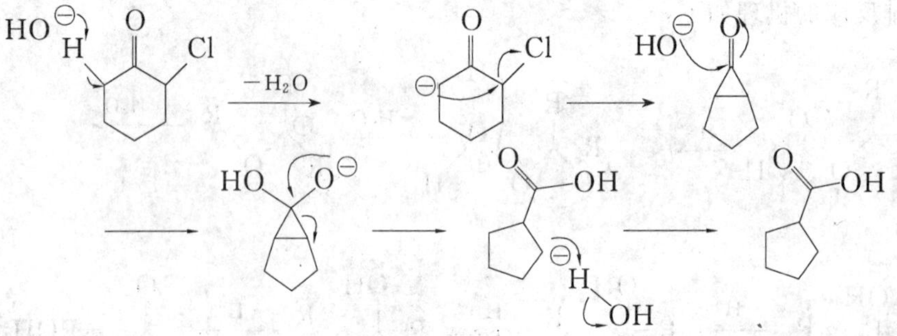

若生成的环丙酮中间体不对称,则环丙酮将如何开环主要取决于生成碳负离子的稳定性。

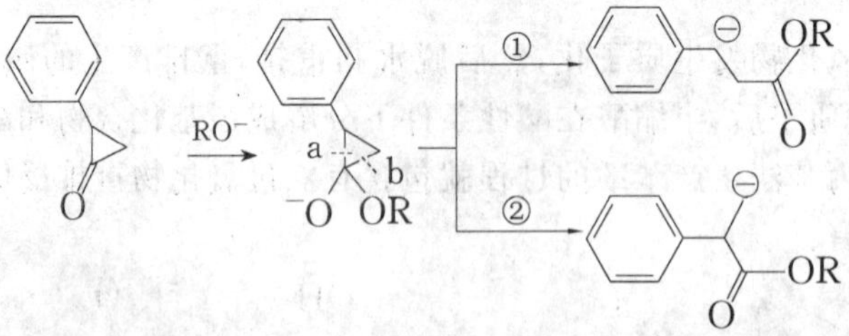

RO^- ① ②

在这两种可能的中间产物中,①的产物比②的稳定,因此反应按第一种方式进行。如果两种开环产物的稳定性差别不大,则生成混合物。

根据反应历程,很明显要进行 Favorskii 重排反应,羰基不含卤素的一侧必须至少有一个 α-氢原子。强碱试剂在重排反应中的作用首先在于夺取 α-氢原子而产生碳负离子。一般认为,夺取 α-氢原子产生碳负离子和环丙酮中间体的产生是控制反应速率的步骤。环丙酮中间体的生成和卤素负离子的离去时同时进行的,相当于分子内的 S_N2 反应,反应具有立体专一性。

14. Stevens 重排

含 α-氢原子且 α-碳上有吸电子基的季铵盐（或叔锍盐），在强碱条件下，季铵盐（或锍盐）的烃基从氮原子（或硫原子）上迁移至具有吸电子的碳原子上，形成叔胺（硫醚）的反应称为 Stevens 重排。

常用的碱性试剂有 KOH，NaOH，RONa，$NaNH_2$，PhLi 等，可根据 α-氢原子的酸性大小选用。季铵盐的 Stevens 重排可用下面的通式表示。

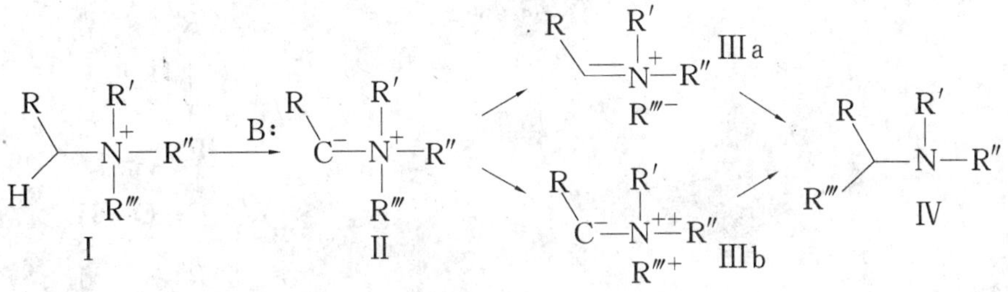

季铵盐去质子化后形成的叶立德是反应的关键中间体，此中间体受到 R 基吸电子性的影响而得到稳定。然后，发生一个基团从杂原子上 1,2 迁移至碳负，这之中各基团迁移顺序为炔丙基＞烯丙基＞苄基＞烷基，而且迁移基团若带有手性中心则在迁移后通常得到构型保持的产物。

叔锍盐发生 Stevens 重排，产物为硫醚，如：

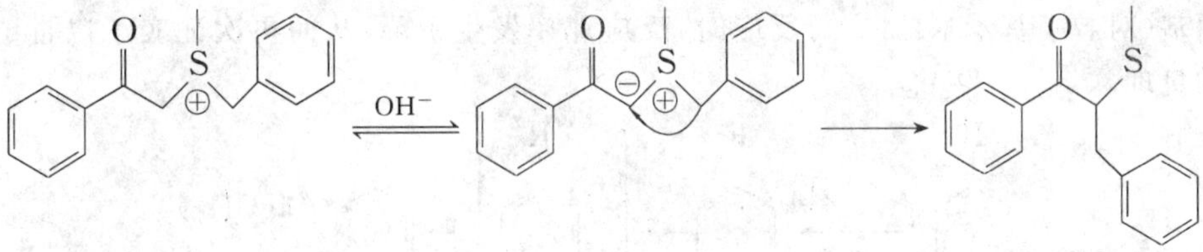

15. Wittig 重排

醚在醇溶液中，与烷基锂（或苯基锂、氨基钠、氨基钾）等强碱作用，醚分子中的烷基或芳基迁移到碳原子上，重排为仲醇或叔醇的反应称为 Wittig 重排。反应由 Wittig（诺贝尔化学奖获得者）和 Löhmann 于 1942 年首先报道。这个反应是合成多取代醇的一个较好的方法。

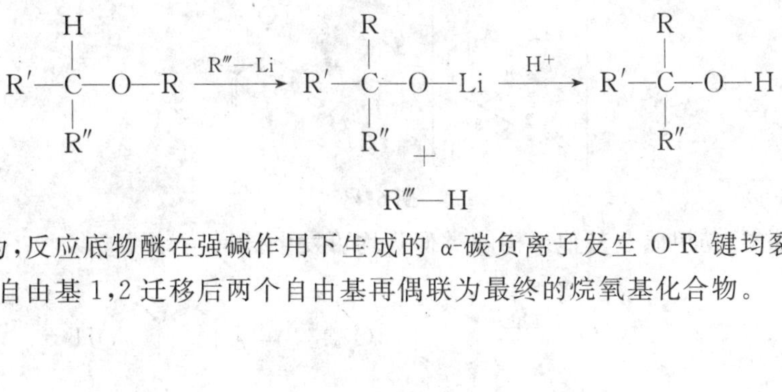

一般认为，反应底物醚在强碱作用下生成的 α-碳负离子发生 O-R 键均裂形成自由基中间体，之后自由基 1,2 迁移后两个自由基再偶联为最终的烷氧基化合物。

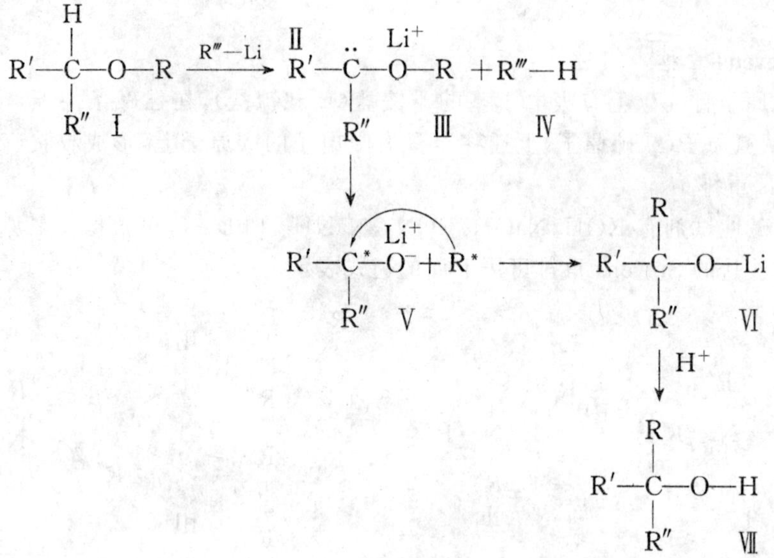

$$R'-\underset{R''}{\overset{H}{C}}-O-R \xrightarrow{R'''-Li} R'-\underset{R''}{\ddot{C}}\overset{Li^+}{-}O-R + R'''-H$$

I　　Ⅱ　　Ⅲ　　Ⅳ

$$R'-\underset{R''}{C^*}\overset{Li^+}{-}O^- + R^* \longrightarrow R'-\underset{R''}{\overset{R}{C}}-O-Li \xrightarrow{H^+} R'-\underset{R''}{\overset{R}{C}}-O-H$$

Ⅴ　　Ⅵ　　Ⅶ

烃基迁移顺序与自由基稳定性相吻合，即甲基＜伯烃基＜仲烃基＜叔烃基。

某些烯丙基芳醚也可以按照另一机理进行反应。例如，图 6-4 中的烯丙基芳醚Ⅰ用仲丁基锂在－78 ℃处理得到锂化中间体Ⅱ；当升高温度至－25 ℃，并用三甲基氯硅烷捕获反应的醇锂中间体时，结果只得到重排产物Ⅴ，没有Ⅳ生成；这个结果排除了通过自由基Ⅲa进行反应的机理，支持了以 Meisenheimer 络合物Ⅲb 为中间体的反应机理；进一步研究表明烯丙基(对叔丁基苯基)醚进行反应时，反应速率发生下降，从而再次证实了以Ⅲb 为中间体的机理。

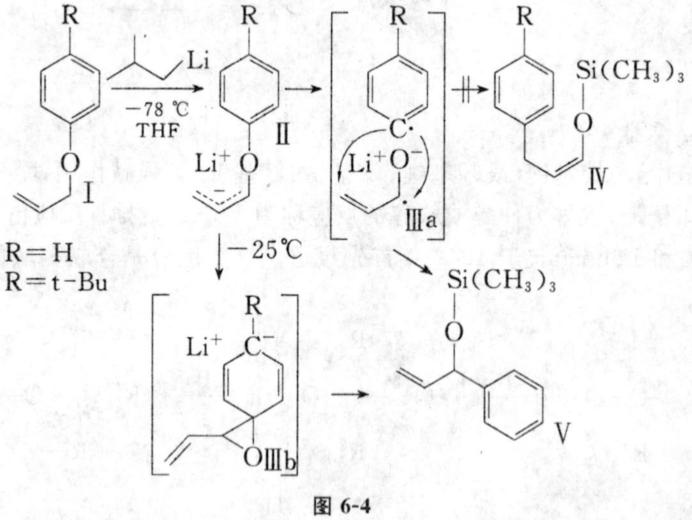

Li　－78 ℃　THF　Ⅰ　Ⅱ　Li⁺　Ⅲa　Ⅳ　$Si(CH_3)_3$　－25℃　Ⅲb　Ⅴ

R＝H
R＝t-Bu

图 6-4

二苯甲基醚、芴甲醚及其他结构的类似物均可发生该反应，如：

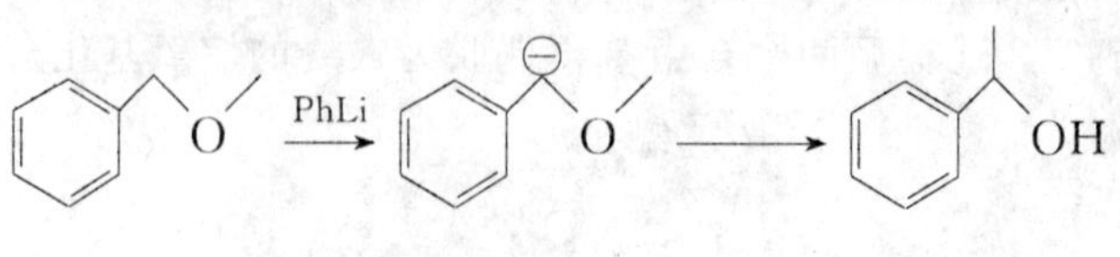

PhLi　OH

$$\text{9-(2-丁烯氧基)芴} \xrightarrow{KOH} \text{9-(3-戊烯基)-9-芴醇}$$

$$\text{9-甲氧基芴} \xrightarrow[(2)\ H^+]{(1)\ PhNa} \text{9-甲基-9-芴醇}$$

此反应与 Stevens 重排很相似，Stevens 重排是烃基从氮向碳迁移，而 Wittig 重排则是烃基从氧向碳迁移。

16. Fries 重排

Fries 重排反应（弗莱斯重排、弗赖斯重排、福莱斯重排）是酚酯在路易斯酸或布朗斯特酸催化下重排为邻位或对位酰基酚的反应。反应由德国化学家 Karl Theophil Fries 首先报道。

$$\text{RCOOPh} \xrightarrow[\triangle]{AlCl_3} o\text{-HOC}_6\text{H}_4\text{COR} + p\text{-HOC}_6\text{H}_4\text{COR}$$

反应常用的路易斯酸催化剂有三氯化铝、三氟化硼、氯化锌、氯化铁、四氯化钛、四氯化锡和三氟甲磺酸盐，也可以用氟化氢或甲磺酸等质子酸催化。邻、对位产物的比例取决于原料酚酯的结构、反应条件和催化剂的种类等。一般来说，对位产物是动力学控制产物，邻位产物是热力学控制产物。反应在低温（100 ℃以下）下进行时主要生成对位产物，而在较高温度时一般得到邻位产物。可利用邻、对位性质上的差异来分离这两者。一般邻位异构体可以生成分子内氢键，可随水蒸气蒸出。

脂肪或芳香羧酸的酚酯都可以发生重排。因取代基影响反应，底物不能含有位阻大的基团。当酚组分的芳香环上有间位定位基存在时，重排一般不能发生。这个方法是在酚的芳环上引入酰基的重要方法。

Fries 重排的机理至今仍未完全清楚，可能有时为分子内的反应，而从交叉实验结果来看，可能有时又为分子间的反应。一个接受较广的机理是图 6-5 所示涉及碳正离子的机理。该机理中，首先是酚酯的羰基氧与路易斯酸性的铝原子进行配位；然后铝基重排到酚氧上，C—O 键断裂，产生酚基铝化物和酰基正离子；酰基正离子接下来在苯环上酚基的邻位或对位对其发生亲电芳香取代，再经水解得到产物羟基芳酮。

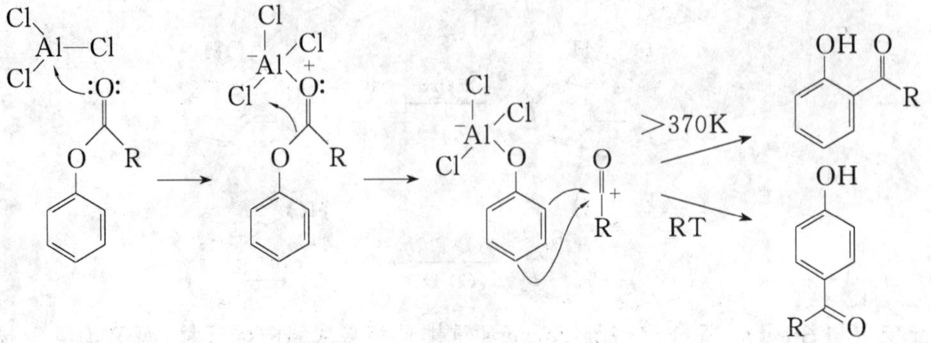

图 6-5

Fries 重排也可以在没有催化剂的情况下进行，但需要有紫外光的存在，产物仍然是邻或对羟基芳酮。这种类型的 Fries 重排称为“光 Fries 重排”。

光 Fries 重排产率很低，很少用于合成。不过，苯环上连有间位定位基时仍然可以进行光 Fries 重排。光 Fries 重排反应为自由基机理，首先是酚酯分子被光激发，激发态的酚酯在溶剂笼中均裂为一对酚基和酰基自由基，然后酰基自由基再从邻位或对位与酚基自由基偶联，并经互变异构得到产物羟基芳酮。

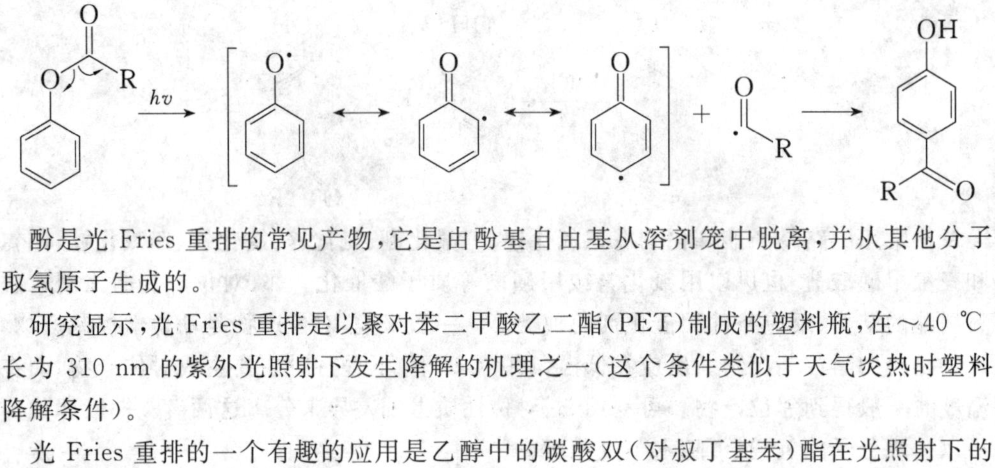

酚是光 Fries 重排的常见产物，它是由酚基自由基从溶剂笼中脱离，并从其他分子中夺取氢原子生成的。

研究显示，光 Fries 重排是以聚对苯二甲酸乙二酯(PET)制成的塑料瓶，在～40 ℃ 和波长为 310 nm 的紫外光照射下发生降解的机理之一(这个条件类似于天气炎热时塑料瓶的降解条件)。

光 Fries 重排的一个有趣的应用是乙醇中的碳酸双(对叔丁基苯)酯在光照射下的双重排，产生双(5-叔丁基-2-羟基苯基)甲酮。

17. Claisen 重排

克莱森重排反应(Claisen 重排反应)的最初形式是一个烯丙基苯基醚在高温(＞200 ℃)下发生的一个重排反应，产物是邻位烯丙基苯酚。反应的机理是 σ[3,3]重排(是史上第一个发现的 σ[3,3]重排反应)，产物 4-烯酮因芳香性的需要互变异构为酚。

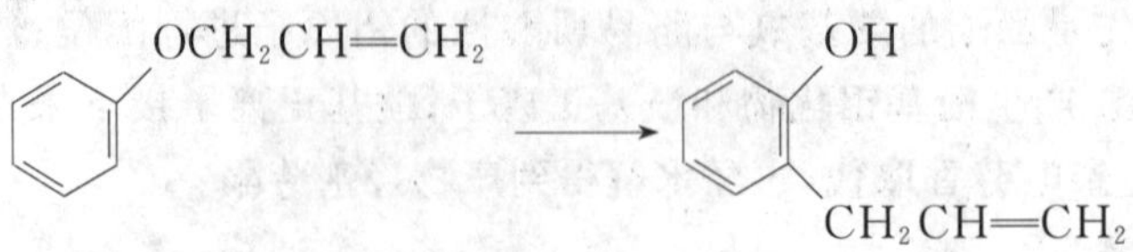

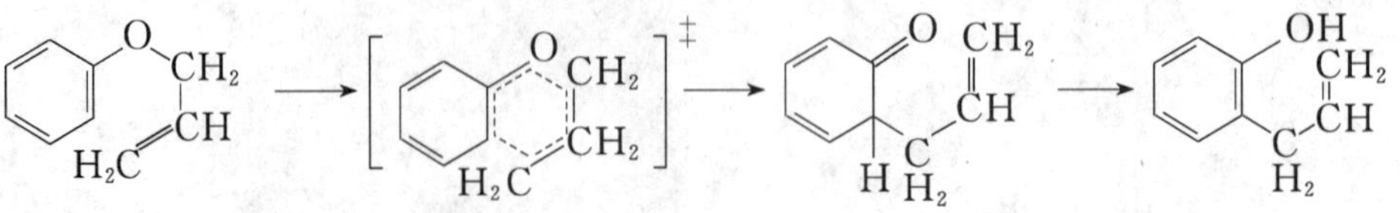

$$C_6H_5OCH_2CH{=}CH_2 \longrightarrow o\text{-}HOC_6H_4CH_2CH{=}CH_2$$

这个反应的特点是高度的区域选择性，产物大部分是邻位的，与弗里斯重排的性质很相似。而当苯环的两个邻位都被"堵"住的时候，反应产物是对位烯丙基取代物，这是因为中间产物发生了一个科普重排反应所致——"分子自有其道(molecules have a way of hanging on)"。

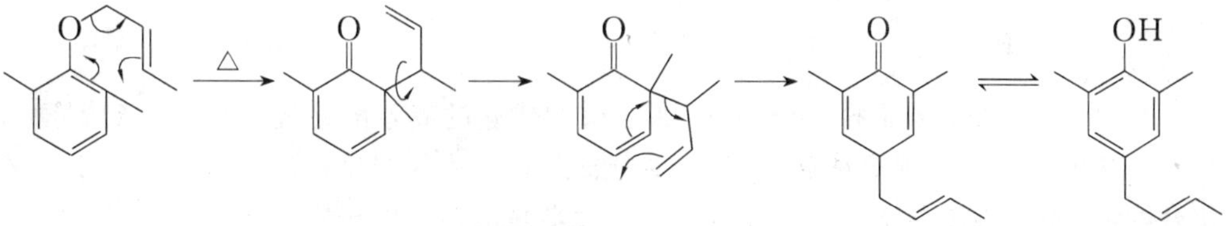

审视整个过程可以看到：克莱森重排的驱动力是生成热力学上最稳定的取代度最大的"烯烃"。

克莱森重排起初是在芳香化合物中发现的(1912 年)，这与当时(20 世纪初期)合成化学家"玩"的范围局限在芳香烃上有关。到后来发现该反应可以拓展到非芳香化合物，而这种拓展非常重要，因为克莱森重排反应立刻变成了合成上一个非常有用的反应：反应生成了一个新的碳碳键，得到一个 4-烯羰基化合物，而烯键可以继续往下做衍生得到其他的化合物。

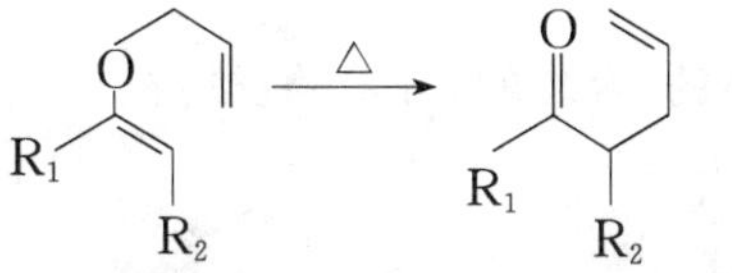

而现代有机合成在克莱森反应的启发下催生出众多"变体"。

贝勒斯(Bellus)变体：

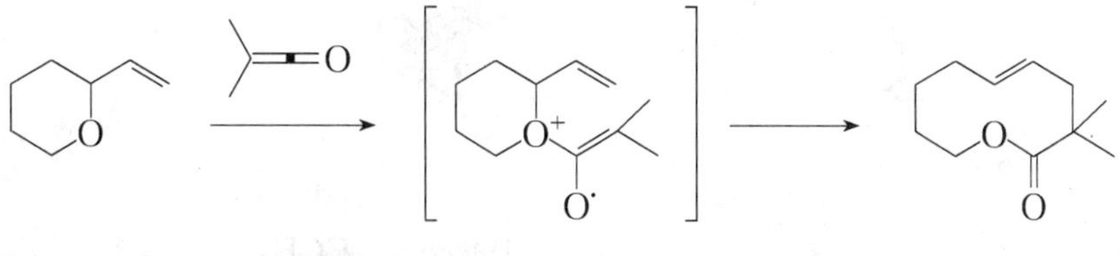

埃申莫瑟(Eschenmoser)变体：

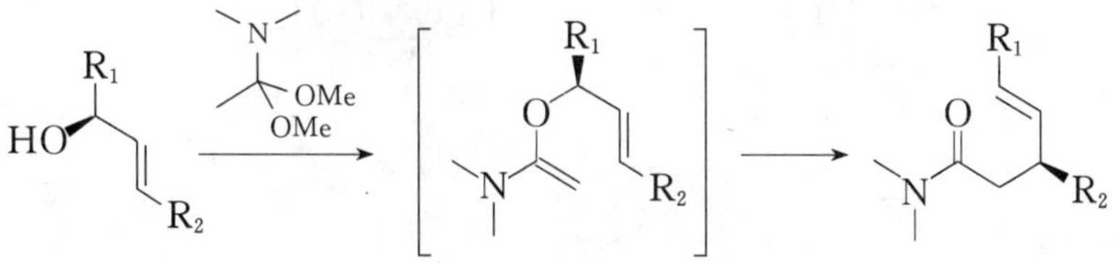

艾兰德(Ireland)变体：

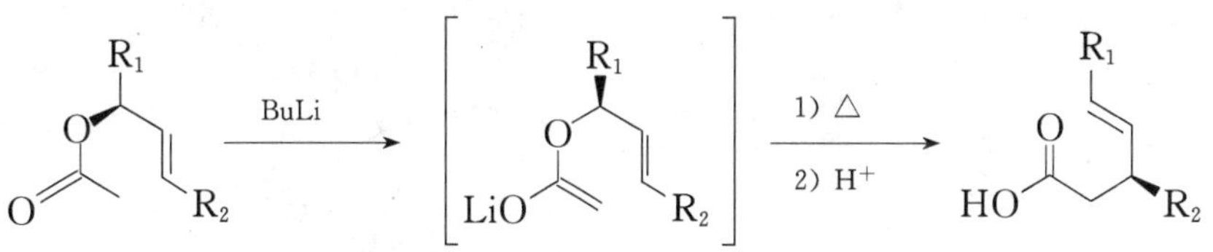

强生(Johnson)变体：

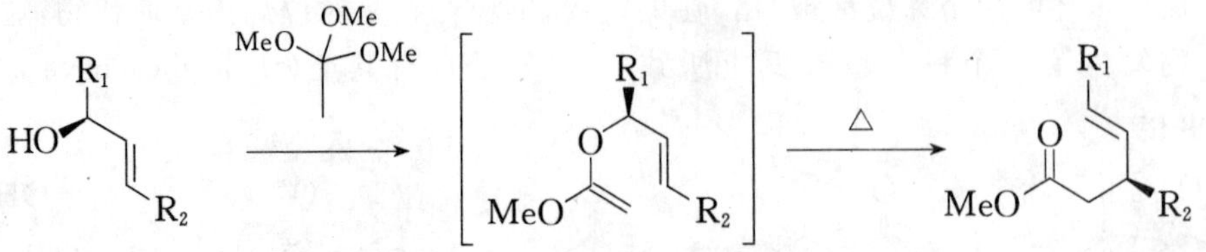

自然界中的 Claisen 重排广泛存在，如在植物代谢的莽草酸途径中从分支酸到预苯酸的转换步骤就是一个克莱森重排，该反应受分支酸歧化酶的催化。预苯酸是一个重要的前体化合物，生物体内含苯环的天然化合物有一大半是由预苯酸转换过来的。

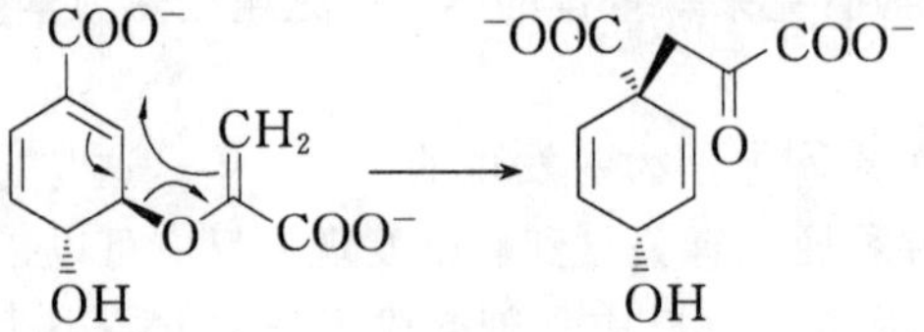

习 题

1. 为下述反应建议可能的、合理的、分步的反应机理。

(1)

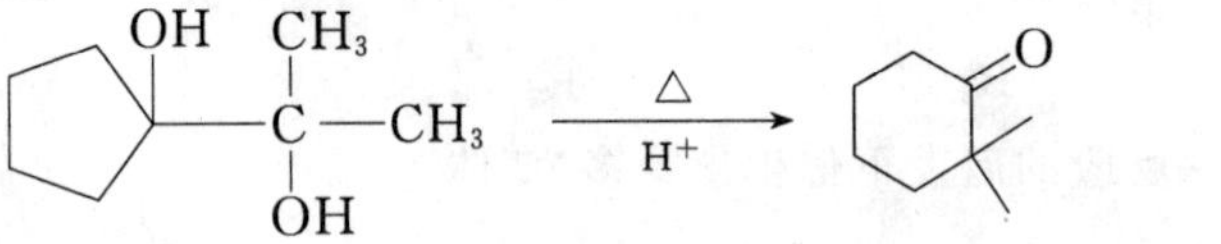

(2)

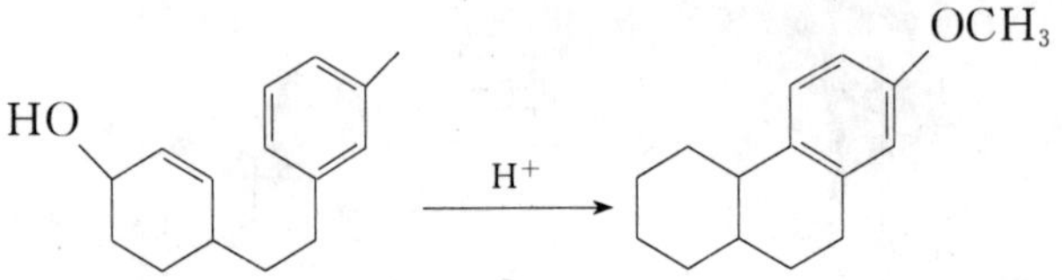

(3)

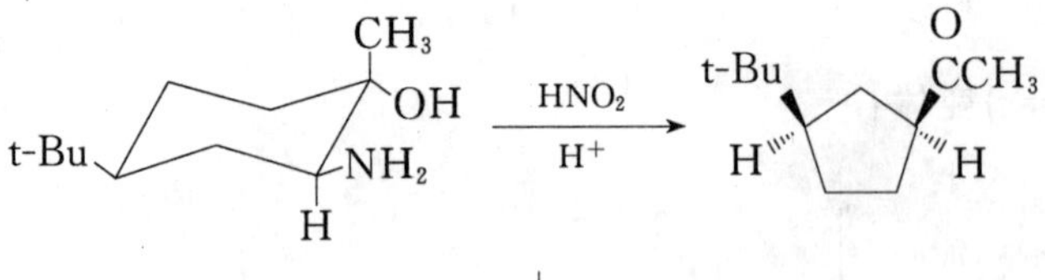

(4)

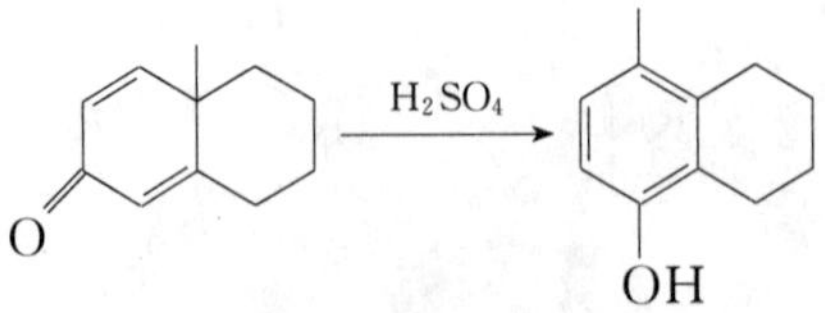

(5)

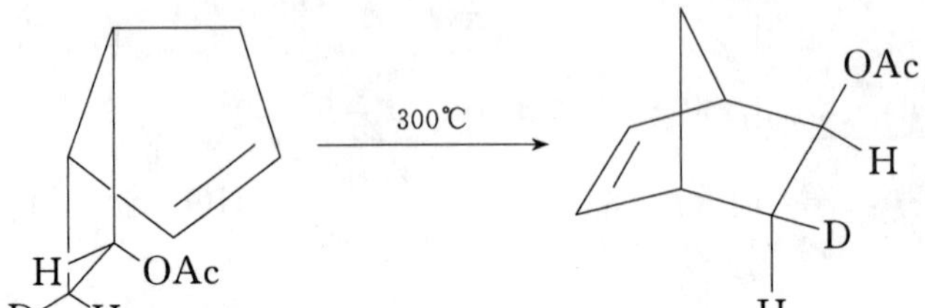

(6) 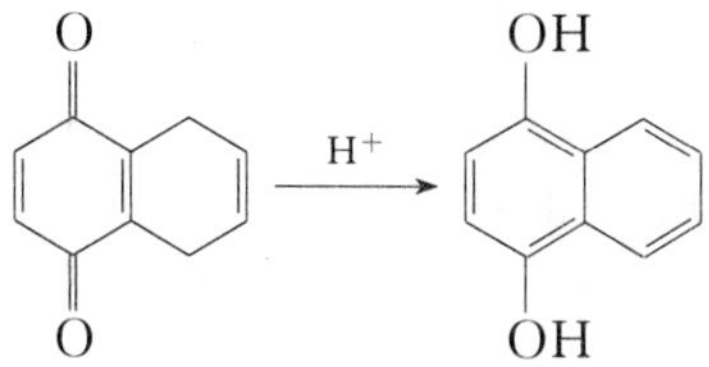 [结构式：H^+]

(7) 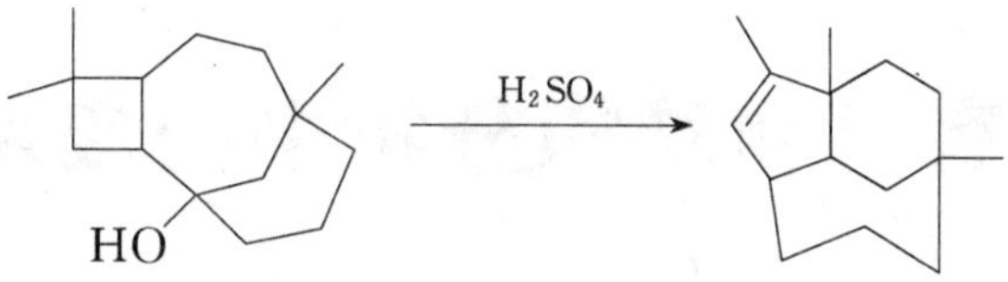 [结构式：H_2SO_4]

(8) 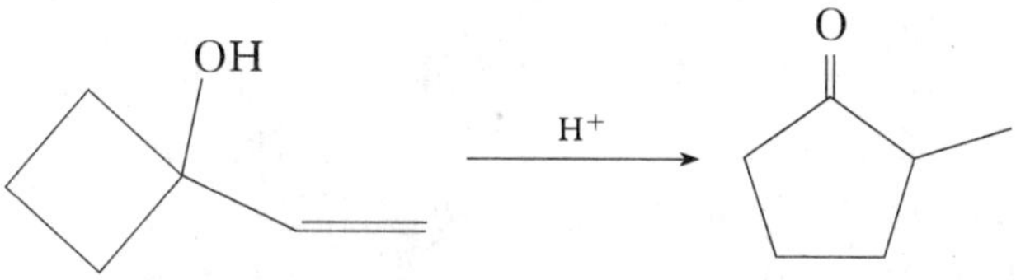 [结构式：H^+]

(9) 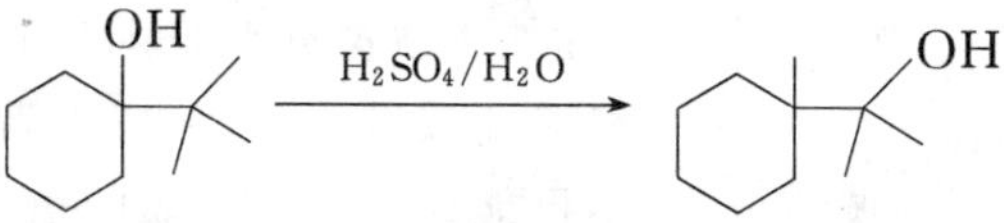 [结构式：H_2SO_4/H_2O]

(10) 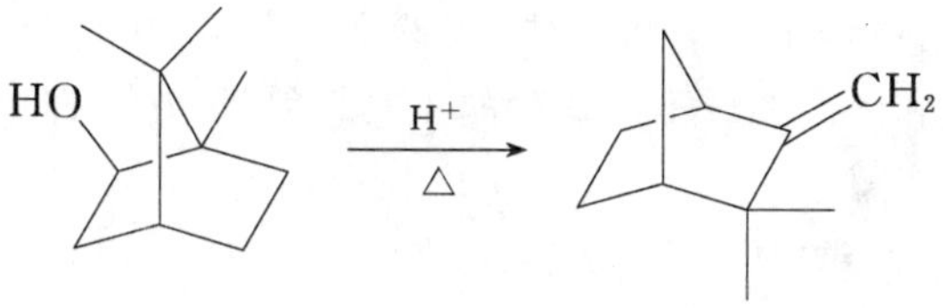 [结构式：H^+，△]

(11) 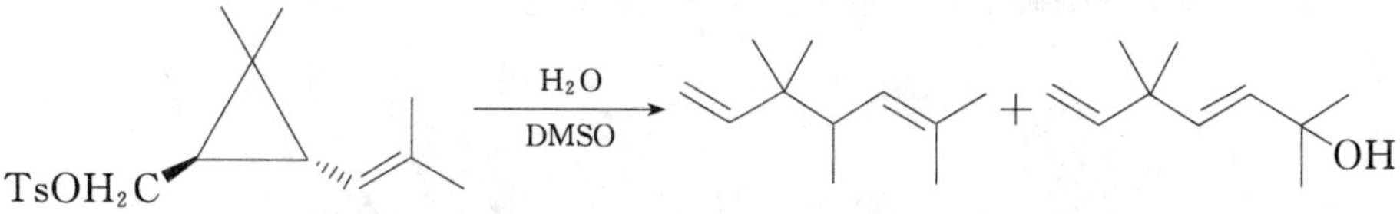 [结构式：$TsOH_2C$，H_2O，DMSO，OH]

2. 下列反应中 A,B,C 三种产物不能全部得到，请判断哪一些化合物不能得到，并写出合适的反应机理说明此实验结果。

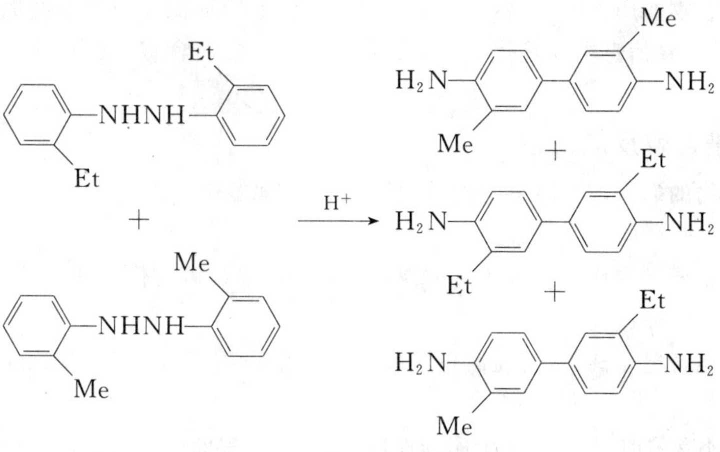

[结构式：Et，NHNH，Et ＋ Me，NHNH，Me $\xrightarrow{H^+}$ H_2N，NH_2，Me，Me ＋ H_2N，NH_2，Et，Et ＋ H_2N，NH_2，Et，Me]

第七章

波谱分析在有机物结构分析中的应用

近几十年来，各种仪器分析方法迅速发展，尤其是质谱、核磁共振谱、红外吸收光谱和紫外吸收光谱四种仪器分析技术（简称“四谱”分析），能从不同的角度提供有机化合物的结构信息。这些信息相互补充，相互印证，在解决有机物结构，尤其是复杂分子结构分析问题时，发挥了经典的化学分析方法无法比拟的作用。“四谱”中，除了紫外吸收光谱之外其余三种技术都能独立用于结构分析，但一般来说，单靠一种技术解决问题是困难的。视实际情况选择几种技术（不一定“四谱”俱全）综合运用，可以避免或减少差错，较为满意地解决有机化合物的结构分析的三大任务。利用波谱分析，不仅能获得大量可靠的信息，而且分析速度快、所需样品少。目前“四谱”已经成为有机合成、天然产物研究、医药卫生、生物化学、材料化学、石油化工等众多研究和生产领域不可缺少的工具。另外，在研究生入学考试和复试中对其要求也越来越高。

本章是在已学习基础有机化学后，对“四谱”分析方法的基本原理、专用名词及其化学意义的基本知识的基础上开展进一步论述，旨在进一步提高识谱、解谱和“四谱”的综合分析的实际应用能力。

第一节　有机质谱

在有机化合物的质谱图中，各种离子或离子系列的质荷比及相对丰度提供了有机化合物的结构信息，这些信息主要是化合物的分子量、化学式、所含官能团和化合物类型以及基团之间连接顺序。

一、有机质谱裂解反应机理

有机化合物的裂解方式可分为简单裂解、重排裂解。

1. 简单裂解

简单裂解是质谱中最为常见的一种裂解。发生简单裂解时仅有一个共价键断裂，产生的碎片都是分子中原已存在的结构单元。

分子离子是奇电子离子，它经简单断裂产生一个自由基和一个正离子，该正离子为偶电子离子。

当化合物不含氮时，其分子离子应为偶质量数，经简单断裂所产生的自由基和偶电子离子均为奇质量数。当化合物含一个氮原子时，分子离子为奇质量数，分子离子经简单断裂所产生的自由基和偶电子离子之中，含氮原子的具有偶质量数，不含氮原子的，仍为奇质量数。

根据裂解引发的机制分为以下三种。

1）α 裂解。

自由基引发，断裂发生在带奇电子原子的 α-位，反应的动力来自自由基强烈的电子配对倾向。例如：

含饱和杂原子的化合物：

$$R'—CR_2—\ddot{Y}—R'' \xrightarrow{-e} R'—CR_2—\dot{Y}^{+}—R'' \longrightarrow R'\cdot + CR_2=\overset{+}{Y}—R''$$

含不饱和杂原子的化合物：

$$R'—CR=\ddot{Y} \xrightarrow{-e} R'—CR=\dot{Y}^{+} \longrightarrow R'\cdot + RC\equiv\overset{+}{Y}$$

含碳-碳不饱和键的化合物：

$$R'—CH_2—CH=CH_2 \xrightarrow{-e} R'—CH_2—\dot{C}H\overset{+}{—}CH_2 \longrightarrow R'\cdot + CH_2=CH—\overset{+}{C}H_2$$

$m/z91$

$m/z65$

2）i 裂解。

电荷引发，断裂时，一对电子发生转移，如：

$$R—\overset{+\cdot}{Y}—R' \xrightarrow{i} R^{+} + \cdot YR$$

$$R(R')C=\overset{+\cdot}{Y} \longleftrightarrow R(R')\overset{+}{C}—\dot{Y}: \xrightarrow{i} R^{+} + R—\dot{C}=Y$$

$$R—\overset{+}{Y}H_2 \xrightarrow{i} R^{+} + YH_2$$

$$R—\overset{+}{Y}=CH_2 \xrightarrow{i} R^{+} + Y=CH_2$$

3）σ 裂解。

当化合物不含有 O、N 等杂原子也没有 π 键时，只能发生 σ 裂解。

$$R—R \xrightarrow{-e} R^{+}\cdots{}^{\cdot}R \xrightarrow{\alpha} R^{+} + \cdot R$$

简单裂解的一般规律如下。

(1) 含杂原子的化合物存在三种断裂方式。

① 对于含杂原子的化合物，连接杂原子的 α-C 上的另一根键发生断裂。由这种断裂方式产生的离子在质谱中很常见。正电荷一般在含杂原子的一侧。杂原子两侧的烷基都可发生 α 裂解，大的烷基优先脱去。

② 杂原子和碳原子之间的单键断开，正电荷在烷基一侧（i 断裂）。

③ 杂原子和碳原子之间的单键断开，正电荷在杂原子一侧（类似 σ 断裂）。这种断裂方式较为少见。

规律：杂原子和碳原子以双键相连，只能进行①；饱和杂原子则有不同倾向：

ⅰ. 当 X 位于元素周期表上方偏左（如 N、O），发生①的可能性大；当 X 位于元素周期表右下方，则发生③的可能性大。

ⅱ. 杂原子连接氢原子时，发生①的可能性大；杂原子连接烷基时，发生②、③的可能性大。

ⅲ. 烷基 R 所对应的离子 R^+ 稳定性高时，易发生②；反之，则易发生③。

（2）邻接碳、碳不饱和键的 C—C 键易断裂（α 裂解）。

$$R—CH_2—CH═CH—R' \xrightarrow{-e} R'—CH_2—\dot{C}H\overset{+}{—}CH—R'$$

$$\overset{+}{C}H_2—CH═CH—R' \longleftrightarrow CH_2═CH—\overset{+}{C}H—R' + R\cdot$$

共振的结构式越多，离子的稳定性越高。

（3）邻接苯环、杂芳环的 C—C 键易断裂〔同(2)〕。

（4）碳链分枝处易发生断裂，某处分枝愈多，该处愈易断裂。

（5）饱和环易于在环与侧链连接处断裂〔同(4)〕

（6）当在某分枝处有几种断裂的可能时，丢失大的基团是有利的，进行该反应的可能性也就较大。

2. 重排裂解

重排的特点为重排同时涉及至少两根键的变化，在重排中既有键的断裂也有键的生成。重排产生了在原化合物中不存在的结构单元的离子。

最常见的是脱离中性小分子的重排反应。脱离中性小分子所产生的重排离子是奇电子离子。

脱离掉的中性小分子及所产生的重排离子均符合氮规则。从离子的质量数的奇、偶性可区分经简单断裂所产生的碎片离子和脱离中性小分子所产生的重排离子。

（1）McLafferty 重排（麦氏重排）。

γ-H 重排到不饱和基团上并伴随着发生 β 键断裂，产生奇电子离子。

McLafferty 重排可产生两种重排离子，其通式为：

H A E B C D → A· H E⁺ B C D → A=B + $\overset{+}{E}H$=D ·C

↕

H A E B C D → A=B + H E⁺· H_2C=D ⟷ EH=D^+ $H_2\dot{C}$

Ⅰ

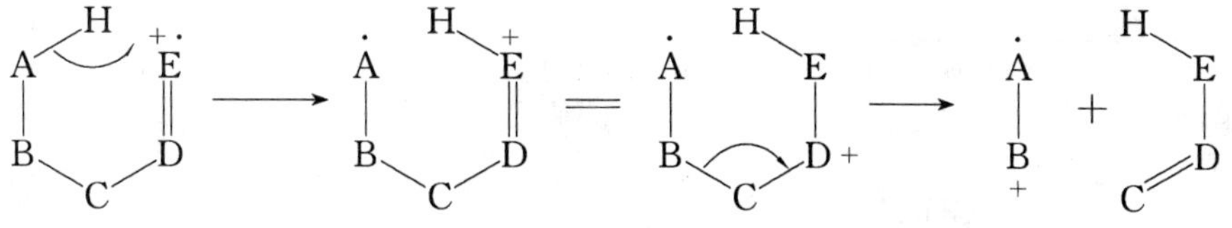

Ⅱ

上述通式中,D=E代表一个双键(或叁键)基团;H是相对于不饱和键γ位置碳原子A上的氢原子,这是发生McLafferty重排的必要条件;而C可以是碳原子也可以是杂原子。McLafferty重排有生成两种离子的可能性,但电荷保留占主导地位(有例外)。

能够发生麦氏重排的有机物种类:醛、酮、酯、酸、酰胺、碳酸酯、膦酸酯、亚硫酸酯、亚胺、肟、腙、烯、炔和烷基苯等。例如:

腙:

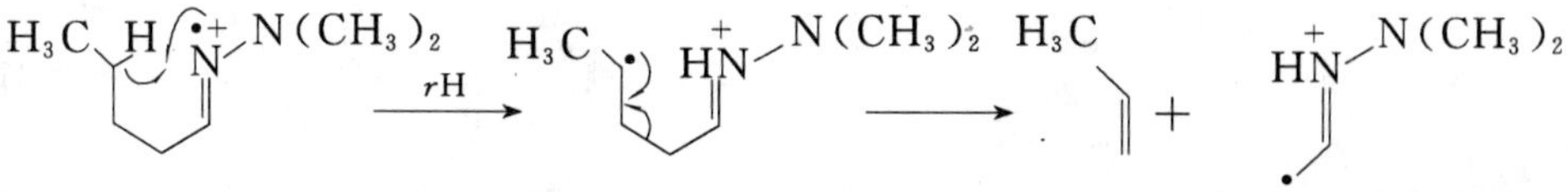

$(m/z85=100\%)$ $m/z86,90\%$

芳香烃:

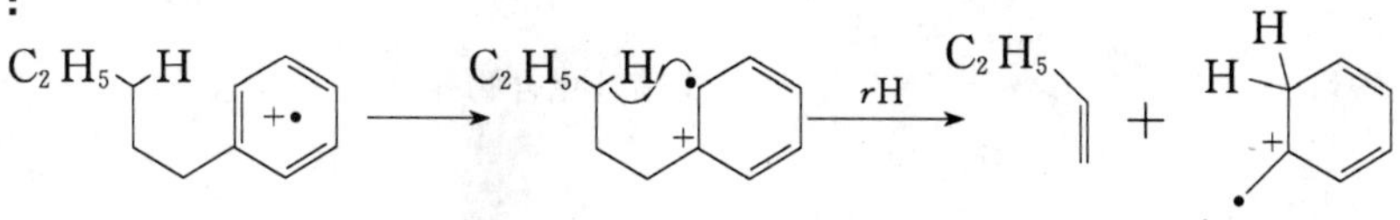

$(m/z91=100\%)$ $m/z92$ 60%

酮:

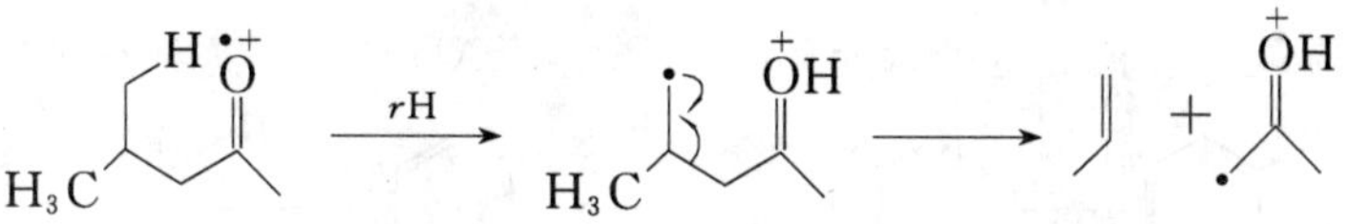

$m/z58,30\%$ $I=9.1eV$

丁酸乙脂:

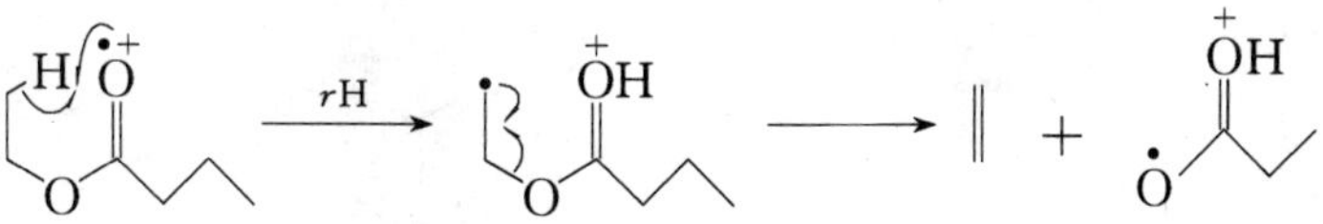

$I=10.2eV$ 丰度大

丁酸丙脂:

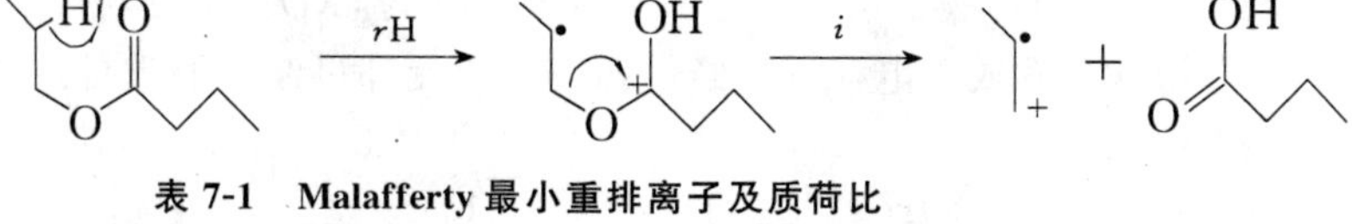

表 7-1 Malafferty 最小重排离子及质荷比

化合物类型	最小重排离子	m/z	化合物类型	最小重排离子	m/z
烯烃	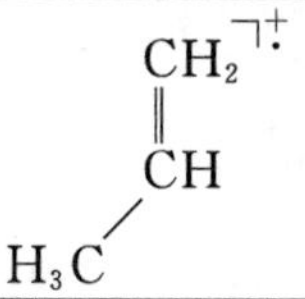 $[CH_2=CH-CH_3]^{+\cdot}$	42	羧酸酯	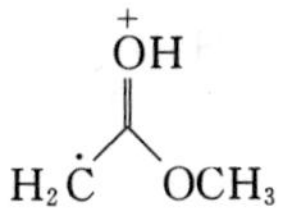 $H_2\dot{C}-C(=\overset{+}{O}H)-OCH_3$	74

（续表）

化合物类型	最小重排离子	m/z	化合物类型	最小重排离子	m/z
烷基苯	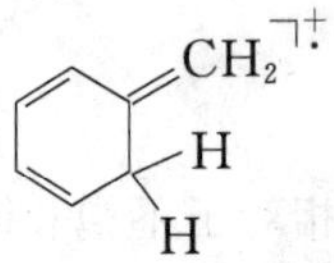	92	甲酸酯	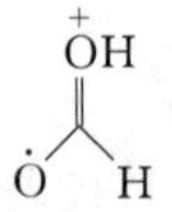	46
醛	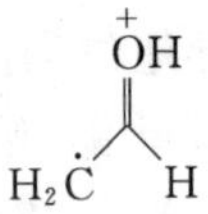	44	酰胺	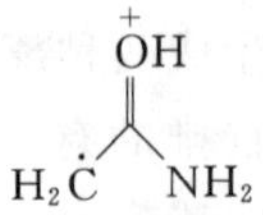	59
酮	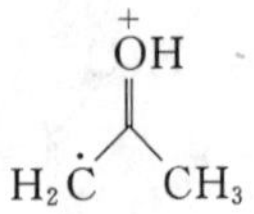	58	腈	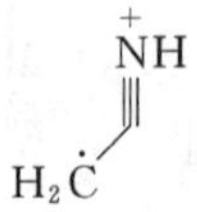	41
羧酸	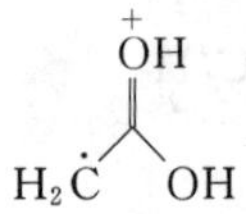	60	硝基化合物	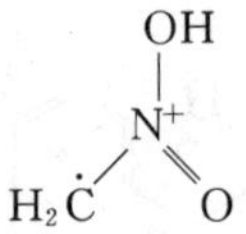	61

(2) 逆 Diels-Alder 反应(RDA)。

当分子中存在含一根 π 键的六元环时，可发生 RAD 反应。这种重排反应为：

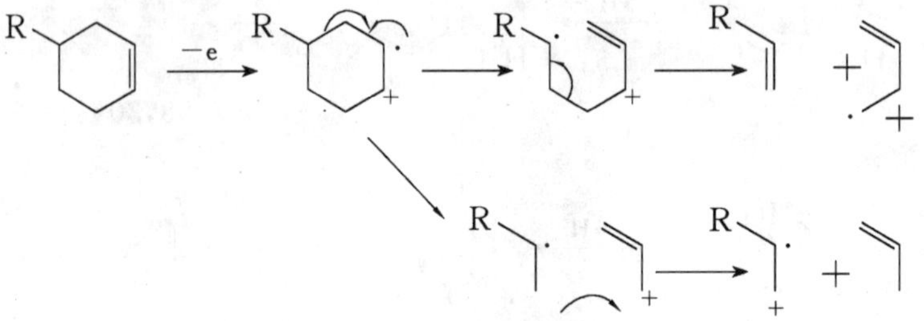

说明：该重排正好是 Diels-Alder 反应的逆反应；

含原双键的部分带正电荷的可能性大些；

当存在别的较易引发质谱反应的官能团时，RDA 反应则可能不明显。

(3) 自由基引发或正电荷诱导经过四、五、六元环过渡氢的重排。

醇类：

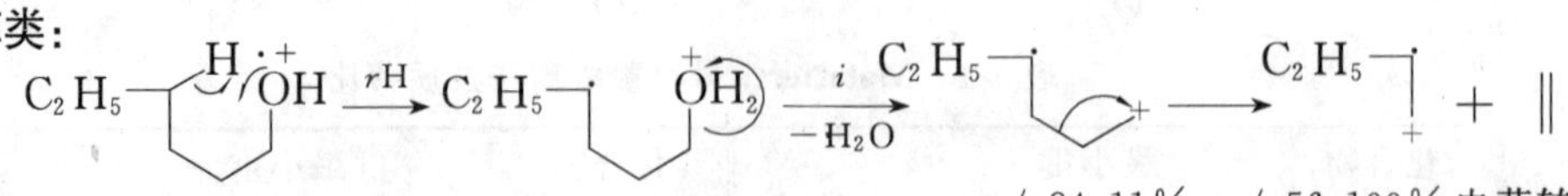

六元环 m/z84，11% m/z56，100% 电荷转移

卤代烃：

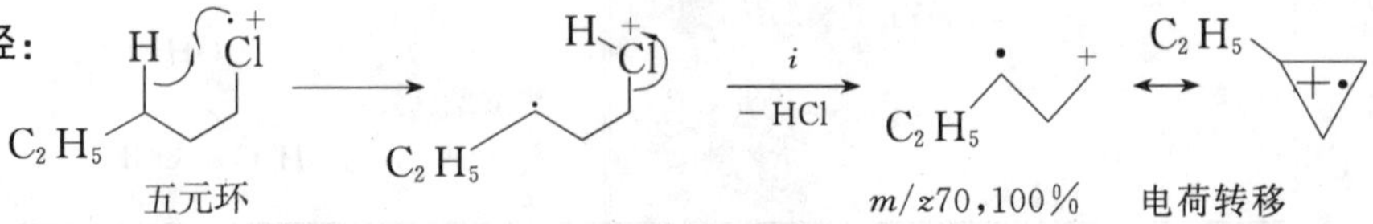

五元环 m/z70，100% 电荷转移

$$CH_3CH_2\overset{+\cdot}{N}H-CH_2-CH_3 \xrightarrow[-CH_3\cdot]{\alpha} H_2C-CH_2\ (H)\ \overset{+}{N}H=CH_2 \xrightarrow{rH} H_2\overset{+}{N}=CH_2 + H_2C=CH_2$$

$m/z30,75\%$

胺类化合物十分常见

$$n\text{-}C_3H_7-CH_2-\overset{+\cdot}{N}(CH_3)-CH(CH_3)_2 \xrightarrow{\alpha} CH_2=\overset{+}{N}(CH_3)-CH(CH_3)CH_2H \xrightarrow{rH} H_2C=\overset{+}{N}H(CH_3) + HC(CH_3)=CH_2$$

$m/z86$　　$m/z44$

$$n\text{-}C_3H_7-CH_2-\overset{+\cdot}{N}(CH_3)-CH(CH_3)_2 \xrightarrow{\alpha} n\text{-}C_2H_5CH(H)-CH_2-\overset{+}{N}(CH_3)=CHCH_3 \xrightarrow{\beta H} CH_3-\overset{+}{N}H=CHCH_3 + C_2H_5CH=CH_2$$

$m/z58$

(4) 两个氢原子的重排。

这种重排在乙酯以上的羧酸酯较易找到。在碳酸酯、磷酸酯、酰胺、酰亚胺及其他含不饱和键的化合物都可能发生。该重排产生的离子比相应的简单断裂产生的离子质量数大2。

$$R-C(=\overset{+\cdot}{O})-O-CH(H)-(CH_2)_n-CHR'(H) \longrightarrow R'-CH-\dot{C}H\ [(CH_2)_n] + R-C(=\overset{+}{O}H)-OH$$

(5) 邻位效应。

$$\left[C_6H_4(AH)(XY)\right]^{+\cdot} \longrightarrow \left[C_6H_4(=A)(=X)\right]^{+\cdot} + HY$$

A=O,S,NH,CH_2

X=CO,CH_2

Y=OH(R),SH(R),NH_2(NHR)

例如：

$$\left[o\text{-}CH_3C_6H_4COOCH_3\right]^{+\cdot} \xrightarrow{-CH_3OH} \left[C_6H_4(=CH_2)(=C=O)\right]^{+\cdot}$$

$$\left[o\text{-}HOC_6H_4CH_2OH\right]^{+\cdot} \xrightarrow{-H_2O} \left[C_6H_4(=O)(=CH_2)\right]^{+\cdot}$$

二、有机质谱提供的结构信息及特点

在有机化合物的质谱图中，各种离子或离子系列的质荷比及相对丰度提供了有机化合物的结构信息，这些信息主要是化合物的分子量、化学式、所含官能团和化合物类型以及基团之间连接顺序。

1. 化合物分子量

这是质谱提供的最重要信息。在质谱图中确定分子离子峰是测定分子量的关键。一些结构不稳定的化合物在常规的电子轰击质谱中不产生分子离子峰或其丰度非常低，这时最好采用化学电离、快原子轰击等“软电离”技术来测定分子量。

2. 化学式

推导未知物的化学式(即化合物的元素组成)是质谱的又一个重要用途。有两种方法可以推导化学式，一种是在低分辨质谱中的同位素丰度法，即利用分子离子与它的[M+1]，[M+2]等同位素离子的相对丰度比来推导其元素组成；另一种是利用高分辨质谱精密测定分子离子的精确质量，然后根据每一种同位素的原子量所特有的“质量亏损”推导出分子离子的元素组成。

同位素法是一个简便易行的推导化合物化学式的方法，但有一定的限制条件。当未知物的分子量不大且质谱中分子离子峰的相对强度较大时，利用同位素丰度法法能较好地推导出化学式。但随着化合物的分子量增大，低丰度的重同位素对[M+1]、[M+2]离子丰度的贡献不可忽略，且分子式的可能组成也大大增加，此法便不再适合了。当分子离子峰的相对丰度低于5%时，同位素峰丰度测定的相对误差较大，也不适宜使用上述方法。

使用高分辨质谱测定分子离子的精密质量，然后由计算机计算推测其元素组成是最理想的方法。它比同位素丰度法精确且在测定分子离子元素组成的同时，还可以同时测定主要碎片离子的元素组成，有利于进一步的结构分析。

3. 官能团和化合物类型

质谱图中各种碎片离子的 m/z 和丰度提供有关化合物所含官能团和化合物类型的信息。通常碎片离子很多，为了从中获得有价值的信息，可从以下三个方面去研究。

(1) 重要的低质量端离子系列。

在低质量区，一个特定 m/z 的离子只有少数几个元素组成和结构的可能性。例如，m/z29，只有 C_2H_5 和 CHO 两种可能，但 m/z 大的离子峰，如 m/z129，则可排出上百种可能结构。研究重要的低质量端离子系列可以得到有关化合物类型的信息。

(2) 高质量离子的研究。

随着离子质荷比增大，可能结构的数目呈指数上升。因此，直接研究高质量离子很困难。通常是研究小的中性丢失，即研究分子离子与高质量碎片离子的质量差。这些小的中性丢失很容易得到有明确解释的结构信息。例如，$[M-1]^+$ 表示从分子离子中失去一个 H，一个强的[M-1]暗示存在一个活泼 H 和缺乏其他活泼基团，如苯甲醛的质谱图中就有强的 $[M-1]^+$ 峰。又如，$[M-15]^+$，$[M-18]^+$，$[M-20]^+$，$[M-28]^+$ 等总是表示分子离子失去 CH_3，H_2O，HF，$CH_2=CH_2$ 或 CO。

(3) 特征离子。

尽管离子的单分子裂解是多途径和多级反应，能生成许多碎片离子，但一些由于官能团存在而引发的简单断裂和重排反应生成的离子常常具有特殊的质量数。理论上，它们有许多可能的组成和结构，但实际上只有少数具有特征性结构的基团才能在质谱中产生这些峰，如苯基的 $m/z77$、苄基的 $m/z91$、苯酰基的 $m/z105$、胺的 $m/z30$、伯醇的 $m/z31$ 等。了解特征离子所代表的结构对于确定化合物类型及所含官能团非常有用。再如：

烷系：29，43，57，71，85，…

芳系：39，51，65，77，91，92

氧系：31，45，59，73（醚、酮）

氮系：30，44，58

4. 基团之间的连接和空间结构

质谱中一些重排离子（属于一类特征离子）的产生需要相关基团处于特定的空间位置，因此这些离子的存在能够提供分子中某些基团的连接次序或空间排列。例如，只有处在芳烃邻位的基团或烯烃顺式的基团才能发生消去一个小分子的重排反应，生成特征的奇电子离子。

在进行质谱分析工作时，绝对纯的样品实际上是很少遇到的。最常见的杂质来自溶剂或仪器中的污染物，也可能是油脂或不明高聚物或是反应产生的不纯副产物。它们往往导致谱图的复杂，在解析时要注意。

三、有机质谱的解析及应用

所谓质谱图的解析，即从质谱图的各种峰推断有机化学的分子结构。根据有机质谱提供的结构信息及特点进行解析，其步骤如下。

(1) 由最高质量端的一组峰研究分子离子峰。

① 是否具有分子离子峰的特征。

② 由分子离子峰强度的大小，大体上可了解到是芳香族化合物，还是脂肪族化合物；是否含不饱和键等。

③ 分子离子的质量数是奇数还是偶数，由此可粗略地了解此化合物含有偶数个氮，不含氮还是含奇数个氮。

④ 由同位素峰群相对强度的大小，可以知道是否有 Br，Cl，S 等元素。

⑤ 求出化合物的分子式和不饱和度数。

(2) 研究碎片离子的情况。

① 特征断裂是否明显，由此可估算出化合物的结构类型或裂解类型，见表 7-2。

表 7-2 根据失去碎片的情况判断化合物结构类型

离子	失去的碎片	化合物的结构类型
M—1	H	醛类（一些醚或胺类）
M—15	CH_3	甲基取代物
M—18	H_2O	醇类
M—28	C_2H_4，CO，N_2	C_2H_4（麦氏重排）
		CO（从脂环酮等脱掉）
M—29	CHO，C_2H_5	醛类、乙基取代物
M—34	H_2S	硫醇
M—35 M—36	Cl，HCl	氯化物
M—43	CH_3CO，C_3H_7	甲基酮　丙基取代物
M—45	COOH	羧酸类
M—60	CH_3COOH	醋酸酯类

② 根据碎片离子的质量推断碎片离子的元素组成、估算化合物的结构类型，见表 7-3。

表 7-3　根据离子质量推断化合物结构类型

离子质量	元素组成	化合物的结构类型
29	CHO	醛
30	CH_2NH_2	伯胺
43	CH_3CO，C_3H_7	甲基酮　丙基取代物
29,43,57,71 等	C_2H_5，C_3H_7 等	正烷烃
39,50,51,52,65,77	芳香族裂解产物	芳环类
60	CH_3COOH	羧酸　醋酸酯类
91	$C_6H_5CH_2$	苄基
105	C_6H_5CO	苯甲酰基

③ 重要离子质量的奇偶数特性可说明是重排过程或是逆狄尔斯-阿德尔（逆 Diers-Alder）反应。

④ 高分辨质谱分析可给出这些离子的化学组成。

(3) 列出部分结构单元。

① 有哪些结构单元。

② “亚稳峰”是否指出各主要离子之间的某些关系。

③ 根据各结构单元算出不饱和度和原子数。

④ 除了这些结构单元之外，其余部分可能是什么。

(4) 推断结构式。

① 将各结构单元和剩余部分结构，按所有可能的结合方式联结起来。

② 用质谱或其他数据，舍去不合理的结构式，即得到比较合理的结构式。

(5) 对质谱的进行校对、指认。

下面举例加以说明。

【例 1】试判断质谱图 7-1 和 7-2 分别是 2-戊酮还是 3-戊酮的质谱图，写出谱图中主要离子的形成过程。

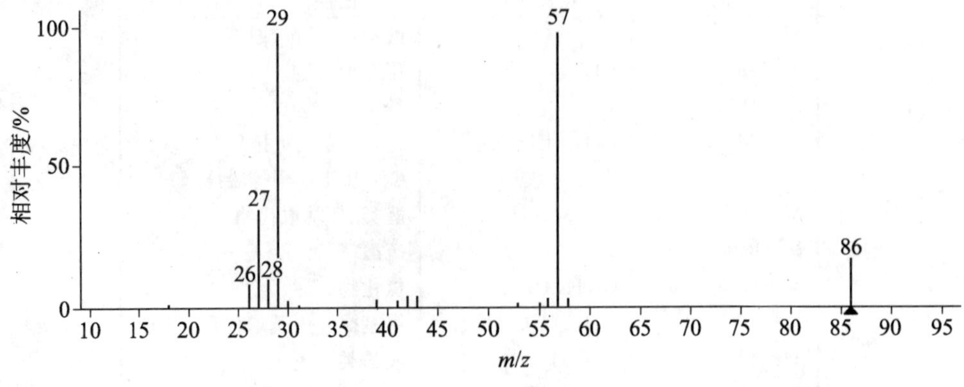

图 7-1

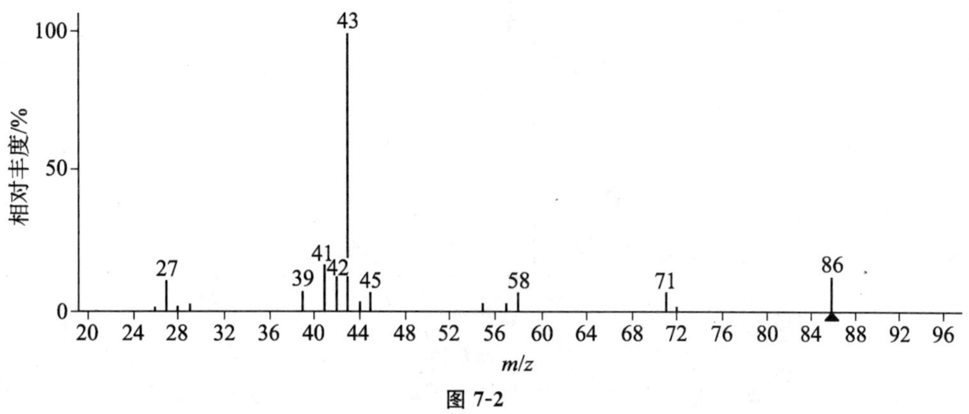

图 7-2

解:由图 7-1 可知,m/z57 和 m/z29 很强,且丰度相当。m/z86 分子离子峰的质量比最大的碎片离子 m/z57 大 29u,该质量差属合理丢失且与碎片结构 C_2H_5 相符合。所以,图 1 应是 3-戊酮的质谱,m/z57、29 分别由 α 裂解、i 裂解产生。

由图 7-2 可知,图中的基峰为 m/z43,其他离子的丰度都很低,这是 2-戊酮进行 α-裂解和 i-裂解所产生的两种离子质量相同的结果。

主要碎片的裂解过程如下:

$-e$;i;α;$-[\dot{C}H_2CH_3]$;$m/z=57$;CO;$CH_3\overset{+}{C}H_2$ $m/z=29$

$-e$;H +;$m/z=86$;$-\dot{C}H_3$ $m/z=71$;$-\dot{C}H_2CH_2CH_3$ $m/z=43$;$-CH_3C\equiv\dot{O}$ $m/z=43$;H;+;OH $m/z=58$

【例 2】一个羰基化合物,经验式为 $C_6H_{12}O$,其质谱图如图 7-3 所示,判断该化合物是何物。

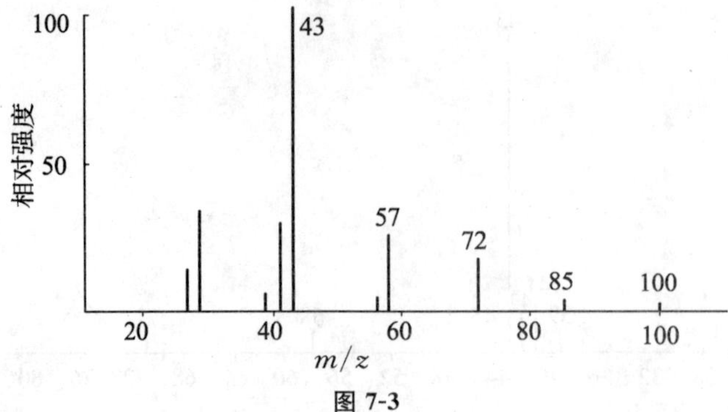

图 7-3

解:图 7-3 中 $m/z=100$ 的峰可能为分子离子峰,那么它的分子量则为 100。图中其他较强峰有:85,72,57,43 等。

85 的峰是分子离子脱掉质量数为 15 的碎片所得,应为甲基。$m/z=43$ 的碎片等于 M-57,是分子去掉 C_4H_9 的碎片。$m/z=57$ 的碎片是 $C_4H_9^+$ 或者是 M-Me-CO。

根据酮的裂分规律可初步判断它为甲基丁基酮,裂分方式为:

$$\left[C_4H_9 \overset{②}{\vdots} \overset{O}{\overset{\|}{C}} \overset{①}{\vdots} CH_3\right]^{+\cdot} \xrightarrow{①} CH_3\cdot + [C_4H_9C\equiv O]^+ \ (M\text{-}15),m/z85 \xrightarrow{-CO} [C_4H_9]^+ \ (M\text{-}15\text{-}28),m/z57$$

$$\xrightarrow{②} [C_4H_9]^{\cdot} + [CH_3C\equiv O]^+ \ (M\text{-}57),m/z43$$

以上结构中 C_4H_9 可以是伯、仲、叔丁基,能否判断图 7-3 中有一 $m/z=72$ 的峰,它应该是 M-28,即分子分裂为乙烯后生成的碎片离子。只有 C_4H_9 为仲丁基,这个酮经麦氏重排后才能得到 $m/z=72$ 的碎片。若是正丁基也能进行麦氏重排,但此时得不到 $m/z=72$ 的碎片。因此,该化合物为 3-甲基-2-戊酮。

各碎片裂解如下:

$-e$ → $m/z=100$

$-\dot{C}_4H_9$ → $m/z=43$

$-\dot{C}H_3$ → $m/z=85$ ↓ $-CO$

$-CH_3C\equiv\dot{O}$ → $m/z=57$

→ ‖ + $\overset{\cdot+}{O}H$ $m/z=72$

【例 3】某化合物的质谱图如图 7-4 所示，亚稳峰表明有如下关系 m/z154→139→111，求该化合物的结构式。

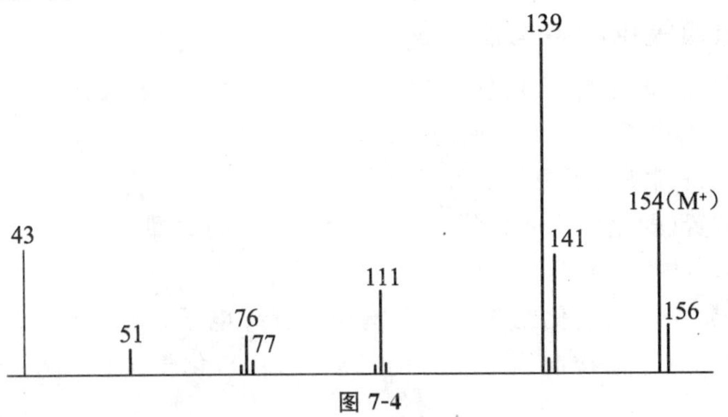

图 7-4

解：(1) 分子离子峰的分析：

① 分子离子峰(m/z154)很强，可能是芳香族；

② 分子量为偶数，不含氮或含偶数个氮；

③ 同位素峰(m/z156)与分子离子峰的强度比值，约为 $M:(M+2)=100:32$，看出有一个氯原子。

(2) 碎片离子峰的分析：

① 质量丢失 m/z139(M-15)，失去—CH_3；

② 有碎片离子峰推测官能团：m/z43 可能为 C_3H_7 或 CH_3CO；m/z51，76，77 表明有苯环。

(3) 结构单元有 Cl，CH_3CO(或 C_3H_7)，C_6H_4(C_6H_5)，其余部分的质量等于 154－35－43－76＝0。

(4) 推断结构式有：

Ⅰ：$CH_3C(=O)$—C_6H_4—Cl　　Ⅱ：$CH_3CH_2CH_2$—C_6H_4—Cl　　Ⅲ：$(H_3C)_2CH$—C_6H_4—Cl

Ⅱ 式应有麦氏重排产生(M-28)峰。这两个峰在质谱图中不明显。Ⅲ式应发生苄基断裂产生(M-15)峰，谱图中确有此峰，但解释不了 m/z139→111 亚稳峰的产生。所以，只有Ⅰ式最合理。

$H_3C—C(=O)—C_6H_4—Cl \xrightarrow{-e} H_3C—C(=\overset{\cdot +}{O})—C_6H_4—Cl$ (m/z154) $\xrightarrow{-\dot{C}H_3} \overset{+}{O}≡C—C_6H_4—Cl$ (m/z139) $\xrightarrow{-CO} {}^{+}C_6H_4—Cl$ (m/z111)

第二节　核磁共振谱

核磁共振技术发展较早，20 世纪 70 年代以前，主要是核磁共振氢谱的研究和应用。70 年代以后，随着傅里叶变换波谱仪的诞生，^{13}C NMR 的研究迅速开展。由于^{1}H NMR 的灵敏度高，而且积累的研究资料丰富，因此在结构解析方面^1H NMR 的重要性仍强于^{13}C NMR。

一、核磁共振氢谱提供的结构信息及特点

^1H NMR 是目前研究得最充分的波谱之一，已得到许多规律用于研究分子结构。从^1H NMR 谱中可以得到以下四方面的结构信息。

(1) 从峰的数目判断分子中氢的种类。

(2) 从峰的位置(即化学位移)判断分子中存在基团的类型。

① 化学位移与结构的关系。

正屏蔽：由于结构上的变化或介质的影响使氢核外电子云密度增加，或者感应磁场的方向与外磁场相反，则使谱线向高磁场方向移动(右移)，化学位移减小，质子受到屏蔽作用，简称正屏蔽。

去屏蔽：由于结构上的变化或介质的影响使氢核外电子云密度减少，或者感应磁场的方向与外磁场相同，则使谱线向低磁场方向移动(左移)，化学位移增大，质子受到去屏蔽作用。

分子中某一质子所在位置感应磁场的大小和方向与周围基团的结构、性质以及空间位置有关。因此，了解影响化学位移的因素可以得到更多的信息，对确定有机物的分子结构显得尤为重要。

影响质子化学位移的因素主要有两类：结构因素以及介质的影响，分别进行讨论。

ⅰ. 诱导效应。

诱导效应可以改变质子周围的电子云密度分布，进而影响质子所在位置的感应磁场。吸电子的诱导效应起去屏蔽作用，使共振信号移向低场；给电子的诱导效应起屏蔽作用，使共振信号移向高场。诱导效应越强，影响越大。

CH_3X	CH_3F	CH_3OCH_3	CH_3Cl	CH_3Br	CH_3CH_3	CH_3H	CH_3Li
X 的电负性	4.0	3.5	3.1	2.8	2.5	2.1	0.98
δ(ppm)	4.26	3.24	3.05	2.68	0.88	0.2	−1.95

ⅱ. 共轭效应。

在共轭效应中，供电子基使 δH 减小，吸电子基使 δH 增大。

苯环上的氢被推电子基(如 CH_3O)取代，由于 p-π 共轭，使苯环的电子云密度增大，δ 值高场位移，δ 值变小；拉电子基(如 C═O，NO_2)取代，由于 π-π 共轭，使苯环的电子云密度降低，δ 值低场位移，δ 值变大。

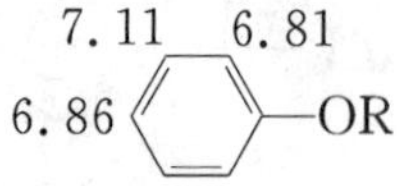

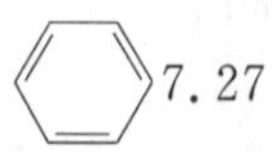

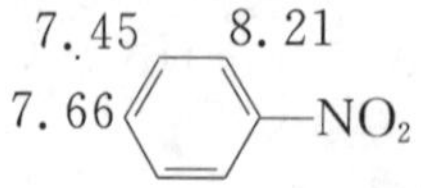

7.11 6.81 6.86 —OR　　苯 7.27　　7.45 8.21 7.66 —NO_2

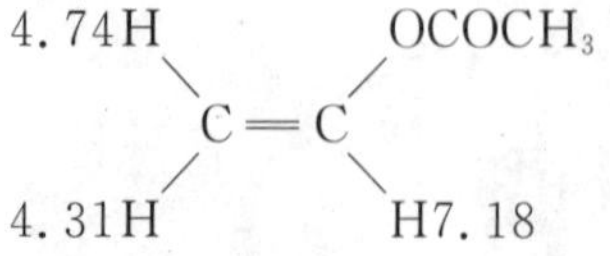

4.74H、4.31H C═C OCOCH$_3$、H7.18　　$H_2C═CH_2$ 5.25　　6.38H、5.82H C═C COOCH$_3$、H6.20

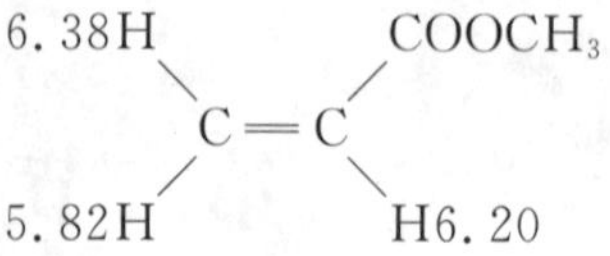

ⅲ. 杂化态。

相连碳原子的杂化轨道的 s 成分越多，δ 越移向低场，δ 值越大。

ⅳ. 各向异性效应。

在分子中处于某一化学键的不同空间位置上的核受到不同的屏蔽作用，这种现象称为各向异性效应。这是因为由电子构成的化学键在外磁场的作用下，产生一个各向异性的附加磁场，使得某些位置的核受到屏蔽，而另一些位置上的核则为去屏蔽。

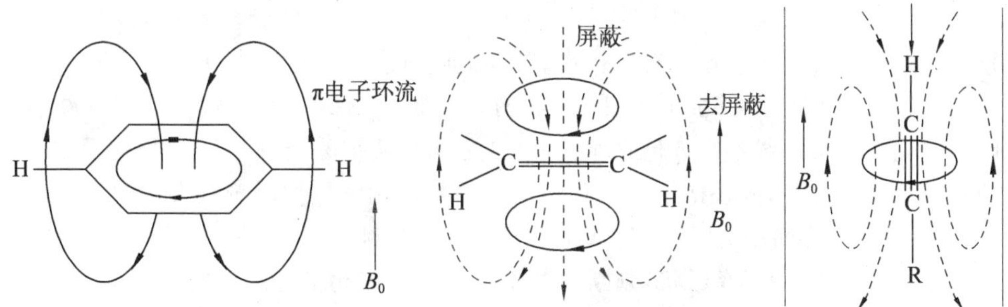

图 7-5 各类 π 电子体系环电流示意图

芳环：

在苯环的外周区域感应磁场的方向与外加磁场的方向相同（顺磁屏蔽），苯环质子正好位于去屏蔽区，实受磁场强度为外加磁场和感应磁场之和，这些质子可在较低的磁场下发生共振（故此区域标以“－”号），其 δ 值比较大。在苯环上下方感应磁场与外加磁场相反（抗磁屏蔽），位于苯环上下方的质子的实受磁场为外加磁场与感应磁场的差，这些质子必须在较高的磁场下才能发生核磁共振（故此区域标以“＋”号），其 δ 值比较小，甚至是负值。

其他大 π 共轭体系的化合物和苯环的情况类似。例如十八轮烯，外质子的化学位移为 δ9.28，而环内质子为 δ2.9。

双键：

羰基和碳碳双键与苯环相似。在其平面上下方均有一个锥形屏蔽区（用“＋”号表示的区域），其他区域为去屏蔽区（用“－”号表示的区域）。

叁键和单键：

叁键互相垂直的两个 π 轨道电子可以绕 σ 键产生环电流，在外加磁场作用下可以产生与叁键平行但方向与外加磁场相反的感应磁场，即叁键两端位于屏蔽区，叁键的上下为去屏蔽区。单键也有各向异性，其方向与双键相似。

Ⅴ．氢键。

氢键的形成往往使该质子信号向低场移动，这是因为氢键的缔合作用减少了质子周围的电子云密度。缔合又可分为分子内缔合和分子间缔合。前一种缔合与浓度几乎无关；后者取决于浓度的高低，浓度愈高，缔合愈甚，故在实验操作上可采用稀释法区分分子内和分子间缔合。

ⅵ．溶剂效应。

实验证明，同一个样品在不同溶剂中测定的核磁共振谱图会有所差异，这是因为有些溶剂如苯、吡啶等本身存在亲核或亲电子中心，可与样品形成“瞬间复合物”，改变了有关质子的实际存在状态，从而使其化学位移有所漂移。

② 各类氢核的化学位移。

ⅰ．sp^3 杂化碳上的氢：即饱和烷烃（基）中的氢的化学位移一般在 δ 值在 0～2 之间，且大致按环丙烷＜CH_3＜CH_2＜CH 的顺序依次增大。但当与氢相连的碳上同时连有强吸电子原子如氧、氯、氮等，或者邻位有各向异性基团如双键、羰基、苯基等时，它们的化学位移值会大幅度增加，往往超出此范围。

ⅱ．sp^2 杂化碳上的氢：是指烯氢和苯环上的氢、烯氢的化学位移在 δ 值在 4.5～7.0 之间，芳氢及 α,β-不饱和羰基系统中 β 位信号在 δ 值在 6.0～8.0 之间，醛基氢在 δ 值在9.0～10.0 之间。芳环和芳杂环由于受到各向异性作用，芳环上的氢多在较低场出现核磁共振信号。

ⅲ．sp 杂化碳上的氢：多指炔烃上的氢，有时也指叠烯碳上的氢如丙二烯。炔氢及炔键上甲基的化学位移一般都在 δ 值在 1.7～2.3 之间。炔键易与其他不饱和键及带有孤对电子的杂原子发生共轭，故炔链上的取代情况对炔氢的化学位移影响较大。

(3) 从积分线(峰面积)计算每种基团中氢的相对数目。

(4) 从耦合裂分关系(峰形状)判断各基团是如何连接起来的。

对于自旋量子数 $I=1/2$ 的一级谱的耦合可以归纳以下几条规则：

① 某核和 n 个磁等价的核耦合时，可产生 $n+1$ 条谱线，若它再与另一组 m 个磁等价核耦合，则谱线的数目是$(n+1)(m+1)$条。

② 谱线裂分的间距即是它们的耦合常数 J。

③ 一级类型的多重峰通过其中点作对称分布，中心位置即为化学位移值。

④ 多重峰的相对强度为二项展开式$(a+b)^n$ 的系数，n 为等价核的个数。

当然，进一步的实验还可以知道基团在空间的排列等。

二、核磁共振氢谱的解析步骤

(1) 先观察图谱是否符合要求。

① 四甲基硅烷的信号是否正常；

② 杂音大不大；

③ 基线是否平；

④ 积分曲线中没有吸收信号的地方是否平整。

如果有问题，解析时要引起注意，最好重新测试图谱。

(2) 区分杂质峰、溶剂峰、旋转边峰。

① 杂质峰：杂质含量相对样品比例很小，因此杂质峰的峰面积很小，且杂质峰与样品峰之间没有简单整数比的关系，容易区别。

② 溶剂峰：氘代试剂不可能达到 100%的同位素纯度(大部分试剂的氘代率为 99.0%～99.8%)，因此谱图中往往呈现相应的溶剂峰，如 $CDCl_3$ 中的溶剂峰的 δ 约为7.27ppm 处。

③ 旋转边峰：在测试样品时，样品管在核磁共振波谱仪中快速旋转，当仪器调节未达到良好工作状态时，会出现旋转边带，即以强谱线为中心，呈现出一对对称的弱峰，称为旋转边峰。

(3) 根据积分曲线，观察各信号的相对高度，计算样品化合物分子式中的氢原子数目。可利用可靠的甲基信号或孤立的次甲基信号为标准计算各信号峰的质子数目。

(4) 从各组峰的化学位移、耦合常数及峰形，根据它们与化学结构的关系，推出可能的结构单元。

① 先解析图中 CH_3O，CH_3N，$CH_3C{=}O$，$CH_3C{=}C$，$CH_3{-}C$ 等孤立的甲基质子信号，然后再解析耦合的甲基质子信号。

② 解析羧基、醛基、分子内氢键等低场的质子信号。

③ 解析芳香核上的质子和其他质子信号。

④ 比较滴加重水前后测定的图谱，观察有无信号峰消失的现象，了解分子结构中所连活泼氢官能团。

⑤ 注意不含 H 基团如 NO_2，C═O，C≡N，C≡C 等。

(5) 如果一维^{1}H-NMR 难以解析分子结构，可考虑测试二维核磁共振谱配合解析结构。

(6) 组合可能的结构式，根据图谱的解析，组合几种可能的结构式。

(7) 对推出的结构进行指认，即每个官能团上的氢在图谱中都应有相应的归属信号。

【例 1】$C_{10}H_{12}O$ 的核磁共振氢谱如下，推导其结构。

Sat Apr 22 09：43：09 2000：(untitled)

W1：1H Axis=ppm Scale=41.67 Hz/cm

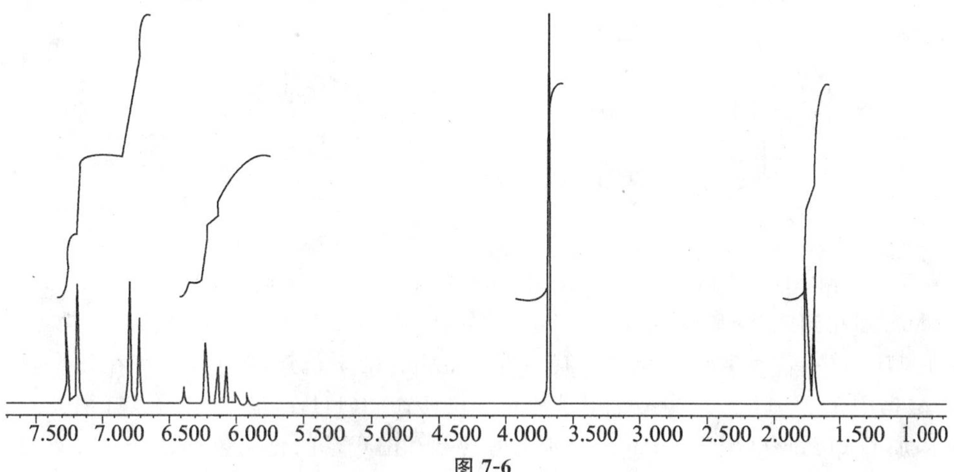

图 7-6

解：由分子式 $C_{10}H_{12}O$，可得知 UN ═5，化合物可能含有苯基，C ═O 或 C ═C 双键；^{1}H NMR 谱无明显干扰峰；由低场(高频)至高场(低频)，积分简比 2：2：2：3：3，其数字之和与分子式中氢原子数目一致，故积分比等于质子数目之比。

δ=6.5～7.5 的多重峰对称性强，主峰类似 AB 四重峰(4H)，为 AA′BB′系统，结合 UN=5 可知化合物苯对位二取代或邻位二取代结构。其中，2H 的 δ<7ppm，表明苯环与推电子基(—OR)相连。δ= 3.75ppm(s，3H)为 CH_3O 的特征峰，δ ═1.83ppm(d，2H)，J ═5.5Hz为 CH_3—CH═；δ= 5.5－6.5ppm(m，2H)为双取代烯氢(C ═CH_2 或 HC ═CH)的 AB 四重峰，其中一个氢又与 CH_3 邻位偶合，排除═CH_2 基团的存在，可知化合物应存在—CH ═CH—CH_3 基。

综合以上分析，化合物的可能结构为 CH_3O—⟨苯环⟩—CH ═ CH—CH_3 。

【例 2】某研究生为搞清反应 a 中烯丙基向羰基的加成是发生在烯丙基卤代物的 α-位还是 γ-位设计了反应 b，并成功地解决了上述问题。

(1) 根据产物 B 的波谱数据写出其结构，并对 B 的 NMR 数据进行归属；

(2) 如果反应得到的是另一形式的加成产物，试说明它与 B 的最特征的 NMR 谱区别。

化合物 B 的波谱数据如下：

IR:3 600 cm^{-1},3 010 cm^{-1},2 970 cm^{-1},2 870 cm^{-1},1 640 cm^{-1},1 620 cm^{-1},1 590 cm^{-1}等;

NMR:1.0(6H,s),3.3(1H,s,加 D_2O 后该峰消失),4.5(1H,s),4.8～5.2(2H,m),5.6～6.1(1H,m),6.6～7.3(4H,m),8.4(1H,s,加 D_2O 后该峰消失)ppm。

反应 a: (苯甲醛) + (烯丙基-X) $\xrightarrow{Sn/THF/H_2O}$ (1-苯基-3-丁烯-1-醇)

反应 b: (水杨醛) + (1-溴-3-甲基-2-丁烯) $\xrightarrow{Sn/THF/H_2O}$ $B(C_{12}H_{16}O_2)$

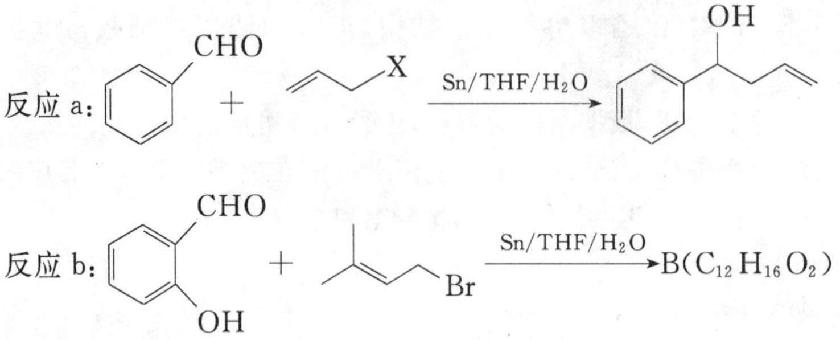

解:(1)

Ⅰ　　　　Ⅱ

有红外数据 IR:3 600 cm^{-1},3 010 cm^{-1},2 970 cm^{-1},2 870 cm^{-1},1 640 cm^{-1},1 620 cm^{-1},1 590 cm^{-1}可得知此结构中可能含有—OH、苯环、甲基和双键等,得不到确切的位置。

在反应 b 中,若发生在 α-位产物应为Ⅰ,若发生在 γ-位产物应为Ⅱ。在化合物 B 的 NMR 数据中 1.0(6H,s)应为两个甲基的化学位移;3.3(1H,s,加 D_2O 后该峰消失)和 8.4(1H,s,加 D_2O 后该峰消失)ppm 应分别为醇羟基和酚羟基的化学位移;6.6～7.3(4H,m)应为苯环上的氢的化学位移;4.5(1H,s),化学位移为 4.5,相对而言在低场,该基团应与强的吸电基团相连,1 个氢、单峰说明与该基团相连的其他碳原子上无氢,与化合物Ⅱ中的连在醇羟基上的 CH 相符;4.8～5.2(2H,m),5.6～6.1(1H,m)应分别为端稀氢和单取代烯烃氢的化学位移,由于单取代烯烃中端稀上两个氢化学不等价,导致单取代烯烃上三个为多重峰。由此可判断化合物 B 应为Ⅱ,该反应发生在 γ-位。B 的 NMR 数据进行归属如下:

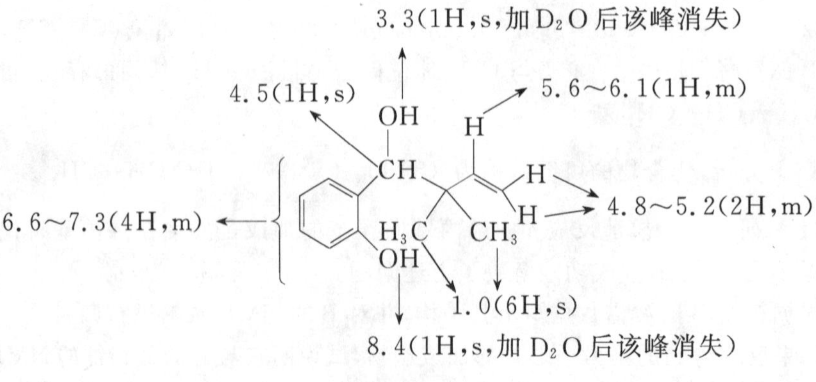

3.3(1H,s,加 D_2O 后该峰消失)
4.5(1H,s)
5.6～6.1(1H,m)
6.6～7.3(4H,m)
4.8～5.2(2H,m)
1.0(6H,s)
8.4(1H,s,加 D_2O 后该峰消失)

图 7-7

(2) 如果反应得到的是另一形式的加成产物,它与B的最特征的NMR谱区别是:两个甲基的化学位移应在1.8左右出现两个单峰,在4.8～5.2(2H,m)峰消失,在2.4附近出两组多重峰分别为亚甲基上两个氢的吸收峰,4.5附近吸收峰的也变成三重峰。

三、核磁共振碳谱(^{13}C NMR)

与氢谱不同,最常见的碳谱是宽带全去耦谱,每一种化学等价的碳原子只有一条谱线。在去耦的同时,有核NOE效应,信号更为增强。但不同碳原子的T_1不等,这对峰高影响不一样,不同核的NOE也不同,因此峰高不能定量地反映碳原子数量。常规碳谱只能提供峰的个数和化学位移两个方面的信息。

对于碳谱来说,其化学位移范围宽。氢谱的谱线化学位移值δ的范围在0～10 ppm,少数谱线可再超出约5,一般不超过20,而一般碳谱的谱线在0～250 ppm,特殊情况下会再超出50～100。由于化学位移范围较宽,故对化学环境有微小差异的核也能区别,除了在较复杂的分子中偶尔产生谱峰重叠之外,在没有任何对称性的分子中,谱线的数目就等于分子中碳原子数。如果分子有一定的对称性,则谱线数目少于碳原子数。

解析图谱的步骤如下。

(1) 鉴别谱图中的非真实信号峰。

① 溶剂峰:虽然碳谱不受溶剂中氢的干扰,但为兼顾氢谱的测定及磁场需要,仍常采用氘代试剂作为溶剂,氘代试剂中的碳原子均有相应的峰。

② 杂质峰:杂质含量相对于样品少得多,其峰面积极小,与样品化合物中的碳呈现的峰不成比例。

③ 测试条件的影响:测试条件会对所测谱图有较大影响。例如,脉冲倾斜角较大而脉冲间隔不够长时,往往导致季碳不出峰;扫描宽度不够大时,扫描宽度以外的谱线会折叠到图谱中来,等等,均造成解析图谱的困难。

(2) 不饱和度的计算。

根据分子式计算的不饱和度,推测图谱烯碳的情况。

(3) 分子对称性的分析。

若谱线数目等于分子式中碳原子数目,说明分子结构无对称性;若谱线数目小于分子式中碳原子数目,说明分子结构有一定的对称性。此外,化合物中碳原子数目较多时,有些核的化学环境相似,可能δ值产生重叠现象,应予以注意。

(4) 碳原子δ值的分区。

碳原子大致可分为三个区:

① 羰基和叠烯区,$\delta>150$ ppm,一般$\delta>165$ ppm。

ⅰ. 分子结构中,如存在叠峰,除叠烯中有信号峰外,叠烯两端碳在双键区域还应有信号峰,两种峰同时存在才说明叠烯存在。

ⅱ. $\delta>200$ ppm的信号,只能属于醛、酮类化合物。

ⅲ. δ160～180 ppm的信号峰,则归属于酸、酯、酸酐等类化合物的羰基。

② 不饱和碳原子区(炔烃碳原子除外),δ 90～160 ppm(一般情况δ为100～150 ppm)。烯、芳环、除叠烯中央碳原子外的其他sp^2杂化碳原子、碳氮叁键碳原子都在这个区域出峰。

由前两类碳原子可计算相应的不饱和度,此不饱和度与分子的不饱和度之差表示分子中成环的数目。

③ 脂肪链碳原子区，$\delta<100$ ppm。

ⅰ. 不与氧、氮、氟等杂原子相连的饱和的 δ 小于 55 ppm。

ⅱ. 炔碳原子 δ 在 70～100 ppm 之间，这是不饱和碳原子的特例。

(5) 碳原子级数的确定。

由低共振或 APT(attached proton test)、DEPT(distortionless enhancement bypolarization transfer)等技术可确定碳原子的级数，由此可计算化合物中与碳原子相连的氢原子数。若此数目小于分子式中的氢原子数，二者之差值为化合物中活泼氢的原子数；也可以利用未去耦的碳谱来确定碳原子级数，四重峰(q)为甲基碳，三重峰(t)为亚甲基碳，两重峰(d)为次甲基碳，单峰(s)为不含氢的碳。

(6) 推导可能的结构式。

先推导出结构单元，并进一步组合成若干可能的结构式。

(7) 对碳谱的指认。

将碳谱中各信号峰在推出的可能结构式上进行指认，找出各碳谱信号相应的归属，从而在被推导的可能结构式中找出最合理的结构式，即正确的结构式。

另外，氢谱和碳谱是相互补充的。当未知物已有氢谱时，应把两者结合起来一起分析。

【例 1】如何用波谱方法简单明了地区分如下两个化合物 A 和 B(2008 年南开大学考研题)。

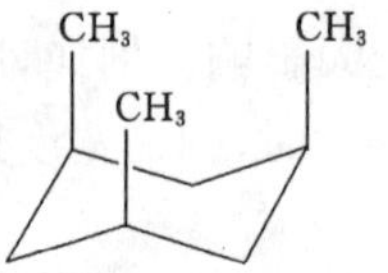

CH_3 CH_3 CH_3 CH_3 CH_3 CH_3

Ⅰ 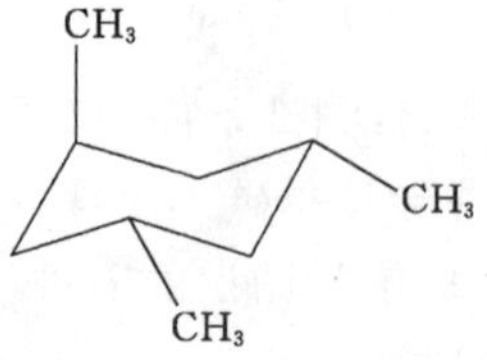 Ⅱ

解：可以采用^{13}C NMR 谱：化合物 A 就具有较好的对称性，在全去耦的^{13}C NMR 谱中出现三种碳的吸收峰(一种甲基碳，两种环碳)，而化合物 B 则出 6 种碳的吸收峰(两种甲基碳，四种环碳)。

【例 2】分子式为 $C_{10}H_{13}NO_2$ 的化合物，由^{13}C NMR 谱推断其结构。

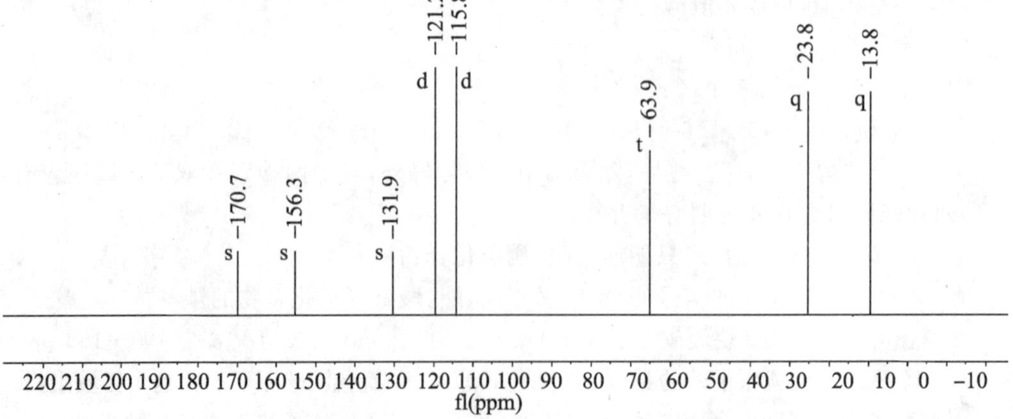

s 170.7 s 156.3 s 131.9 d 121.2 d 115.8 t 63.9 q 23.8 q 13.8

220 210 200 190 180 170 160 150 140 130 120 110 100 90 80 70 60 50 40 30 20 10 0 −10

fl(ppm)

图 7-8

解:分子的不饱和数 UN=5。

由宽带去耦谱得知:碳谱线数为 8,小于 10,可知分子有对称性。

δ170.7 ppm 为羰基信号,属酰胺或共轭的不饱和酸酯。

δ115.8～156.3 ppm 为四类芳碳信号,两类季碳,两类 CH,表示为对二取代苯。

δ13.8～63.9 ppm 出现三类饱和碳的信号:CH_2,CH_3,CH_3。其中,δ 63.9 ppm 的 CH_2 在较低场应与电负性较大的基团相连,如 OCH_2—或 NCH_2—,由 δ 值判断应为前者。

δ23.8 ppm 的 CH_3 应与芳环、烯键或羰基等不饱和基团相连。

由上述解析,分子中的结构单元有,

$—C_6H_4—$(对二取代苯),$O—CH_2CH_3$,$—C(=O)—N$ 或 $—C(=O)—O—$,$CH_3C(=O)$ 或 $CH_3—C_6H_5$

可能的结构为:

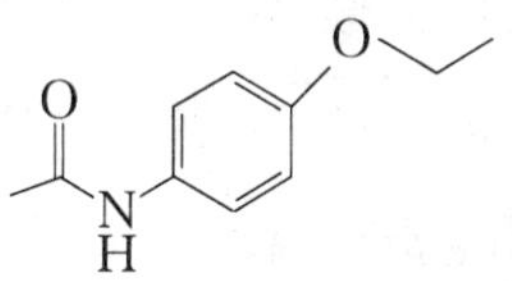

Ⅰ 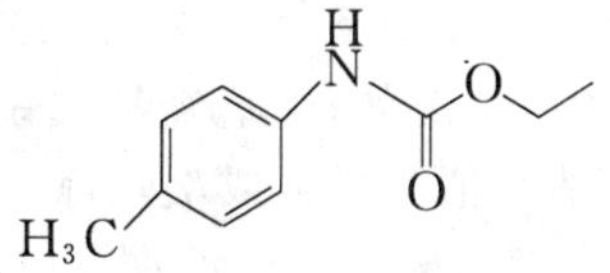　　　　Ⅱ

按Ⅱ式结构,苯环的两个季碳 δc 不会处于如此低场,故Ⅰ式可能性大,而且Ⅰ式的 δc 值与经验计算值接近,所以,该化合物的结构式为Ⅰ。

第三节　红外光谱

红外吸收光谱是通过吸收峰的位置、强度及峰形提供有关化合物的结构信息。由于红外吸收光谱是分子振动光谱,基团振动频率与组成基团的原子质量和化学键力常数有关,也就是基团振动频率与组成基团原子种类和化学键的类型,因此它能提供的最主要的结构信息是化合物中所含的官能团。

一、红外光谱提供的结构信息及特点

红外谱图按波数可分为以下六个区。

1. 4 000～2 500 cm^{-1}

这是 X—H(X=C,O,N,S 等)键的伸缩振动区。

(1) 醇和酚类的羟基吸收带在高波数处,3 640～3 200 cm^{-1},峰形尖锐。当羟基在分子间缔合时,形成以氢键相连的多聚体,键的力常数降低,从而吸收带移向低波数,在3 300 cm^{-1}附近,峰形宽而钝。当羟基在分子内形成氢键时,也使羟基吸收带向低波数移动,位移的程度大于分子间形成的氢键的位移。羧酸内由于羟基与羰基的强烈缔合,吸收峰的底部可延伸到 2 500 cm^{-1}左右,形成一个很宽的吸收带。

(2) 氨基的红外吸收带与羟基相似,游离氨基吸收带在 3 500～3 300 cm^{-1},缔合后吸收带向低波数移动约 100 cm^{-1}。

伯胺有对称和不对称两个伸缩振动吸收带,因此与羟基有明显的区别,其吸收强度比羟基弱。仲胺只有一个吸收带，带形比羟基的要尖锐些。叔胺因氮上无氢，所以在这个区域没有吸收。芳香族胺的吸收峰比相应的脂肪族胺波数要高，强度要大。

(3) 烃基的C—H键伸缩振动分界线是3 000 cm^{-1}。炔烃、双键及苯环的不饱和碳的C—H键伸缩振动频率在3 000 cm^{-1}以上。除三元环外的饱和碳的C—H键伸缩振动频率在3 000 cm^{-1}以下。前者吸收峰强度较弱，因此常常在大于3 000 cm^{-1}处以饱和碳的碳氢吸收峰的小肩峰形式出现。

CH_3或CH_2与氧原子相连时，其吸收峰都向低波数移动。

醛类化合物在2 820 cm^{-1}及2 720 cm^{-1}附近有两个吸收带。

2. 2 500～2 000 cm^{-1}

这是叁键和累积双键的伸缩振动频率区，此区间内的任何峰都提供了结构信息。

3. 2 000～1 500 cm^{-1}

这是双键的伸缩振动频率区，是红外谱图中很重要的区域。

(1) 羰基的伸缩振动吸收带是该区域内最重要的吸收带，频率范围为1 870～1 650 cm^{-1}。除去羧酸盐等少数情况外，羰基峰都尖锐或较宽，其强度都较大。在羰基化合物的红外光谱中，羰基的吸收一般为最强或次强峰。

(2) 碳-碳双键的伸缩振动吸收峰在1 670～1 600 cm^{-1}之间，强度中等或较弱。烯基碳氢面外弯曲振动的倍频可能出现在这一区域。

(3) 苯环的骨架振动频率为1 450 cm^{-1}，1 500 cm^{-1}，1 580 cm^{-1}，1 600 cm^{-1}，后三者的吸收带表明苯环的存在。但这三者的吸收带不一定同时都能显现。苯环的碳氢面外弯曲振动的倍频和组频吸收带在2 000～1 660 cm^{-1}之间。这些峰强度弱，但对判断苯环的取代位置有一定的帮助。芳杂环与苯环相似，如呋喃在1 600 cm^{-1}，1 500 cm^{-1}，1 400 cm^{-1}附近均有吸收带。

这个区域除了上述碳-氧、碳-碳双键的吸收峰外，尚有C═N，N═O等基团的吸收峰。含硝基的化合物，硝基的不对称伸缩振动吸收峰也出现在这一区域。

4. 1 500～1 300 cm^{-1}

除上面已介绍的苯环骨架振动频率中1 450 cm^{-1}，1 500 cm^{-1}的两个吸收带以及硝基的对称伸缩振动吸收带等进入此区之外，该区主要提供C—H键弯曲振动吸收的信息。

CH_3在1 460 cm^{-1}和1 380 cm^{-1}附近有两个弯曲振动吸收带。当1 380 cm^{-1}谱带分叉时，表明偕二甲基或叔丁基的存在。CH_2仅在1 470 cm^{-1}附近有吸收带。

5. 1 300～900 cm^{-1}

除含氢原子的单键外，其他单键的伸缩振动频率和分子骨架频率等都在这区域。部分含氢基团的一些弯曲振动和一些含原子量较重的双键(如P=O，P=S等)的伸缩振动频率也在这个区域。这是因为弯曲振动的键力常数小，但含氢基团的折合质量也小，因此某些含氢官能团弯曲振动频率出现在此区域。双键的键力常数虽然大，但是两个重原子组成的基团的折合质量也大，所以其振动频率也出现在这个区域，以致这一区域的红外吸收峰较多。

6. ＜910 cm^{-1}

苯环的C—H键面外弯曲振动吸收是这个区域很重要的吸收带。这个吸收带可用于判断苯环的取代位置。

烯烃的C—H键弯曲振动频率处在此区和1 300～910 cm^{-1}区，这是用于判断双键取代类型的吸收带区。

二、红外谱图解析

解析有机物的红外光谱时，可以按照以上介绍的六个波段，波数由大到小逐一分析，找出该化合物可能存在的官能团的各个相关峰；也可以首先从羰基伸缩振动频率区 1 870～1 650 cm^{-1} 查看有无中等宽度的强吸收带。如有，进一步在其他区域查找为哪一类羰基化合物；如没有，则排除化合物中存在羰基，查找其他类化合物存在的官能团。总之，解析谱图没有一个一成不变的解析步骤，只有反复多次解析各类有机物的红外谱图，不断积累经验，才能熟练地进行谱图解析。

1. 解析红外光谱的三要素(位置、强度和峰形)

在解析红外光谱时，要同时注意红外吸收峰的位置、强度和峰形。吸收位置是红外吸收最重要的特点，但在鉴定化合物分子结构时，应将吸收峰的位置辅以吸收峰强度和峰形综合分析。每种有机化合物均显示若干吸收峰，可对大量红外图谱中各吸收峰强度相互比较，归纳出各种官能团红外吸收强度的变化范围。只有熟悉各官能团红外吸收的位置和强度处于一定范围时，才能准确推断出官能团的存在。

2. 确定官能团的方法

对于任何有机化合物的红外光谱，均存在红外吸收的伸缩振动和多种弯曲振动。因此，每一个化合物的官能团的红外光谱图在不同区域显示一组相关吸收峰。只有当几处相关吸收峰得到确认时，才能确定该官能团的存在。

例如，甲基(CH_3)：2 960 cm^{-1} 和 2 870 cm^{-1} 为伸缩振动，1 460 cm^{-1} 和 1 380 cm^{-1} 为其弯曲振动。

亚甲基(CH_2)：2 920 cm^{-1} 和 2 850 cm^{-1} 为其伸缩振动，1 470 cm^{-1} 和 720 cm^{-1} 为其弯曲振动。

酯基：$v_{C=O}$ 为 1 750～1 725 cm^{-1}，v_{C-O} 在 1 300～1 050 cm^{-1} 有两个吸收谱带。

3. 红外光谱解析的顺序

(1) 根据确定的分子，计算不饱和度，预测可能的官能团。

(2) 首先观察红外光谱的官能团区，找出该化合物可能存在的官能团。

(3) 查看红外光谱的指纹区，找出官能团的相关吸收峰，最后才确定该化合物存在某官能团。

(4) 判断是否芳香族化合物，若为芳香化合物，找出苯的取代位置。

(5) 根据红外光谱指纹区的吸收峰与已知化合物的红外光谱或标准图谱对照，确定是否为已知化合物。

4. 解析红外谱图时应注意的问题

(1) 谱图上某吸收峰不存在，可以确信相对应的官能团不存在(但要注意处于对称位置的双键或叁键的伸缩振动，由于振动过程中偶极距无变化，不显示吸收峰)；相反，吸收带存在时并不是该官能团存在的确证，应考虑杂质的干扰。

(2) 如果在 4 000～400 cm^{-1} 间只显示少数几个宽吸收峰的谱图，这很可能是无机化合物的谱图。

(3) 解析谱图时，首先要注意强吸收峰，但有些弱峰、肩峰的存在不可忽视，这些峰往往对研究提供线索。

(4) 解析谱图时，辨认吸收峰的位置无疑是重要的，但吸收峰的强度以及峰形也是红外吸收的重要特点，对确定结构也是很有用的信息。例如，缔合羟基、缔合伯氨以及炔基，它们在 3 000 cm^{-1} 附近的吸收峰位置只是略有差别，不易区分，但吸收峰形很不一样，缔合羟基的吸收峰圆而钝，缔合伯氨基的吸收峰有一个小的分岔，炔基则呈现尖锐的峰形。

(5) 在一张红外谱图上，并不是所有的吸收带都能指出其归属，因为有些谱带是组合频、偶合共振等引起，有些则是多个基团振动吸收的叠加。

第四节　紫外光谱

紫外吸收光谱单独使用很难解决一个化合物的结构问题，因为紫外光谱的吸收峰数目少，并且宽而平坦，不少化合物尽管结构上相差很大，但只要分子中含有相同的发色团，它们的吸收曲线形状基本相同。另外，紫外光谱较简单，特征性不强，所以在鉴定有机物官能团方面远不如红外光谱普遍、有效。但是，紫外光谱灵敏度高，在某些方面利用它来鉴定共轭发色团或某些官能团却有独到之处，可以作为其他鉴定方法的补充。

紫外-可见光谱图中可以得到吸收带的位置 λ_{max}、强度 ε_{max} 和形状三个方面。从吸收带(K 带)位置可估计产生该吸收共轭体系的大小；从吸收带的强度有助于 K 带、B 带和 R 带的识别；从吸收带的形状可帮助判断产生紫外吸收的基团，如某些芳香化合物，在峰形上可显示一定程度的精细结构。一般紫外吸收光谱都比较简单，大多数化合物只有一两个吸收带，因此解析较为容易。可粗略归纳为以下几点：

① 在 220～800 nm 区间无吸收，表明该化合物是脂肪烃、脂环烃或它们的简单衍生物(氯代烃、氟代烃、醇、醚、胺等)，也可能是非共轭烯烃。

② 在 220～250 nm 间显示强吸收(ε 近 10 000 或更大)，表明有 K 带吸收，即分子结构存在共轭双烯或 α,β-不饱和醛、酮。

③ 200～250 nm 间显示强吸收(ε 近 10 000 或更大)，同时在 250～290 nm 间显示中等强度(ε 为 200～1 000)的吸收带，且常显示不同程度精细结构，表明结构中有苯环或某些杂芳环的存在；前者为 E 带，后者为 B 带，B 带为芳环的特征谱带。

④ 在 250～350 nm 内有中、低强度吸收(R 带)，说明有含杂原子的不饱和基团存在，如羰基等。

⑤ 在 300 nm 上有高强度吸收，说明该化合物有较大的共轭体系；若高强度吸收具有明显的精细结构，说明为稠环芳、稠环杂芳烃或其衍生物。

⑥ 若紫外吸收谱带对酸、碱性敏感，碱性溶液 λ_{max} 红移，加酸恢复至中性介质的 λ_{max}(如 210 nm)表明为酚羟基的存在。酸性溶液中 λ_{max} 蓝移，加碱可恢复至中性介质中的 λ_{max}(如 230 nm)，表明分子中存在芳氨基。

⑦ 如果紫外光谱出现几个吸收峰，其中长波带已进入可见区，这可能是含有长共轭链的化合物或是稠环芳烃。如果化合物有颜色，则至少有 4～5 个共轭发色团和助色团，但某些含氮化合物如硝基、偶氮基、重氮和亚硝基化合物以及碘仿等化合物除外。

⑧ 综合所得的各种信息，如紫外、红外、核磁共振、质谱等，确定可能的结构式，然后利用经验规则计算 λ_{max}、ε_{max}，再与实验值比较。此外，还可以利用紫外光谱中 λ_{max} 红移或 ε_{max} 增强效应的程度差别来判断分子的构型、构象或空间障碍等立体化学方面的问题。

在测定有机分子结构方面，紫外光谱主要用途如下。

① 鉴定发色官能团。紫外光谱对一些共轭体系的同分异构体的识别是很简捷的。例如，α-和β-紫罗兰酮。β-紫罗兰酮由于双键共轭，其紫外吸收波长较α-紫罗兰酮明显移到了长波方向。

α-紫罗兰酮 228(14,000)　　β-紫罗兰酮 296(11,000)

② 确定分子骨架。将未知物的紫外光谱与模型化合物的紫外光谱进行比较，以确定未知物的分子骨架，这是一种常用的分析方法。此时，只要求模型化合物具有与未知化合物相同的发色系统，而并不要求两者是完全相同的化合物。

③ 测定互变异构现象。紫外光谱广泛地应用于互变异构体的测定。某些有机物在溶液中可能有两个或两个以上互变的异构体处于动态平衡之中，这种异构体的互变过程，常伴随有双键的移动。最常见的互变异构现象是某些含氮化合物的酮式异构体与烯醇式异构体之间的互变异构。例如，乙酰乙酸乙酯就是这两种互变异构体。

$$CH_3-\overset{\overset{O}{\|}}{C}-CH_2-\overset{\overset{O}{\|}}{C}-OC_2H_5 \rightleftharpoons CH_3-\overset{\overset{O-H}{|}}{C}=CH-\overset{\overset{O}{\|}}{C}-OC_2H_5$$

酮式异构体分子中不存在共轭体系，其 λ_{max} 在 272 nm($\varepsilon_{max}=16$)；烯醇式异构体分子中存在共轭体系，其 λ_{max} 由于分子内双键的移动而移到 243 nm($\varepsilon_{max}=16\ 000$)，二者的吸收光谱特性不同。在溶液中这两种异构体含量的比例与溶剂的性质有关。在水一类的极性溶剂中，由于酮式异构体能与水形成氢键，使体系能量降低，以达到稳定状态，所以酮式异构体占优势。而在已烷一类的非极性溶剂中，烯醇式异构体虽然不与非极性溶剂形成氢键，但可以形成分子内氢键，所以其比率上升。溶剂极性越小，烯醇式异构体的比率越大。例如，在水、乙醇、乙醚和已烷这四种不同极性的溶剂中，烯醇式异构体的比率分别为 0%，12%，32%，51%。

④ 定量分析。应用分光光度法进行定量分析具有快速、灵敏度高以及分析混合物中各组分含量有时不需要事先分离等优点，因此目前紫外分光光度法广泛用于微量或痕量分析中，有时试样含量仅为 $10^{-6}\sim10^{-7}$ mol^{-1}，但仍然能够得到满意结果。一般来说，凡是在紫外(或可见)光区有较强吸收的物质，或者试样本身没有吸收，但可以通过化学方法把它转化成在该区有一定吸收强度的物质，那么，这些物质都可以进行定量分析。因此，紫外(或可见)分光光度法定量测定的必要条件是试样在紫外(或可见)区有吸收，并且在测量浓度范围内服从朗伯—比尔定律。

第五节　波谱综合解析

波谱各自能够提供大量结构信息和特点，致使波谱是当前鉴定有机物和测定其结构的常用方法。一般说来，除紫外光谱之外，其余三谱都能独立用于简单有机物的结构分析。

但对于稍微复杂一些的实际问题，单凭一种谱学方法往往不能解决问题，而要综合运用这四种谱来互相补充、互相印证，才能得出正确结论。但是，波谱综合解析的含意并非追求“四谱俱全”，而是以准确、简便和快速解决问题为目标，根据实际需要选择其中二谱、三谱或四谱的结合。

波谱综合解析并无固定的步骤。下面介绍波谱综合解析的一般思路，仅供参考，在具体运用时应根据实际情况舍取。

1. 综合解析四谱的步骤

(1) 确定分子量。

质谱是最好方法。

(2) 推测化学式并计算不饱和度。

大体有两种方法可推测化学式。

一是数据分析法。首先根据质谱的分子离子峰和同位素峰及其相对强度，利用 Beynon 表选出一些可能的化学式；其次推测分子中 C、H 及杂原子数目；从而确定分子式。C 原子数除由 ^{13}C 谱外，还可用低分辨质谱的同位素丰度计算法获得；H 原子数目可由 ^{1}H NMR 谱的积分曲线高度比提供的信息得到；杂原子种类和数目可由 MS，IR，^{1}H NMR 谱提供部分信息。

第二种方法是采用高分辨质谱仪进行精确分子量的测定。有了化学式，即可推测分子式。由分子式可以计算出被测化合物的分子的不饱和度。

(3) 确定结构单元。

四谱中，红外和核磁共振氢谱在确定结构单元方面的作用比较突出。红外主要提供含氢基团和含叁键、双键的基团，如 OH，NH，SH，C═C，C═N，C═O，C≡C，N═C═O，C≡N，C═S，N═N，NO_2，SO_3，苯环等等。氢谱主要提供碳氢基团 CH_3，CH_2，CH 以及它们组合的乙基、异丙基、叔丁基、长 CH_2 链、烯烃和苯环及取代类型，同时也能提供含杂原子的基团如 CH_3O，CH_3CO 等。氢谱的一个突出优点是它能指出分子的对称性和基团的个数，红外光谱因谱峰的重叠而难以判断。

从质谱中比较容易确定 Cl，Br，F，I 等杂原子。在特殊情况下，紫外和核磁共振碳谱提供很有用的信息。例如，用紫外确定大的共轭体系中共轭双键的个数；用碳谱确定六取代的苯、四取代的烯烃等，这些基团在红外和核磁共振氢谱中都因缺少信息而容易被遗漏。

(4) 列出结构片断并组成可能的分子结构。

当结构单元确定之后，剩下的任务就是将小的结构单元组成较大的结构片断，最后列出可能的分子结构。在这方面核磁共振的化学位移和自旋耦合裂分以及质谱碎片离子质量非常有用。例如，对于化学位移分别为 2.1，2.3，3.0，3.3 没有裂分的甲基峰，我们很容易知道它分别与羰基、苯环、氯和氧相连。如果是没有裂分的 CH_2 峰，情况就比较复杂，因为有两个基团影响它的化学位移。但在一定范围内，即官能团已经确定时，只能列出少数几个可能组合，再利用其他谱提供的信息进行筛选。例如，某未知化合物经过初步解析列出了两个可能的结构：$C_6H_5CH_2OCOCH_2CH_3$ 和 $C_6H_5OCH_2COCH_2CH_3$，用 ^{1}H NMR 不易判断，因为两个化合物两组 CH_2 化学位移很接近；若辅之以质谱数据，问题就很容易解决了。两个化合物在苯环的 β-位易发生断裂分别生成 m/z91 的苄基离子和 m/z93 的苯氧基离子。从上述例子可以看出，质谱中碎片离子的质荷比对排列和核对结构片断或整个分子结构非常有用。

(5) 对可能结构进行“指认”或对照标准谱图，确定最终结果。

对于比较复杂的化合物，第四步常常会列出不止一个可能结构。因此，对每一种可能结构进行“指认”，然后选择出最可能的结构是必不可少的一步。即使在推测过程中只列出一个可能结构，进行核对以避免错误也是必要的。

所谓“指认”就是从分子结构出发，根据原理去推测各谱，并与实测的谱图进行对照。例如，利用^1H化学位移表或经验公式来推测每一个可能结构中裂解方式及碎片离子的质荷比，通过“指认”排除明显不合理的结构。如果对各谱的“指认”均很满意，说明该结构是合理、正确的。

当推测出的可能结构有标准谱图可对照时，也可以用对照标准谱图的办法确定最终结果。当测定条件固定时，红外与核磁共振谱有相当好的重复性。若未知物谱与某一标准谱完全吻合，可以认为二者有相同的结构。同分异构体的质谱有时非常相似，因此单独使用质谱标准谱图时要注意。若有两种或两种以上的标准谱图用于对照，则结果相当可靠。

如果有几种可能结构与谱图均大致相符时，可以对几种可能结构中的某些碳原子或某些氢原子的 δ 值利用经验公式进行计算，由计算值与实验值的比较得出最为合理的结论。

此外，在进行结构分析之前，首先要了解样品的来源，这样可以很快地将分析范围缩小；还必须了解样品是否为纯品，如果是混合物，需要通过各种分离技术，如柱层析、纸层析、薄层层析、制备色谱等，有时还辅以蒸馏、重结晶等处理方法分离出待测物的纯样品。只有用纯样品作出的各种谱图，才能用于推断未知物结构。另外，应当尽量多了解一些试样的理化性质，这对结构分析很有帮助。

【例 1】根据化合物的下列谱图(图 7-9～图 7-12)，试推导出其结构(浙江大学 2006、2008)。

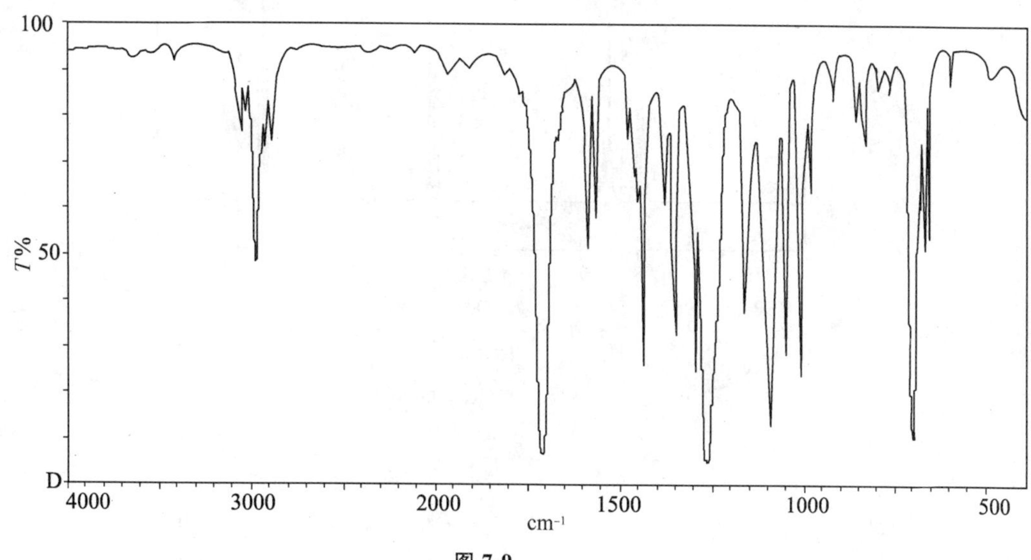

图 7-9

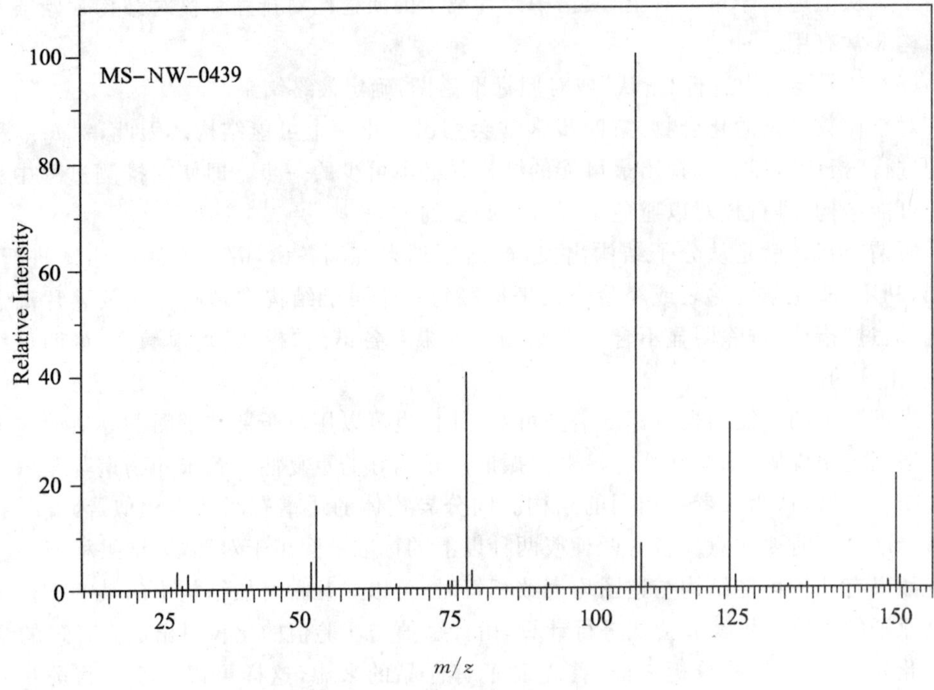
MS-NW-0439
Relative Intensity
100
80
60
40
20
0
25
50
75
100
125
150
m/z

图 7-10

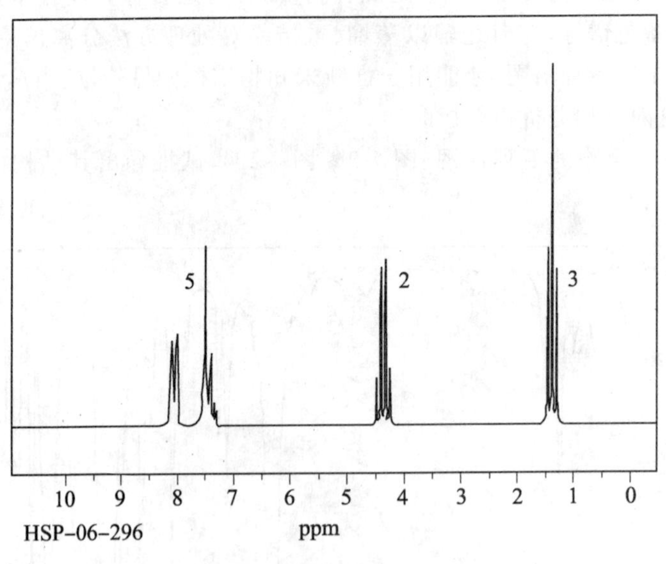
5
2
3
10
9
8
7
6
5
4
3
2
1
0
HSP-06-296
ppm

图 7-11

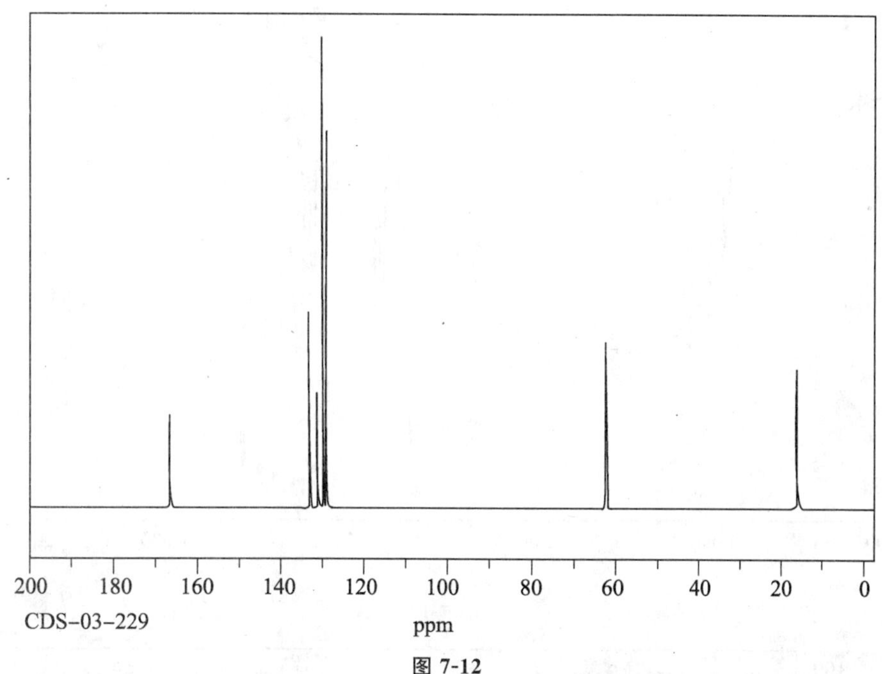

图 7-12

解:在 IR 谱中,3 000 cm^{-1}以上无 O—H,N—H 特征吸收峰,3 080～2 800 cm^{-1}为双键碳氢和饱和碳氢的伸缩振动吸收峰;1 720 cm^{-1}为 C═O 伸缩振动吸收峰;1 600 cm^{-1},1 580 cm^{-1},1 470 cm^{-1}附近中等强度吸收带为苯环的骨架伸缩振动吸收带;1 280 cm^{-1},1 110 cm^{-1}附近的强吸收带 C—O—C 的伸缩振动吸收带。

在 MS 图中设最高质荷比区 m/z150 为 $M^{+\cdot}$ 峰,与相邻碎片 m/z122(M-28)、m/z105(M-45)之间关系合理,故为分子离子峰。图中 m/z122(M-28)可能是分子离子峰丢失 $CH_2=CH_2$ 或 CO 所得碎片离子峰,m/z105 表明分子中可能含有 PhCO-基团;m/z77,m/z51 表明分子中含有苯环。

在[1]H NMR 中,δ 7.2～8.2(m,5H),可能是单取代苯环上的氢的共振吸收峰;由 δ 1.4(三重峰,3H)、4.4(四重峰,2H)可推知含有乙基,且与吸电基相连。

在[13]C NMR 中,δ14.0,60.0 应为乙基上两个碳的化学位移,δ127-134 范围内的四个吸收峰为单取代苯环上四类碳的共振吸收峰;δ168.0 为 C═O 碳的共振吸收峰。

综上分析,该化合物含有 PhCO—和—CH_2CH_3,而该分子的分子量为 150,150-105(PhCO—)-29(—CH_2CH_3)= 16,由此可知还含有一个氧原子,该化合物的结构为$PhCOOCH_2CH_3$。

MS 的裂解方式如下:

m/z150 —$-[\dot{O}CH_2CH_3]$→ m/z105 —$-CO$→ m/z77

m/z150 —$-CH_2=CH_2$→ $m/z=122$

【例 2】根据化合物的下列谱图,试推导出其结构。(中山大学-2009)

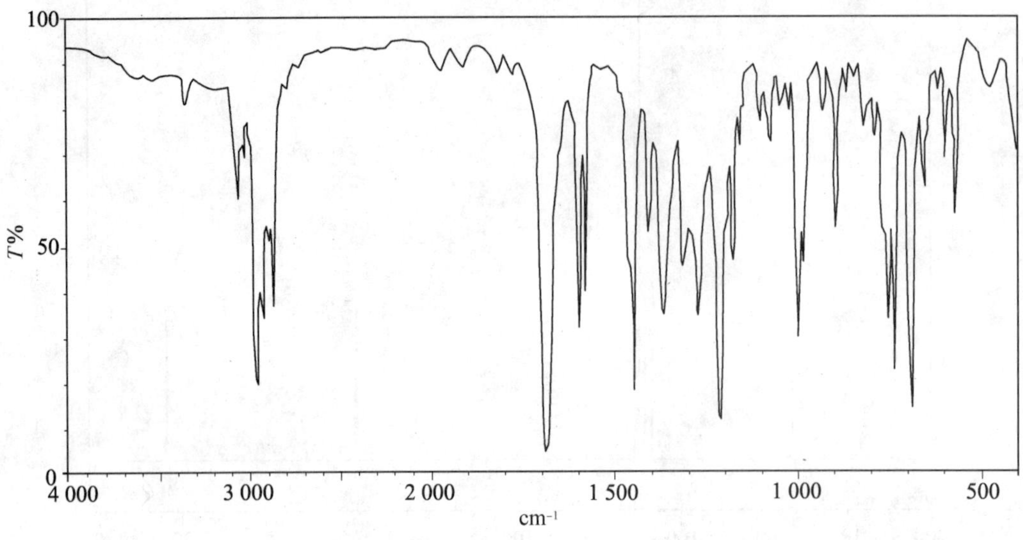

图 7-13

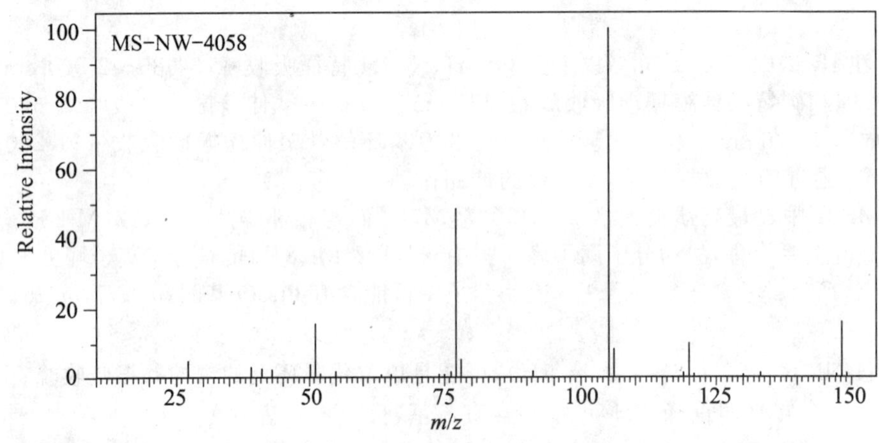

图 7-14

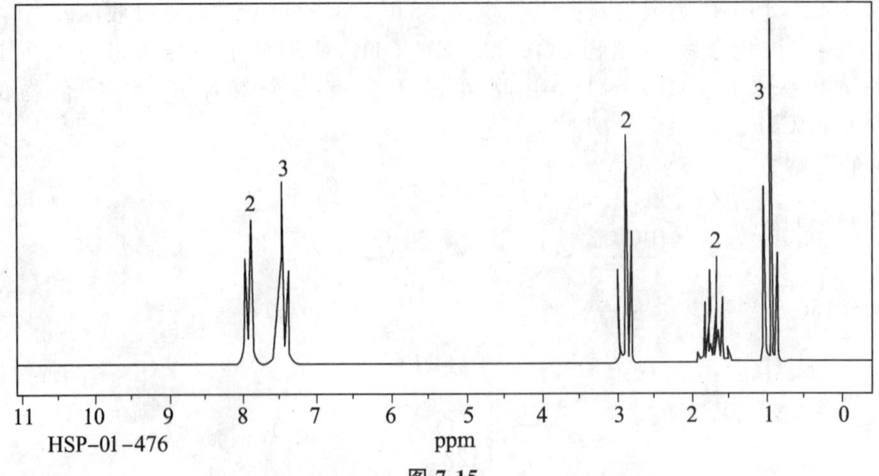

图 7-15

解:在 IR 谱中,3 000 cm^{-1}以上无 O—H,N—H 特征吸收峰;3 030 cm^{-1}附近为苯环上碳氢伸缩振动吸收峰;2 980～2 800 cm^{-1}附近为饱和碳氢的伸缩振动吸收峰;1 690 cm^{-1}为 C═O伸缩振动吸收峰;1 600 cm^{-1},1 580 cm^{-1},1 480 cm^{-1}附近中等强度吸收带为苯环的骨架伸缩振动吸收带。

在 MS 图中,设最高质荷比区 m/z148 为 $M^{+\cdot}$ 峰,与相邻碎片 m/z120(M-28)、m/z105(M-43)之间关系合理,故为分子离子峰。图中 m/z120(M-28)可能是分子离子峰丢失 $CH_2═CH_2$ 或 CO 所得碎片离子峰,m/z105(M-43)表明分子中可能含有 PhCO-基团,可能是分子离子峰丢失丙基的碎片离子峰;m/z77,m/z51 表明分子中含有苯环。

在^{1}HNMR 中,δ8.2(多重峰,2H),7.4(多重峰,3H)可能是单取代苯环上的两组氢的共振吸收峰;由 1.0 ppm(三重峰,3H),1.7(多重峰,2H)ppm、2.9 ppm(三重峰,2H)可推知含有丙基。综上分析,该化合物结构 $PhCOCH_2CH_2CH_3$,分子量为 148 与质谱相符。MS 的裂解方式如下:

m/z148 $\xrightarrow{-[\dot{C}H_2CH_2CH_3]}$ m/z105 $\xrightarrow{-CO}$ m/z77

m/z148 $\xrightarrow{-CH_2=CH_2}$ $m/z=120$

习 题

1. 某化合物(A)的化学式为 $C_6H_{12}O_3$,其 IR 的特征吸收峰(cm^{-1})为:2 830(强),1 075(强),1 125(强),1 720(强);其^{1}HNMR 的 δ 为:2.1(单峰,3H),2.7(二重峰,2H),3.3(单峰,6H),4.7(三重峰, 1H);其质谱主要 m/z 为 132, 117, 101, 75, 43,请推测化合物的结构式,并给出质谱碎片的裂解途径。(中科大-2008)

2. Phenacetin(分子式 $C_{10}H_{13}NO_2$)是一种解热镇痛药物,^{1}H NMR 及 IR 谱图如下,与 NaOH 水溶液共热时,生成化合物 A($C_8H_{11}NO$)和乙酸钠。请写出 Phenacetin 和化合物 A 的结构式。(厦门大学-2005)

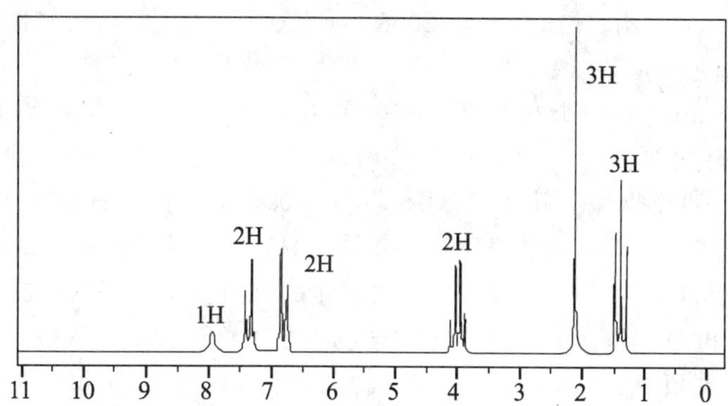

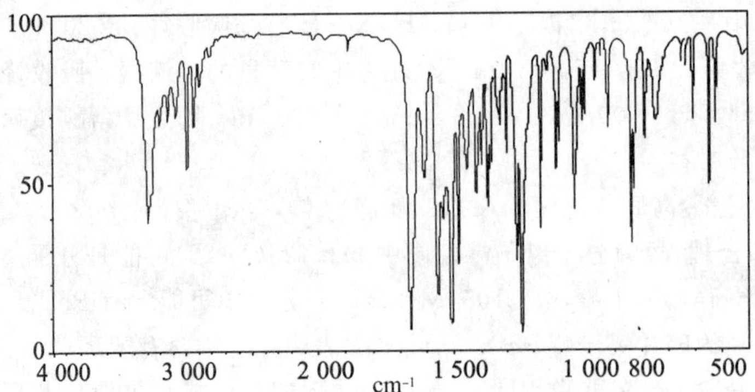

3. 化合物 K,分子式 $C_{11}H_{14}O_2$。IR 在 1 740cm^{-1} 处有强的特征吸收峰。^{1}H NMR 数据如下:δ1.11(t, 3H), 1.60(d, 3H), 2.32(q, 2H), 5.81(q, 1H), 7.30(m, 5H)ppm。试写出 K 的所有可能结构,并设计一简单可行的方法来区分这些异构体。(南开大学-2010)

4. 化合物 M 在加热下转变为 N,当用 CF_3CO_3H 处理 N 时,得到一不稳定的化合物 O,它迅速转化为化合物 P。P 的 IR 谱在 3 400 cm^{-1} 处有一宽而强的吸收,^{1}H NMR 数据如下:δ 7.2-6.8(m, 4H),4.2(m, 1H),3.9(d, 2H),2.8(m,1H),1.9(s,1H),1.3(d,3H)ppm。写出 N,O,P 的结构,并写出由 O 到 P 的历程。(南开大学-2008)

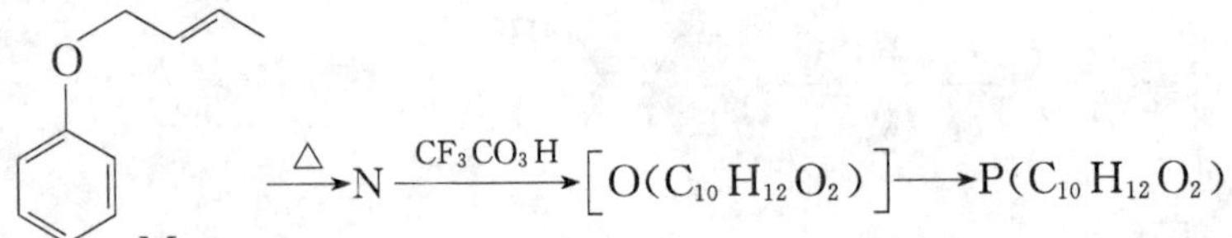

M $\xrightarrow{\triangle}$ N $\xrightarrow{CF_3CO_3H}$ [O($C_{10}H_{12}O_2$)] ⟶ P($C_{10}H_{12}O_2$)

5. 从一植物中分离得到化合物 I($C_{12}H_{16}O_7$),它可被 β-葡萄糖苷酶水解为 D-葡萄糖和一化合物 J($C_6H_6O_2$)。J 的^{1}H NMR 数据如下:δ 6.81(s, 4H),8.59(s, 2H)。I 在碱性条件下用$(CH_3)_2SO_4$ 处理然后酸性水解得到 2,3,4,6-四-O-甲基-D-葡萄糖和化合物 K($C_7H_8O_2$),K 在 CH_3I/Ag_2O 作用下可转化为化合物 L($C_8H_{10}O_2$),其^{1}H NMR 数据为:δ 3.75(s, 6H),6.83(s, 4H)。试写出化合物 I 的稳定构象乙基 J,K,L 的结构。(南开大学-2008)

6. 化合物 A 和 B 互为同分异构体体,分子式为 C_9H_8O,它们的 IR 在 1 710cm^{-1} 左右均有强吸收。A 和 B 经热的 $KMnO_4$ 氧化都得到邻苯二甲酸,它们的^{1}H NMR 谱数据如下:A:δ=7.3(m, 4H), 3.4(s, 4H)ppm;B:δ=7.5(m, 4H), 3.1(t, 2H), 2.5(t, 2H) ppm。试推测 A、B 的结构。(南京大学-2008、兰州大学-2003、中国协和医科大-2006、华东师大-2006、华东理工-2007)

7. 毒芹碱(coniine)是一个有毒的生物碱,具有六氢吡啶的基本结构,最初是从一种有毒的铁杉中分离得到的。为了确定它的结构,对它进行了光谱分析,发现其 IR 光谱在 3 330 cm^{-1}有很强的吸收峰。其^{1}H NMR 为:δ=0.91(t, J=7Hz,3H), 1.33(s,1H), 1.52(m,10H), 2.70(t, J=6Hz,2H)和 3.0(m,1H)ppm。EI-MS:m/z(相对丰度)=127($M^{\cdot +}$,43),84(100), 56(20)。毒芹碱(M)与过量的碘甲烷反应,经霍夫曼消除,得到三个新的化合物 O,P 和 Q 的混合物。这三个混合物不分离再于过量的碘甲烷反应后再进行霍夫曼消除,除了得到预期的三甲胺外,只有两种新产物 1,4-辛二烯和 1,5-辛二烯生产。请

推断毒芹碱 M 以及中间产物 O,P 和 Q 的结构。(北京化工大学-2009)

$$\underset{\text{毒芹碱}}{\mathrm{M}} \xrightarrow[3.\ \triangle]{1.\ CH_3I\quad 2.\ Ag_2O, H_2O} \text{O, P and Q} \xrightarrow[3.\ \triangle]{1.\ CH_3I\quad 2.\ Ag_2O, H_2O} (CH_3)_3N + \text{(两种二烯烃)}$$

8. 化合物 L 的分子式为 $C_6H_{12}O_3$。其红外谱图在 1 710 cm^{-1} 有特征吸收峰。L 与碘在碱性溶液中发生反应生成黄色沉淀,但 L 不与 Tollens 试剂发生作用,但是当 L 与加入一滴硫酸的水溶液反应后,可以与 Tollens 试剂发生反应,在试管内壁形成银镜。其中^{1}H NMR 如下:δ2.1 (s, 3H), 2.6(d, 2H), 3.2 (s, 6H), 4.7 (t, 1H)ppm。请推断 L 的结构,并在结构上指认各种氢的化学位移,并写出以上反应。(北京化工大学-2009)

9. 化合物 M,分子式为 $C_{11}H_{16}N_2$,IR 光谱在 3 272 cm^{-1} 处有特征吸收,^{1}H NMR 数据为 δ 1.56(s, 1H), 2.39(m, 4H), 2.86(m, 4H), 3.47(s, 2H), 7.20(m, 5H)ppm。^{13}C NMR:δ 46.1, 51.5, 63.6, 126.9, 128.1, 129.1, 138.1 ppm。试写出 M 的结构。(南开大学-2010)

10. 给出化合物 A、B、C 的结构和反应过程并对各个谱学数据的归属给以说明:A 的分子式 $C_{10}H_{16}$,经酸性 $KMnO_4$ 加热氧化后所得产物 B 再与重氮甲烷反应的 C。C 的光谱数据,^{1}H NMR:δ3.68(6H, s), 1.90(4H, q, J=7Hz), 0.77(6H, t, J=7Hz);^{13}C NMR:δ 8.1(q), 24.8(t), 51.7(q), 58.3(s), 171.7(s); IR: 1 730 cm^{-1}(华东理工-2004)

11. 根据下列波谱图试推测该化合物的结构。(浙大-2006)

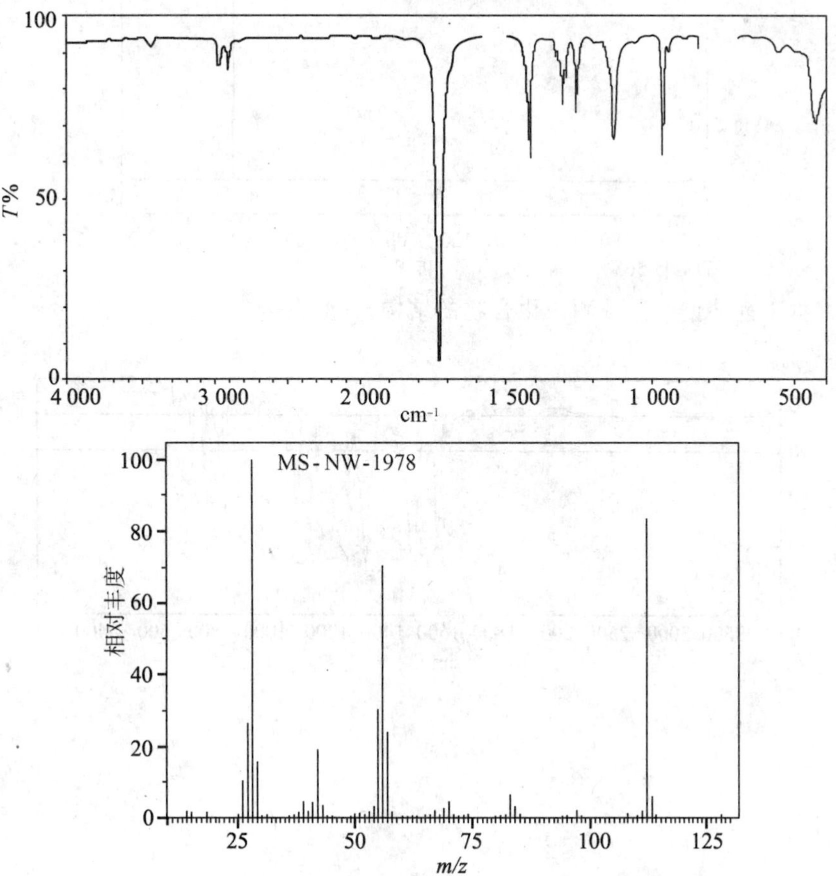

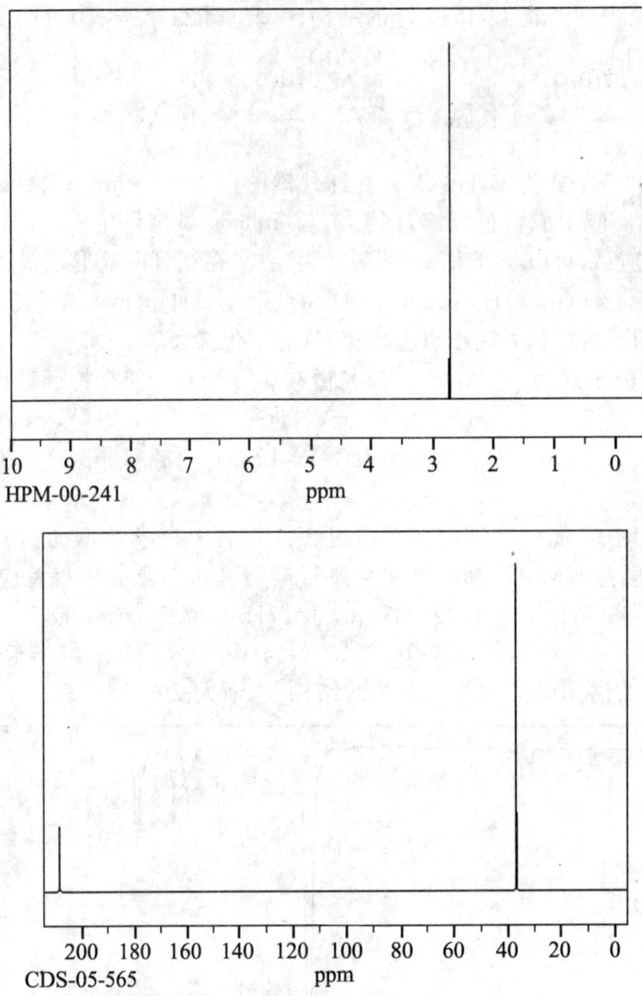

12. 根据下列波谱图试推测该化合物的结构。(浙大-2009)

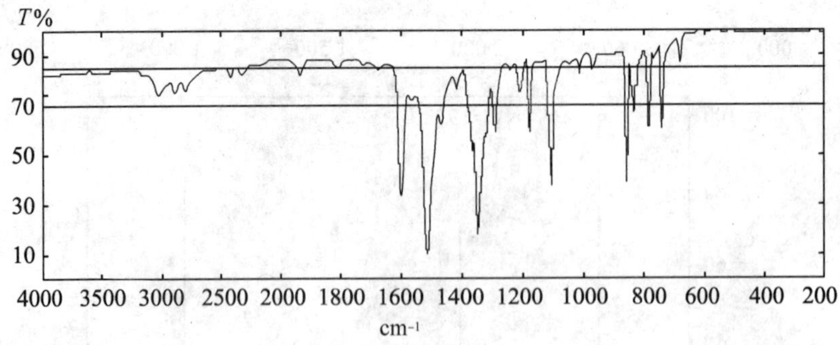

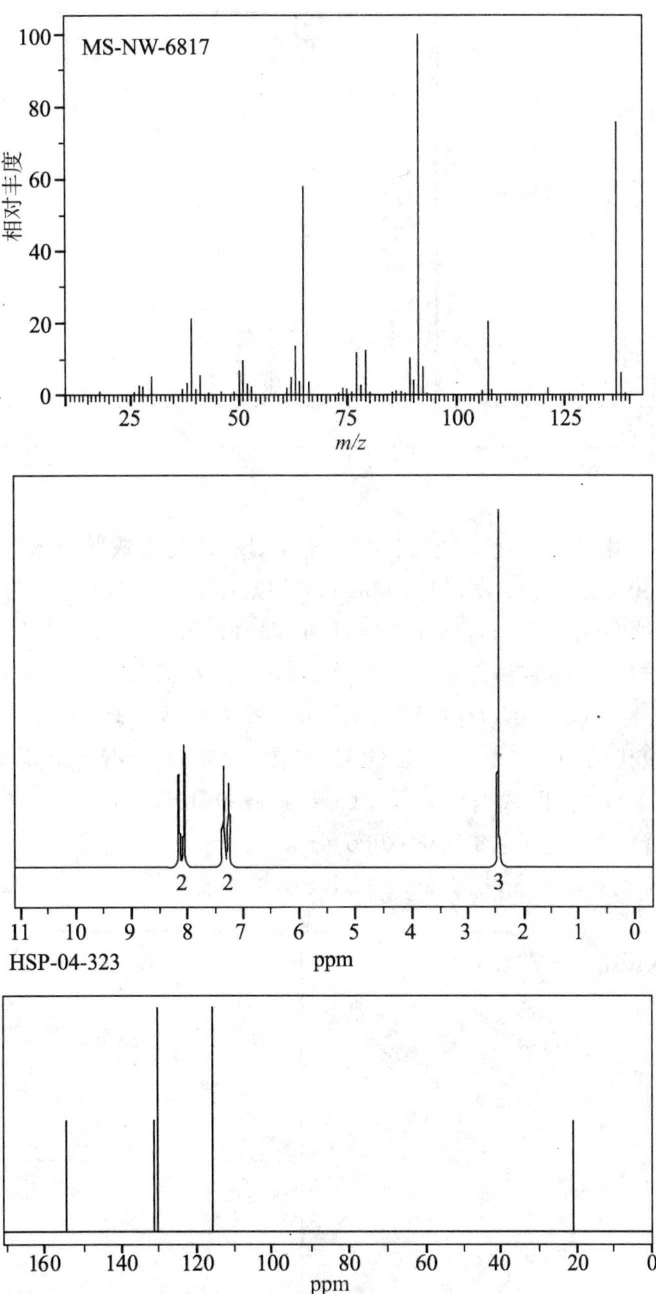

13. 化合物 P($C_{11}H_{15}NO_2$)可溶于稀酸,与 HNO_2 作用生成不溶于酸的黄色油状物。当 P 与氢氧化钠水溶液共热后酸化得到化合物 Q($C_9H_{11}NO_2$)。Q 可以内盐形式存在,Q 既可溶于酸,又可溶于碱。P 的 IR 在 750 cm^{-1} 和 700 cm^{-1} 有特征吸收,P 的 ^1H NMR 谱图如下,写出 P,Q 的结构。(10 分)(南开大学-2007)

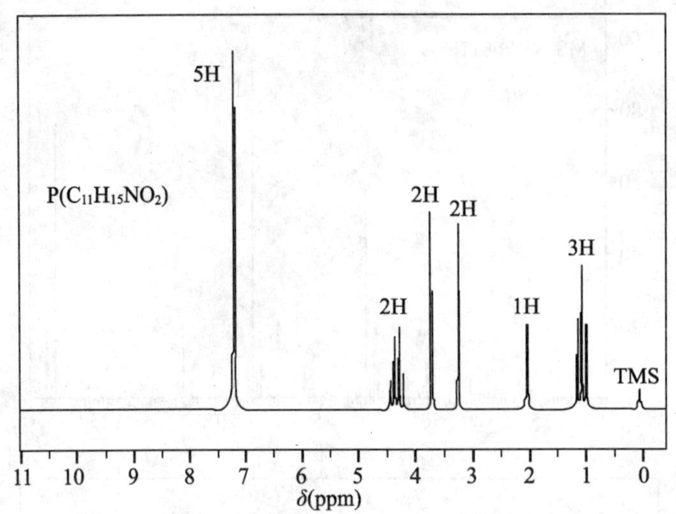

14. (8 分)一个中性化合物,分子式为 $C_7H_{13}O_2Br$,不能形成肟及苯腙衍生物,其 IR 在 2 850 cm^{-1}～2 950 cm^{-1} 有吸收,但 3 000 cm^{-1} 以上没有吸收;另一强吸收峰为 1 740 cm^{-1},^1H NMR吸收为:δ1.0(3H,t),1.3(6H,d),2.1(2H,m),4.2(1H,t),4.0(1H,m)。推断该化合物的结构,并指定谱图中各个峰的归属。(中科院-2009)

15. 有一化合物 X($C_{10}H_{14}O$)溶于 NaOH 水溶液中而不溶于碳酸氢钠水溶液中。它与溴在水中生成二溴代物 $C_{10}H_{12}Br_2O$。X 的 IR 谱在 3 250 cm^{-1} 有一个宽峰,在 830 cm^{-1} 有一强吸收。其 ^1H NMR 谱图数据如下:1.3(9H,s),4.9(1H,s),6.9-7.1(4H,m)。给出 X 的结构及各吸收峰的归属。(东华大学-2005)

16. 化合物 K 的元素分析为 C,64.3%H,8.8%。根据的下列谱图,试推导出其结构。

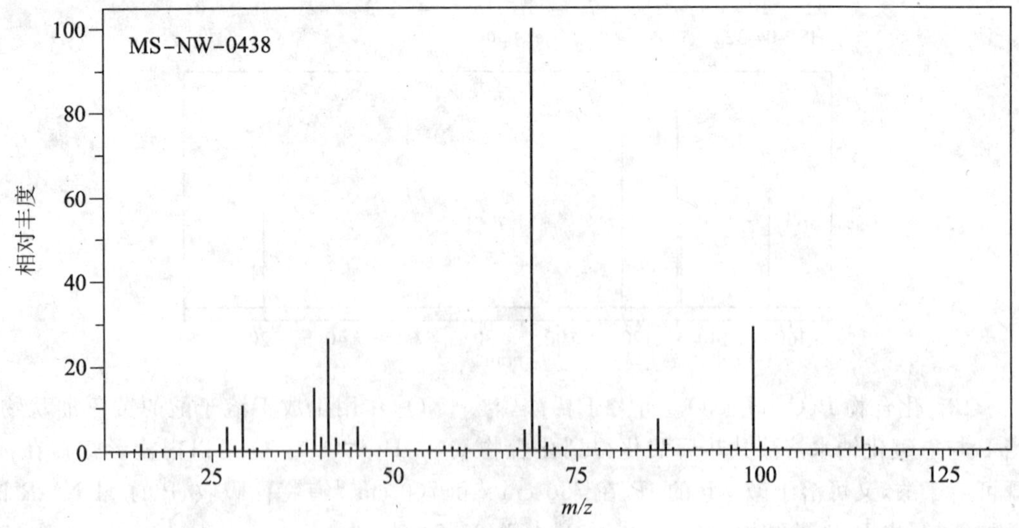

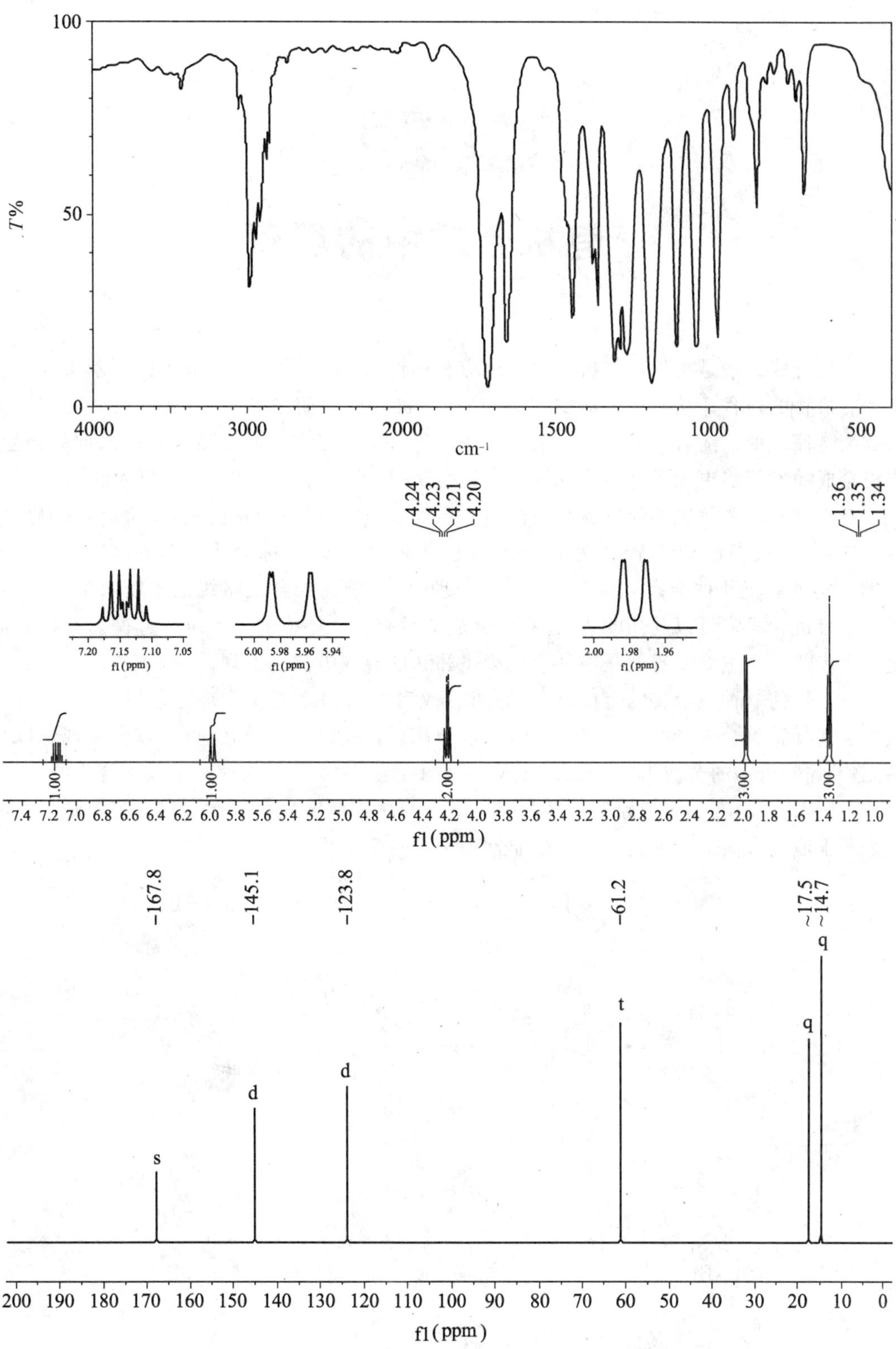
100
50
0
T%
4000
3000
2000
1500
1000
500
cm⁻¹
4.24
4.23
4.21
4.20
1.36
1.35
1.34
7.20 7.15 7.10 7.05
f1 (ppm)
6.00 5.98 5.96 5.94
f1 (ppm)
2.00 1.98 1.96
f1 (ppm)
1.00
1.00
2.00
3.00
3.00
7.4 7.2 7.0 6.8 6.6 6.4 6.2 6.0 5.8 5.6 5.4 5.2 5.0 4.8 4.6 4.4 4.2 4.0 3.8 3.6 3.4 3.2 3.0 2.8 2.6 2.4 2.2 2.0 1.8 1.6 1.4 1.2 1.0
f1 (ppm)
167.8
145.1
123.8
61.2
17.5
14.7
s
d
d
t
q
q
200 190 180 170 160 150 140 130 120 110 100 90 80 70 60 50 40 30 20 10 0
f1 (ppm)

第八章

有机合成中的切断

有机合成一般是指运用有机化学的反应和理论，将简单的有机物或无机物制备成较复杂的有机物的过程。从有机合成的历史来看，有机合成由简单到复杂，其发展速度和取得的成绩是惊人的。随着有机合成理论和方法的进一步完善和发展及新的有机试剂的产生，有机合成的发展将更加迅速，对人类的生活、生产、科研等各个领域将作出更大的贡献。

有机合成所要解决的问题就是设计出一系列反应能够把容易得到的廉价原料，以最短的合成路线，最高的收率转变为复杂的有价值的产品即目标分子（Target Molecular，TM)。实现以上几种指标从而设计出最为合理、效率最高的合成路线是比较困难的，不是每一个有机化学家可以胜任的，因为有机合成并没有一个严格的公式可以遵循。有机合成化学进步的一个重要表现就是新的合成策略和新的合成方法的发现。

对于任何一种化合物的合成，每个有机合成者给出的路线并不是完全相同的，每种合成方法都凝结着合成者对于有机合成的理解和认识，是合成方法和技巧的综合体现。以托品酮(Tropinone)的合成为例，Richard Willstätter 在 1901 年首次完成了该化合物的合成。Richard Willstätter 的合成路线历经 20 步，最后的总收率仅为 0.75%。这在当时缺乏足够的表征手段和分离技术的情况下已是非常艰巨的一个工程。

O I Br Br Me$_2$N Br Br Me$_2$N N$^+$ NMe NMe Br Br Br Br NMe O NMe OH

1917 年，Robert Robinson 通过对托品酮的结构进行分析，根据分子的对称性进行假想的分解，把托品酮分解成丁二醛、甲胺和丙酮，然后利用双重 Mannich 反应，以丁二醛、甲胺和丙酮的羧酸衍生物仅用几步就完成了对于托品酮的合成。总收率达到了 40%。后经 Schöps 等人改进，收率增加到 90%。该方法非常有名，不仅是因为合成路线如此简短，而且因为它模拟了托品酮的天然合成过程——反应以水为溶剂在 pH 等于 7 的条件下就可以进行。

托品酮：Robinson 的分析

NMe⟩=O $\xrightarrow{\text{根据对称性假想分解}}$ CHO / CHO + $MeNH_2$ + ⟩=O

CHO / CHO + H_2NMe + COOH / ⟩=O / COOH ⟶ [NMe⟩=O (COOH, COOH)] ⟶ NMe⟩=O

通过对比 Richard Willstätter 和 Robert Robinson 对托品酮的合成可以看出，通过对目标分子的合理分析可以有效地提高合成效率。本章重点介绍有机合成中的一些基础知识和讨论有机合成中的切断方法。

第一节　逆合成分析方法

Robert Robinson 对托品酮的假想分析从根本上就是现代逆合成分析法（retrosynthesis）的开始，但很奇怪的是在以后的近 40 年时间内，没有人对 Robert Robinson 的分析方法进行总结和发展，直到 1967 年美国化学家 E. J. Corey 通过大量的天然产物的合成分析并提出逆合成分析法。该分析法的中心思想是对合成的目标化合物按照可再结合的原则在合适的键上进行分割，使其成为合理的、较简单的各种可能前体或结构单元（合成子），再进一步剖析一直推导出合成时所需要的基本化学原料，即：目标分子⇒中间体…中间体⇒起始原料。该推导方法可以设计出各种复杂目标化合物的合成路线。下面介绍逆合成分析方法中的几个概念。

1. 切断(disconnection)

在逆合成分析中，需要运用切断法，即逆推一个反应，想象中的一根键发生断裂，使分子“裂分”成两种可能的起始原料。通常我们用符号“⇒”或画一套曲线“～”穿过被切断的键来加以表示。例如，对于对氨基苯甲酸乙酯的合成，我们对目标分子进行切断首先想到的位置应该是酯基，表示方法如下：

H_2N–C_6H_4–C(=O)OEt　　H_2N–C_6H_4–C(=O)～OEt $\xrightarrow[\text{酯键切断}]{\text{C–O}}$ H_2N–C_6H_4–C(=O)OH + EtOH

对氨基苯甲酸乙酯

2. 官能团转换(Functional Group Interconversion, FGI)

仍然以对氨基苯甲酸乙酯的合成为例，切断酯基之后，可以尝试切断氨基或羧基，但通过我们目前所掌握的知识来看没有相应的好反应来支持这些切断。因此，可以考虑先把这两个基团变为其他能用已知可靠的反应引入苯环的基团，这就是官能团转换，简称 FGI。当然，这是一个虚拟的过程，就和"切断"一样，是真实反应的逆过程。因此，我们可以通过 FGI 把氨基和羧基转换为硝基和甲基，通过对硝基的还原和甲基的氧化就可以实现相应的基团的合成。

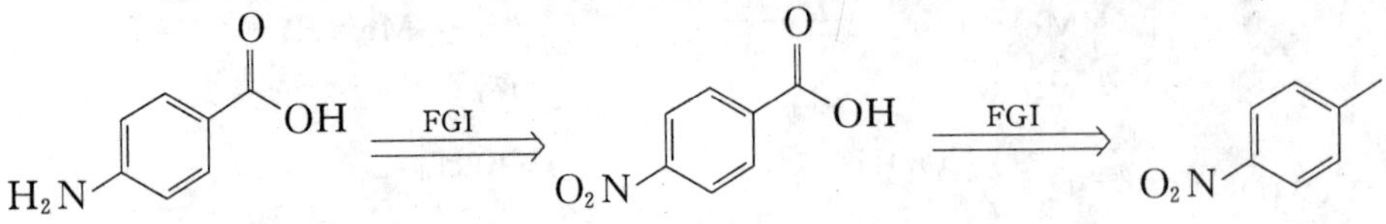

FGI

FGI

硝化

根据以上分析，对氨基苯甲酸乙酯的合成表示如下：

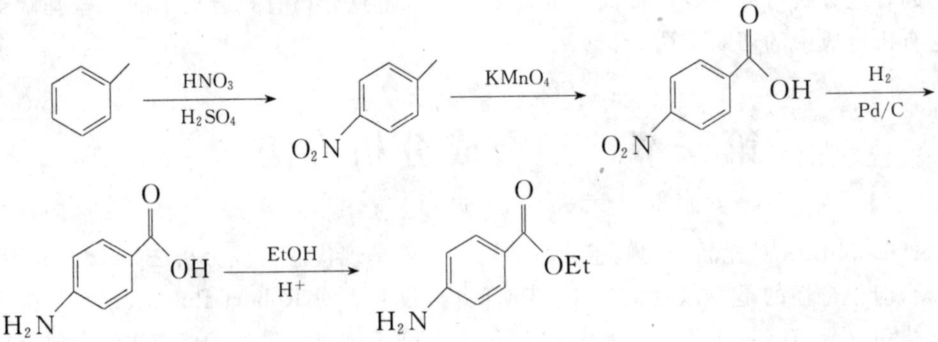

HNO_3 / H_2SO_4

$KMnO_4$

H_2 / Pd/C

EtOH / H^+

3. 合成子 (Synthon)

对于合成子的定义，可以通过对以下三个目标分子的切断分析来看。

【例 1】

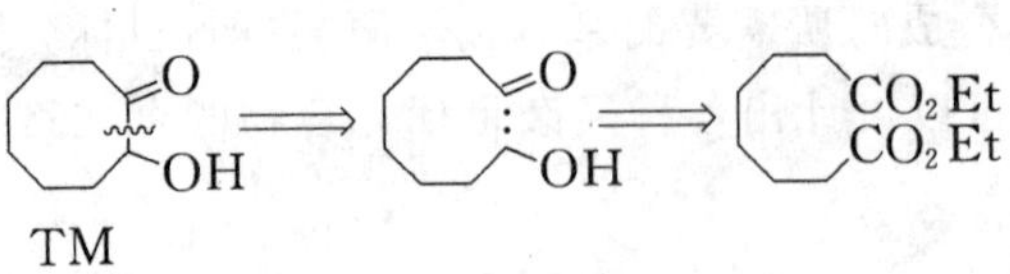

TM

【例 2】

TM

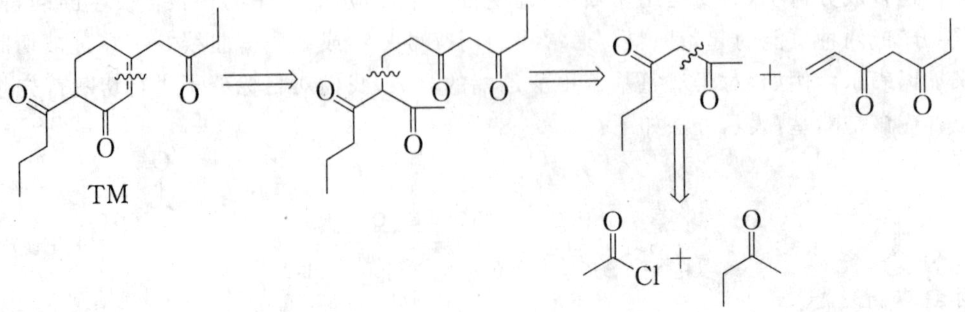

【例 3】

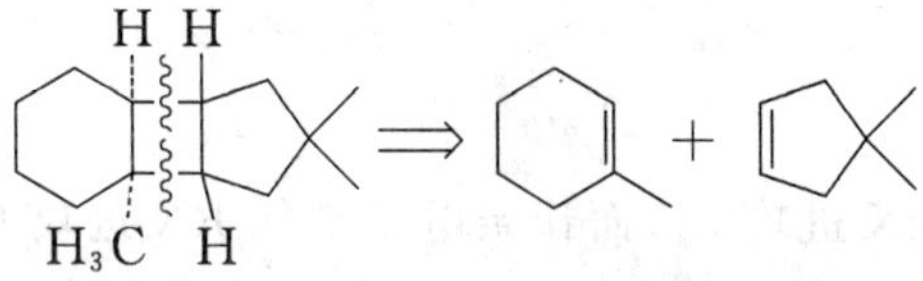

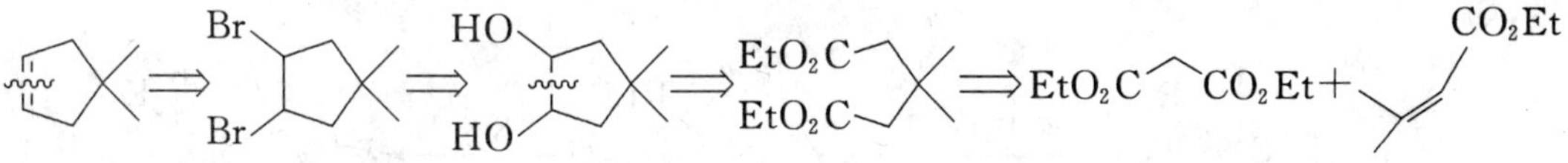

上述通过切断而产生的一些想象中的碎片，通常为一个正离子或负离子、卡宾及合成等价物，通常称其为合成子，有时也包括一些简单的起始原料或试剂，如：

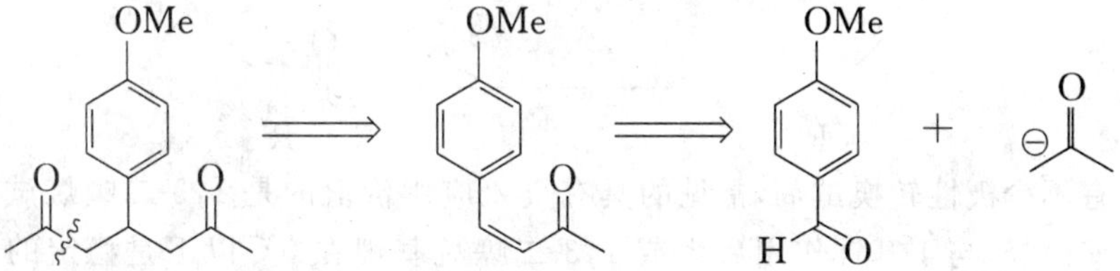

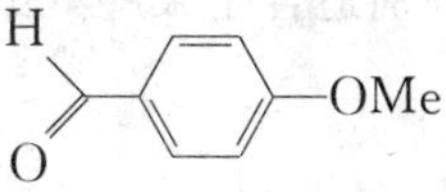

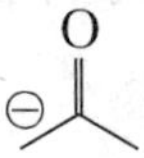

都成为合成子；其中，可以是  、

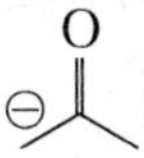

或 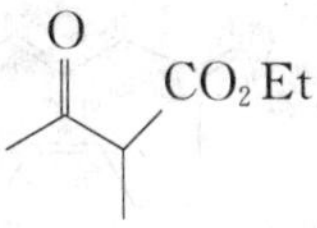 。

合成子中，带负电荷的碎片称为电子给予体，用“d-合成子”表示；带正电荷的碎片称为电子接受体，用“a-合成子”表示。

易得的手性前体中衍生出来的带有天然手性结构的合成子称为手性合成子(Chiron)。这种手性元的组合，能产生高度的立体化学特征，如：

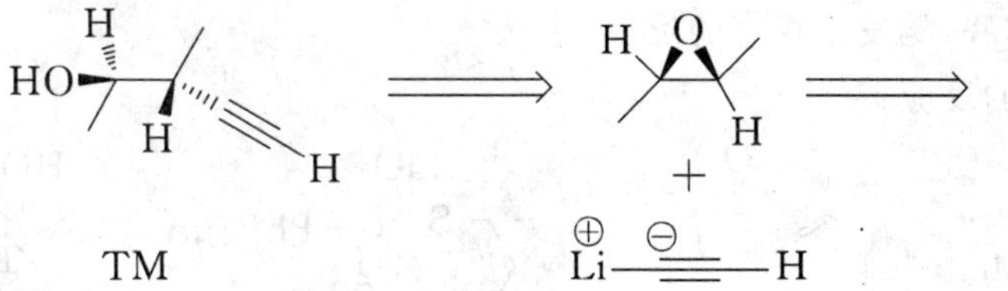

4. 极性转换(umpolung)

在逆合成分析中，有时需要将化合物中碳原子上的电荷发生变化，这一过程为极性转换，如下面的反应：

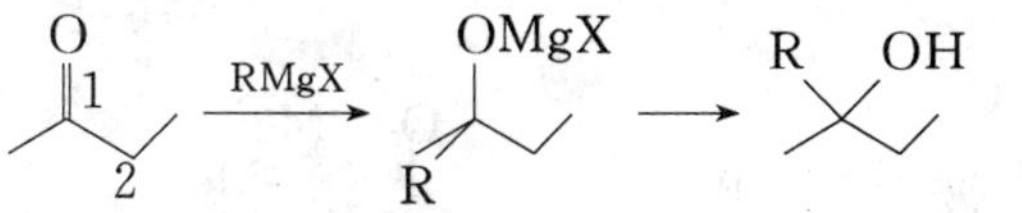

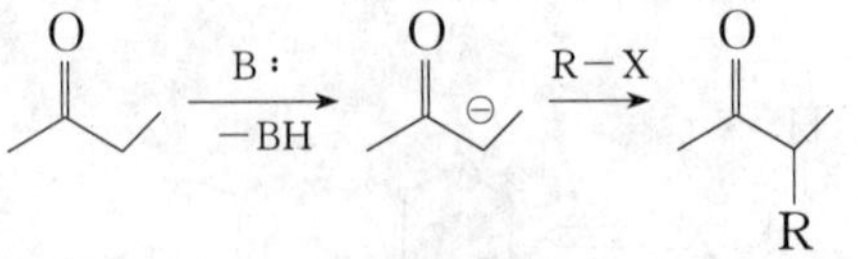

假如要让亲核试剂如 RMgX 进攻 C_2，而让亲电试剂如 RX 进攻 C_1，这似乎不可能发生。但是，可以利用改变其连接或相邻的杂原子来改变碳原子的电荷，使反应能够发生，如：

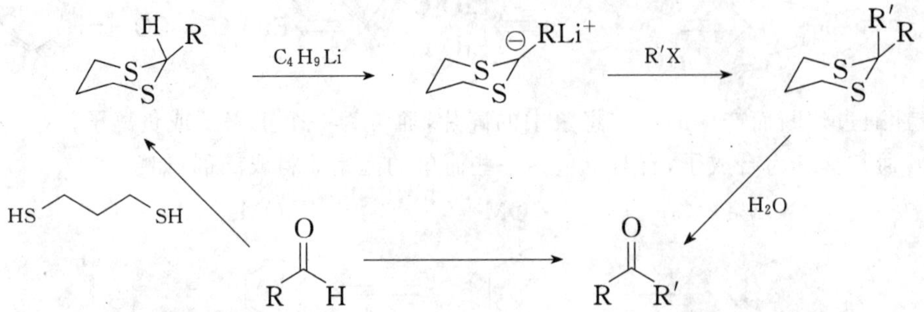

目前已有不少极性转换试剂，常见的具有重要应用价值的是 1,3-二噻烷试剂，它容易与羰基形成缩硫醛，与丁基锂作用后生成 1,3-二噻烷基锂在 0℃以下是稳定的，并具有较高的活性；与各种亲电试剂反应后，1,3-二噻烷也容易水解除去，特别适合于某些醛酮的合成，如：

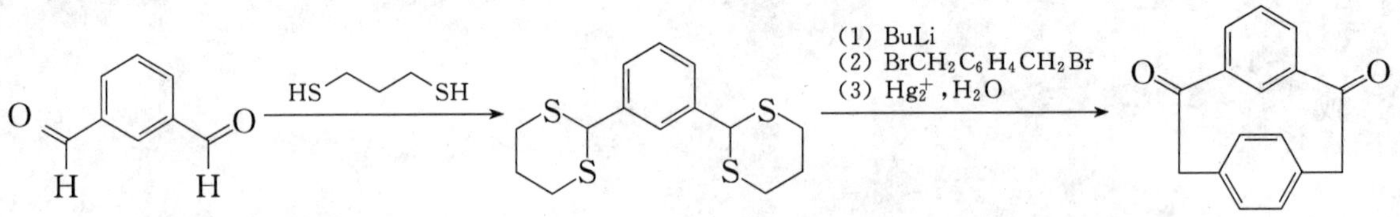

(1) BuLi
(2) $BrCH_2C_6H_4CH_2Br$
(3) Hg_2^+，H_2O

1,3-二噻烷基锂与氯化三甲基硅烷反应后，再经丁基锂拔氢，可得一负离子产物。

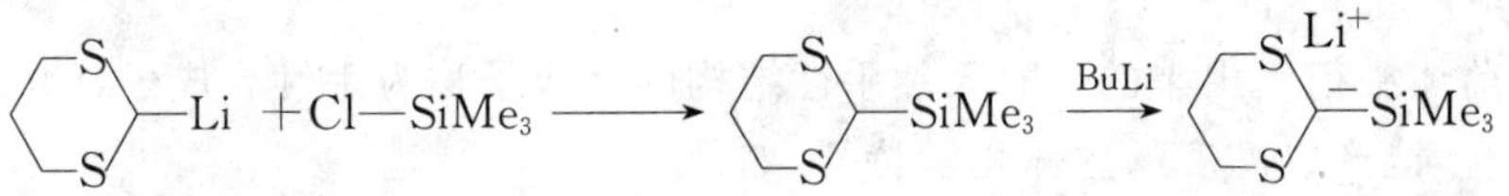

该负离子产物可以和醛、酮发生相应的反应。

例如，与苯甲醛的反应：

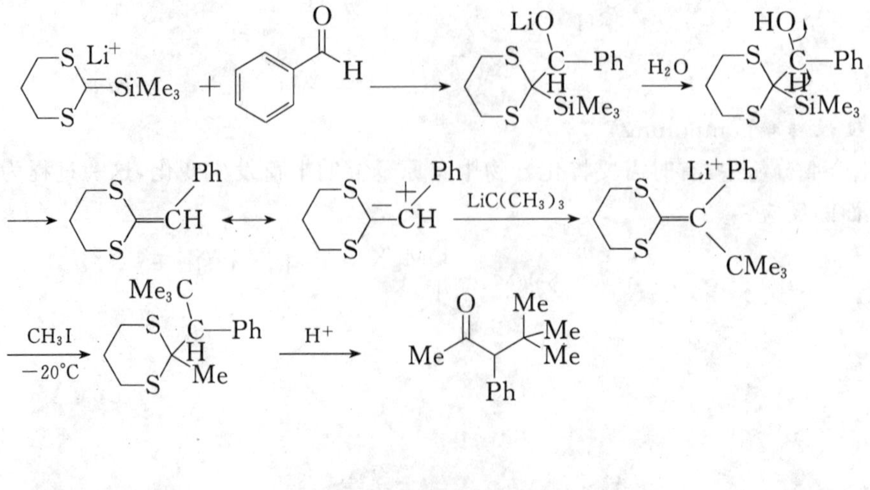

5. 合成等价基(equilvalent)

经极性转换后，将本不是亲电或亲核的试剂转变为相当于亲电或亲核的试剂，称为合成等价基。例如，下列反应是不能一步完成的：

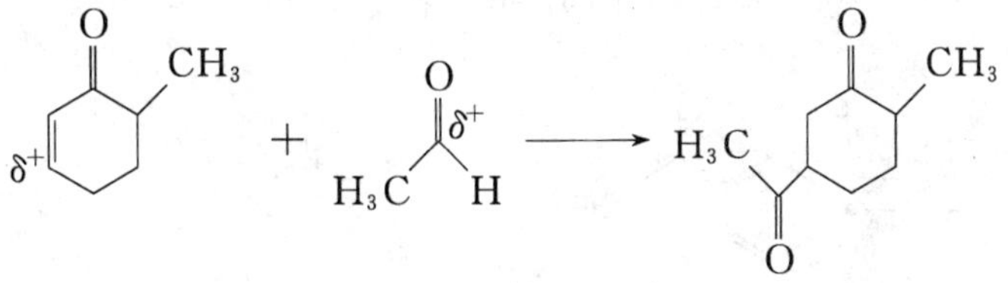

δ^+ CH$_3$ + H$_3$C—CHO (δ^+) ⟶ H$_3$C

将反应物进行极性转换为合成等价基可得到产物，即：

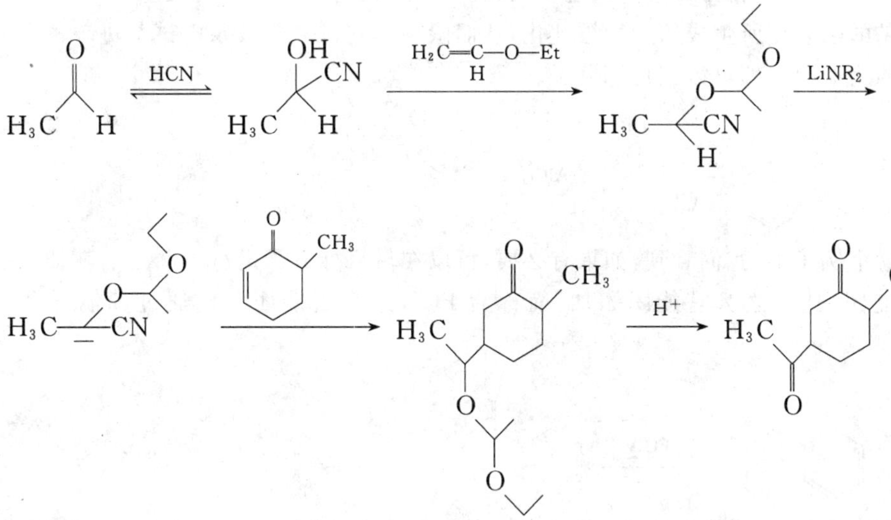

H$_3$C—CHO $\xrightleftharpoons{HCN}$ H$_3$C—CH(OH)CN $\xrightarrow{H_2C=CH-O-Et}$ H$_3$C—CH(CN)—O—CH(CH$_3$)—O—Et $\xrightarrow{LiNR_2}$

H$_3$C—C$^-$(CN)—O—CH(CH$_3$)OEt $\xrightarrow{\text{2-甲基环己烯酮}}$ H$_3$C $\xrightarrow{H^+}$ H$_3$C

一些仲胺化合物也很容易通过极性转换作用生成产物，而且选择性好，如用哌啶合成毒芹碱。

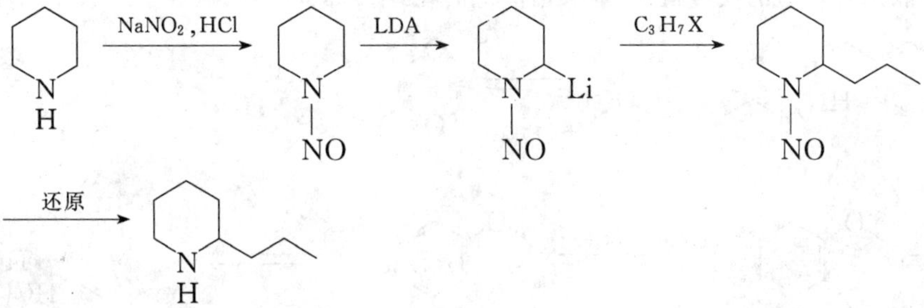

哌啶 $\xrightarrow{NaNO_2, HCl}$ N—NO $\xrightarrow{LDA}$ Li, N—NO $\xrightarrow{C_3H_7X}$ N—NO

$\xrightarrow{还原}$ N—H

反应前哌啶仲胺上的氮原子带负电荷，反应中生成的 N-亚硝基哌啶使氮原子通过极性转换而带正电荷，这才使 N-亚硝基邻位活化，很容易通过 LDA 引入亚丙基。

6. 官能团添加(Functional Group Addition, FGA)

如果想合成异丁苯，我们首先想到的方法应该是用卤代烃来对苯进行烷基化，如使用异丙基氯和 AlCl$_3$。

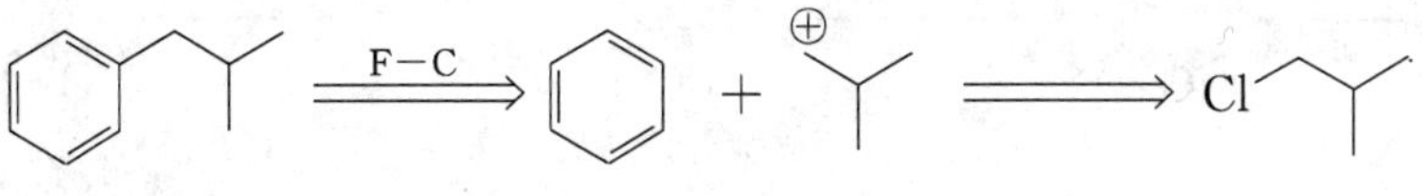

$\xRightarrow{F-C}$ + $\oplus$ $\Longrightarrow$ Cl

事实上，用该方法得到的产物是叔丁基取代的苯衍生物。碳正离子中间体的重排是不能得到目标分子的原因。因此，我们不能直接通过傅克烷基化的方法合成异丁苯。

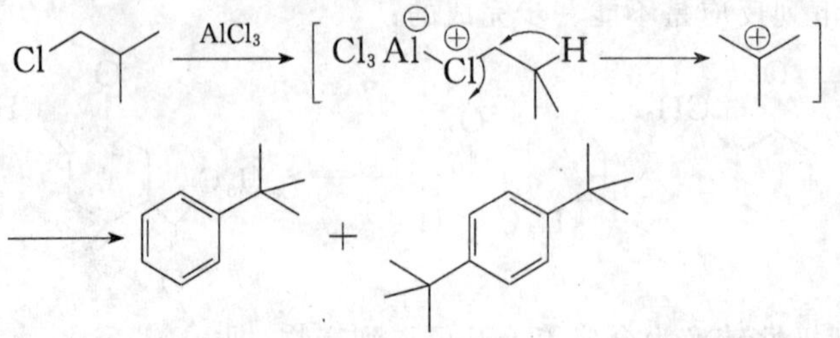

Cl $\xrightarrow{AlCl_3}$ [$Cl_3Al^{\ominus}-Cl^{\oplus}$ … H → ⊕] → … + …

然而，傅克酰基化可以避免以上的问题。首先，酰基正离子不会发生重排，其次是因为吸电子基的引入使所生成的产物被钝化，从而限制了它进一步被亲电试剂进攻。我们可以将酮还原为亚甲基即可得到目标分子。

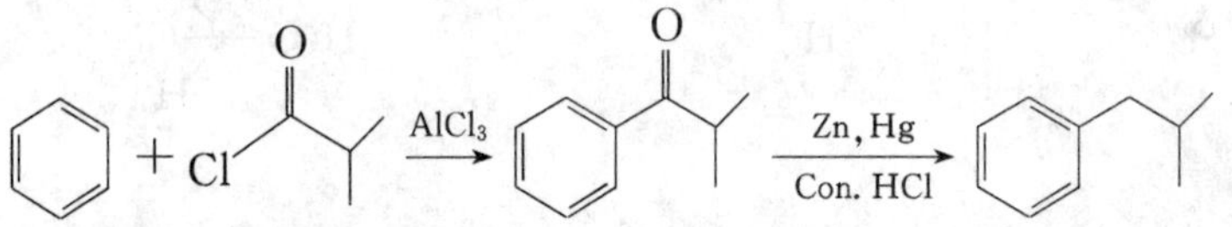

O, Cl $\xrightarrow{AlCl_3}$ O $\xrightarrow[Con.\ HCl]{Zn,Hg}$

在这个例子中，我们看到，如果有必要，可以在对目标分子进行切断之前就加入一个虚拟的官能团，这称之为官能团添加，简称为 FGI，这个官能团可以通过其他可靠的反应除掉。

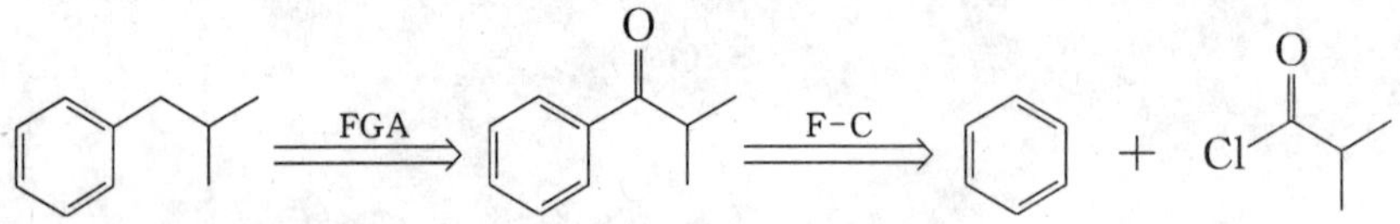

FGA ⟹ O, F-C ⟹ + O, Cl

在逆合成分析中，要研究切断策略，即：① 一般在目标分子中有官能团的地方切断；② 在带支链的地方切断；③ 切断后得到的合成子应该是合理的（包括电荷合理）；④ 一个好的切断应该同时满足有合适的反应机理，最大可能地简化，给出认可的原料等三个条件，如：

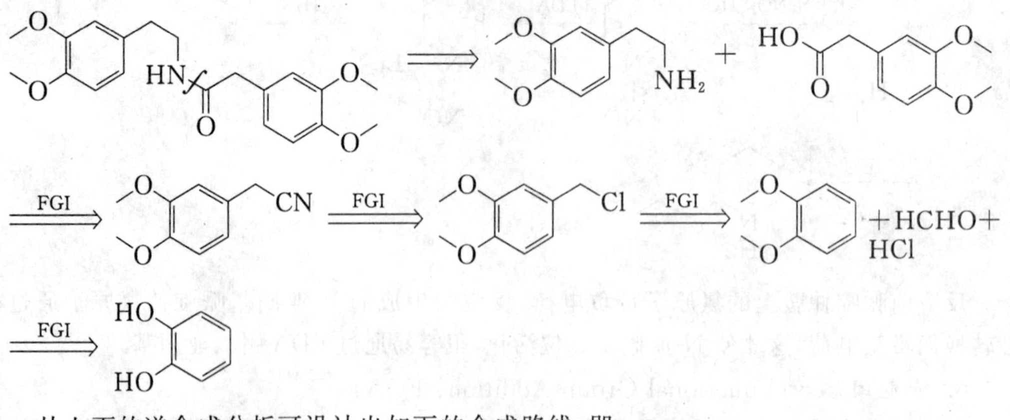

O, O, HN, O, O, O ⟹ O, O, NH_2 + HO, O, O, O

FGI ⟹ O, O, CN FGI ⟹ O, O, Cl FGI ⟹ O, O +HCHO+HCl

FGI ⟹ HO, HO

从上面的逆合成分析可设计出如下的合成路线，即：

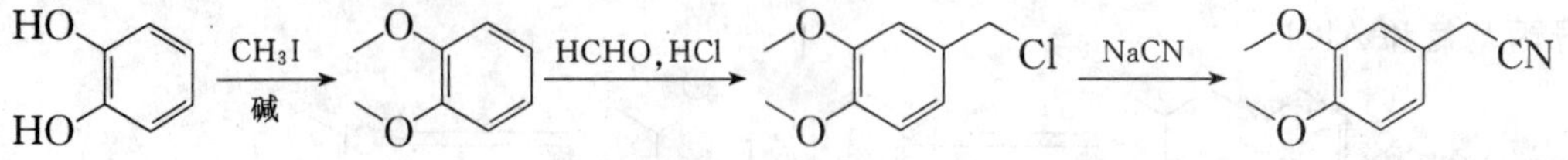

HO, HO $\xrightarrow[碱]{CH_3I}$ O, O $\xrightarrow{HCHO,HCl}$ O, O, Cl $\xrightarrow{NaCN}$ O, O, CN

LiAlH$_4$ → (3,4-二甲氧基苯乙胺，NH$_2$)；H$^+$, H$_2$O → (3,4-二甲氧基苯乙酸，HO, O)；EDC 或 DCC → HN, O

第二节 几种常见多官能团化合物的切断

在含有两个以上官能团的目标分子中，两个官能团的关系表现在它们之间的距离方面，这是帮助选择切断的指南。

一、1,2-官能团碳架

对于1,2-官能团的目标分子，如1,2-二酮、α-氰醇、α-羟基酸、1,2-二醇等，可采用醛酮与HCN反应、安息香缩合、烯烃的双羟基化、烯烃和邻二醇的断裂等反应。

以甲酰甲酸丁酯为例，它是一个1,2-官能团的目标分子。显然，它的FGI前体是草酸二丁酯和羟基乙酸丁酯。然而，目标分子中的醛基也能通过烯或乙二醇的氧化断裂进行有效的制备。原料可用三个对称的二酸，即富马酸（反丁烯二酸）、马来酸（顺丁烯二酸）和酒石酸（2,3-二羟基丁二酸），它们都是理想的原料。烯烃和乙二醇的氧化断裂是常用的合成方法，其部分还原和部分氧化都可能成为实用的方面，但常常难以控制。

FGI ⟹ OBu, O, OH 或 OBu, O, OBu, O

O_3 ⟹ COOBu, COOBu 或 COOBu, BuOOC

HIO_4 ⟹ COOBu, HO—H, HO—H, COOBu

OH, OH, R ⟹ R + OsO_4

OH, OH, R, R ⟹ OH, COOMe + 2RMgX

⟹ OH, CN ⟹ CHO + $^{\ominus}$CN

二、1,3-官能团碳架

1,3-官能团产物的典型合成方法是各种分子间或分子内的缩合反应、烯胺与酰卤的反应、乙酰乙酸乙酯与酰卤的反应、Mannich 反应、Refmasky 反应等。

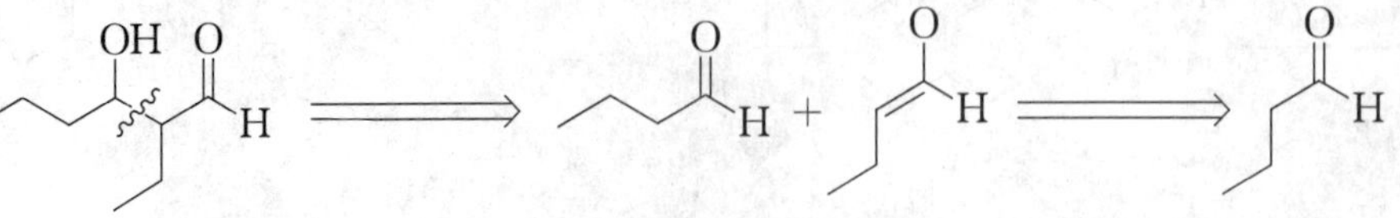

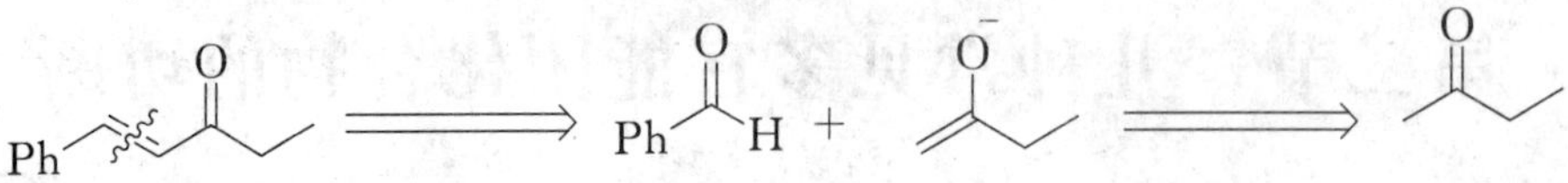

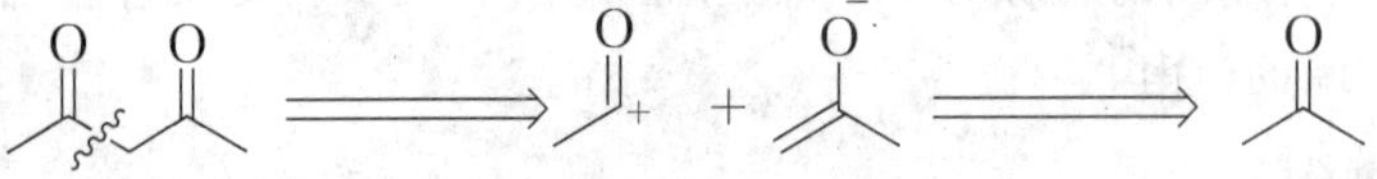

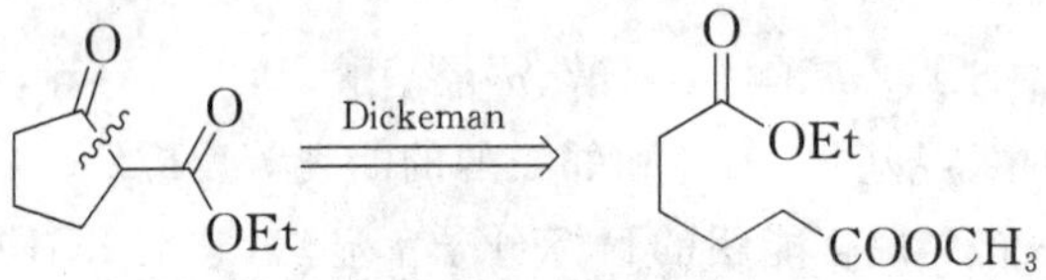

Dickeman

COOCH$_3$

三、1,4-官能团碳架

1,4-官能团，如 1,4-二酮、γ-羟基酸及其酯、γ-羰基酸及其酯，则主要通过 α-卤代酮与烯胺或乙酰乙酸乙酯，α-卤代酮与环氧乙烷等反应得到，如：

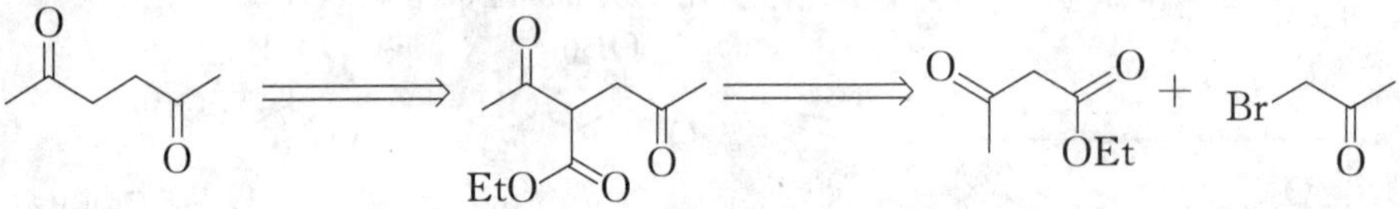

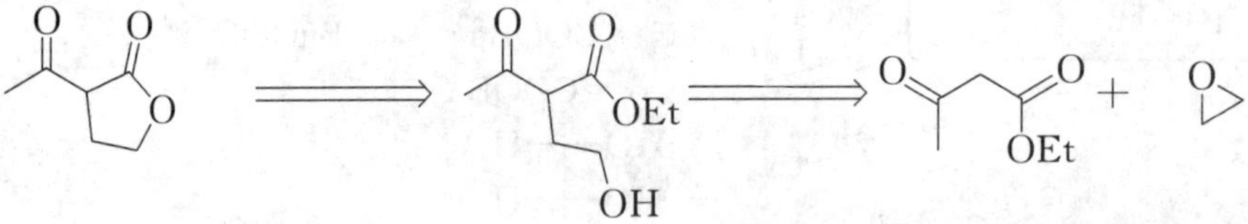

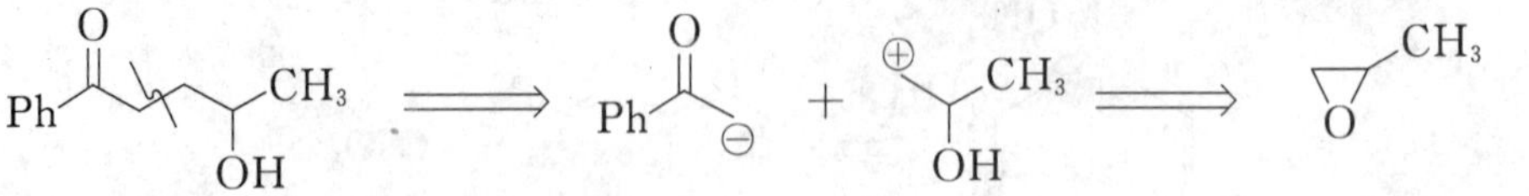

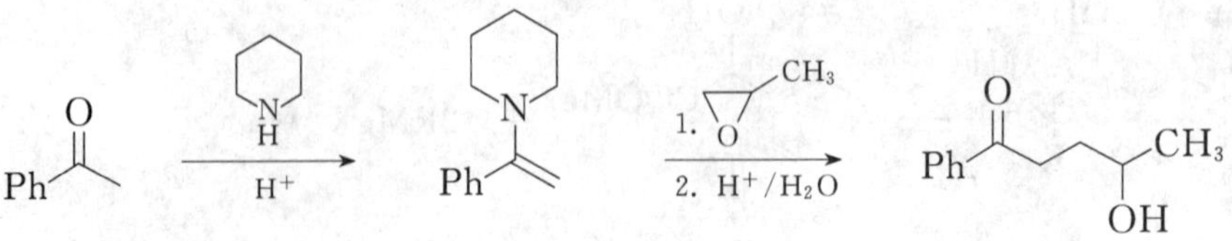

1. 2. H^+/H_2O

四、1,5-官能团碳架

1,5-官能团目标分子的典型切断方法是采用逆向 Michael 型转换以及 Robinson 增环反应，如：

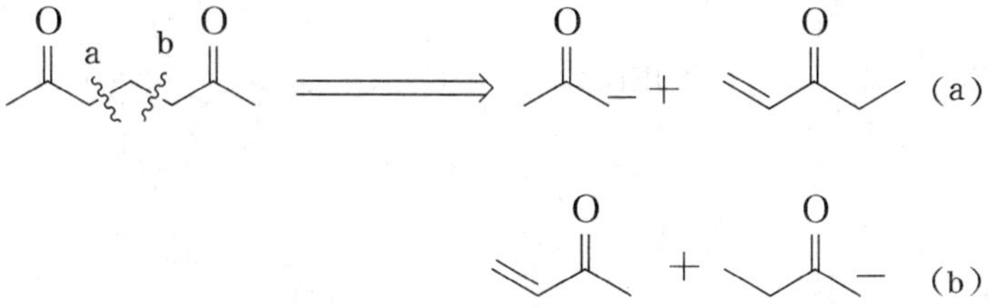

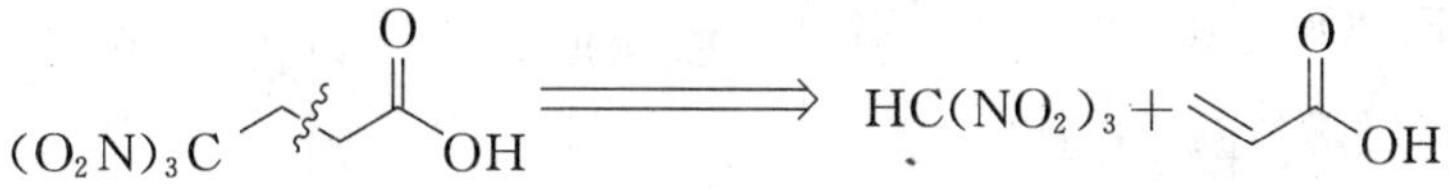

(a)

(b)

$(O_2N)_3C$ OH ⟹ $HC(NO_2)_3$ + OH

Robinson 增环反应在合成甾类化合物的合成中应用广泛，如：

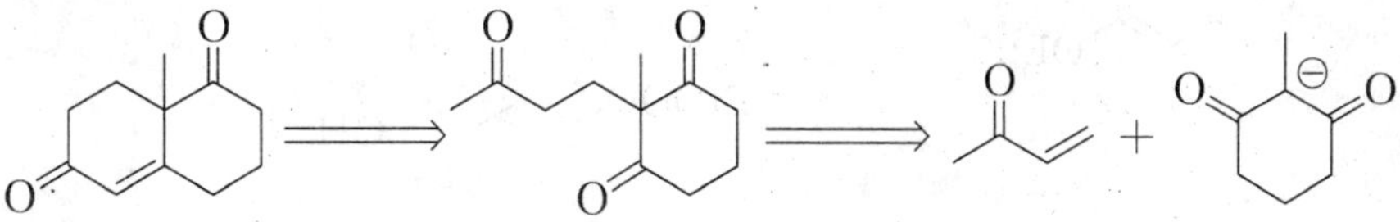

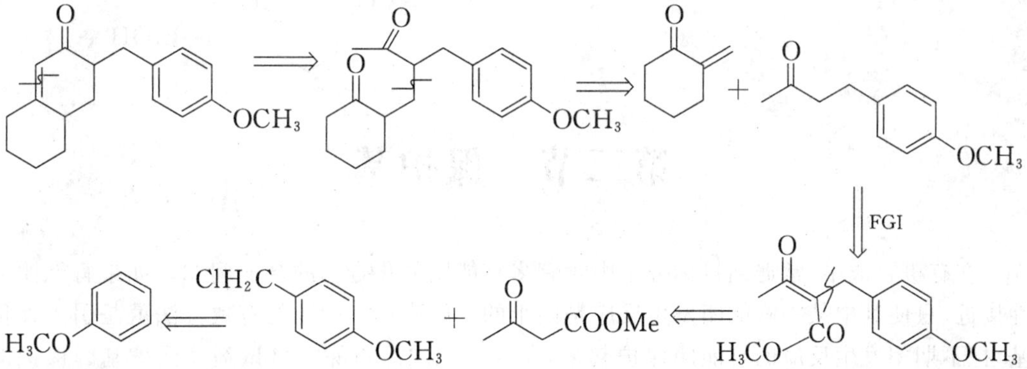

OCH_3 OCH_3 OCH_3

FGI

ClH_2C H_3CO OCH_3 COOMe H_3CO CO OCH_3

五、1,6-官能团碳架

1,6-官能团目标分子可由环己烯或其衍生物氧化来制备，环己烯衍生物来源于 Diels-Alder 反应、Birch 还原、醇脱水反应等，如：

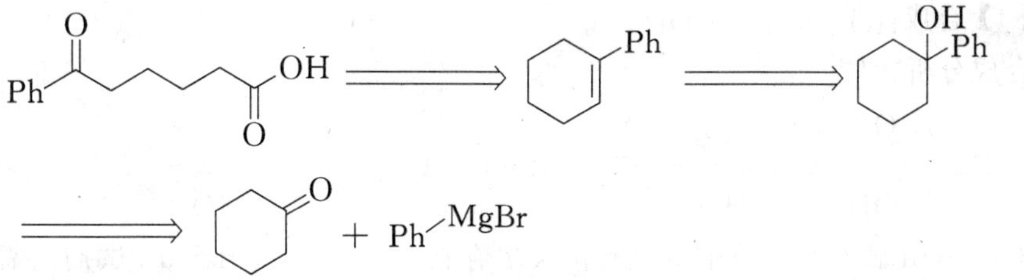

Ph OH ⟹ Ph ⟹ OH Ph

⟹ + Ph MgBr

在三官能团开链分子的逆合成分析中，要注意选择合适的二官能团化合物作为原料，而且，这种原料也容易进一步切断为一官能团的原料。例如，3-庚酮二酸二乙酯很容易被拆分为戊二酰和乙酰乙酸合成子(如乙酰乙酸乙酯,切断1)。切断2将导致丙烯酸和乙酰乙酸乙酯作为试剂,而乙酰乙酸乙酯的二负离子主要被用于合成乙酰丙酮,它与丙烯酯将不可避免地发生羟醛缩合型的副反应,从而生成副产物。

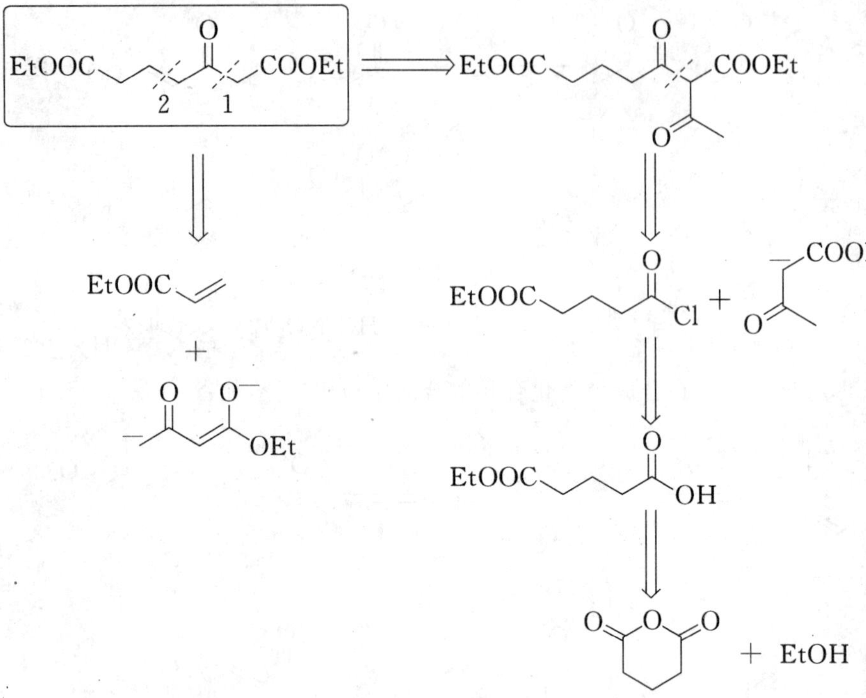

EtOOC COOEt 2 1 ⟹ EtOOC COOEt O O

⟹ EtOOC + O⁻ O OEt

⟹ EtOOC Cl + COOEt O

⟹ EtOOC OH

⟹ O O O + EtOH

第三节 保护基

在有机合成中,常遇到目标分子中含有多官能团的化合物的合成问题。如果官能团活性接近,只使其中某一官能团发生反应是困难的。解决这一问题的有效方法就是引入保护基,把不期望发生反应的官能团保护起来,完成合成之后再除去该试剂。保护基因保护的官能团不同而不同,如羟基的保护常采用2,3-二氢-4-氢吡喃保护、氨基常用乙酰基保护、羰基常用二醇保护、羧基常用醇保护等。

【例1】合成HO～C≡C～COOH。

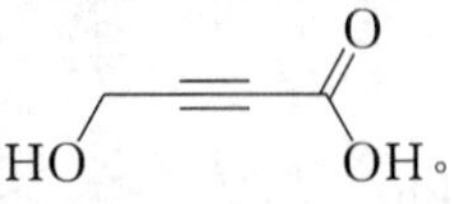

逆合成分析:

HO～C≡C～COOH ⟹ HO～C≡C—MgBr + CO_2 ⟹ HO～C≡CH + ～MgBr

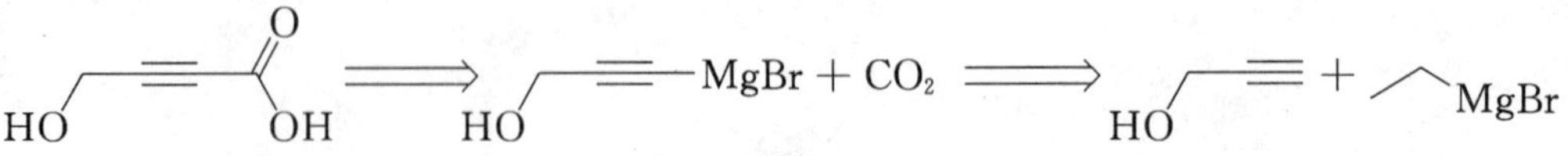

因Grignard试剂在反应中不能有活泼氢存在,因此合成Grignard试剂前需要将羟基保护起来。

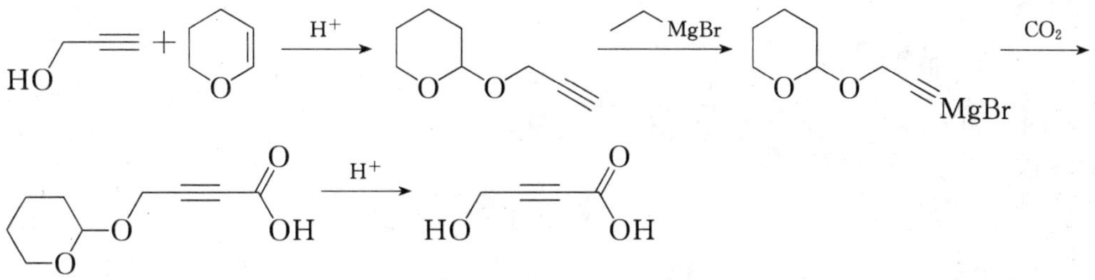

【例 2】通过 HO 合成 HO 。

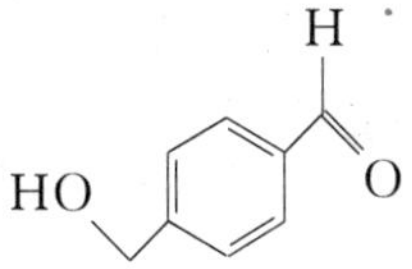

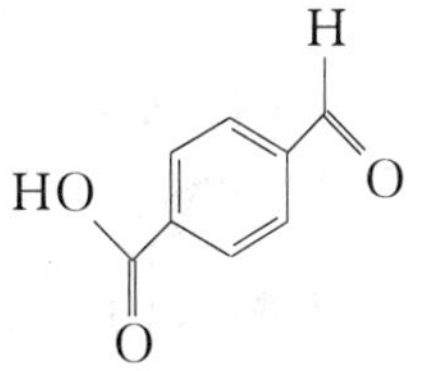

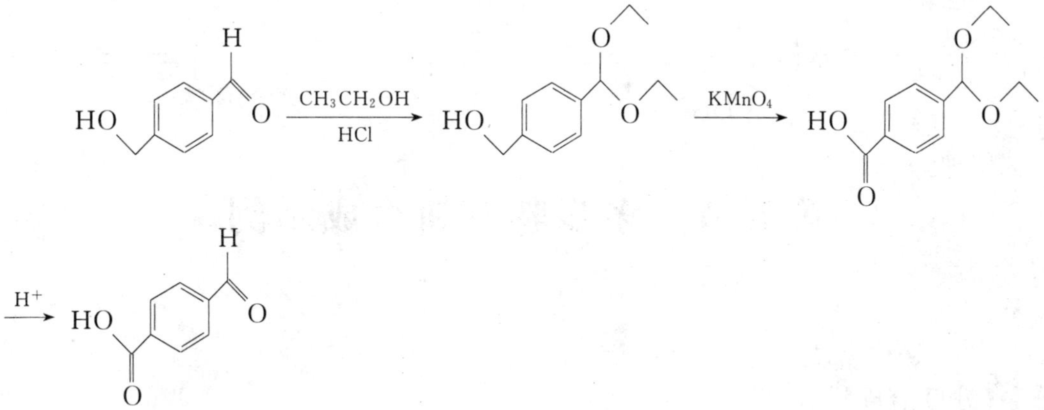

第四节 合成问题的简化

一、利用分子的对称性

例如，角鲨烯的合成可以从中心点同时向两侧发展来考虑：

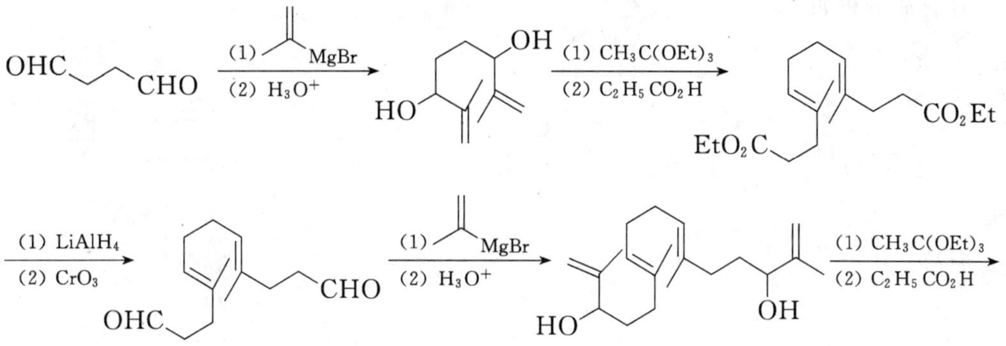

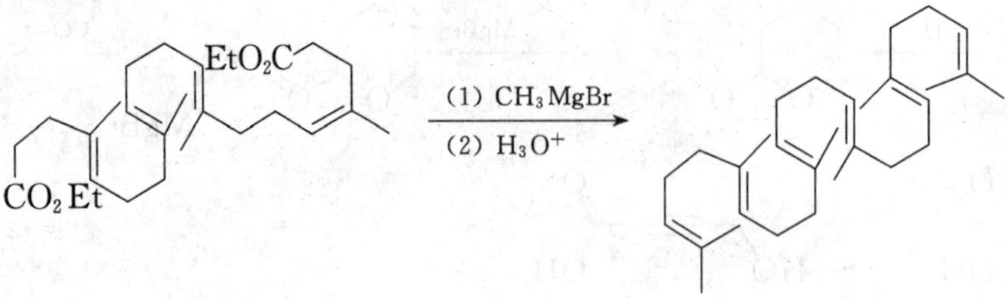

(1) CH_3MgBr
(2) H_3O^+

EtO₂C ... CO₂Et

二、模型化合物的运用

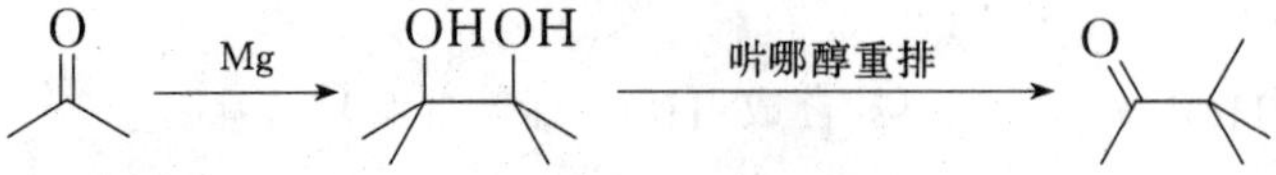

Mg　　　频哪醇重排

利用 pinacol rearrangement，可进行以下合成设计：

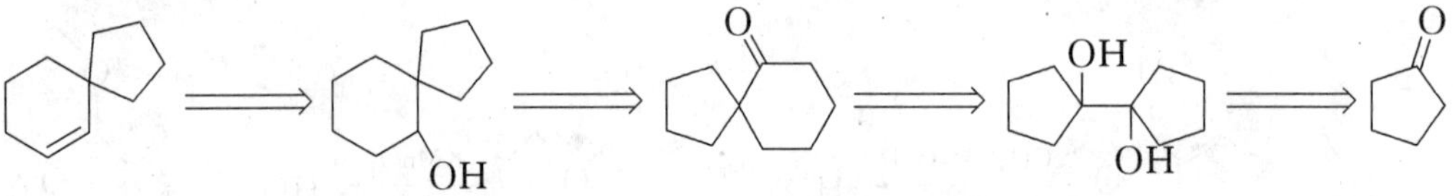

第五节　多步骤有机合成示例

【例 1】合成 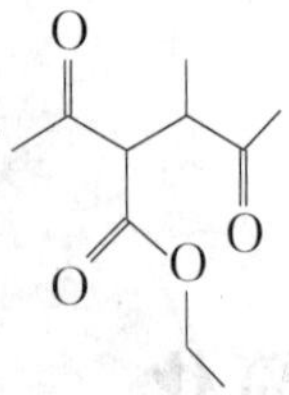 　。

这是一个 1,4-官能团和 1,3-官能团化合物。乙酯基可以作为至活基团，因此应首先按 1,4-官能团化合物进行切断，即可得到乙酰乙酸乙酯和另外一个 α-碳原子上具有正极性的酮。按常规来讲，由于受羰基吸电子的影响，酮 α-碳原子容易脱去质子而呈负极性，若在 α-碳原子上引入一个溴原子，即可实现 α-碳的极性转换。

逆合成分析如下：

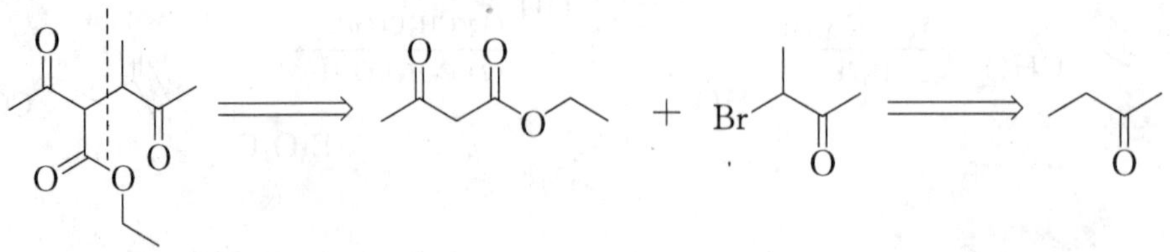

合成：

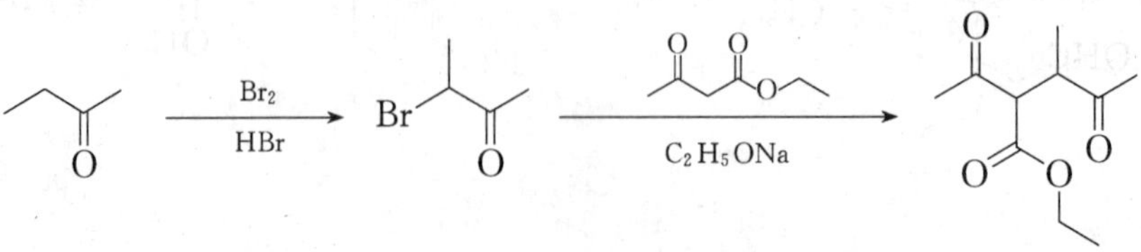

Br_2 / HBr　　　C_2H_5ONa

【例 2】设计氯霉素 Cl的合成路线。

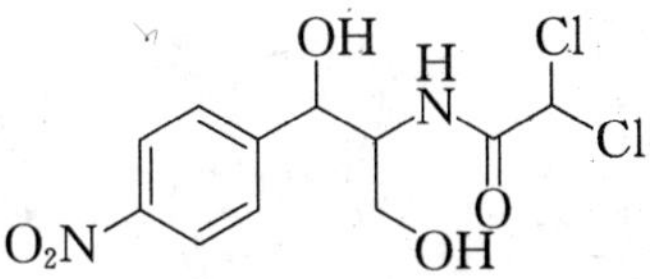

通过对氯霉素分子进行分析可以发现以下特点:属于芳香族化合物,硝基位于一个复杂基团的对位,芳环的侧链有羟基和酰胺基。

氨基一般比羟基容易酰化,既然官能团的活性有差异,反应可以加以控制,使氨基酰化而羟基不酰化。伯胺可以通过卤代烷直接氨解得到,但产物中往往混有仲胺或叔胺。用伯卤代烷与六甲基四胺反应后再用浓盐酸进行水解生成伯胺,则可避免仲胺或叔胺的生成。目标分子的逆合成分析如下:

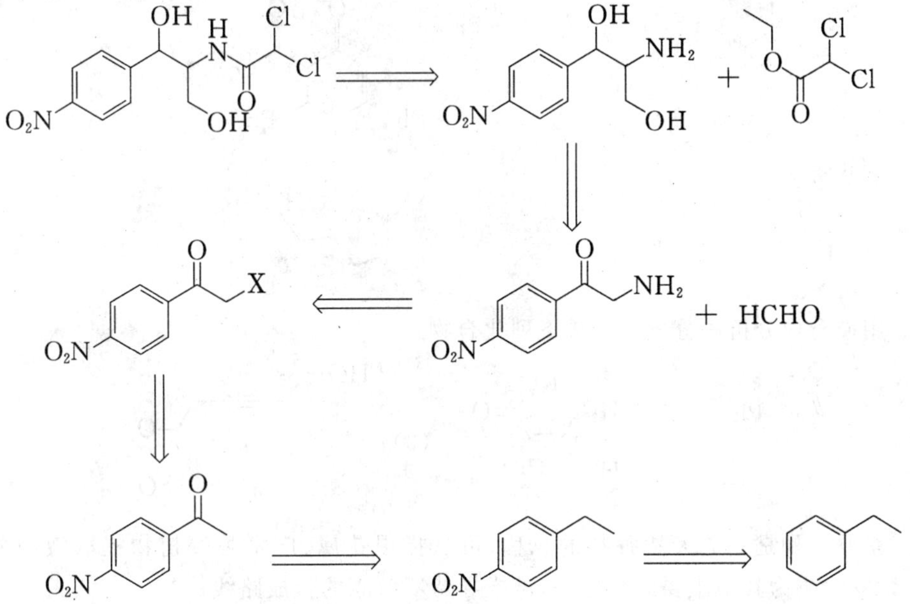

$$\Longrightarrow \quad + \; \mathrm{HCHO}$$

合成路线:

$$\xrightarrow[H_2SO_4]{HNO_3} \quad \xrightarrow[Mn(AcO)_2]{O_2} \quad \xrightarrow[H^+]{Br_2}$$

$$\xrightarrow{(CH_2)_6N_4} NO_2 \ldots Br^{\ominus} \xrightarrow{HCl, H_2O} NH_2 \cdot HCl \xrightarrow[AcONa]{(AcO)_2O}$$

$$\xrightarrow[NaHCO_3]{HCHO} \quad \xrightarrow[^iPrOH]{(^iPrOH)_3Al}$$

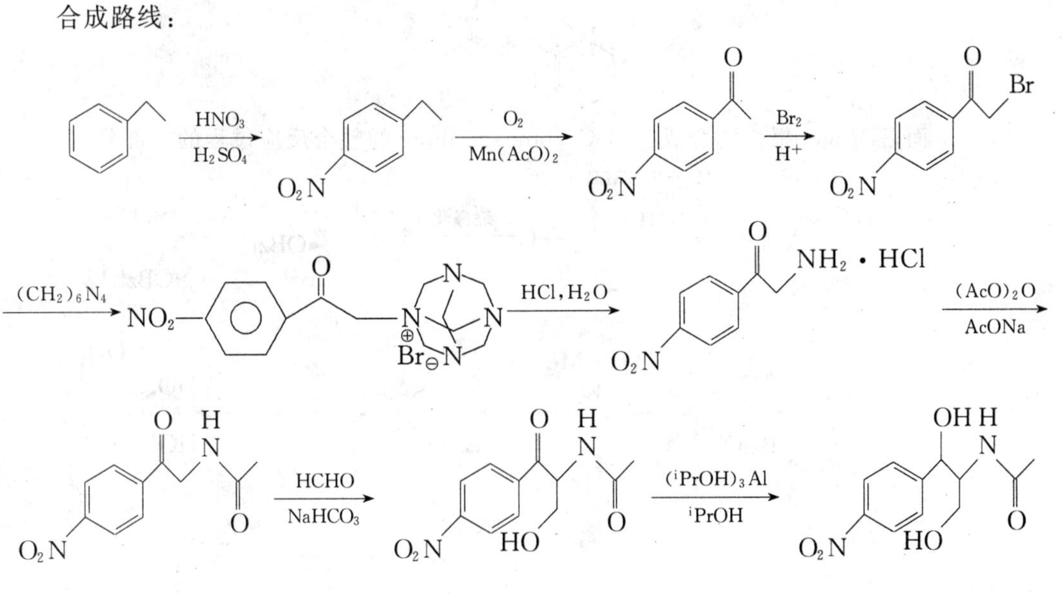

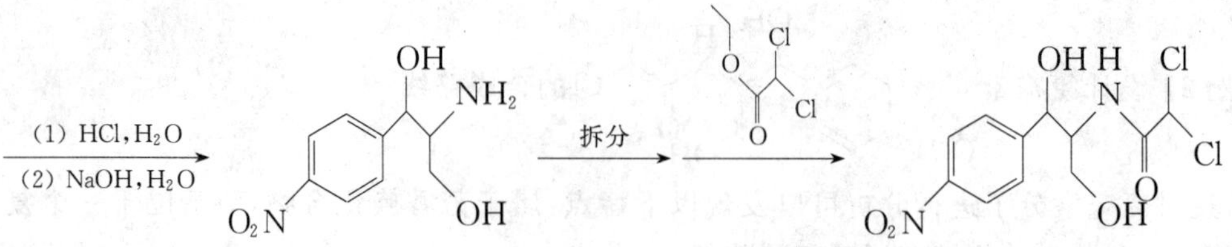

(1) HCl, H_2O (2) NaOH, H_2O → 拆分 →

习 题

1. 下列目标分子可通过特定的反应来合成，试用特定的转变推导它们的合成路线。

(1) 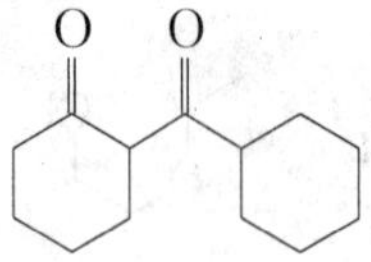 (2) 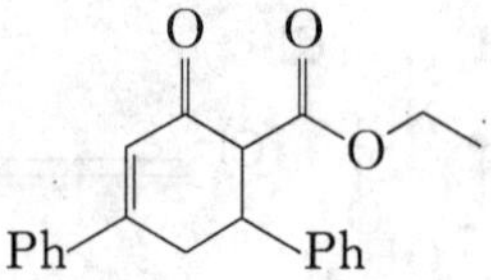 Ph Ph

(3) 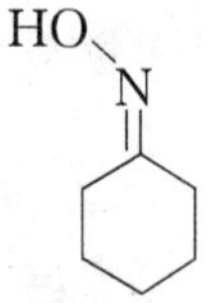 HO N (4) 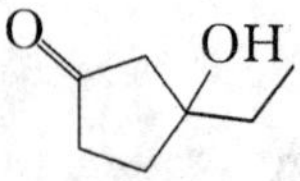 O OH

2. 用逆合成分析法分析并合成下列化合物：

(1) 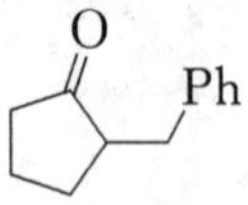 Ph (2) 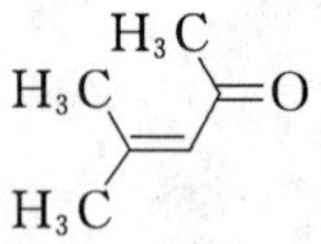 H_3C H_3C H_3C O (3) 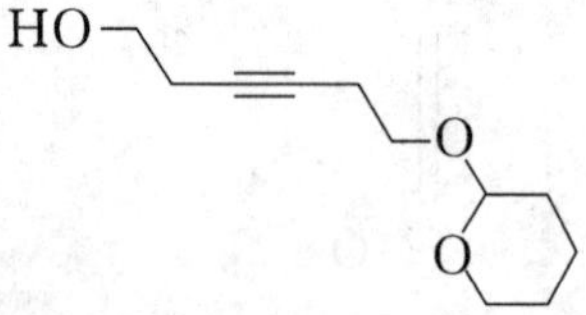 HO O O

3. 紫罗兰酮是一类天然香料的总称，可从指甲花属、广木香等植物提取液中分离得到。β-紫罗兰酮为其中主要成分之一，试推导紫罗兰酮的合成路线。

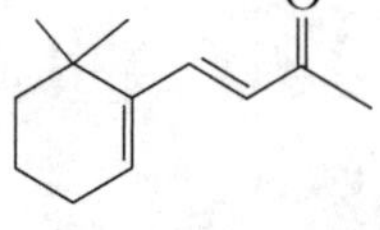

4. 下面是Vogel报告的合成(+)-Castanospermine的整个反应过程的一部分。

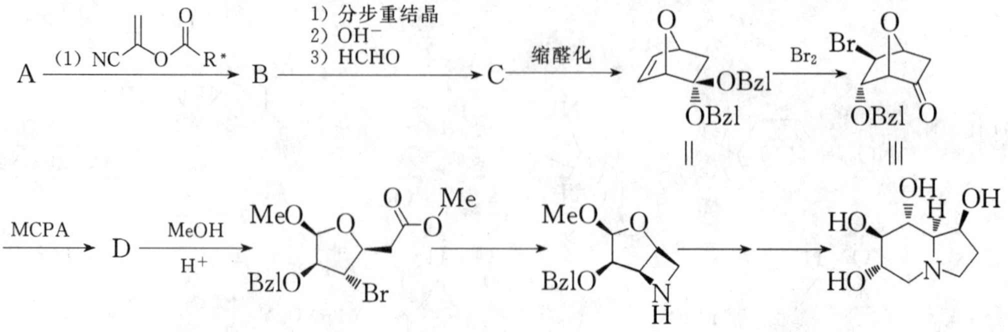

A —(1) NC, O, R*→ B —1) 分步重结晶 2) OH^- 3) HCHO→ C —缩醛化→ OBzl OBzl —Br_2→ Br OBzl O

MCPA → D —MeOH, H^+→ MeO O Me BzlO Br → MeO BzlO N H → → OH H OH HO HO N

(1) 化合物C的光谱数据如下，据此推出C的结构式，试解释这些特征峰的归属。

IR (CCl_4)：1775 cm^{-1}，1615 cm^{-1}；1H NMR：6.75 (1H，dd，J＝5.8，1.5 Hz)，6.48 (1H，dd，J＝5.8，1.5 Hz)，5.32(1H，dd，J＝4.1，1.5 Hz)，4.52(1H，d，J＝1.8 Hz)，2.15 (1H，dd，J＝16.0，4.1 Hz)，1.86(1H，d，J＝16.0 Hz)；13C NMR：207.2，142.1，130.5，82.0，78.9，33.9；MS：m/z 110(M＋)。

(2) 写出A，B，D的结构。

(3) 提出从Ⅱ到Ⅲ的反应机理。

5. 由指定原料合成下列化合物：

(1) 由C_3或C_3以下有机物及其他必要的试剂合成 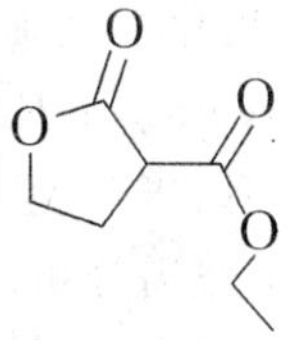 。

(2) 由丙二酸二乙酯经 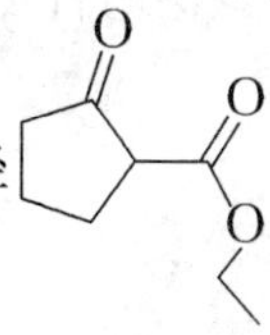 合成 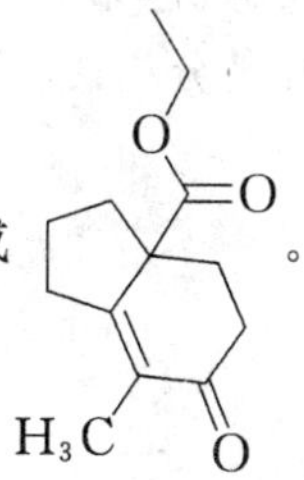 。

(3) 由不多于4个碳的有机物为原料合成 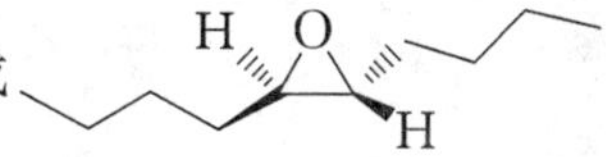 。

(4) 由苯甲醛合成 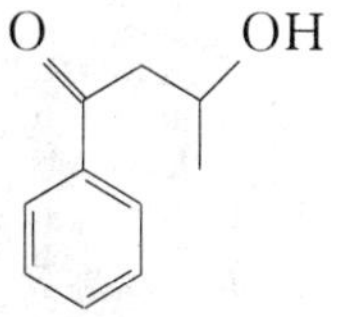 。

(5) 由乙酰乙酸乙酯、环己酮及其他必要的试剂合成 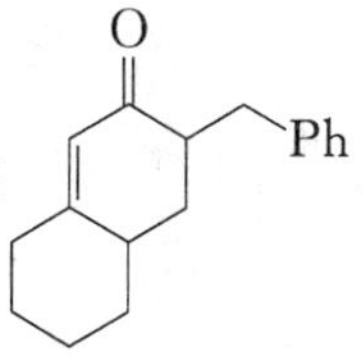 。

参考文献

1. 宁永成编著.有机化合物结构鉴定与有机波谱学(第 2 版).北京:科学出版社,2000.
2. 孟令芝,龚淑玲,何永炳编著.有机波谱分析(第 3 版).武汉:武汉大学出版社,2009.
3. 荣国斌编著.高等有机化学基础(修订本).上海:华东理工大学出版社,2001.
4. 〔美〕西尔弗斯坦(Silverstein,R.),等著,药明康德新药开发有限公司分析部译.有机化合物的波谱解析.上海:华东理工大学出版社,2007.
5. 陈洁,宋启泽编.有机波谱分析.北京:北京理工大学出版社,2007.
6. 常建华,董绮功编著.波谱原理及解析(第 2 版),北京:科学出版社,2005.
7. 姚新生,孔令义著.有机化合物波谱分析.北京:中国医药科技出版社,2004.

习题参考答案

第一章

1. 按酸性从强到弱的顺序排列下列各组化合物。

(1) $CH_3CH_2CH(NO_2)COOH > CH_3CH(NO_2)CH_2COOH > CH_2(NO_2)CH_2CH_2COOH$

(2) $O_2N-C_6H_4-COOH > NC-C_6H_4-COOH > F-C_6H_4-COOH > Cl-C_6H_4-COOH$

(3) 间-$H_3CO-C_6H_4-COOH > C_6H_5-COOH > CH_3O-C_6H_4-COOH$

2. 按碱性从强到弱的顺序排列下列各组化合物。

(1) $C_6H_5CONH_2 > C_6H_5CON(CH_3)_2 > C_6H_5CONH-C_6H_5 >$ 邻苯二甲酰亚胺

(2) 哌啶 > 吗啉 > 吡啶 > 吡咯

(3) $CH_3CH_2CH_2O^- > CH_3CH_2COO^- > CH_3CHClCOO^-$

(4) $CH_3CH_2CH_2^- > CH_3CH{=}CH^- > CH_3C{\equiv}C^-$

3. 在未被取代前，乙烷分子中的两个碳原子是等同的，偶极距为零；同理，苯分子的六个碳原子也是等同的，故偶极距也为零。而在被溴原子或羟基取代后，由于氧的电负性大于碳的电负性，电子向氧原子的方向偏移，使得整个分子的偶极距不为零。但乙烷分子中的碳原子为 sp^3 杂化，而苯中碳的电负性大于乙烷中的碳，故二者被相同的原子或基团取代后，产生的化合物分子的偶极距是不同的。

4. 因为氯原子处于桥头碳的位置，若该反应按照 S_N2 机理发生反应，要经过瓦尔登转化，而桥头碳很难发生瓦尔登转化；若按照 S_N1 机理发生反应，要形成桥头碳正离子，而

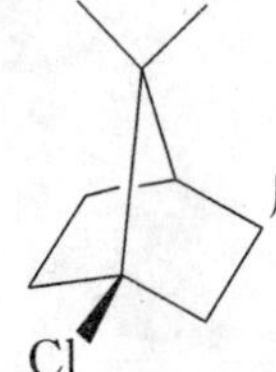

Cl
所形成的桥头碳正离子很难稳定存在，故氯原子没有被取代。

5. 苯环上连有吸电子基团，使得苯环的电子云密度降低，易发生亲核取代反应。2,6-二甲基-4-硝基氯苯，两个甲基与硝基处于间位，甲基对硝基产生的空间位阻作用较小，因此硝基与苯环可较好地共轭，使得苯环上的电子较好地离域到硝基上，苯环的电子云密度降低，易发生亲核取代反应。而 3,5-二甲基-4-硝基氯苯，两个甲基与苯环处于邻位，对硝基产生的空间作用大，硝基不能与苯环很好地共轭，电子离域到硝基上的程度小，苯环的电子云密度降低得少，故不易发生亲核取代反应。

6. 酸性：A>B。

原因：诱导效应相近，B 有较强的场效应，酸性低。

第二章

1. 写出下列化合物最稳定的构象。

(1)
Cl
H
H
H
H
CH3
(2)
CH3
tBu
(3)
HO
OH

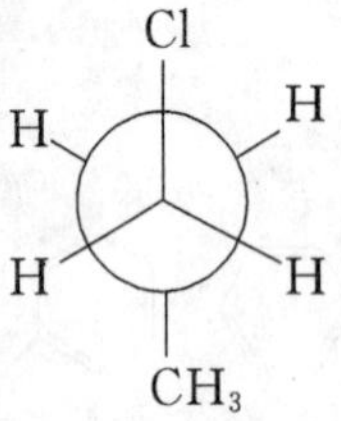

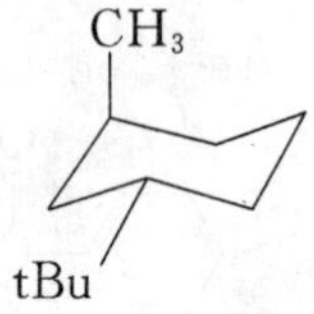

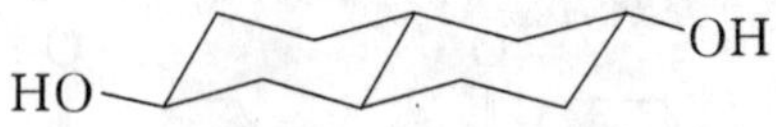

2. 写出下列反应的主要有机产物，并注明其立体化学。

(1)
H3C
H
H
i-Pr
(2)
H
H
N
O
H
(3)
O
O
O

(4)
Ph
H
C2H5
HO
H
CH3
(5)
(6)
Br
CH3
H
Br
+
H
Br
Br
CH3

3. 判断下列化合物是否具有对映异构体。

(1) 具有对映异构体：
NO2
NO2
CH3
Br
HOOC
I
F
Br
O2N
Cl
Br

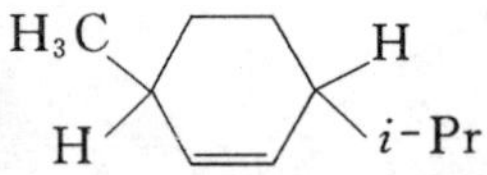

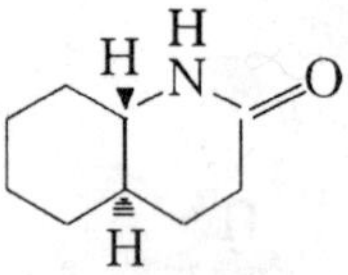

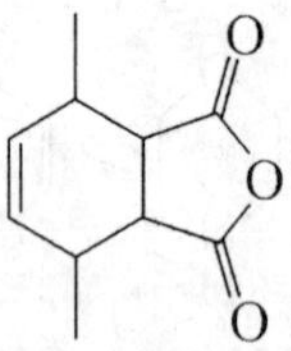

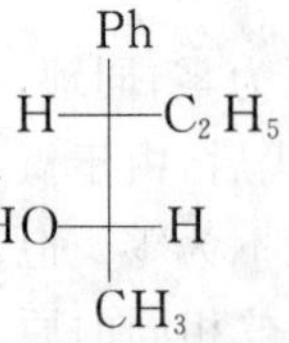

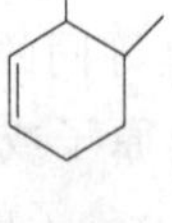

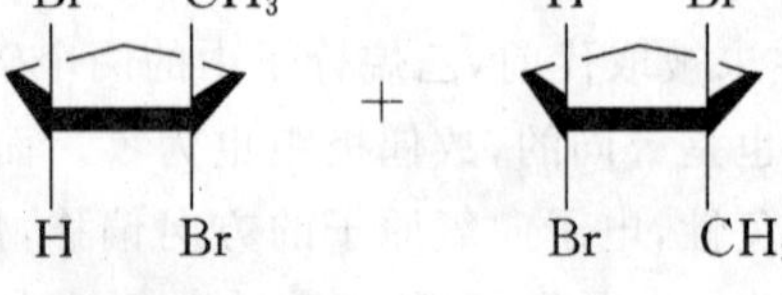

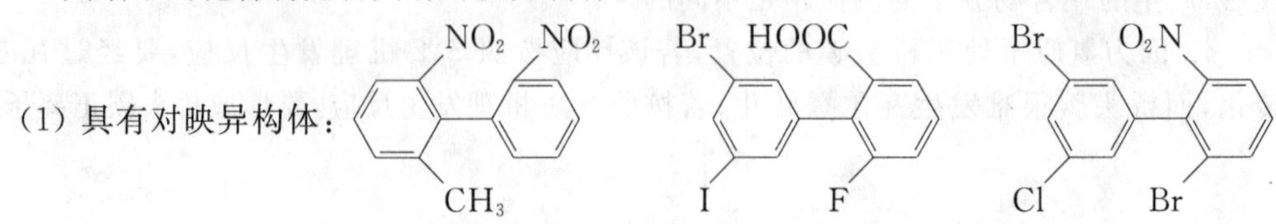

(2) 具有对映异构体：C_2H_5—C(CH₃)(CH₂OH)—Cl　C_2H_5—C(CH₃)(CHO)—OH　I—C(CH₃)(CHO)—OH

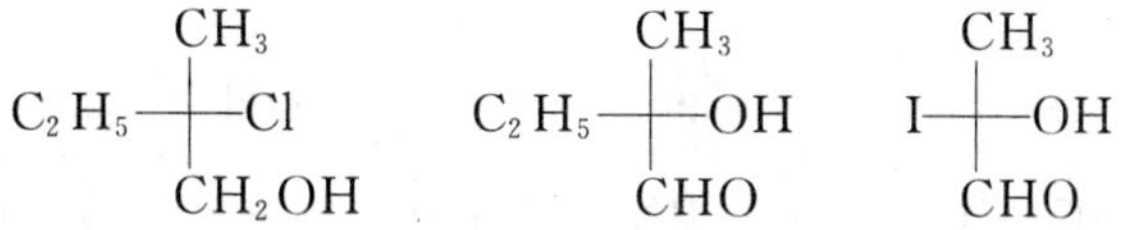

(3) 具有对映异构体：

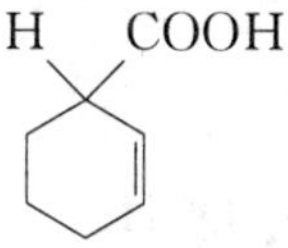

(4) 具有对映异构体：

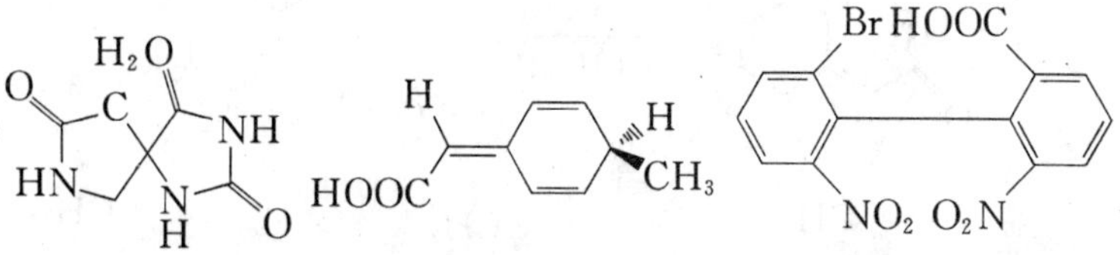

(5) 具有对映异构体：

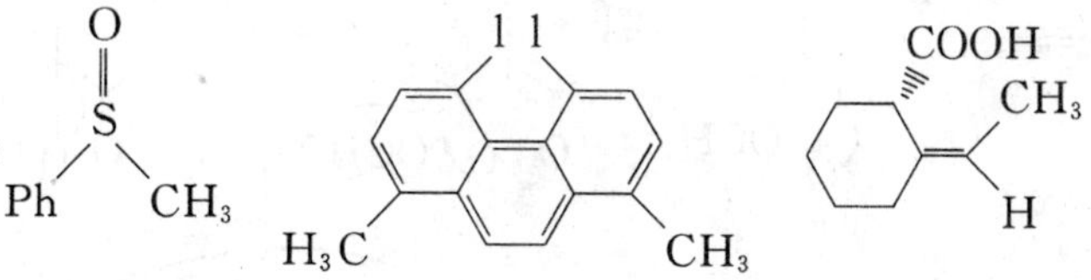

4. 用 R/S 法标出下列分子的构型。

(1) S;(2) R。

5. 有 8 个。

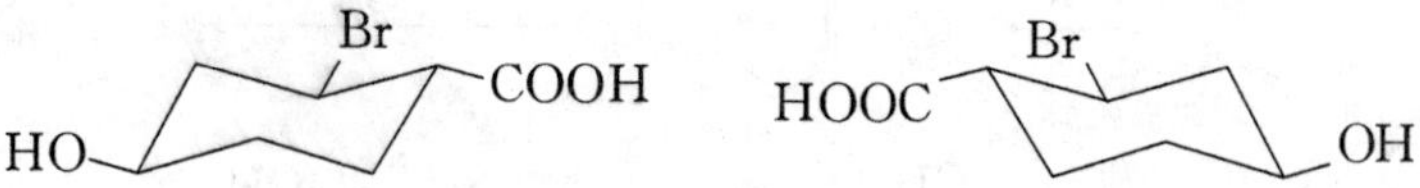

6. 试写出反-2-丁烯与 $KMnO_4$ 反应得到外消旋的邻二醇的反应过程。

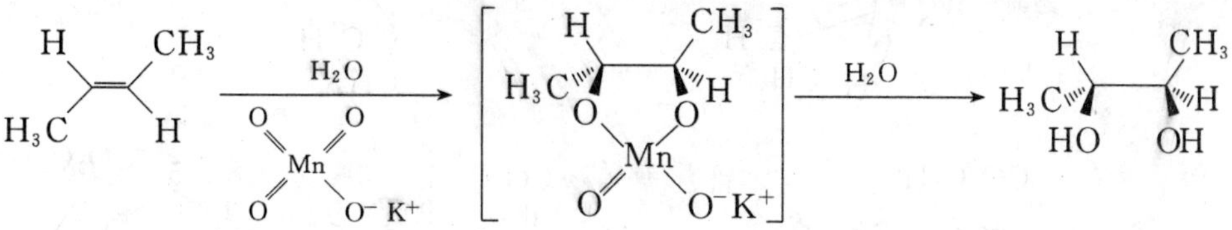

第三章

1. 提示:碳正离子的稳定性 > 。

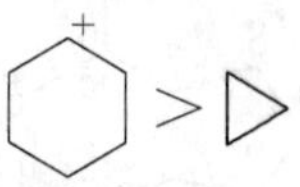

2. 提示:由于邻基效应,C 中 S 原子参与反应,加快 Cl 原子的离去。

3.

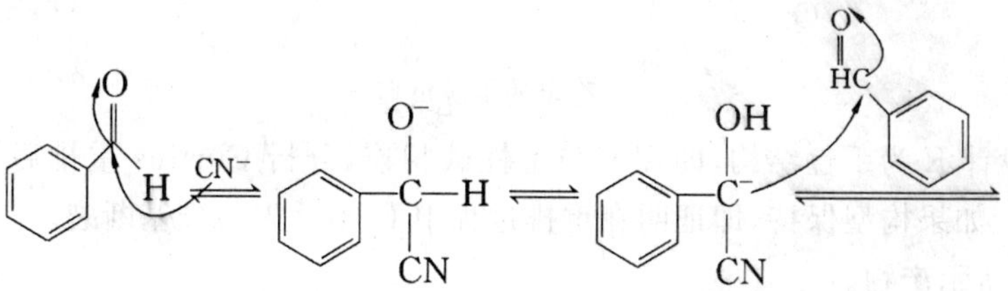

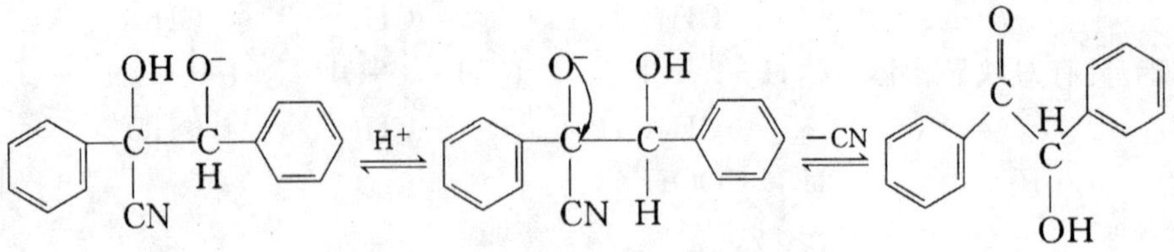

4.

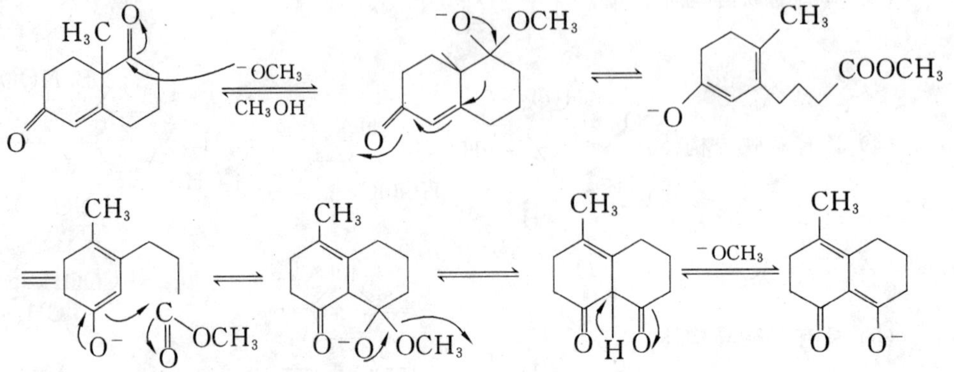

5.

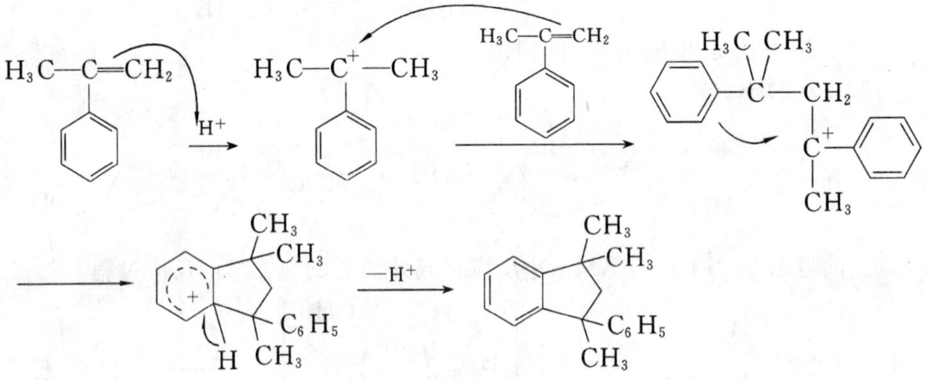

6.

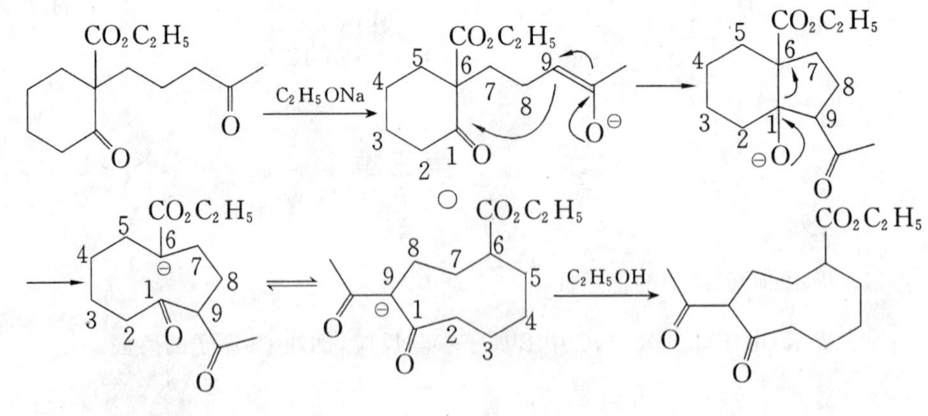

稳定的烯醇负离子

7. 提示：设计 R 为手性结构，即羰基与手性碳相连，分析 Curtius 重排后 R 的构型是翻转还是保持。如果构型保持，即证明在重排过程中 R 不是先与羰基断裂。

8. 没有 B 所示产物。

$$\text{C}_5\text{H}_9\text{—CH}_2\text{NH}_2 \xrightarrow{\text{NHO}_2} \text{C}_5\text{H}_9\text{—}\overset{+}{\text{C}}\text{H}_2 \xrightarrow{-\text{H}^+} \text{亚甲基环戊烷}$$

$$\text{C}_5\text{H}_9\text{—}\overset{+}{\text{C}}\text{H}_2 \longrightarrow \overset{+}{\text{C}}_5\text{H}_8\text{—CH}_3 \xrightarrow{-\text{H}^+} \text{1-甲基环戊烯}$$

$$\text{C}_5\text{H}_9\text{—}\overset{+}{\text{C}}\text{H}_2 \longrightarrow \text{环己基正离子} \xrightarrow{-\text{H}^+} \text{环己烯}$$

第四章

1. 比较下列反应中间体的稳定性。

(1) B>A

(2) A>B>D>C

(3) A>C>B>D

(4) A>B>C>D

(5) A>D>B>C

(6) A>B>D>C

(7) A>D>B>C

(8) C>A>D>B

2. 完成下列反应,并写出反应历程中活性中间体的结构。

(1) CH_3NH_2, O═C═N—CH_3　(2) C_6H_5—NO_2, $[C_6H_6]^+$—NO_2

(3) $H_3C—C(CH_3)(OH)—CH_3$, $H_3C—\overset{+}{C}(CH_3)—CH_3$　(4) C_6H_5—NH_2, 苯炔

3. 四甲基铅[$Pb(CH_3)_4$]在加热的情况下,易发生 Pb—C 键的均裂,而引发如下反应:

$$Pb(CH_3)_4 \xrightarrow{\triangle} 4CH_3^- + Pb^-$$
$$CH_3^- + Cl_2 \longrightarrow CH_3Cl + Cl^-$$
$$CH_4 + Cl^- \longrightarrow CH_3^- + HCl$$

4. 完成下列两个环扩大反应,并写出反应中间产物和环扩大的产物。

(1) 茚 $\xrightarrow{:CCl_2}$ 二氯环丙烷加合物 $\xrightarrow{-Cl^-}$ 氯代环丙基正离子 $\longrightarrow$ 扩环正离子 $\xrightarrow{-H^+}$ 2-氯萘

(2) 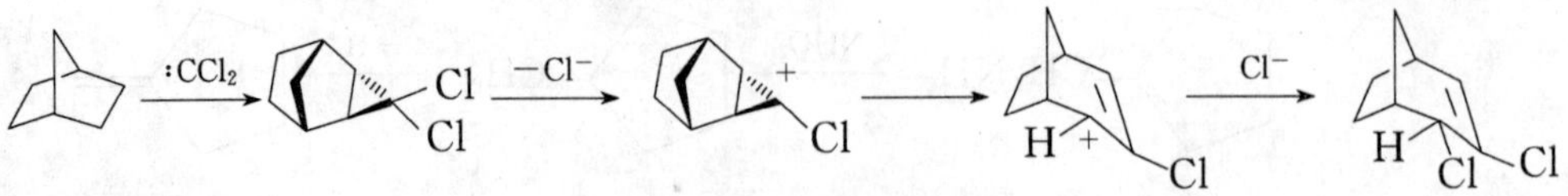 $\xrightarrow{:CCl_2}$ Cl Cl $\xrightarrow{-Cl^-}$ + Cl $\longrightarrow$ H + Cl $\xrightarrow{Cl^-}$ H Cl Cl

5. 在下列反应式中，(1)(2)(3)(4)(5)这些反应是哪类反应机理，并表明它们的中间离子或者中间产物。

(1) 是亲电取代，Cl Cl— —NO_2

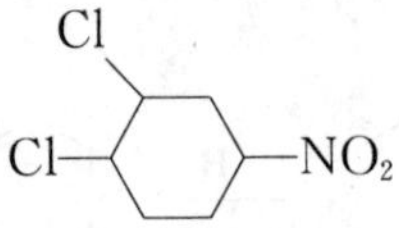

(2) 是亲核取代，Cl H_3CO – —NO_2 Cl

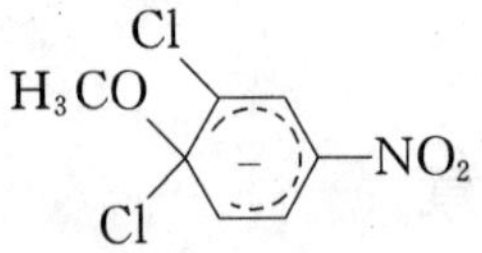

(3) 是亲核取代，Cl H_3CO – —NO_2

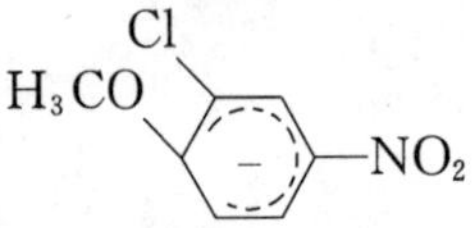

(4) 是亲核取代，$^+N_2$ H_3CO —NO_2

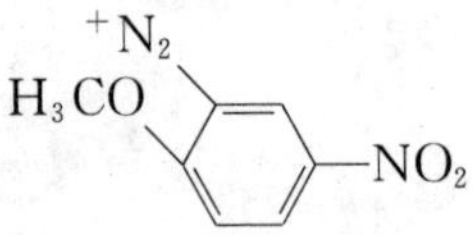

(5) 是亲核取代，NC H_3CO —N_2^+

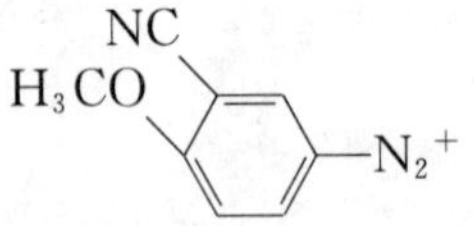

6. 解释苯炔的结构，并完成下列反应。

(1) 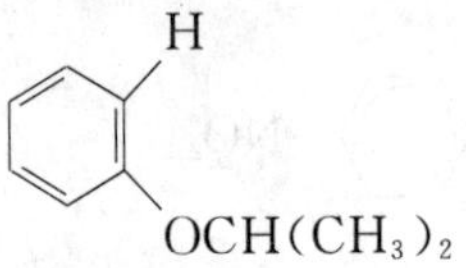 H $OCH(CH_3)_2$　(2) Br Br　(3)

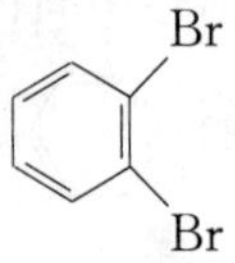

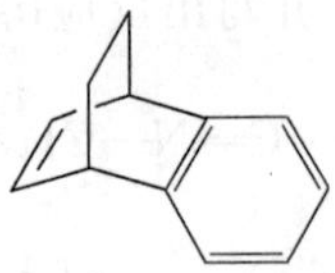

第五章

1. (1) 对旋开环；(2) 对旋闭环；(3) 4e 顺旋开环，6e 对旋闭环。

2. Diels-Alder 反应，逆 Diels-Alder 反应，内型。

3. A. 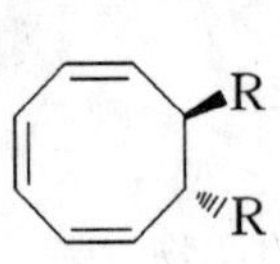 R R　B. 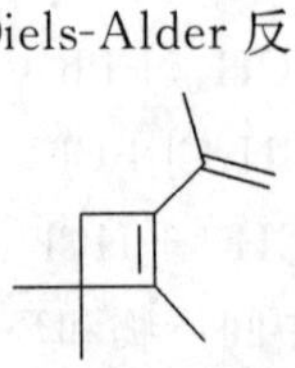　C. 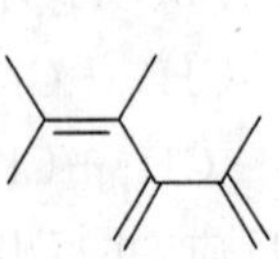　D. 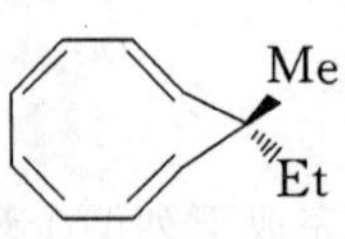 Me Et

4. A. 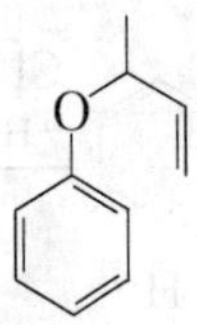 O　B. 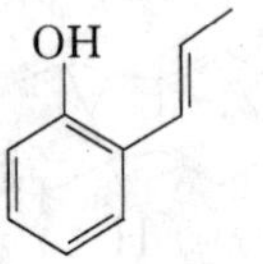 OH　C. 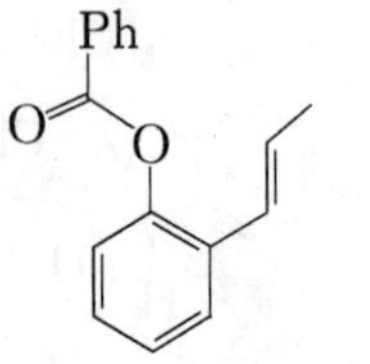 Ph O O

5.（1）[3，3]-σ 迁移反应。

（2）反应是通过椅式过渡态完成的。

（3）反应的详细过程如下：

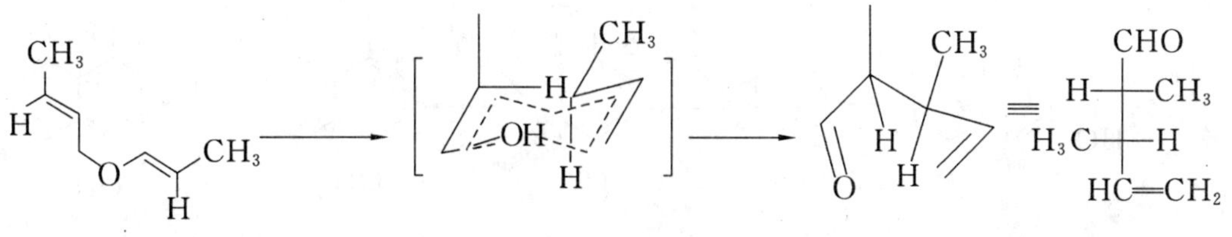

第六章

1. 为下述反应建议可能的、合理的、分步的反应机理。

(1)

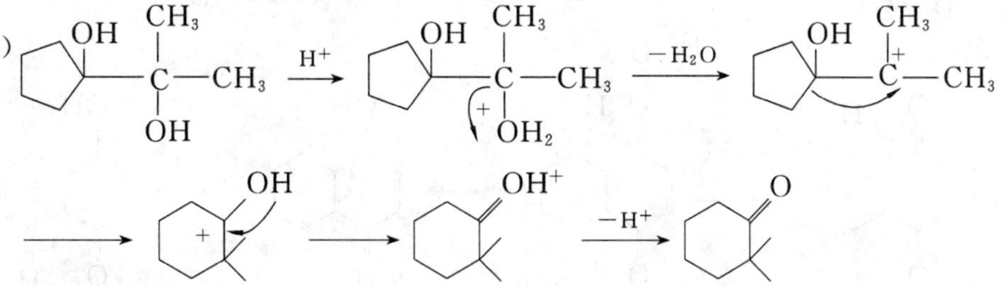

(2)

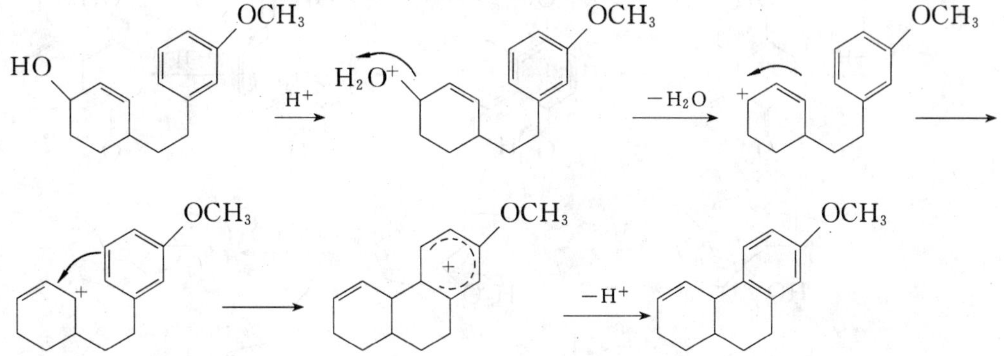

(3)

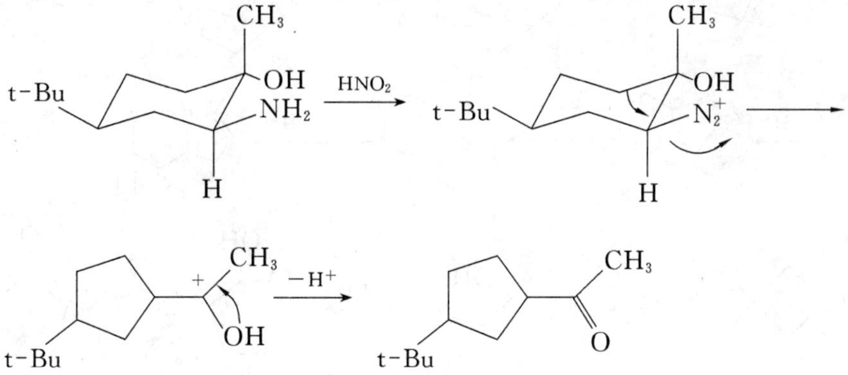

(4) $\xrightarrow{H_2SO_4}$ HO$^+$ → HO + → HO + →

HO + → + OH → OH + → + OH $\xrightarrow{-H^+}$ OH

(5) H OAc D H $\xrightarrow{300℃}$ H OAc H D $\xrightarrow[\text{构型反转}]{\text{同面迁移}}$ H OAc H D ≡ OAc H D H

(6) O H$^+$ O → O$^+$H O ⟷ OH + O ⟷ OH + O H

$\xrightarrow{-H^+}$ OH O → OH O H$^+$ → OH H O$^+$H $\xrightarrow{-H^+}$ OH O

(7) HO $\xrightarrow{H_2SO_4}$ $H_2\overset{+}{O}$ $\xrightarrow{-H_2O}$ + →

+ → + → ≡

$\xrightarrow{H^+}$ + → + $\xrightarrow{-H^+}$

(8) OH $\xrightarrow{H^+}$ OH + $\xrightarrow{-H_2O}$ OH + $\xrightarrow{-H^+}$ O

(9) [Reaction scheme: 1-(tert-butyl)cyclohexanol $\xrightarrow{H_2SO_4/H_2O}$ protonated alcohol ($^+OH_2$) $\xrightarrow{-H_2O}$ carbocation $\longrightarrow$ rearranged carbocation $\xrightarrow{H_2O}$ $^+OH_2$ $\xrightarrow{-H^+}$ OH product]

(10) [Reaction scheme: HO $\xrightarrow{H^+}$ H_2O^+ $\xrightarrow{-H_2O}$ carbocation $\longrightarrow$ rearranged carbocation $\equiv$ carbocation with CH_3 $\xrightarrow[\triangle]{-H^+}$ product with $=CH_2$]

(11) [Reaction scheme: $TsOCH_2$-cyclopropane $\xrightarrow[H_2O]{DMSO}$ (S_N1) $\oplus CH_2$ cation $\longleftrightarrow$ allylic cation $\longleftrightarrow$ allylic cation; $\xrightarrow{H_2O}$ $\oplus OH_2$ $\xrightarrow{-H^+}$ OH; H_2O → $H_2O\oplus$ $\xrightarrow{-H^+}$ OH; products: OH + OH]

2. 产物中无 C,联苯胺重排反应是分子内重排。

第七章

1. $CH_3COCH_2CH(OCH_3)_2$

$CH_3\overset{+\cdot}{C}(=O)CH_2CH(OCH_3)_2$ (m/z 132) $\xrightarrow{\alpha\text{-开裂}}$ $\overset{+}{O}{\equiv}CCH_2CH(OCH_3)_2$ (m/z 117) + $CH_3\cdot$

$\xrightarrow{\alpha\text{-开裂}}$ $CH_3C{\equiv}\overset{+}{O}$ (m/z 43) + $\cdot CH_2CH(OCH_3)_2$

$$CH_3\overset{O}{\overset{\|}{C}}CH_2CH(\overset{+\cdot}{O}CH_3)(OCH_3) \xrightarrow{\alpha\text{-开裂}} CH_3\overset{O}{\overset{\|}{C}}CH_2\cdot + CH(=\overset{+}{O}CH_3)(OCH_3)$$

m/z 132 → m/z 75

$$\xrightarrow{\alpha\text{-开裂}} CH_3COCH_2CH{=}\overset{+}{O}CH_3 + CH_3O\cdot$$

m/z 101

2. A 的结构为 $CH_3\overset{O}{\overset{\|}{C}}-\overset{H}{N}-C_6H_4-OCH_2CH_3$。

3. K 的可能结构为 [结构式] [结构式]。

4. N,O,P 的结构分别为：

N O P

δ 4.2(m,1H)

δ 3.9(d,2H)

δ 2.8(m,1H)

$P(C_{10}H_{12}O_2)$

IR 3400 cm^{-1}：OH 伸缩振动

δ 7.2-6.8(m,4H)：苯环上 4 个 H

δ 1.3(d,3H)：甲基 H

δ 1.9(s,1H)：羟基 H

O 到 P 的历程：

$\xrightarrow{H^+}$ $\longrightarrow$ $\xrightarrow{-H^+}$

5.

$I(C_{12}H_{16}O_7)$

化合物 I 的稳定构象

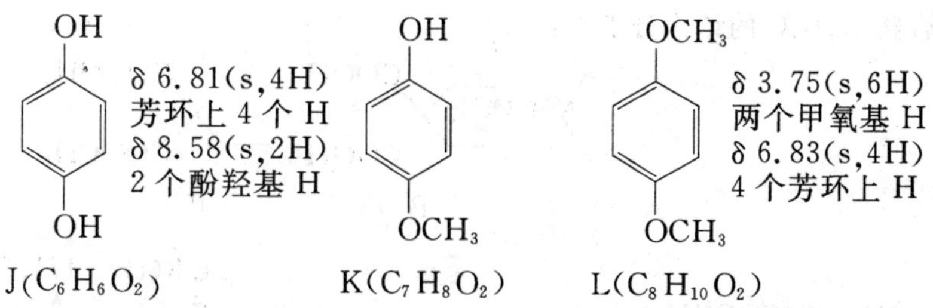

6. A、B 的结构分别为：

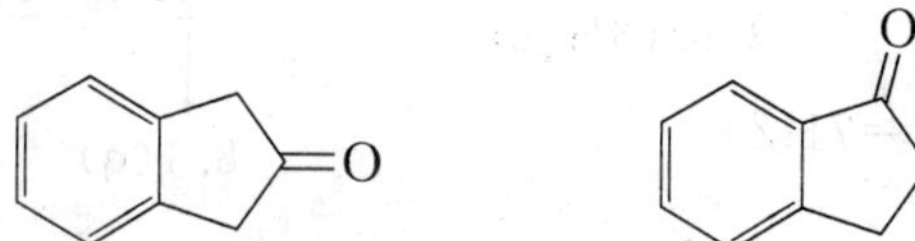

7. 毒芹碱 M 以及中间产物 O,P 和 Q 的结构分别为：

M　　O　　P　　Q

1.52(m,10H)

H_2 → 2.70(t,J=6Hz,2H)

CH_3 → 0.91(t,J=7Hz,3H)

NH → 1.33(s,1H)

CH → 3.0(m,1H)

$\xrightarrow{-e}$ $\xrightarrow{-\dot{C}_3H_7}$ $\xrightarrow{-C_2H_4}$ $H_2\overset{+}{N}$

m/z 127　　m/z 84　　m/z 56

8. L 的结构及各种氢的化学位移归属：

$CH_3\overset{O}{\overset{\|}{C}}CH_2CH(OCH_3)_2$

OCH_3 → 3.2(s,6H)

CH_3 → 2.1(s,3H)

CH_2 → 2.6(d,2H)

CH → 4.7(t,1H)

9. M 的结构为 （苄基哌嗪：N　NH）。

10. 化合物 A、B、C 的结构分别为：

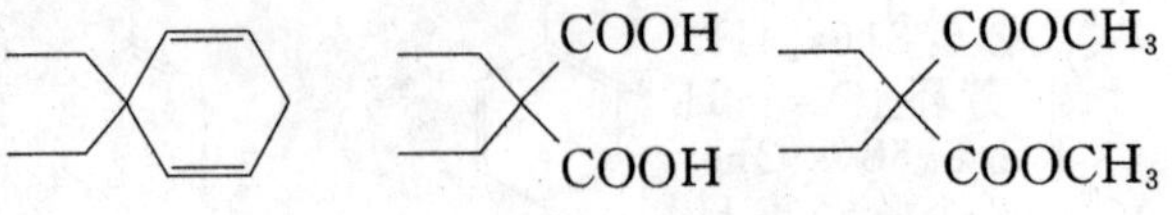

A　B　C

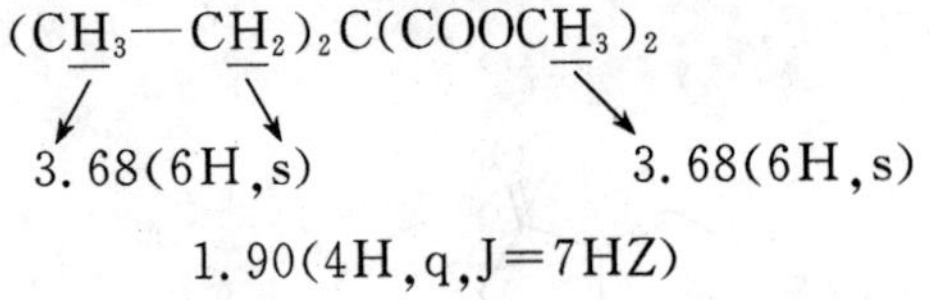

$(CH_3-CH_2)_2C(COOCH_3)_2$

3.68(6H,s)　3.68(6H,s)

1.90(4H,q,J=7HZ)

^{1}HNMR 归属

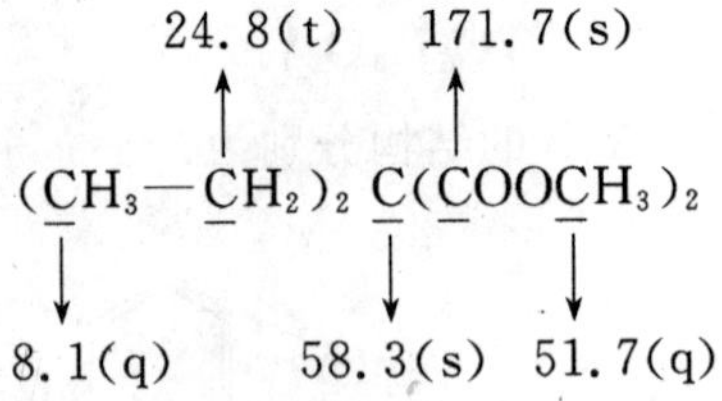

24.8(t)　171.7(s)

$(CH_3-CH_2)_2C(COOCH_3)_2$

8.1(q)　58.3(s)　51.7(q)

^{13}CNMR 归属

11. 化合物的结构为 O=⟨环己烷⟩=O 。

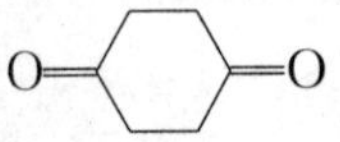

12. 化合物的结构 $H_3C-C_6H_4-NO_2$ 。

其质谱裂解过程为：

m/z 137 —$\dot{N}O_2$→ m/z 91 —CH≡CH→ m/z 65 —CH≡CH→ m/z 39

m/z 137 —$\dot{N}O$→ m/z 107 —CO→ m/z 79 —H_2→ m/z 77 —CH≡CH→ m/z 51

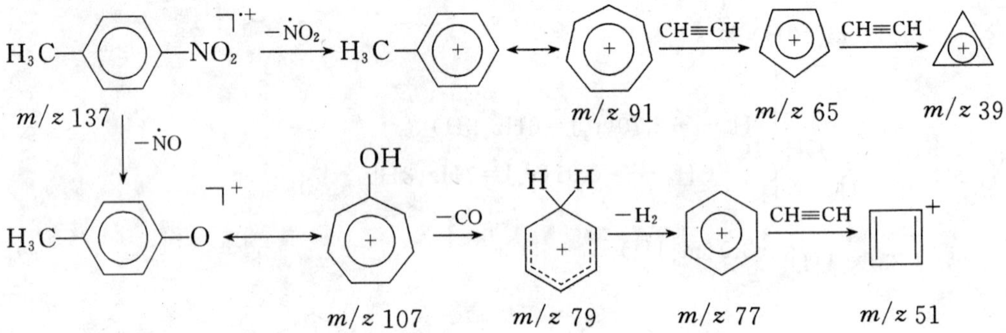

13. P 和 Q 的结构分别为 $PhCH_2NHCH_2COOCH_2CH_3$ 和 $PhCH_2NHCH_2COOH$。

14. 该化合物的结构及各个峰的归属如下：

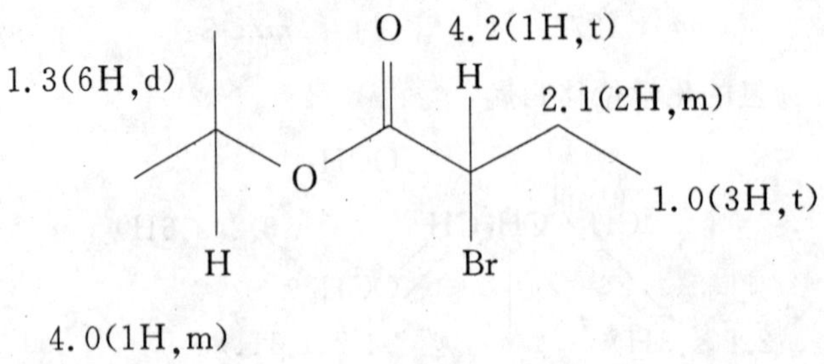

1.3(6H,d)　4.2(1H,t)　2.1(2H,m)　1.0(3H,t)

4.0(1H,m)

15. 化合物 X 的结构为 $(H_3C)_3C-C_6H_4-OH$ 。

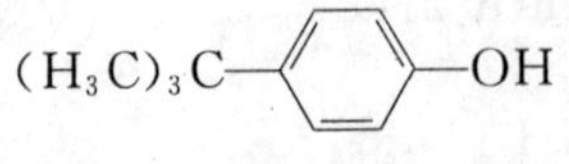

16. 化合物 K 的结构为 H(H_3C)C=C(H)COOCH_2CH_3 。

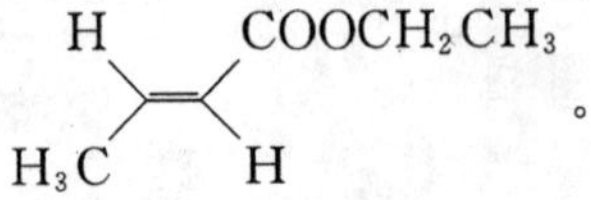

第八章

1. 下列目标分子可通过特定的反应来合成,试用特定的转变推导它们的合成路线。

(1)

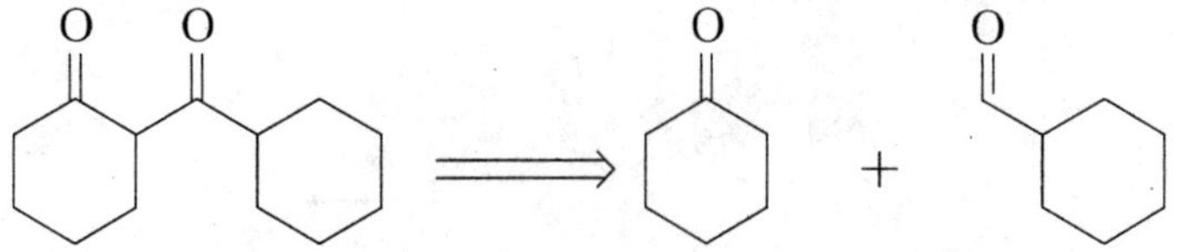

(2)

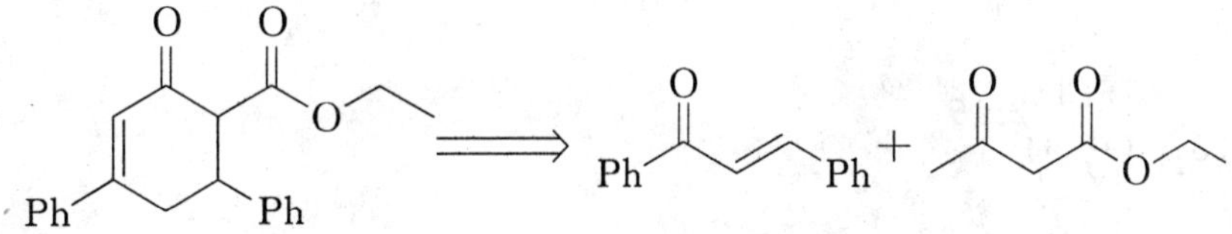

Ph Ph Ph Ph

(3)

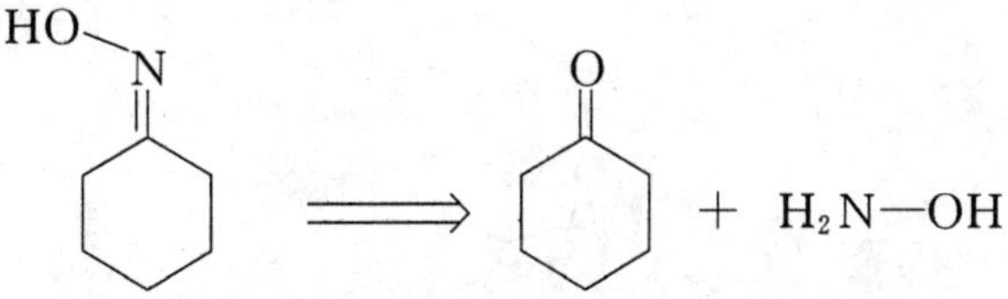

HO N

$H_2N—OH$

(4)

OH O MgBr

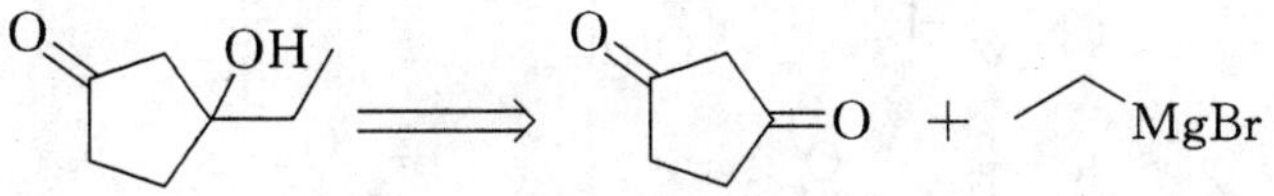

2. 用逆合成分析法分析并合成下列化合物。

(1)

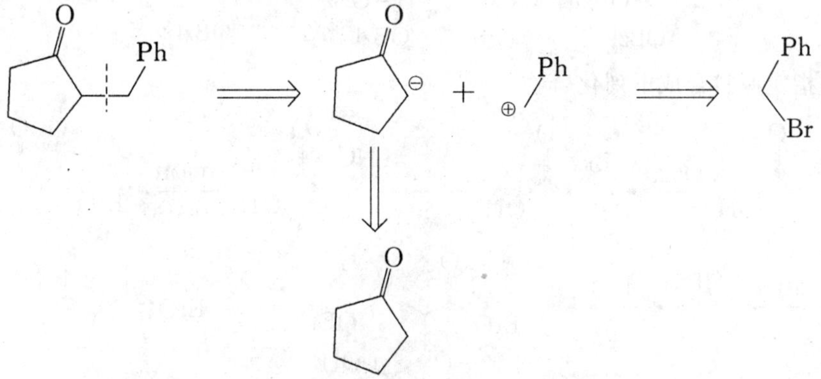

Ph Ph Ph Br

(2)

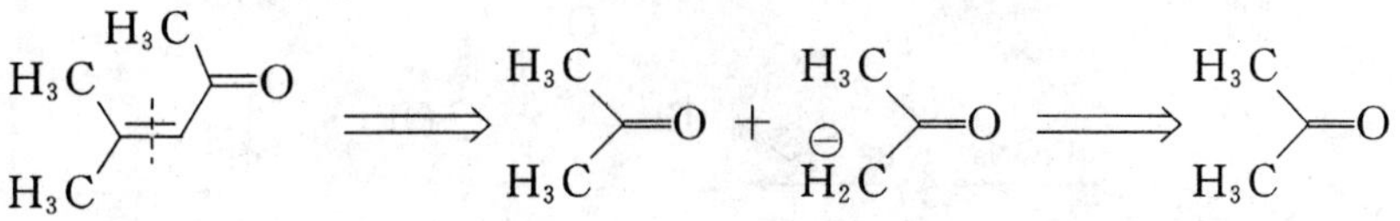

H_3C H_3C H_3C H_3C H_3C H_2C H_3C H_3C

(3)

HO O O HO OH O

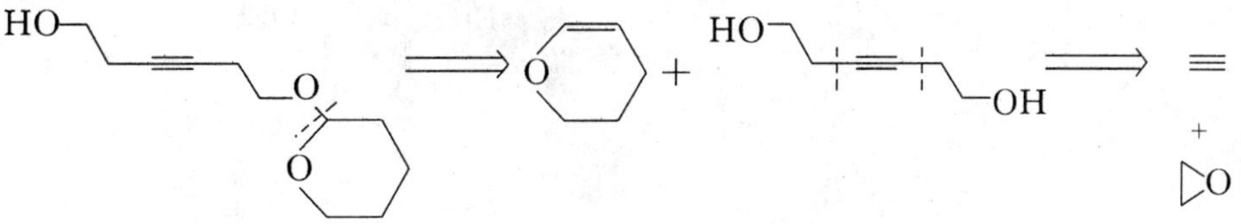

3. 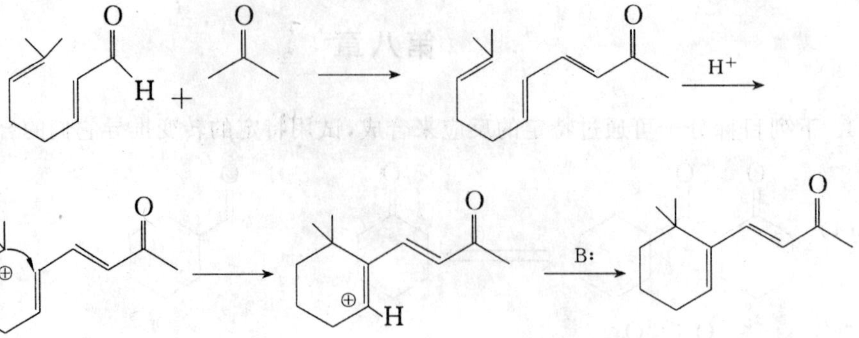 H⁺ B:

4. 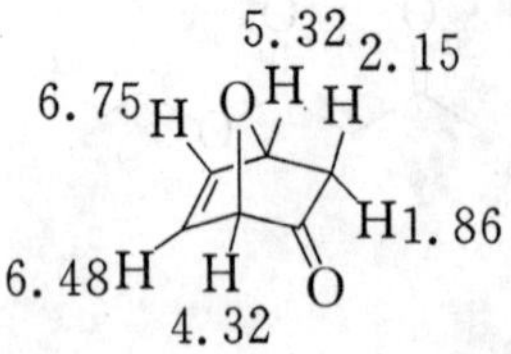 6.75 H, 5.32 H, 2.15 H, 1.86 H, 6.48 H, 4.32 H

(2) A.  B. 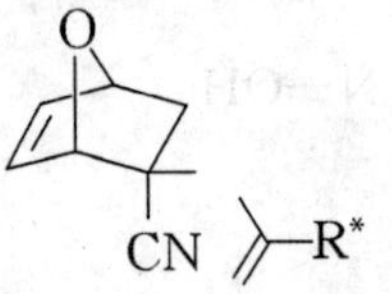 C. 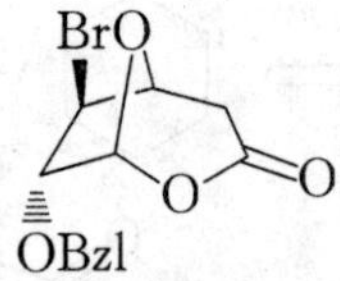 CN R* Br OBzl

(3) 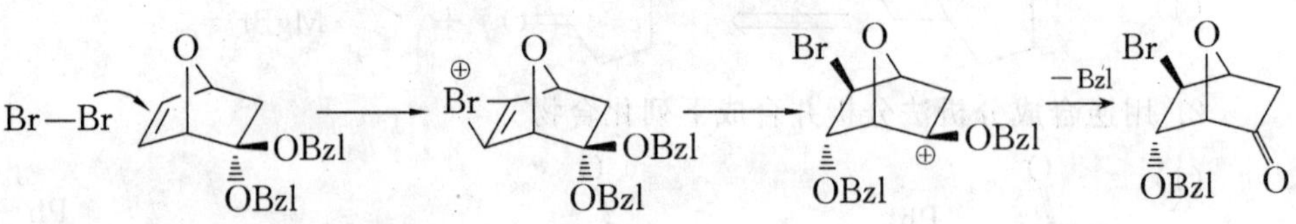 Br—Br OBzl OBzl −Bzl

5. 由指定原料合成下列化合物。

(1) 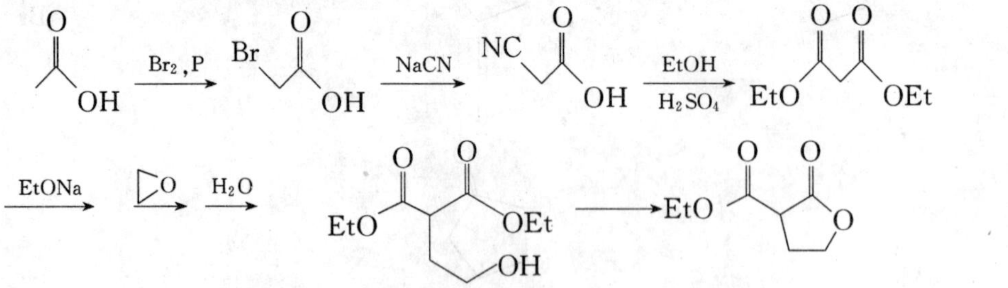 Br_2,P NaCN EtOH H_2SO_4 EtONa H_2O OH EtO OEt

(2) EtONa OH⁻ H⁺ EtOH H⁺

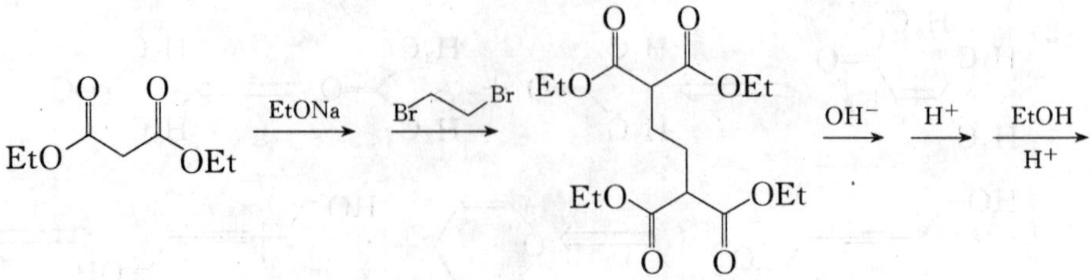

EtO(O)C–CH₂CH₂–C(O)OEt $\xrightarrow{EtONa}$ 2-(ethoxycarbonyl)cyclopentanone (O, OEt) $\xrightarrow{\text{ethyl vinyl ketone}}$ 2-(3-oxopentyl)-2-(ethoxycarbonyl)cyclopentanone (O, OEt, O) $\xrightarrow{EtONa}$ TM

(3) HC≡CH $\xrightarrow[NH_3(l)]{NaNH_2}$ NaC≡CNa $\xrightarrow{\text{n-BuBr}}$ 5-decyne

$\xrightarrow[NH_3(l)]{Na}$ trans-5-decene (H, H) $\xrightarrow{MCPBA}$ TM

(4) PhCHO (CHO) $\xrightarrow[H^+]{HS(CH_2)_3SH}$ 2-phenyl-1,3-dithiane (S, S) $\xrightarrow{n\text{-BuLi}}$ $\xrightarrow{\text{methyloxirane (O)}}$ $\xrightarrow{HgCl_2}$ TM

(5) CH_3COCH_2COOEt (O, O, OEt) $\xrightarrow{EtONa}$ $\xrightarrow{PhCH_2Cl}$ $CH_3COCH(CH_2Ph)COOEt$ (O, O, OEt, Ph)

Cyclohexanone (O) $\xrightarrow[HNR_2]{HCHO}$ 2-(R_2NCH_2)cyclohexanone (O, N, R, R) $\xrightarrow{CH_3I}$ 2-methylenecyclohexanone (O)

$\xrightarrow{EtONa}$ $\xrightarrow{H^+}$ bicyclic lactone (O, O, Ph) $\xrightarrow{EtONa}$ TM